"十三五" 国家重点出版物出版规划项目

SAFETY SCIENCE AND
ENGINEERING

火灾识别与
联动控制

◎主　编　邓　军　张嬿妮
◎副主编　王伟峰
◎参　编　王彩萍　王建国　王刘兵　刘长春
　　　　　赵婧昱　易　欣　杨永斌

U0277246

机械工业出版社
CHINA MACHINE PRESS

"火灾识别与联动控制"是消防工程专业的核心专业基础课程。本书在紧密结合当前教学需求及人才培养目标的基础上,以《火灾自动报警系统设计规范》(GB 50116—2013)为依据,根据近十几年来火灾自动报警系统工程设计、技术咨询、施工、运维的实践经验,以及国内外研究成果和标准规范,经过分析、总结和整理编写而成。本书共分10章,以大量的案例和图表帮助读者学习火灾识别与联动控制的基本原理和关键技术,使读者能够全面了解火灾探测器、火灾信号识别算法、各联动控制子系统及其安装、应用和运维等方面的基础知识,提升火灾识别与联动控制系统设计的基本技能,具有较强的实用性和积极的指导意义。

本书可作为高等院校安全工程、消防工程、建筑电气与智能化、建筑环境与能源应用工程等专业的教材,也可作为消防安全工程技术及管理人员的参考书。

图书在版编目(CIP)数据

火灾识别与联动控制/邓军,张嫄妮主编 . —北京:机械工业出版社,2019.12(2024.2 重印)
"十三五"国家重点出版物出版规划项目
ISBN 978-7-111-64575-7

Ⅰ.①火… Ⅱ.①邓…②张… Ⅲ.①火灾 – 灾害防治 – 高等学校 – 教材 Ⅳ.①TU998.12

中国版本图书馆 CIP 数据核字(2019)第 293269 号

机械工业出版社(北京市百万庄大街22号 邮政编码100037)
策划编辑:冷 彬 责任编辑:冷 彬 高凤春
责任校对:张 薇 封面设计:张 静
责任印制:郜 敏
北京富资园科技发展有限公司印刷
2024 年 2 月第 1 版第 4 次印刷
184mm×260mm · 18 印张 · 479 千字
标准书号:ISBN 978-7-111-64575-7
定价:49.80 元

电话服务 网络服务
客服电话:010-88361066 机 工 官 网:www.cmpbook.com
          010-88379833 机 工 官 博:weibo.com/cmp1952
          010-68326294 金 书 网:www.golden-book.com
封底无防伪标均为盗版 机工教育服务网:www.cmpedu.com

前　言

　　火的应用促进了人类的进化，推动了社会的发展，加快了科学技术的进步，使人类创造出辉煌的文明。而火失去控制造成的火灾严重威胁了人类的人身和财产安全，甚至还破坏了人类赖以生存的生态环境。因此，如何早期发现火情、预防火灾、第一时间控制火灾、防止火灾发生，成为人类研究的永恒课题。

　　火灾识别与联动控制是指运用火灾探测技术识别伴随火灾发生出现的燃烧气体、烟雾、温度、火焰、图像等特征信息，尽早地做出相应动作，以控制火灾扩大化，最大限度地挽救人民生命和财产。本书以《火灾自动报警系统设计规范》（GB 50116—2013）为依据，根据近十几年来火灾自动报警系统工程设计、技术咨询、施工、运维的实践经验，以及国内外研究成果和标准规范，经过分析、总结和整理编写而成。全书共分 10 章：第 1 章介绍了火灾基础知识、火灾识别与联动控制系统的类型及构成、火灾识别与联动控制系统的发展及趋势等；第 2 章给出了各种火灾探测器的分类、选择、布置及适用性，详细介绍了感温、感烟、火焰、图像、电气、气体等火灾探测器；第 3 章介绍了火灾信号识别算法；第 4 章介绍了室内消火栓、自动喷水、水喷雾、细水雾、自动跟踪定位射流等灭火系统的组成、工作原理及如何实现联动控制；第 5 章介绍了特殊灭火联动控制系统的分类、工作原理、适用性及如何实现联动控制；第 6 章介绍了防排烟联动控制系统的分类、工作原理、适用性及如何实现联动控制等；第 7 章介绍了消防应急设施联动控制系统的分类、工作原理、适用性及如何实现联动控制；第 8 章介绍了消防控制室及火灾报警控制器的主要组成、分类、功能原理和设计要求，同时还介绍了与消防联动控制功能实现紧密相关的消防控制模块，以及消防远程监控系统；第 9 章介绍了火灾识别与联动控制系统的运行与维护；第 10 章主要将理论知识与现场实际相结合，通过列举有关高层建筑、城市综合管廊的消防设计案例，将相关火灾报警与消防联动的理论知识和火灾报警与消防联动技术结合，对各类建筑物的特点进行分析，便于读者理解、巩固、加深和扩展有关火灾识别与自动报警系统以及消防联动控制技术等方面的知识。

　　本书由邓军和张嬿妮担任主编，具体的编写分工如下：

作者	单位	编写章节
邓军	西安科技大学	第 1 章
王伟峰	西安科技大学	第 2、3 章
王刘兵	西安科技大学	第 4 章
王彩萍	西安科技大学	第 5 章

（续）

作者	单位	编写章节
刘长春	西安科技大学	第 6 章
赵婧昱	西安科技大学	第 7 章
易欣		
杨永斌	中国人民警察大学	第 8 章
张嬿妮	西安科技大学	第 9 章
王建国	西安科技大学	第 10 章

本书编写过程中，陕西省消防救援总队、上海市消防救援总队、中国建筑西北设计研究院有限公司、苏州思迪信息技术有限公司等单位有关同志给予了大力支持和帮助，提供了宝贵资料，吕慧菲等多名研究生参与了书稿的排版和校对工作，在此一并表示衷心的感谢。

本书编写时借鉴了许多资料（数据、图表、例题等），谨向有关文献的作者表示衷心的感谢。

编者主观上虽力图使本书更加符合教学规律，以更好地适应教学和工程实际参考的需要，但由于水平有限，书中难免存在疏漏，恳请广大读者批评指正。

编　者

目 录

第1章
绪 论

火灾是严重危害人民生命财产、直接影响经济发展和社会稳定的最常见的一种灾害。随着经济建设的快速发展，物质财富的急剧增多和新能源、新材料、新设备的广泛开发利用，以及城市建设规模的不断扩大和人民物质文化生活水平的提高，火灾发生频率越来越高，造成的损失越来越大。目前，火灾已经成为我国发生频率最高、破坏性最强、影响最大的灾种之一。如何在火灾发展初期识别火灾，并及时采取有效防火与灭火措施；如何提高火灾探测报警系统的可靠性，降低系统误报率已成为消防行业工作者急需解决的问题。本章主要介绍火灾基础知识、火灾识别与联动控制系统的类型及构成、火灾识别与联动控制系统的发展及趋势等。

1.1 火灾基础知识

火灾基础知识主要包括火灾的定义、分类与危害，火灾发生的常见原因，火灾特征等。

1.1.1 火灾的定义、分类与危害

火灾是灾害的一种，导致火灾发生既有自然因素，又有许多人为因素。掌握火灾的定义、分类及其危害特性，是了解火灾规律和研究如何防范火灾的基础。

1. 火灾的定义

根据《消防词汇 第1部分：通用术语》（GB/T 5907.1—2014）的规定，火灾是指在时间或空间上失去控制的燃烧。

2. 火灾的分类

根据不同的需要，火灾可以按不同的方式进行分类。

（1）按照燃烧对象的性质分类

按照《火灾分类》（GB/T 4968—2008）的规定，火灾分为 A、B、C、D、E、F 六类。

A 类火灾：固体物质火灾。这种物质通常具有有机物性质，一般在燃烧时能产生灼热的余烬。例如，木材、棉、毛、麻、纸张等火灾。

B 类火灾：液体或可熔化的固体物质火灾。例如，汽油、煤油、原油、甲醇、乙醇、沥青、石蜡等。

C 类火灾：气体火灾。例如，煤气、天然气、甲烷、乙烷、氩气、乙炔等火灾。

D 类火灾：金属火灾。例如，钾、钠、镁、钛、锆、锂等火灾。

E 类火灾：带电火灾。物体带电燃烧的火灾。例如，变压器等设备的电气火灾等。

F 类火灾：烹饪器具内的烹饪物（如动物油脂或植物油脂）火灾。

（2）按照火灾事故所造成的灾害损失程度分类

根据 2007 年 6 月 26 日公安部下发的《关于调整火灾等级标准的通知》，新的火灾等级标准由原来的特大火灾、重大火灾、一般火灾三个等级调整为特别重大火灾、重大火灾、较大火灾和一般火灾四个等级（表 1-1）。

1）特别重大火灾是指造成 30 人以上死亡，或者 100 人以上重伤，或者 1 亿元以上直接财产损失的火灾。

2）重大火灾是指造成 10 人以上 30 人以下死亡，或者 50 人以上 100 人以下重伤，或者 5000 万元以上 1 亿元以下直接财产损失的火灾。

3）较大火灾是指造成 3 人以上 10 人以下死亡，或者 10 人以上 50 人以下重伤，或者 1000 万元以上 5000 万元以下直接财产损失的火灾。

4）一般火灾是指造成 3 人以下死亡，或者 10 人以下重伤，或者 1000 万元以下直接财产损失的火灾。

表 1-1　火灾类型划分标准

火灾类型	死亡	重伤	直接财产损失
特别重大火灾	≥30 人	≥100 人	≥1 亿元
重大火灾	≥10 人，<30 人	≥50 人，<100 人	≥5000 万元，<1 亿元
较大火灾	≥3 人，<10 人	≥10 人，<50 人	≥1000 万元，<5000 万元
一般火灾	<3 人	<10 人	<1000 万元

（3）按火灾产生的原因分类

从产生火灾的原因分，有人为火灾和自然火灾。人为火灾是由于违反安装或使用规定、违反操作规则、电气设备陈旧、吸烟、用火不慎、玩火、放火等引起的火灾，如电气火灾、建筑火灾、工业火灾、油品火灾等；自然火灾是自然发生的火灾，如地震火灾、雷电火灾及其他原因引起的火灾。据统计，建筑火灾有 99% 是人为火灾，因此，经常对人员进行火灾安全教育，制定防火安全制度，对防止火灾发生具有十分重要的意义。

此外，火灾根据发生的场所不同还可分为建筑火灾、工业火灾、森林火灾、车辆火灾、船舶火灾、隧道火灾、飞机火灾等。

3. 火灾的危害

（1）危害生命安全

建筑火灾会对人的生命安全构成严重威胁。一场大火，有时会吞噬几十人甚至几百人的生命。建筑火灾对生命的威胁主要来自以下几个方面：

1）建筑物采用许多可燃性材料，在起火燃烧时产生高温高热，对人的肌体造成严重伤害，甚至致人休克、死亡。据统计，因燃烧热造成的人员死亡约占整个火灾死亡人数的 1/4。

2）建筑内可燃材料燃烧过程中释放的一氧化碳等有毒气体，人吸入后会产生呼吸困难、头痛、恶心、神经系统紊乱等症状，所有火灾遇难者中，约有 3/4 的人是吸入有毒有害烟气后直接导致死亡的。

3）建筑物经燃烧，达到甚至超过了承重构件的耐火极限，导致建筑整体或部分构件坍塌，造成人员伤亡。如 2013 年 6 月 3 日吉林省德惠市宝源丰禽业有限公司厂房发生火灾，造成 121

人遇难、76 人受伤。2015 年 1 月 2 日，黑龙江省哈尔滨市北方南勋陶瓷大市场三层仓库起火，火灾扑救过程中建筑多次坍塌，造成 5 名消防员牺牲、14 人受伤。2017 年 2 月 5 日，浙江天台县某足浴中心发生火灾，共造成 18 人死亡、18 人受伤。2017 年 11 月 18 日，北京市大兴区西红门镇新建村发生火灾，共造成 19 人死亡，8 人受伤。

（2）造成经济损失

火灾造成的经济损失主要以建筑火灾为主，体现在以下几个方面：

1）火灾烧毁建筑物内的财物，破坏设施设备，甚至会因火势蔓延使整栋建筑物化为废墟。

2）建筑物火灾产生的高温高热，将造成建筑结构的破坏，甚至引起建筑物整体倒塌。

3）扑救建筑火灾所用的水、干粉、泡沫等灭火剂，不仅本身是一种资源损耗，而且将使建筑内的财物遭受水渍、污染等损失。

4）建筑火灾发生后，因建筑修复重建、人员善后安置、生产经营停业等，也造成巨大的间接经济损失。

2013 年 6 月 3 日，吉林省德惠市宝源丰禽业有限公司厂房的火灾，致使 17234m² 主厂房及主厂房内生产设备被损毁，直接经济损失 1.82 亿元。2014 年 1 月 11 日，云南省迪庆藏族自治州香格里拉县独克宗古城因某客栈经营者取暖不当引燃可燃物，建筑物过火面积 98.56 亩（1 亩 = 666.7m²），烧损、拆除房屋 59980m²，直接经济损失 8983.93 万元。2015 年 1 月 2 日，黑龙江省哈尔滨市北方南勋陶瓷大市场仓库发生火灾，过火面积约 11000m²，1 幢 11 层建筑物坍塌。

（3）影响社会稳定

当重要的公共建筑、重要的单位发生火灾时，会引起社会上的广泛关注，并造成一定程度的负面效应，影响社会稳定。从许多火灾案例来看，当学校、医院、宾馆、养老院等公共场所发生群死群伤恶性火灾，或者涉及粮食、能源、资源等国计民生的重要工业建筑发生大火时，还会造成民众心理恐慌。2013 年 1 月 4 日，有着"爱心妈妈"之称的河南兰考人袁厉害家中发生火灾，事故共造成 7 死 1 伤。死亡人员中，一名为患先天性小儿麻痹的 20 岁左右男性青年，6 名为 5 岁以下儿童。2013 年 5 月 31 日下午，中储粮黑龙江林甸直属库发生大火，共有 78 个储粮囤表面过火，储量 4.7 万 t。其中玉米囤 60 个，储量 3.4 万 t；水稻囤 18 个，储量 1.3 万 t。2015 年 5 月 25 日，河南省鲁山县某养老院发生火灾，事故造成 39 人死亡、6 人受伤。2018 年 8 月 13 日，台湾新北市某医院突发火灾，事故造成 13 人死亡、多人受伤。

（4）破坏文明成果

一些历史保护建筑、文化遗址一旦发生火灾，除了会造成人员伤亡和财产损失外，大量文物、典籍、古建筑也往往被烧毁，这将对人类文明成果造成无法挽回的损失。2014 年 1 月 11 日，茶马古道的重要驿站——云南省迪庆藏族自治州香格里拉县独克宗古城突发火灾，有 1300 年历史的古城核心区变成废墟，大火烧毁房屋 242 栋，受灾面积近 60000m²，古城历史风貌被严重破坏，部分文物建筑也不同程度受损。2014 年 1 月 25 日，贵州省镇远县报京乡报京侗寨发生大火，有 300 年历史的侗族村寨 100 余栋房屋被烧毁，当地侗文化遭毁。2015 年 1 月 3 日，拥有 600 多年历史的云南巍山古城拱辰楼，在一场大火中化为废墟。2017 年 5 月 31 日，四川遂宁高峰山古建筑群发生火灾，受损建筑面积 728.9m²，其中古建筑 339.7m²。2019 年 1 月 6 日，四川省绵阳市江油市云岩寺东岳殿发生火灾，过火面积 120 余 m²，大殿主体建筑被烧毁。

1.1.2 火灾发生的常见原因

事故都有起因，火灾也是如此。分析起火原因，了解火灾发生的特点，是为了更有针对性地运用技术措施，有效控火、防止和减少火灾危害。2018 年全国共接报火灾 23.7 万起，造成 1407

人死亡、798 人受伤、直接财产损失达 36.75 亿元。从图 1-1 可知，造成火灾的原因主要有电气、生产作业、用火不慎、吸烟、玩火、自燃、雷击静电、放火以及其他原因或不明确原因等，而由于电气原因引起的火灾仍居各类火灾之首，城乡居民住宅火灾中近 80% 与插座或线路有关。2018 年因违反电气安装使用规定引发的火灾起数占全年火灾起数的 34.6%，因生活用火不慎引发的火灾起数占全年火灾起数的 21.5%，吸烟引发的火灾起数占全年火灾起数的 7.3%，自燃引发的火灾起数占全年火灾起数的 4.8%，生产作业不慎引发的火灾起数占全年火灾起数的 4.1%，玩火引发的火灾起数占全年火灾起数的 2.9%，放火引发的火灾起数占全年火灾起数的 1.3%，雷击静电引发的火灾起数占全年火灾起数的 0.1%，其他原因引发的火灾起数占全年火灾起数的 17.1%，原因不明确引发的火灾起数占全年火灾起数的 4.2%，起火原因仍在调查的火灾起数占全年火灾起数的 2.1%。

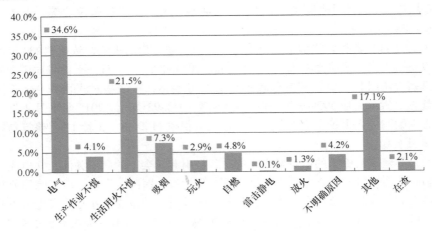

图 1-1　2018 年起火原因及起数分布图

1. 电气

电气火灾原因复杂，主要与电气线路故障、电气设备故障以及电加热器具使用不当等因素有关，也可能与其敷设、施工安装及投入使用后的维护管理有关。2014 年 11 月 16 日，山东某食品公司发生火灾，事故原因为厂区制冷系统供电线路敷设不规范、系统超负荷运转、线路老化，导致供电线路接头处过热短路，引燃墙面聚氨酯泡沫保温材料。2015 年 5 月 25 日，河南省平顶山市某老年公寓发生火灾，事故原因为电器线路接触不良而发热，高温引燃周围的电线绝缘层、聚苯乙烯泡沫等易燃可燃材料。2019 年 5 月 5 日，广西桂林民房发生火灾，事故原因为楼梯间电动车充电而引发火灾。

2. 生产作业不慎

不慎主要是指违反生产安全制度引起火灾。例如，在易燃易爆的车间内动用明火，引起爆炸起火；将性质相抵触的物品混存在一起，引起燃烧爆炸；气焊焊接和切割时，飞溅出大量火星和熔渣，因未采取有效的防火措施，引燃周围可燃物；在机器运转过程中，不按时添加润滑油，或者没有清除附在机器轴承上面的杂质、废物，使机器该部位摩擦发热，引起附着物起火；化工生产设备失修，出现可燃气体，以及易燃、可燃液体"跑、冒、滴、漏"，遇到明火燃烧或爆炸等。2010 年，重庆市北部新区某数码广场裙楼因焊割作业时掉落的高温焊渣引燃可燃物导致火灾，烧毁大量计算机、手机等电子产品，直接财产损失 9800 万元。

3. 生活用火不慎

生活主要是指城乡居民家庭生活用火不慎引发火灾。例如，炊事用火中炊事器具设置不当，安装不符合要求，在炉灶的使用中违反安全技术要求等引起火灾；家中烧香祭祀过程中无人看管，造成香灰散落引发火灾等。2016 年 5 月 21 日，大连市长兴岛经济开发区某商店二楼的补习班着火。起火原因为商店老板在一楼使用电炒锅操作不当，引燃木质地板及周边书本，随后，其又未能及时有效采取灭火措施导致火势蔓延至二楼，最终导致 3 名学生死亡。

4. 吸烟

点燃的香烟及未熄灭的火柴杆温度可达到 800℃，可引燃许多可燃物质。例如，将没有熄灭的烟头和火柴杆扔于可燃物中引起火灾；躺在床上特别是醉酒后床上吸烟，烟头极易掉在被褥上引起火灾；在禁止吸烟的火灾高危场所，因违章吸烟引起火灾。2004 年 2 月 15 日，吉林市中百商厦伟业电器行某雇员将香烟掉落在仓库中，引燃地面上的纸屑纸板等可燃物引发火灾，造成 54 人死亡、70 余人受伤，直接经济损失 400 余万元。

5. 玩火

未成年人因缺乏看管玩火取乐也是造成火灾发生常见的原因之一。2010 年 7 月 19 日，新疆乌鲁木齐市某居民自建房内因儿童玩火导致大火，致使 12 人死亡。此外，燃放烟花爆竹也属于"玩火"的范畴。被点燃的烟花爆竹本身即是火源，稍有不慎，就易引发火灾，还会造成人员伤亡。我国每年春节期间火灾频繁，其中有 70% ~80% 是由燃放烟花爆竹所引起的。2009 年 2 月 9 日中央电视台电视文化中心及 2011 年 2 月 3 日辽宁沈阳皇朝万鑫国际大厦两起超高层建筑火灾，均由燃放礼花弹所引发。

6. 自燃

可燃物在没有外部热源直接作用的情况下，由于其内部的物理作用（如吸附、辐射等）、化学作用（如氧化、分解、聚合等）或生物作用（如发酵、细菌腐败等）而发热，热量积聚导致升温，达到一定温度时，未与明火直接接触而发生燃烧，这种现象叫作本身自燃。比如煤堆、干草堆、赛璐珞、堆积的油纸油布、黄磷等的自燃都属于本身自燃现象。

7. 雷击静电

雷击静电导致的火灾原因大体上有三种：一是雷电直接击在建筑物上发生热效应、机械效应；二是雷电产生静电感应和电磁感应；三是高电位雷电波沿着电气线路或金属管道系统侵入建筑物内部。在雷击较多的地区，建筑物上如果没有设置可靠的避雷保护设施，便有可能发生雷击起火。2010 年 4 月 13 日，上海东方明珠广播电视塔顶部发射架遭受雷击起火，虽未造成人员伤亡，但灭火过程十分困难。

8. 放火

主要是指人为放火的方式引起的火灾。一般是当事人为达到某种目的，以放火为手段而故意为之，通常经过一定的策划准备，因而这类火灾往往缺乏初期救助，灾情发展迅速，后果严重。2013 年 7 月 26 日，黑龙江某敬老院也因人为放火造成 11 人死亡。

1.1.3 火灾特征

火灾是一种不可控的燃烧现象，燃烧是可燃物与氧化剂作用发生的放热反应，通常伴有火焰、发光和（或）发烟的现象，所以放热、发光和生成新物质是火灾的三个主要特征。此外火灾还产生电磁波、次声波等。将表征火灾特征的这些参量称为火灾参量，通过测量有无火灾参量，就可以知道是否发生火灾。

1. 热量

火灾的热量是可燃物中的化学能经氧化反应转换过来的，火灾放热是火灾的重要特征。各种可燃物放热的能力各不相同，表征各种可燃物放热能力的指标有摩尔燃烧热、质量热值、体积热值等。由于摩尔质量很难精确测定，所以摩尔燃烧热用得较少。质量热值是指单位质量可燃物完全燃烧时所放出的热量，可燃物可以是气体、液体和固体；体积热值是指单位体积可燃气体完全燃烧时放出的热量。热值根据可燃物中的水和氢燃烧生成的水是液态还是气态，又有高热值和低热值之分，液态水为高热值，气态水为低热值。如甲烷的高热值为 55720kJ·kg^{-1} 和 39861kJ·m^{-3}，低热值为 50082kJ·kg^{-1} 和 35823kJ·m^{-3}；木材的燃烧热值只有质量热值，为 16740kJ·kg^{-1}。热值越高，单位质量可燃物放热越多，火灾发展越快。

热量以导热、对流和辐射三种方式向周围传递，使周围没有燃烧的可燃物温度升高，引起燃烧，导致火灾向周围蔓延、扩散，所以燃烧热量既是燃烧产物，又是继续燃烧的条件。三种传热方式在整个火灾过程中同时起作用，但不同的火灾环境、火灾燃烧的不同阶段，各种传热方式的重要性不一样。

2. 火焰

发光的气相燃烧区域称为火焰。有火焰的燃烧称为有焰燃烧，如可燃气体燃烧、可燃液体蒸气燃烧、可燃固体挥发燃烧都是有焰燃烧。无火焰的燃烧称为无焰燃烧，如火灾初期的阴燃，固体碳、焦炭和某些金属的燃烧是无焰燃烧。阴燃可以在较低的加热温度和较低的氧气浓度下进行，氧化反应速度和火灾传播速度慢，产生的烟量、可燃气体和有毒气体量较多，当散热条件较差时，热量积累可以从无焰燃烧转换成有焰燃烧。

火焰是一种状态或现象，是可燃物和氧化剂发生化学反应时释放出光和热的现象。光是人眼可以看见的一种电磁波，也称为可见光谱。在正常状态下，原子总是处在能量最低的基态，当原子被火焰、电弧、电火花所激发时，核外电子就会吸收能量而被激发跃迁到较高的能级上，处于激发态的电子不稳定，当它跃回到能量较低的能级时就会放出具有一定能量、一定波长的光子。各元素的原子或离子的结构不同，所放出的光的波长就会不一样，呈现的颜色也就各不相同，如甲烷燃烧火焰淡蓝色、乙烯燃烧火焰为黄色。氧气供给量不一样，火焰的颜色也不同，如燃气灶正常工作时燃气燃烧的火焰为浅蓝色，当调节风门使空气量减少时火焰为黄色。

3. 烟

烟是指人的肉眼可见的悬浮在大气中的燃烧生成物，其粒径为 0.01~10μm。燃烧生成物包括燃烧或热解产生的固体或液体微粒，有不可燃气体（CO_2、SO_2、H_2O 等）、可燃气体、较大的分子团、未燃烧的物质颗粒（如 CO、气态及液态碳氢化合物、炭粒）以及醇类、醛类、酮类、酸类、脂类和其他化学物质与灰烬。

烟气是燃烧气体及被这些气体所夹带的颗粒和卷吸混入的大量空气的总称，所以烟气是烟和空气的混合物。雾是指使能见度减小到 1km 以内的水滴在大气中的悬浮体系。"烟雾"一词是由英国人沃伊克思（H. A. Voeux）于 1905 年所创用的，原意是指空气中的烟煤与自然雾相结合的混合体。目前此词含义已超出原意范围，用来泛指由工业排放的固体粉尘为凝结所生成的雾状物，或由碳氢化合物和氮氧化物经光化学反应生成的二次污染物，是多种污染物的混合体形成的。由以上可知，烟雾有人为产生的，也有自然产生的，它具有"烟"和"雾"的二重性。

烟、烟气、烟雾都含有燃烧生成物——烟粒子，不同的是烟气中卷入了空气，烟雾中包含了自然雾，在概念上有区别。火灾过程中会产生大量的热量，甚至高温，燃烧气体和热空气夹带着燃烧生成物的颗粒上升，周围的冷空气过来补充，同时带来氧气，使燃烧维持并蔓延，所以火灾产生的烟通常都以烟气的方式存在，本书将火灾产生的烟称为烟气。

4. 燃烧音

燃烧过程中，受热物体内部分子碰撞产生的声压，激发周围空气媒质的低频振动，形成燃烧音。燃烧音的音频频谱主要包括可听域、超声波域和次声波域三个部分。可听域中含有许多日常的杂音，要把这些杂音和燃烧音区分开是非常困难的。在超声波域中，人耳虽然不能听到这个频带内的声音，所含日常噪声也较少，但通过统计物体燃烧结果表明，由于燃烧物质的不同，有的含高频成分多，有的含高频成分少，有的甚至不含，因此，利用超声波监测不适合所有的燃烧现象。次声波域的特征和超声波域类似，不能被人耳听到，并且含日常噪声较少。物体燃烧时之所以存在这种成分，是因为空气膨胀和燃烧热量引起室内空气压力的缓慢变动，这个频率仅几赫兹。但是可以确定，无论哪种性质的燃烧，周围温度如何、湿度如何，都会存在次声波，只是次声波的频率不同而已，因此可以根据燃烧时产生的次声波来判断是否发生火灾。

1.2 火灾识别与联动控制系统简介

火灾的识别是以探测物质燃烧过程中产生的各种物理现象为机理，从而达到早期识别火灾这一目的。火灾的早期发现，是充分利用灭火措施减少火灾损失、保护生命财产的重要保障。火灾识别与联动控制系统由触发器件、火灾报警装置、火灾警报装置以及具有辅助功能的装置组成的火灾报警系统，是以实现火灾早期探测和报警、向各类消防设备发出控制信号并接收设备反馈信号，进而实现预定消防功能为基本任务的一种自动消防设施。它具有能在火灾初期，将燃烧产生的烟雾、热量、火焰等物理量，通过火灾探测器变成电信号，传输到火灾报警控制器，火灾探测器探测到火灾信号后，能自动切除报警区域内有关的空调器，关闭管道上的防火阀，停止有关换风机，开启有关管道的排烟阀，自动关闭有关部位的电动防火门、防火卷帘，按顺序切断非消防用电源，接通事故照明及疏散标志灯，停运除消防电梯外的全部电梯，并通过控制中心的控制器，立即启动灭火系统，进行自动灭火。

1.2.1 火灾探测技术

火灾的产生和发展是一个复杂且不稳定的过程，这个过程伴随着一系列复杂的物理变化和化学反应，除了有物质和能量的变化外，同时火灾过程还受众多外界因素的干扰。在火灾过程中会产生一些火灾特征参量，如烟雾、燃烧气体、燃烧音、火焰及周围环境温度变化等，火灾探测技术探测火灾的过程就是通过火灾探测器对燃烧过程中产生的特征参量进行检测，并将检测到的信号传递给控制器，控制器经过分析和判断并做出响应来确定是否有火情存在。近年来随着人们对火灾防控的重视程度越来越强，火灾探测技术有了前所未有的发展。火灾探测技术的研究，在火灾防控和最大限度地减小人员伤亡和财产损失等方面起着非常重要的作用。目前，对火灾气体、烟雾、温度和火焰的测量都分别有成熟的产品，如可燃气体探测器、感烟探测器、感温探测器和火焰探测器等。

（1）复合火灾探测技术

燃烧气体、烟雾、温度和火焰等参量在非火灾条件下也存在，由于火灾表现出的特征参量是复杂多变的，且易受外界因素的干扰，因此，只采集其中一个火灾特征参量进行分析是不能准确、及时地探测出各种火情的。单一参量的火灾探测器受环境影响程度大，应用范围小，容易出现误报和漏报而逐渐被淘汰。因此，如何提高火灾探测技术的可靠性，降低误报和漏报率是该领域急需解决的难题，由此复合火灾探测技术便成了该领域的热门研究之一。复合火灾探测器是一种能够识别两种及以上火灾特征参量的火灾探测器，它的探测过程是根据多个火灾特征参量之间的逻辑关系，运用复杂算法来探测火灾。此技术大大降低了漏报、误报率，提高了可靠性。我国在这方面的研究主要是以光电感烟感温探测构成的二参量探测技术和光电感烟、离子感烟和感温探测构成的三参量复合探测技术。目前，已有多家企业研制的复合火灾探测器通过认证。

（2）空气采样火灾探测技术

空气采样火灾探测器也称为吸气式火灾探测器。该技术采用主动吸取空气进行采样，可以快速识别和判断出因火灾释放到空气中的燃烧气体和烟粒子。当空气中燃烧气体或烟粒子浓度达到报警阈值时，即可实现立即报警。与普通感烟探测器相比，空气采样火灾探测器将被动探测变为主动探测，报警时间大大缩短。目前一些比较先进的空气采样火灾探测产品已经具备探测能力灵敏度高，系统稳定性好，不受粉尘、雾气等环境因素影响而造成误报和维护成本低等诸多优点而被应用到更多的环境中进行火灾探测。

（3）光纤感温火灾探测技术

在一些特殊环境下的火灾探测需要实时、多点测量温度才能有效地探测出现场火情，而光纤感温火灾探测技术就能满足要求并适用于这样的环境。该技术的温度探测器是光纤或光栅，它能够检测多点实时温度值，若温度异常就能及时做出响应。目前该技术的研究运用已经很成熟，某些光纤探测温度的点数能达到数千个，测温距离能达到数千米，不同类型的光纤测温范围不尽相同，一些特殊光纤测温范围能达到 200 ~ 700℃，甚至更广。由于此技术能够实时多点测量温度，所以人们可以根据温度的分布情况来确定火灾的规模、火势蔓延的方向和制定合理的灭火方案。这种探测技术可实时监控温度变化，抗干扰能力强，特别适用于电缆桥架、夹层、隧道等不易接近的地方。

（4）图像火灾探测技术

火灾发生的过程中会伴随着火焰从无到有，火焰面积、形状和辐射强度无时无刻不在发生着变化，这些特征是火焰区别于其他现象的重要依据，为火灾的识别打下了基础，而图像火灾探测技术正是利用火焰的这些特征来探测火情的。该技术融合了图像处理技术、计算机控制技术和模式识别等高新技术，它是利用摄像头对现场进行实时监控，将采集到的图像转换为数字信号传输到计算机进行处理、分析，并结合先进的探测算法来识别火灾。该技术具有非接触式探测、灵敏度强、受环境因素限制小等优点，特别适合于大空间以及环境相对恶劣的场所进行监测。

1.2.2　火灾识别技术

感温型、感烟型和感光型、气体型探测器作为当前最成熟的火灾探测技术，已经得到了广泛的应用，但依然存在部分技术缺陷。受限于传感器的安装位置及探测有效距离，其探测范围也受到制约，如高大空间建筑、长通道建筑里的火灾，通常难以及时探测到，为了覆盖整个监测区域，可能需要布置大量传感器，使得安装成本高昂。且传感器判断基于单一特征，易受到环境光照、气流、温度、湿度、空气漂浮物等干扰，容易出现虚警和漏报等情况，从而产生误报或漏报，稳定性难以保证。此外，火灾产生的温度、烟雾、辐射等参量的传播需要时间，这也造成了响应的延迟，难以实现真正的早期火灾识别与预警。近年来信息融合在众多领域内得到了广泛的发展。在火灾探测应用领域，首先对探测器信息进行有效处理，然后再利用数据融合算法对多种探测器的信息进行综合归纳和判断，有助于降低误判率，提高早期火灾识别的灵敏度和可靠性。随着计算机及人工智能的发展，以信号处理、模式识别与知识处理相结合的数据融合技术是火灾识别与联动控制系统的发展趋势。

在绝大多数的火灾场景中，均会存在火焰和伴随烟雾，基于视频图像的火灾识别技术正是基于对视频图像中出现的火焰或烟雾进行识别，从而实现对火灾场景的实时监测。它利用视频监控系统提供的图像信息，通过图像处理算法提取火灾特征信息，将火焰的光谱特性、色调特征、纹理特性以及运动特性处理成可利用的数据，形成火灾识别的依据，并由计算机来完成火灾自动判定。它结合了图像处理、计算机视觉、机器学习、特征提取以及模式识别等现代先进学科理论与技术，推动了火灾识别技术朝着综合化、智能化和网络化方向发展。相比于传统火灾识别技术，视觉识别具有检测面积大、响应时间短、信息丰富直观、维护成本低等优点，适用于绝大多数室内场所。针对视频图像火灾识别技术，国内外进行了广泛的研究与开发。其中，理论研究大致经历了基于传统图像处理、基于浅层机器学习和基于深度学习三个阶段。

（1）基于传统图像处理的火灾识别

基于传统图像处理的火灾识别早期研究集中在对火焰特征、烟雾特征的提取，关键在于挖掘火灾图像的特征与规律，通过设定判别规则，实现火灾的识别。在火焰静态特征方面，主要有基于颜色特征分析、形状特征分析以及纹理特征分析。但火焰的静态特征基于单帧图像获得，仅依靠静态特征设计判据，很可能出现误检漏检。所以，基于视频图像的帧间相关性提取火焰的动态特征，有助于提高目标识别的精确度。在火焰动态特征方面，主要有基于闪动频率特征分析、形状变化特征分析。根据经验，火灾发生时烟雾会早于火焰产生，且在火灾初期烟雾面积远大于火焰面积，故对烟雾进行特征分析，实现烟雾的准确检测有利于火灾的极早预警。在烟雾静态特征方面，相关研究大多集中在烟雾的颜色、纹理以及透明度等特征。在烟雾动态特征方面，研究集中在烟雾的运动方向和闪烁频率等特征。

（2）基于浅层机器学习的火灾识别

利用图像识别技术，从视频中提取相应特征并进行判断是识别火灾最直接有效的方法。在实际应用中，为了提高识别的准确度，往往基于多特征融合，即提取多种火灾特征进行综合判断。但是，当选择的特征过多，或某些特征之间存在联动耦合时，制定最终的火灾判据会变得很困难。所以，结合模式识别、机器学习技术，利用人工神经网络（Artifical Neural Network，ANN）、支持向量机（Support Vector Machine，SVM）等算法设计火灾分类器，受到了研究者的广泛关注。

（3）基于深度学习的火灾识别

基于浅层机器学习技术设计的火灾分类器，虽然在一定程度上提高了火灾识别的正确率，但其所使用的特征为人工设计。这种方法，一方面要求设计者具有丰富的专业知识与经验，另一方面，提取到的特征往往集中在浅层表达上，且当环境因素较为复杂时，提取到合理有效的特征会更加困难。近年来，随着深度学习理论的不断发展，利用深度学习技术，设计自学习分类器，从更深层次自动挖掘特征并分析，已经是火灾视频图像检测领域的一个新思路。深度学习领域常用算法有深度置信网络（Deep Belief Networks，DBN）、卷积神经网络（Convolutional Neural Network，CNN）等。

1.2.3 火灾识别与联动控制系统的类型及其构成

火灾识别与联动控制系统是探测火灾早期特征、发出火灾报警信号，为人员疏散、防止火灾蔓延和启动自动灭火设备提供控制与指示的消防系统。火灾识别与联动控制系统的主要功能是，安装在保护区的探测器不断地向所监视的现场发出巡逻信号，监视现场的烟雾浓度、温度等，并不断反馈给报警控制器，控制器将接收的信号与内存的正常整定值比较、判断确定火灾。当火灾发生时，发出声光警报，显示烟雾浓度，显示火灾区域或楼层房号的地址编码，并打印报警时间、地址等。同时向火灾现场发出警铃报警。报警系统报警后，依据预置的逻辑编程，控制系统将有相应动作，启动灭火系统、防排烟系统，点亮各应急疏散指示灯，指明疏散方向等。

1. 火灾识别与联动控制系统的类型

根据《火灾自动报警系统设计规范》（GB 50116—2013），火灾识别与联动控制系统的结构形式有：区域报警系统、集中报警系统和控制中心报警系统。

（1）区域报警系统

区域报警系统由火灾探测器、手动火灾报警按钮、火灾声光警报器、火灾报警控制器等组成。区域报警系统的组成示意图如图 1-2 所示，图例见表 1-2。系统中可包括消防控制室图形显示装置和指示楼层的区域显示器。系统设置的消防控制室图形显示装置应具有传输火灾报警信息、消防设施运行状态信息和消防安全管理信息的功能。

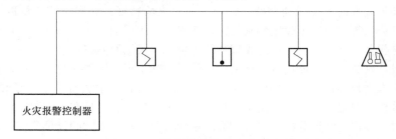

图 1-2　区域报警系统的组成示意图

表 1-2　图例说明（一）

序号	图例	名　称	序号	图例	名　称
1		点型感烟火灾探测器	10	FI	楼层显示盘
2		点型感温火灾探测器	11	SFJ	送风机
3		复合式感温感烟火灾探测器	12	XFB	消防泵
4		火灾声光警报器	13		点型可燃气体探测器
5		线型光束探测器	14	M	模块箱
6		手动火灾报警按钮	15	C	控制模块
7		消火栓启泵按钮	16	H	电话模块
8		报警电话	17	G	广播模拟
9		吸顶式扬声器			

（2）集中报警系统

集中报警系统由火灾探测器、手动火灾报警按钮、火灾声光警报器、消防应急广播、消防电话、消防控制室图形显示装置、火灾报警控制器、消防联动控制器等组成。集中报警系统的组成示意图如图 1-3 所示。系统中的火灾报警控制器、消防联动控制器和消防控制室图形显示装置、消防应急广播的控制装置、消防电话总机等起集中控制作用的消防设备，应设置在消防控制室内。系统设置的消防控制室图形显示装置应具有传输火灾报警信息、消防设施运行状态信息和消防安全管理信息的功能。

（3）控制中心报警系统

控制中心报警系统由火灾探测器、手动火灾报警按钮、火灾声光警报器、消防应急广播、消防电话、消防控制室图形显示装置、火灾报警控制器、消防联动控制器等组成，且系统包含两个

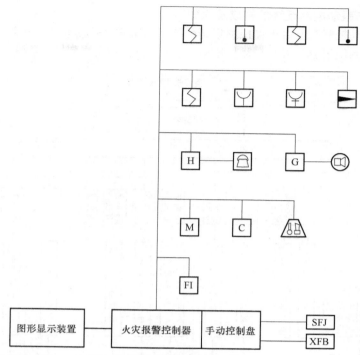

图 1-3　集中报警系统的组成示意图

及以上消防控制室，图 1-4 是控制中心报警系统的组成示意图。控制中心报警系统的主消防控制室应能显示所有火灾报警信号和联动控制状态信号，并应能控制重要的消防设备。各分消防控制室内消防设备之间互相传输、显示状态信息，但不应互相控制。系统设置的消防控制室图形显示装置应具有传输火灾报警信息、消防设施运行状态信息和消防安全管理信息的功能。

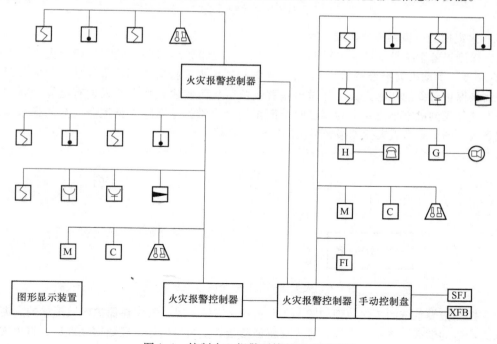

图 1-4　控制中心报警系统的组成示意图

2. 火灾识别与联动控制系统的构成及原理

火灾识别与联动控制系统由火灾探测报警系统、消防联动控制系统、可燃气体探测报警系统及电气火灾监控系统组成。图1-5为火灾识别与联动控制系统的组成示意图。

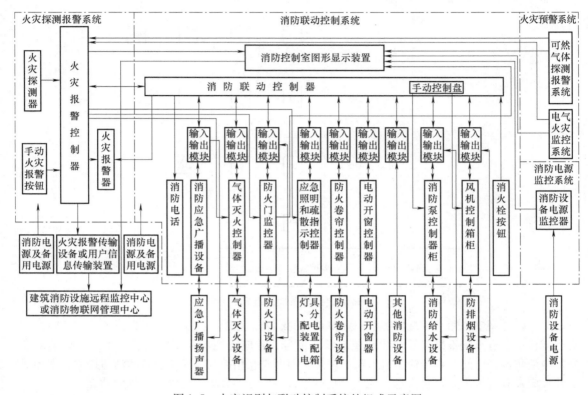

图1-5　火灾识别与联动控制系统的组成示意图

（1）火灾探测报警系统的构成及原理

火灾探测报警系统是实现火灾早期探测并发出火灾报警信号的系统，一般由火灾触发器件（火灾探测器、手动火灾报警按钮）、火灾声光警报器、火灾报警控制器等组成。它能及时、准确地探测被保护对象的初起火灾，并做出报警响应，从而使建筑物中的人员有足够的时间在火灾尚未发展蔓延到危害生命安全的程度时疏散至安全地带，是保障人员生命安全的最基本的建筑消防系统。图1-6为火灾探测报警系统的组成示意图。

图1-6　火灾探测报警系统的组成示意图

火灾探测报警系统的工作原理如图1-7所示。火灾发生时，安装在保护区域现场的火灾探测器将火灾产生的烟雾、热量和光辐射等火灾特征参量转变为电信号，经数据处理后，将火灾特征参量信息传输至火灾报警控制器；或直接由火灾探测器做出火灾报警判断，将报警信息传输到火灾报警控制器。火灾报警控制器在接收到探测器的火灾特征参量信息或报警信息后，经报警确认判断，显示发出火灾报警控制器的部位，记录探测器火灾报警的时间。处于火灾现场的人员，在发现火灾后可立即触动安装在现场的手动火灾报警按钮，便可将报警信息传输到火灾报警控制器，火灾报警控制器在接收到报警信息后，经确认判断，显示发出火灾手动报警按钮的部位，记录手动火灾报警按钮报警的时间。火灾报警控制器在确认火灾探测器和手动火灾报警按钮的报警信息后，驱动安装在被保护区域现场的火灾警报装置，发出火灾警报，警示处于被保护区域内的人员火灾的发生。

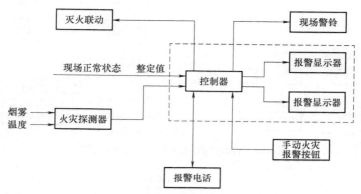

图 1-7　火灾探测报警系统工作原理

（2）消防联动控制系统的构成及原理

消防联动控制系统是火灾识别与联动控制系统中，接收火灾报警控制器发出的火灾报警信号，按预设逻辑完成各项消防功能的控制系统。消防联动控制系统由消防联动控制器、消防控制室图形显示装置、消防电气控制装置（防火卷帘控制器、气体灭火控制器等）、消防电动装置、消防联动模块、消火栓按钮、消防应急广播设备、消防电话等设备和组件组成。在发生火灾时，消防联动控制器按设定的控制逻辑向消防供水泵、报警阀、防火门、防火阀、防排烟阀和通风等消防设施准确发出联动控制信号，实现对火灾警报、消防应急广播、应急照明及疏散指示系统、防排烟系统、自动灭火系统、防火分隔系统的联动控制，接收并显示上述系统设备的动作反馈信号，同时接收消防水池、高位水箱等消防设施的动态监测信号，实现对建筑消防设施的状态监视功能。图 1-8 消防联动控制系统的组成示意图。

消防联动控制系统的工作原理如图 1-9 所示。火灾发生时，火灾报警控制器将火灾探测器和手动火灾报警按钮的报警信息传输至消防联动控制器。对于需要联动控制的自动消防系统（设施），消防联动控制器安装预设的逻辑关系对接收到的报警信息进行识别、判断，若逻辑关系满足，消防联动控制器便按照预设的控制时序启动相应消防系统（设施）；消防控制室的消防管理人员也可以通过操作消防联动控制器的手动控制盘直接启动相应的消防系统（设施），从而实现相应的消防系统（设施）预设的消防功能。消防系统（设施）动作的反馈信号传输至消防联动控制器显示。

（3）可燃气体探测报警系统的构成及原理

可燃气体探测报警系统是火灾识别与联动控制系统的独立子系统，属于火灾预警系统，由可燃气体报警控制器、可燃气体探测器和火灾声光警报器组成。它能够在保护区域内泄露可燃气体的浓度低于爆炸下限的条件下提前报警，从而预防由于可燃气体泄漏而引发的火灾和爆炸事故的发生。图 1-10 为可燃气体探测报警系统的组成示意图。

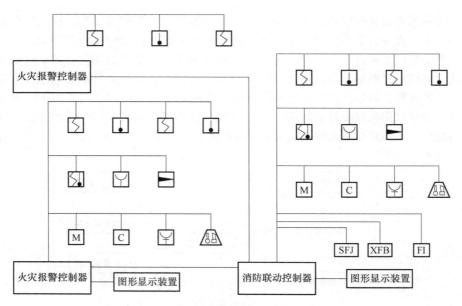

图 1-8　消防联动控制系统的组成示意图

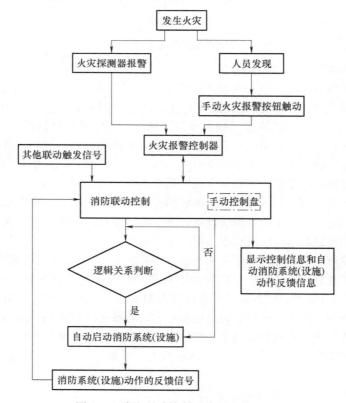

图 1-9　消防联动控制系统的工作原理

　　可燃气体探测报警系统的工作原理如图 1-11 所示。发生可燃气体泄漏时，安装在保护区域现场的可燃气体探测器将泄漏可燃气体的浓度参数转变为电信号，经数据处理后，将可燃气体浓度参数信息传输到可燃气体报警控制器；或直接由可燃气体探测器做出泄漏可燃气体浓度超

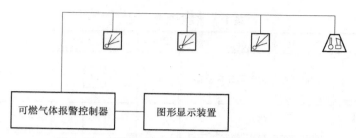

图 1-10　可燃气体探测报警系统的组成示意图

限报警判断，将报警信息传输到可燃气体报警控制器。可燃气体报警控制器在接收到探测器的可燃气体浓度参数信息或报警信息后，经确认判断，显示报警探测器的部位和泄漏可燃气体浓度信息，记录探测器报警的时间，同时驱动安装在保护区域现场的声光警报装置，发出声光警报，警示人员采取相应的处置措施；必要时可以控制并关断燃气阀门，防止燃气的进一步泄漏。

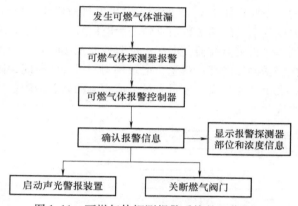

图 1-11　可燃气体探测报警系统的工作原理

（4）电气火灾监控系统的构成及原理

电气火灾监控系统是火灾识别与联动控制系统的独立子系统，属于火灾预警系统，由电气火灾监控器、电气火灾监控探测器和火灾声光警报器组成。图 1-12 为电气火灾监控系统的组成示意图，图例见表 1-3。

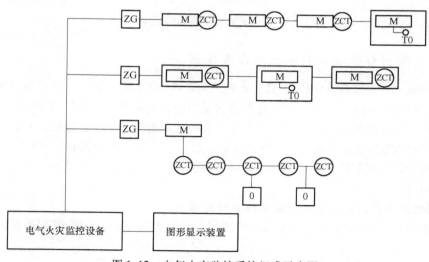

图 1-12　电气火灾监控系统组成示意图

表 1-3　图例说明（二）

序号	图例	名　称	序号	图例	名　称
1	M / T0	测温式电气火灾监控探测器	6	M	模拟器
2	M	模块	7	ZG	隔离器
3	ZCT	零序电流互感器	8	T0	线缆温度传感器
4	0	电气火灾系统输出模块	9	TC	箱体温度传感器
5	M ZCT	剩余电流式电气火灾监控探测器			

电气火灾监控系统的工作原理如图 1-13 所示。发生电气故障时，电气火灾监控探测器将保护线路中的剩余电流、温度等电气故障参数信息转变为电信号，经数据处理后，探测器做出报警判断，将报警信息传输到电气火灾监控器。电气火灾监控器在接收到探测器的报警信息后，经确认判断，显示电气故障报警探测器的部位信息，记录探测器报警的时间，同时驱动安装在保护区域现场的声光警报装置，发出声光警报，警示人员采取相应的处置措施，排除电气故障，消除电气火灾隐患，防止电气火灾的发生。

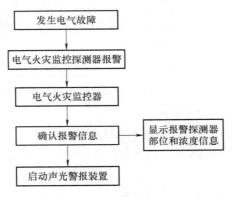

图 1-13　电气火灾监控系统的工作原理

1.2.4　火灾识别与联动控制系统的设置原则

依据《火灾自动报警系统设计规范》，火灾识别与联动控制系统可用于人员居住和经常有人滞留的场所、存放重要物资或燃烧后产生严重污染需要及时报警的场所。该规范第 1.0.4 条规定，火灾识别与联动控制系统的设计除应符合《火灾自动报警系统设计规范》外，还应符合国家现行有关标准的规定。这主要有《建筑设计防火规范》（GB50016—2014）（2018 年版）、《人民防空工程设计防火规范》（GB 50098—2009）、《汽车库、修车库、停车场设计防火规范》（GB 50067—2014）等。

1. 民用建筑火灾识别与联动控制系统的设置原则

依据《建筑设计防火规范》第 8.4 条的规定，建筑火灾识别与联动控制系统的设置原则如下：

1）任一层建筑面积大于1500m²或总建筑面积大于3000m²的制鞋、制衣、玩具、电子等类似用途的厂房。

2）每座占地面积大于1000m²的棉、毛、丝、麻、化纤及其制品的仓库，占地面积大于500m²或总建筑面积大于1000m²的卷烟仓库。

3）任一层建筑面积大于1500m²或总建筑面积大于3000m²的商店、展览、财贸金融、客运和货运等类似用途的建筑，总建筑面积大于500m²的地下或半地下商店。

4）图书或文物的珍藏库，每座藏书超过50万册的图书馆，重要的档案馆。

5）地市级及以上广播电视建筑、邮政建筑、电信建筑，城市或区域性电力、交通和防灾等指挥调度建筑。

6）特等、甲等剧场，座位数超过1500个的其他等级的剧场或电影院，座位数超过2000个的会堂或礼堂，座位数超过3000个的体育馆。

7）大、中型幼儿园的儿童用房等场所，老年人照料设施，任一层建筑面积大于1500m²或总建筑面积大于3000m²的疗养院的病房楼、旅馆建筑和其他儿童活动场所，不少于200床位的医院门诊楼、病房楼和手术部等。

8）歌舞娱乐放映游艺场所。

9）净高大于2.6m且可燃物较多的技术夹层，净高大于0.8m且有可燃物的闷顶或吊顶内。

10）电子信息系统的主机房及其控制室、记录介质库，特殊贵重或火灾危险性大的机器、仪表、仪器设备室、贵重物品库房，设置气体灭火系统的房间。

11）二类高层公共建筑内建筑面积大于50m²的可燃物品库房和建筑面积大于500m²的营业厅。

12）其他一类高层公共建筑。

13）设置机械排烟、防烟系统，雨淋或预作用自动喷水灭火系统，固定消防水炮灭火系统，气体灭火系统等需要与火灾识别与联动控制系统联锁动作的场所或部位。

14）建筑高度大于100m的住宅建筑。

15）建筑高度大于54m但不大于100m的住宅建筑，其公共部位应设置火灾识别与联动控制系统，套内宜设置火灾探测器。

16）建筑高度不大于54m的高层住宅建筑，其公共部位宜设置火灾识别与联动控制系统。当设置需联动控制的消防设施时，公共部位应设置火灾识别与联动控制系统。

17）高层住宅建筑的公共部位应设置具有语音功能的火灾声光警报装置或应急广播。

18）建筑内可能散发可燃气体、可燃蒸气的场所应设置可燃气体报警装置。

2. 人防工程火灾识别与联动控制系统的设置原则

依据《人民防空工程设计防火规范》第8.4.1条规定，下列人防工程或部位应设置火灾识别与联动控制系统：

1）建筑面积大于500m²的地下商店、展览厅和健身体育场所。

2）建筑面积大于1000m²的丙、丁类生产车间和丙、丁类物品库房。

3）重要的通信机房和电子计算机机房，柴油发电机房和变配电室，重要的实验室和图书、资料、档案库房等。

4）歌舞娱乐放映游艺场所。

3. 汽车库、修车库、停车场火灾识别与联动控制系统的设置原则

《汽车库、修车库、停车场设计防火规范》第9.0.7条规定，除敞开式汽车库、屋面停车场以外的下列汽车库、修车库，应设置火灾识别与联动控制系统：

1) Ⅰ类汽车库、修车库。
2) Ⅱ类地下汽车库、修车库。
3) Ⅱ类高层汽车库、修车库。
4) 机械式汽车库。
5) 采用汽车专用升降机作汽车疏散出口的汽车库。

1.3 火灾识别与联动控制系统的发展及趋势

1.3.1 火灾识别与联动控制系统的发展历程

火灾识别与联动控制系统发展至今已有百余年的历史，18世纪40年代美国人最先研制出火灾报警系统，1890年英国人研制成了感温式火灾报警系统，这使火灾报警系统逐渐走进人们的日常生活、生产当中。感温式火灾报警系统的出现加快了火灾报警系统的发展，随着科学技术的不断发展，许多新技术也被逐渐应用在火灾报警系统之中，火灾报警系统也因为科技水平的不断提升而得到了快速的发展，出现了各式各样的火灾报警系统。火灾自动报警技术主要经历了以下几个阶段：

第一阶段：从19世纪40年代到20世纪40年代。这一阶段的火灾报警技术处于刚刚起步的阶段，这时的火灾报警系统以感温式火灾报警系统为主，它通过采集周围的温度与设定值进行比较的方式来判断是否发生火灾，来进行火灾的预防，这种方式往往会因受到外界干扰而导致火灾报警系统的精度降低。

第二阶段：从20世纪40年代到20世纪70年代。这一阶段主要受瑞士的物理学家Emst Meili研发出的离子感烟探测器影响，人们研究出感烟式火灾报警系统，感烟式火灾报警系统相对于感温式报警系统精度更高，所以感烟式火灾报警系统逐渐占据了火灾报警市场的主导地位。到了20世纪70年代末，随着光电技术的不断完善，光电式感烟探测器因为其寿命长、抗干扰能力强等优点逐渐成为火灾报警系统的发展主流。光电式感烟探测器逐渐占据了火灾报警市场，这也推进了火灾自动报警技术的发展。

第三阶段：从20世纪80年代初到20世纪80年代中期。这一阶段总线型火灾报警系统因布线的工作量少、安装和调试容易、报警和定位精确等特点成为火灾报警系统发展的主流，占据了火灾报警系统市场的主导地位。总线型火灾报警系统也是火灾自动报警技术跨出的巨大一步。

第四阶段：从20世纪80年代中后期到21世纪初期。在这个阶段随着现代控制技术、集成电路技术、计算机技术、智能技术及传感器技术的飞速发展，火灾自动报警技术也随之进入到智能化的时代，具有智能性、安全性和精准性的火灾报警系统急速发展起来，这在火灾自动报警技术的发展历史上具有里程碑的意义。

近年来，在国外运用无线通信代替有线通信的火灾报警系统迅速发展起来，随着科学的进步和元器件成本的降低逐渐占据了火灾报警系统的市场，这种基于无线通信技术的火灾报警系统因其能够适用于各种不便布线的场所且精度高等特点成为未来火灾报警系统发展的主流方向。

我国火灾报警系统起步较晚，20世纪70年代中期，北京自动化仪表二厂引进火灾自动报警技术，并开始生产火灾自动报警系列产品，实现了我国火灾自动报警行业从无到有的"零的突破"。20世纪70年代末期，公安部以及核工业部下达了研制火灾识别与联动控制系统的科研计划。20世纪80年代前期，火灾自动报警系列产品被研制出来，并实现规模化生产，投入市场。最初，火灾自动报警产品大多数为多线制（$n+1$）和电位信号传输方式，消防联动控制产品基本上是多线制的硬件组合，无灾误报几乎成为当时国内厂商的共同难题。这一阶段的产品由于采用多线制，施工较为困难，技术水平相对较低。

自 1985 年以后，我国火灾自动报警行业内的厂商由几家猛增到数十家，呈现"百花齐放、百家争鸣"的蓬勃发展局面。国内部分厂家通过技术引进，联合研制，使产品在技术、质量方面有了改进与提高。20 世纪 90 年代前期，国内新建了很多合资企业和外商独资企业，从事火灾自动报警产品的设计、生产和销售；同时，许多国际著名厂商和分包商带着先进产品大量涌入了我国市场。这期间，在我国消防电子界，有一批入行较晚却"后来居上"的新兴企业涌现。它们成立仅仅几年，在科研水平、生产能力、市场占有率诸多方面遥遥领先。这些新兴企业以高起点推出的线制少、稳定性高的总线制火灾报警控制系统，对入行早的老厂商的传统型探测器、多线制报警控制系统形成强有力的挑战。这种在行业内激烈的技术竞争，使我国火灾自动报警产品的技术水平和生产规模向前大大推进了一步。

20 世纪 90 年代后期，是我国火灾自动报警行业发展最快的一个阶段，也是技术含金量较高的一个阶段，还是国产品牌占据市场主导地位的一个阶段。这一阶段我国消防电子产业发展迅速，许多过去的依赖进口的产品实现了国产化，部分本土企业生产的一般通用型消防报警设备的主要技术指标达到或接近了国际先进水平，完全达到与进口产品抗衡的程度。我国火灾自动报警行业本土品牌已经完成了从弱到强的发展，本土企业的技术、工艺和管理方面与国外先进水平的差距不断缩小，发展前景良好。

近 10 年来，随着微电子技术、网络通信技术和计算机软件技术的不断发展和完善，以及在消防产品中的大量应用，火灾报警系统的集成化、智能化和网络化的程度不断提高，系统的结构和形式越来越灵活。微型计算机强大的运算能力和出众的逻辑功能，在改善和提高系统的准确性和可靠性方面做出了巨大贡献，同时，人工智能、5G 技术以及智能算法的不断发展使得火灾数据信息的分析和处理更加智能化，提高了报警的准确度，并且使得现代火灾报警系统具有了更高的实时性、稳定性和可靠性。

1.3.2 火灾识别与联动控制系统标准化认证

随着我国火灾识别与消防联动控制系统迅猛发展，产品与国际接轨势在必行。行业认证和产品标准化是消防电子设备发展的必由之路。

1. UL 认证

UL 是美国最大的产品安全监测认证机构，其更多的认证是民用产品。对于民用产品，UL 认证比 FM 认证更重要。

按 UL 系列标准进行认证，UL 标准自成体系，与其他国外标准不相通。

产品认证后每年 4 次监督审查。

2. FM 认证

FM 是美国最大的风险保险商，是工业资产保险，并非美国政府产品安全检测认证机构。FM 认证更多的是工业用产品。对于工业用产品，FM 认证比 UL 认证更重要。

按 FM 标准或规程进行认证，FM 标准与 UL 标准、NFPA 标准有一定联系，FM 标准比 UL 标准要求相对少一些，但两者之间不存在互认或替代。

产品认证后每年 4 次监督审查，其中，FM 自己必须进行 1 次，其他 3 次可认可 UL 的审查。

3. LPCB 认证

LPCB 是英国防损认证机构，是一种较权威的第三方认证机构。

按 EN54 系列标准认证，EN54 系列标准与 ISO 的消防产品标准基本等效，试验方法及参数与 IEC 标准一致，标准的通用性较强，可得到更多国家的认可。

产品认证后每年 2 次监督审查。

4. VDS 认证

VDS 是德国一家专业认证机构，针对消防及安防系统产品进行的认证，VDS 与 LPCB 均是火灾探测及报警类产品的指定机构。

VDS 按 EN54 系列标准认证，EN54 系列标准与 ISO 的消防产品标准基本等效，试验方法及参数与 IEC 标准一致。

产品认证后需进行监督审核。

5. CE 认证

CE 标志在欧盟市场属强制性认证标志，这是欧盟法律对产品提出的一种强制性要求。

消防报警系统产品涉及的指令有：73/23/EEC（LVD）、低电压指令、89/336/EEC（EMC）电磁兼容指令、89/106/EEC（CPD）建筑指令。前两个指令可通过自我声明形式，当欧盟官方公报中已刊登协调标准并规定生效日期时，必须按要求进行 CPD 指令的第 3 方（如 LPCB）认证。此时，消防产品除了要求满足 EN 有关安全标准及电磁兼容标准（包括抗干扰及骚扰两方面要求）外，还要求满足 EN54 系列标准。

CE 认证的标准为 EN 系列协调标准，内容基本与 ISO、IEC 标准保持协调一致。

1.3.3　火灾识别与联动控制系统的发展趋势

以火灾识别与联动控制系统为核心的建筑消防系统，是预防和遏制建筑火灾的重要保障。近年来，我国火灾自动报警应用技术实现了较快发展，但由于在实际应用中，火灾识别与联动控制系统的通信协议不一致，火灾自动报警应用技术水平还相对落后，因此存在一些网络化安装程度不够、系统连接方式落后、适用范围有限、系统误报和漏报较多等比较突出的问题。针对上述问题，火灾识别与联动控制系统应用技术应进一步着眼于当前国际发展的新形势，加快更新改造进程，加强对数字技术和新工艺、新材料的应用，改进系统能力，使火灾自动报警应用技术向着高可靠、低误报和网络化、智能化方向发展。当前国外火灾自动报警应用技术的发展趋势主要表现为七个方面。

1. 网络化

当今的时代是网络化的时代，网络技术已经深入到人们日常工作和生活中的各个领域，可以预见网络化将是火灾识别与联动控制系统的一个主要发展趋势，其主要是利用计算机网络技术实现火灾识别与联动控制系统内部的网络化连接，同时火灾识别与联动控制系统还能与城市的火灾报警中心通过一定的网络协议互相连接，这就大大增加了火灾识别与联动控制系统的有效性。通过计算机网络技术实现火灾识别与联动控制系统的网络化管理，实现其内部各个报警系统的连接，达到资源共享，实现报警中心与各个建筑的火灾识别与联动控制系统的连接，一旦报警系统出现异常，报警中心人员能够第一时间掌握火灾地点以及火灾建筑的形态，这不仅能够让人们第一时间发现火情，还能够帮助消防人员根据火灾建筑的具体特点实施专业化灭火。同时火灾识别与联动控制系统的网络化发展还能及时发现系统中的异常情况。

2. 智能化

火灾识别与联动控制系统的智能化是使探测系统能模仿人的思维，主动采集环境温度、湿度、灰尘、光波等数据模拟量并充分采用模糊逻辑和人工神经网络技术等进行计算处理，对各项环境数据进行对比判断，从而准确地预报和探测火灾，避免误报和漏报现象。发生火灾时，能依据探测到的各种信息对火场的范围、火势的大小、烟的浓度以及火的蔓延方向等给出详细的描述，甚至可配合电子地图进行形象提示，对出动力量和扑救方法等给出合理化建议，以实现各方面快速准确反应联动，而且火灾中探测到的各种数据可作为准确判定起火原因、调查火灾事故责任的科学依据。此外，规模庞大的建筑使用全智能型火灾识别与联动控制系统，即探测器和控制器均为智能型，分别承担不同的职能，可提高系统巡检速度、稳定性和可靠性。

3. 多样化

（1）火灾探测技术的多样化

我国目前应用的火灾探测器按其响应和工作原理基本可分为感烟、感温、火焰、可燃气体探测器以及两种或几种探测器的组合等，其中，感烟探测器一枝独秀，但光纤线性感温探测技术、火焰自动探测技术、气体探测技术、静电探测技术、燃烧声波探测技术、复合探测技术代表了火灾探测技术发展和开发应用研究的方向。此外，利用纳米粒子化学活性强、化学反应选择性好的特性，将纳米材料制成气体探测器或离子感烟探测器，用来探测有毒气体、易燃易爆气体、蒸气及烟雾的浓度并进行预警，具有反应快、准确性高的特点，目前已列为我国消防科研工作者的重点研究开发课题。

（2）设备连接方式的多样化

随着无线通信技术的成熟、完善和新型有线通信材料的研制，设备间、系统间可根据具体的环境、场所的不同而选择方便可靠的通信方式和技术，设备间可以用无线技术进行连接，形成有线、无线互补，同时新型通信材料的研制开发可弥补铜线连接存在的缺陷。而且各探测器之间也可进行数据信息传递和交流，使探测器的设置从枝状变成网状，探测器不再各自独立，系统间、设备间的信息传递更方便、更可靠。

4. 小型化

火灾识别与联动控制系统的小型化是指探测部分或者说网络中的"子系统"小型化。如果火灾识别与联动控制系统实现网络化，那么系统中的中心控制器等设备就会变得很小，甚至对较小的报警设备安装单位就可以不再独立设置，而依靠网络中的设备、服务资源进行判断、控制、报警，这样火灾识别与联动控制系统安装、使用、管理就变得简洁、省钱、方便。

5. 灵敏化

增强火灾识别与联动控制系统的灵敏性，避免漏报、误报是其未来的主要发展趋势之一，我国可以采用"人工神经网络"算法，增强系统的容错能力，使整个系统近乎人类的思维，应加强子系统与主机的双向交流，提高其运行速度和运行能力，从而提升灵敏度，消防应以预防为主，高灵敏性能够提前发现潜在危险因素，达到预防目的。

6. 无线化

与有线火灾识别与联动控制系统相比，无线火灾识别与联动控制系统具有施工简单、安装容易、组网方便、调试省时省力等特点，而且对建筑结构损坏小，便于与既有系统集成且容易扩展，系统设计简单且可完全寻址，便于网络化设计，可广泛应用于医院、文物古建筑、机场、综合建筑和不便联网、建筑物分散、规模较大、干扰较小的建筑。对正在施工或正在进行重新装修的场所，在未安装有线火灾自动报警系统前，这种临时系统可以充分保障建筑物的防火安全，一旦施工结束，无线系统可以很容易转移到别的场所。

7. 社区化

目前我国火灾识别与联动控制系统的安装范围主要集中在比较重要的大型建筑上，对于居民社区建筑的安装并没有普及，随着我国经济的发展以及城市化建设进程的完善，未来火灾识别与联动控制系统的应用范围一定会向普通的居民社区蔓延，这对保证居民生命和财产的安全有着重要的意义。

　　随着 5G 技术的全面推广和应用，5G 技术与 AI 技术也将加速推动火灾识别与联动控制系统的发展。5G 时代，物联网将城市融为一体，数据的采集、分析以微秒级别来计算，信息变得更易被采集，数据变成网格化、平面化传输，不再是某一部门独有，"信息孤岛"现象不复存在。同时，5G 技术的商用会带动识别技术进一步赋能消防产业，智慧感烟、智慧消火栓、火眼等一系列消防设施将迎来新的发展空间。如天津消防研究的"火眼"系统，只需在安防系统局域网下接入"火眼"软件即可实现可视图像早期火灾报警，最快可在火灾图像出现的 10s 之内，准确发现火焰或烟雾并同时发出火灾报警信号，比传统感温、感烟报警速度提高 5 倍以上；阿里安全推出 AI 安全厨房，探索用 AI 图像识别技术和红外热成像技术，解决厨房安全生产问题；华为云城市智能体接到火警信号后，迅速下达指令，通知 119、120 紧急联动；海康威视发布一款室内防火"神器"超能示警；三星旗下的一家设计公司发明了一款神奇的灭火花瓶 Firevase 三星灭火器等。

思 考 题

1. 简述火灾的定义及分类，举例说明火灾对人类的危害。
2. 火灾发生的常见原因有哪些？如何预防？
3. 火灾都有哪些特征？如何根据火灾特征来进行火灾识别？
4. 简述传统火灾识别技术和视频图像识别技术的优缺点。
5. 火灾识别与联动控制系统由哪几部分构成？各自的作用是什么？
6. 火灾识别与联动控制系统有哪些类型？各自适用于什么条件？
7. 简述火灾识别与联动控制系统的发展历程。
8. 简述火灾识别与联动控制系统的应用现状及发展趋势。

2

第2章

火灾探测器

　　火灾探测是以探测物质燃烧过程产生的各种物理现象为机理，达到早期发现火灾的目的。火灾的早期发现，是充分利用灭火措施减少火灾损失、保护生命财产的重要保障。火灾探测器在火灾自动报警系统中用量最大，同时又是整个系统中最早发现火情的设备。火灾自动报警系统中火灾探测器的选择是否合理，关系到系统能否正常运行，因此，其种类的选择非常重要。一般应根据被保护区域内的环境条件、火灾特点、楼层高度、安装场所的气流状况等，选用其所适宜类型的火灾探测器或几种火灾探测器的组合。本章主要介绍火灾探测器的分类、选择及布置，感烟火灾探测器、感温火灾探测器、火焰探测器、图像型火灾探测器、其他火灾探测器等内容。

2.1 火灾探测器概述

2.1.1 火灾探测器的分类

　　发生火灾时，伴随着产生燃烧气体、烟雾、温度、火焰和燃烧波等火灾参量，通过对这些火灾参量的测量、分析，就可以判定被测区域有无火灾存在。探测火灾参量的探测器称为火灾探测器。火灾探测器的工作实质是将火灾中出现的质量流（可燃气体、燃烧气体、烟颗粒、气溶胶）和能量流（火焰光、燃烧音）等物理现象的特征信号，利用传感元件进行响应，并将其转换为另一种易于处理的物理量；根据对火灾不同的响应信号特征，可以将这些火灾探测器分为：气敏型、感温型、感烟型、感光型和感声型五大类型；根据保护面积和范围分为点型和线型两类；根据智能程度分为开关量、模拟量（类比式）和智能化探测器。火灾探测器的分类见表2-1。

表2-1　火灾探测器的分类

感知参量类型	型式		具 体 分 类
感烟火灾探测器	点型	离子感烟探测器	单源单室感烟探测器、双源双室感烟探测器、双源单室感烟探测器
		光电感烟探测器	减光型感烟探测器、散射型感烟探测器
	线型	吸气式感烟火灾探测器	
		线型光束感烟火灾探测器、光截面感烟火灾探测器	
	图像型感烟火灾探测器		

（续）

感知参量类型	型式		具体分类
感温火灾探测器	点型	定温火灾探测器	玻璃球膨胀定温火灾探测器、易熔合金定温火灾探测器、金属薄片定温火灾探测器、双金属水银接点定温火灾探测器、热电偶定温火灾探测器、半导体定温火灾探测器
		差温火灾探测器	金属模盒式差温火灾探测器、热敏电阻差温火灾探测器、半导体差温火灾探测器、双金属差温火灾探测器
		差定温火灾探测器	金属模盒式差定温火灾探测器、热敏电阻差定温火灾探测器、半导体差定温火灾探测器、双金属差定温火灾探测器、热电偶线性差定温火灾探测器
	线型	定温火灾探测器	半导体线性定温火灾探测器、缆式线型定温火灾探测器、光纤光栅定温火灾探测器、分布式光纤线型定温火灾探测器、线式多点型感温火灾探测器
		差温火灾探测器	空气管式线型差温火灾探测器、热电偶线型差温火灾探测器
	图像型感温火灾探测器		
感光火灾探测器	点型紫外火焰探测器、红紫外复合火焰探测器		
	点型红外火焰探测器、双红外火焰探测器、三红外火焰探测器		
	图像型火焰探测器		
气体火灾探测器（可燃气体探测器）	半导体气体探测器、接触燃烧式气体探测器、光电式气体探测器、红外气体探测器、光电式气体探测器、激光气体探测器、热线型气体探测器、光纤可燃气体探测器		
复合火灾探测器	光电烟温复合探测器、光电烟温气（CO）复合探测器、双光电烟温复合探测器、焰烟温复合探测器、双光电烟双感温复合探测器、离子烟光电烟感温复合探测器		

2.1.2 火灾探测器产品型号的构成及含义

1. 火灾探测器产品型号编制的基本原则

火灾探测器产品型号的编制，按类组型特征、传感器特征、传输方式特征、厂家及产品代号和主参数分类，以简明易懂、同类间无重复、尽可能反映产品特点为原则。

2. 火灾探测器产品型号的组成

火灾探测器产品型号由特征代号和规格代号两大部分组成。其中，特征代号由类组型特征代号、传感器特征及传输方式代号构成，规格代号由厂家及产品代号主参数及自带报警声响标志构成。火灾探测器产品型号的形式如图2-1所示。

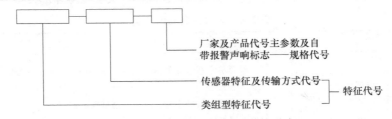

图2-1 火灾探测器产品型号的形式

（1）类组型特征代号

类组型特征代号包括火灾报警设备在消防产品中的分类代号、火灾探测器代号、火灾探测器类型分组代号和应用范围特征代号。类组型特征代号用大写汉语拼音字母表示。代号中使用的汉语拼音字母为类组型特征名称中具有代表性的汉语拼音字母。

（2）传感器特征代号

传感器特征代号包括火灾探测器敏感元件代号和敏感方式特征代号。除感温火灾探测器需用敏感元件特征代号和敏感方式特征代号表示外，其他各类火灾探测器只用敏感元件特征代号。传感器特征代号用有代表性的传感器特征名称汉语拼音中的一个字母表示。

（3）传输方式代号

传输方式代号表明火灾探测器是无线传输方式，还是编码或非编码或其混合方式，用一个汉语拼音大写字母表示。

（4）厂家及产品代号

厂家代号表示生产厂家的名称，用汉字拼音字母或英文字母表示。产品代号表示产品的系列号，用阿拉伯数字表示。

（5）主参数及自带报警声响标志

火灾探测器产品的主参数表示该火灾探测器的灵敏度级别或动作阈值，分别用罗马数字和阿拉伯数字表示。如两者同时存在，两者之间用斜线隔开。对于自带报警声响的火灾探测器在主参数之后用大写汉语拼音字母 B 标明。

3. 火灾探测器型号的编制方法

图 2-2 所示为火灾探测器型号的编制方法。

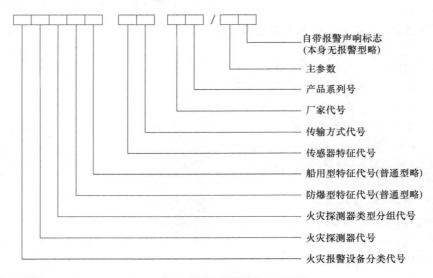

图 2-2　火灾探测器型号的编制方法

（1）类组型特征表示法

由 3~5 个汉语拼音字母组成，一般仅有 3 个字母。

1）J（警）——火灾报警设备分类代号。

2）T（探）——火灾探测器代号。

3）火灾探测器类型分组代号。各种类型火灾探测器的具体表示方法为：

Y（烟）——感烟火灾探测器。

W（温）——感温火灾探测器。

G（光）——感光火灾探测器。

Q（气）——可燃气体探测器。

T（图）——图像型火灾探测器。

S（声）——感声火灾探测器。

F（复）——复合火灾探测器。

（2）应用范围特征代号表示方法

B（爆）——防爆型（无"B"即为非防爆型，其名称也无须指出"非防爆型"）。

C（船）——船用型（非防爆或非船用型可省略，无须注明）。

（3）探测器特征表示法（敏感元件、敏感方式特征代号）。

LZ（离子）——离子。

MD（膜、定）——膜盒定温。

GD（光、电）——光电。

MC（膜、差）——膜盒差温。

SD（双、定）——双金属定温。

MCD（膜、差、定）——膜盒差定温。

SC（双、差）——双金属差温。

GW（光、温）——感光感温。

GY（光、烟）——感光感烟。

YW（烟、温）——感烟感温。

YW-HS（烟温-红束）——红外光束感烟感温。

BD（半、定）——半导体定温。

BO（半、差定）——半导体差定温。

ZD（阻、定）——热敏电阻定温。

BC（半、差）——半导体差温。

ZC（阻、差）——热敏电阻差温。

BCD（半、差、定）——半导体差定温。

ZCD（阻、差、定）——热敏电阻差定温。

HW（红、外）——红外感光。

ZW（紫、外）——紫外感光。

BQ（半、气）——半导体气敏。

CQ（催、气）——催化气敏。

（4）厂家及产品代号表示法

厂家及产品代号为4~6位，前2位或3位使用厂家名称中具有代表性的汉语拼音字母或英文字母表示厂家代号，其后用阿拉伯数字表示产品系列号。

（5）主参数及自带报警声响标志表示法

1）定温、差定温火灾探测器用灵敏度级别或动作温度值表示。

2）差温火灾探测器、感烟火灾探测器的主参数无须反映。

3）其他火灾探测器用能代表其响应特征的参数表示；复合火灾探测器的主参数如为两个以上，其间用"/"隔开。例：

JTY-GD-G3智能光电感烟火灾探测器；JTY-HS-1401红外光束感烟火灾探测器；JTW-ZD-2700/015热敏电阻定温火灾探测器；JTY-LZ-651离子感烟火灾探测器；DH-GSTN5300/3剩余电

流式电气火灾监控探测器；VLP-400-CH 极早期空气采样烟雾火灾探测器。

2.1.3 火灾报警区域、探测区域的划分

1. 火灾报警区域的划分

火灾报警区域是指将火灾自动报警系统的警戒范围按防火分区或楼层划分的单元。

在系统设计中，在火灾报警区域的划分中既可将一个防火分区划分为一个报警区域，也可将同层相邻的几个防火分区划为一个报警区域。但这种情况下，报警区域不得跨越楼层。

一般情况下，一个报警区域设一台区域报警控制器。当用一台区域报警控制器警戒数个楼层时，应在每层各主要楼梯口处明显部位装设识别楼层的声光显示器。

区域报警控制器的容量应不小于报警区域内探测部位的总数。采用总线制时，每只探测器都有自己独立的编址，有时区域内几只探测器可按探测器组编成同一个报警部位号。报警部位号的编号应做到有规律，便于操作人员识别，以达到迅速断定着火地点或范围的目的。对不同类别信号的识别，如感烟火灾探测器、水流指示器、手动报警按钮等应以不同显示方式或不同的编码区段加以区别。

合理正确划分火灾报警区域，能在火灾初期及早地发现火灾发生的部位，尽快扑灭火灾。

2. 火灾探测区域的划分

火灾探测区域是指将报警区域按探测火灾的部位划分的单元。探测出被保护区内发生火灾的部位，需将被保护区按顺序划分成若干探测区域。

探测区域可以是一只探测器所保护的区域，也可以是几只探测器共同保护的区域。但一个探测区域在区控器上只能占有一个报警部位号。探测区域的划分应符合下列规定：

1）探测区域应按独立房（套）间划分：一个探测区域的面积不宜超过 500m²。从主要出入口能看清其内部，且面积不超过 1000m² 的房间，也可划为一个探测区域。

2）符合下列条件之一的二级保护对象，可将几个房间划为一个探测区域：

① 相邻房间不超过 5 个，总面积不超过 400m² 的房间，并在每个门口设有灯光显示装置。

② 相邻房间不超过 10 个，总面积不超过 1000m² 的房间，在每个房间门口均能看清其内部，并在每个门口设有灯光显示装置。

3）下列场所应分别单独划分探测区域：

① 敞开、封闭楼梯间。

② 防烟楼梯间前室、消防电梯前室、消防电梯与防烟楼梯间合用前室。

③ 走道、坡道、管道井、电缆隧道。

④ 建筑物闷顶、夹层。

2.1.4 火灾探测器种类的选择

正确合理地选择探测器种类及数量是十分重要的，它关系到系统的可靠性。另外，探测器选择后的合理布置是保证探测质量的关键环节，为此应在符合国家规范的前提下选择火灾探测器。

1. 根据火灾特点、环境条件及安装场所确定探测器的类型

考虑受到可燃物质的类别、着火的性质、可燃物质的分布、着火场所的条件、新鲜空气的供给程度以及环境温度等因素的影响，一般把火灾的发生与发展分为 4 个阶段：

1）前期：火灾尚未形成，只出现一定量的烟，基本上未造成物质损失。

2）早期：火灾开始形成，烟量大增，温度上升，已开始出现火，造成较小的物质损失。

3）中期：火灾已经形成，温度很高，燃烧加速，造成了较大的物质损失。

4）晚期：火灾已经扩散。

根据以上对火灾特点的分析，选择火灾探测器应符合下列原则：

1）火灾初期有阴燃阶段，产生大量的烟和少量的热，很少或没有火焰辐射，应选用感烟火灾探测器。

不适宜选用感烟火灾探测器的场所：正常情况下有烟的场所；经常有粉尘及水蒸气的场所；液体微粒出现的场所；火灾发展迅速、产生烟极少而爆炸性强的场所。

离子感烟与光电感烟火灾探测器的适用场合基本相同，但应注意它们各有不同的特点。离子感烟火灾探测器对人眼看不到的微小颗粒同样敏感，例如人能嗅到的油漆味、烤焦味等都能引起探测器动作，甚至一些分子量大的气体分子，也会使探测器发生动作，在风速过大的场合（如大于6m/s）将引起探测器不稳定，且其敏感元件的寿命与光电感烟火灾探测器相比较短。

2）火灾发展迅速，产生大量的热、烟和火焰辐射，可选用感温火灾探测器、感烟火灾探测器、火焰探测器或其组合。

3）火灾发展迅速，有强烈的火焰辐射和少量烟、热，应选用火焰探测器。

4）在通风条件较好的车库内可采用感烟火灾探测器，一般的车库内可采用感温火灾探测器。

5）火灾形成特征不可预料的情况下，可进行模拟试验，根据试验结果选择探测器。

各种探测器可配合使用，如感温与感烟的组合，宜用于大中型机房、洁净厂房以及防火卷帘设施的部位等。

总之，感烟火灾探测器具有稳定性好、误报率低、寿命长、结构紧凑、保护面积大等优点，得到广泛应用；其他类型的探测器，只在某些特殊场合作为补充使用。

2. 根据房间高度选择探测器

由于各种探测器特点各异，其适宜的房间高度也不一致，为了使选择的探测器能更有效地达到保护目的，表2-2列举了几种常用的探测器对房间高度的要求。

表2-2　根据房间高度选择探测器

房间高度/m	感烟火灾探测器	感温火灾探测器			火焰探测器
		一级	二级	三级	适合
$12 < h \leqslant 20$	不适合	不适合	不适合	不适合	适合
$8 < h \leqslant 12$	适合	不适合	不适合	不适合	适合
$6 < h \leqslant 8$	适合	适合	不适合	不适合	适合
$4 < h \leqslant 6$	适合	适合	适合	不适合	适合
$h \leqslant 4$	适合	适合	适合	适合	适合

当同一房间内高度不同，且较高部分的顶棚面积小于整个房间顶棚面积的10%时，只要这一顶棚部分的面积不大于1只探测器的保护面积，则该较高的顶棚部分同整个顶棚面积一样看待。否则，较高的顶棚部分应按分隔开的房间处理。

按房间高度选用探测器时，应注意这仅是按房间高度对探测器选用的大致划分，具体选用时需结合火灾的危险度和探测器本身的灵敏度档次。如判断不准时，需做模拟试验后再确定。

在符合表2-2和表2-3的情况下便确定了探测器。若同时有两种以上探测器符合条件，应选用保护面积大的探测器。

2.1.5 探测器数量的确定

在实际工程中房间功能及探测区域大小不一，房间高度、屋顶坡度也各异，那么怎样确定探测器的数量呢？规范规定：每个探测区域内至少设置一只火灾探测器。一个探测区域内所设置探测器的数量应按下式计算：

$$N = \frac{S}{KA} \tag{2-1}$$

式中　N——探测器数量（只），应取整数；

　　　S——该探测区域面积（m^2）；

　　　A——探测器的保护面积（m^2）；

　　　K——修正系数，容纳人数超过 10000 人的公共场所宜取 0.7 ~ 0.8；容纳人数为 2000 ~ 10000 人的公共场所宜取 0.8 ~ 0.9；容纳人数为 500 ~ 2000 人的公共场所宜取 0.9 ~ 1.0；其他场所可取 1.0。

选取时根据设计者的实际经验，并考虑发生的火灾对人和财产的损失程度、火灾危险性大小、疏散及扑救火灾的难易程度及对社会的影响大小等多种因素。

对于一个探测器而言，其保护面积和保护半径的大小与其探测器的类型、探测区域的面积、房间高度及屋顶坡度都有一定的联系。表 2-3 说明了两种常用的探测器保护面积、保护半径与其他参量的相互关系。

表 2-3　感烟、感温火灾探测器的保护面积和保护半径

火灾探测器的种类	地面面积 S/m^2	房间高度 h/m	探测器的保护面积 A 和保护半径 R					
			屋顶坡度 θ					
			$\theta \leq 15°$		$15° < \theta \leq 30°$		$\theta > 30°$	
			A/m^2	R/m	A/m^2	R/m	A/m^2	R/m
感烟火灾探测器	$S \leq 80$	$h \leq 12$	80	6.7	80	7.2	80	8.0
	$S > 80$	$6 < h \leq 12$	80	6.7	100	8.0	120	9.9
		$h \leq 6$	60	5.8	80	7.2	100	9.0
感温火灾探测器	$S \leq 30$	$h \leq 8$	30	4.4	30	4.9	30	5.5
	$S > 30$	$h \leq 8$	20	3.6	30	4.9	40	6.3

注：建筑高度不超过 14m 的封闭空间，且火灾初期会产生大量的烟时，可设置点型感烟火灾探测器。

此外，通风换气对感烟火灾探测器的面积有影响，在通风换气房间，烟的自然蔓延方式受到破坏。换气越频繁，燃烧产物（烟气体）的浓度越低，部分烟被空气带走，导致探测器接收烟量减少，或者说探测器感烟灵敏度相对降低。常用的补偿方法有两种：一是压缩每只探测器的保护面积；二是增大探测器的灵敏度，但要注意误报。感烟火灾探测器的换气系数见表 2-4。

表 2-4　感烟火灾探测器的换气系数

每小时换气次数	保护面积的压缩系数	每小时换气次数	保护面积的压缩系数
$10 < N \leq 20$	0.9	$40 < N \leq 50$	0.6
$20 < N \leq 30$	0.8	$N > 50$	0.5
$30 < N \leq 40$	0.7		

可根据房间每小时换气次数（N）将探测器的保护面积乘以一个压缩系数。例如，设房间换气次数为 50 次/h，感烟火灾探测器的保护面积为 80m^2，考虑换气影响后，探测器的保护面积 A 为：80m^2 × 0.6 = 48m^2。

【例 2-1】 某高层教学楼的阶梯教室被划为一个探测区域，其地面面积为 30m × 40m，屋顶坡度为 13°，房间高度为 8m。试求：应选用何种类型的探测器？探测器的数量为多少只？

【解】 根据使用场所从表 2-3 可知，选感烟或感温火灾探测器均可，但根据《火灾自动报警系统设计规范》中第 5.2.2 条可知，教学楼宜选用感烟火灾探测器。

因教学楼属于二级保护对象，火灾探测器修正系数 K 取 1.0，地面面积 S = 30m × 40m = 1200m^2 > 80m^2，房间高度 h = 8m，即 6m < h ≤ 12m，房顶坡度 θ 为 13°，即 θ ≤ 15°，于是根据 S、h、θ 这几个参数查表 2-3，对应的是：保护面积 A = 80m^2，保护半径 R = 6.7m。可得探测器的数量为：N = 1200/(1 × 80) = 15。

由例 [2-1] 可知，对探测器类型的确定必须全面考虑，确定类型后，数量也就可以确定了。数量确定之后如何布置及安装，以及在有梁等特殊情况下探测区域如何划分，是下面要介绍的内容。

2.1.6 探测器的布置

探测器布置及安装合理与否，直接影响保护效果。一般火灾探测器应安装在屋内顶棚表面或顶棚内部（没有顶棚的场合，安装在室内吊顶板表面上）。考虑到维护管理的方便，其安装面的高度不宜超过 20m。在布置探测器时，首先考虑安装间距如何确定，再考虑梁的影响及特殊场所探测器的安装要求，以下分别叙述。

1. 安装间距的确定

《火灾自动报警系统设计规范》规定：探测器周围 0.5m 内，不应有遮挡物（以确保探测效果）。探测器至墙壁、梁边的水平距离不应小于 0.5m。感烟火灾探测器、感温火灾探测器的安装间距应根据探测器的保护面积 A 和保护半径 R 确定，并不应超过图 2-3 探测器安装间距的极限曲线 $D_1 \sim D_{11}$（含 D_9'）规定的范围。图 2-3 所示为探测器在顶棚上安装时与墙或梁的距离。

安装间距的确定：有多只探测器在房间中布置时，安装间距就是两探测器间的水平距离和垂直距离，分别用 a 和 b 表示。安装间距 a、b 的确定有 5 种方法。

（1）计算法

$$\begin{cases} a^2 + b^2 = (2R)^2 \\ ab = A \end{cases} \tag{2-2}$$

式中　A——探测器的保护面积（m^2）；

　　a、b——探测器的安装间距（m）。

根据表 2-3 中查得保护面积 A 和保护半径 R，计算直径 D = 2R，根据 D 值大小和保护面积 A 在图 2-3 中对应的曲线（即由 D 值所包围的部分）上取一点，此点所对应的数即为安装间距 a、b 值。注意实际应不大于查得的 a、b 值。具体布置后，再检验探测器到最远点水平距离是否超过探测器的保护半径，如超过，应重新布置或增加探测器的数量。

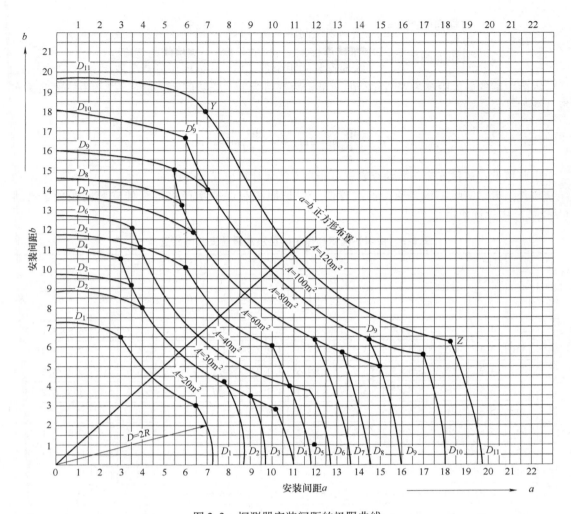

图 2-3 探测器安装间距的极限曲线

$D_1 \sim D_{11}$（含 D_9'）—在不同保护面积 A 和保护半径 R 下确定探测器安装间距 a、b 的极限曲线；

Y、Z—极限曲线的端点（在 Y 和 Z 两点间的曲线范围内，保护面积可得到充分利用）。

【例 2-2】 对例［2-1］中确定的 15 只感烟火灾探测器进行布置。

由已查得 $R = 6.7\mathrm{m}$，计算得：$D = 2R = 2 \times 6.7\mathrm{m} = 13.4\mathrm{m}$。

根据已查得 $A = 80\mathrm{m}^2$ 和 $D = 13.4\mathrm{m}$，在由图 2-3 中的曲线 D_7 上查得的 Y、Z 线段上选取探测器安装间距 a、b 的数值，并根据现场实际情况选取 $a = 8\mathrm{m}$，$b = 10\mathrm{m}$。

这种布置是否合理呢？回答是肯定的，因为只要是在极限曲线内取值一定是合理的。验证如下：

本例中所采用探测器保护半径 $R = 6.7\mathrm{m}$，也就是只要每个探测器之间的半径都小于或等于 6.7m 即可有效地进行保护。根据题意，探测器间距最远的半径 $R = \sqrt{(a/2)^2 + (b/2)^2} = \sqrt{4^2 + 5^2}\mathrm{m} = 6.4\mathrm{m} < 6.7\mathrm{m}$，距墙的最大值为 5m，不大于安装间距 10m 的一半，显然布置合理。

（2）经验法

一般点型探测器的布置为均匀布置法，根据工程实际总结计算方法如下：

$$\begin{cases} \text{横向间距 } a = \dfrac{\text{该房间（该探测区域）的长度}}{\text{横向安装间距个数}+1} = \dfrac{\text{该房间的长度}}{\text{横向探测器个数}} \\[3mm] \text{纵向间距 } b = \dfrac{\text{该房间（该探测区域）的长度}}{\text{纵向安装间距个数}+1} = \dfrac{\text{该房间的宽度}}{\text{纵向探测器个数}} \end{cases} \quad (2\text{-}3)$$

因为距墙的最大距离为安装间距的一半，两侧墙为 1 个安装间距。例［2-2］中按经验法布置计算如下：

$$a = \frac{40}{4+1}\text{m} = 8\text{m}, \quad b = \frac{30}{2+1}\text{m} = 10\text{m}$$

由此可见，这种方法不需要查表就可非常方便地计算出 a、b 值。

另外，根据实际工程经验，可推荐使用保护面积和保护半径决定最佳安装间距的选择表（表2-5）供设计使用。

表 2-5　由保护面积和保护半径决定最佳安装间距选择

探测器种类	保护面积 A/m²	保护半径 R 的极限值 /m	参照的极限曲线	最佳安装间距 a、b 及保护半径 R 值/m									
				$a \times b$	R	$a \times b$	R	$a \times b$	R	$a \times b$	R	$a \times b$	R
感温探测器	20	3.6	D1	4.5×4.5	3.2	5.0×4.0	3.2	5.5×3.6	3.3	6.0×3.3	3.4	6.5×3.1	3.6
	30	4.4	D2	5.5×5.5	3.9	6.1×4.9	3.9	6.7×4.8	4.1	7.3×4.1	4.2	7.9×3.8	4.4
	30	4.9	D3	5.5×5.5	3.9	6.5×4.6	4.0	7.4×4.1	4.2	8.4×3.6	4.6	9.2×3.2	4.9
	30	5.5	D4	5.5×5.5	3.9	6.8×4.4	4.0	8.1×3.7	4.4	9.4×3.2	5.0	10.6×2.8	5.5
	40	6.3	D6	6.5×6.5	4.6	8.0×5.0	4.7	9.4×4.3	5.2	10.9×3.7	5.8	12.2×3.3	6.3
	60	5.8	D5	7.7×7.7	5.4	8.3×7.2	5.5	8.8×6.8	5.6	9.4×6.4	5.7	9.9×6.1	5.8
感烟探测器	80	6.7	D7	9.0×9.0	6.4	9.6×8.3	6.3	10.2×7.8	6.4	10.8×7.4	6.5	11.4×7.0	6.7
	80	7.2	D8	9.0×9.0	6.4	10.0×8.0	6.4	11.0×7.3	6.6	12.0×6.7	6.9	13.0×6.1	7.2
	80	8.0	D9	9.0×9.0	6.4	10.6×7.5	6.5	12.1×6.6	6.9	13.7×5.8	7.4	15.4×5.3	8.0
	100	8.0	D9	10.0×10.0	7.1	11.1×9.0	7.1	12.2×8.2	7.3	13.3×7.5	7.6	14.4×6.9	8.0
	100	9.0	D10	10.0×10.0	7.1	11.8×8.5	7.3	13.5×7.4	7.7	15.3×6.5	8.3	17.0×5.9	9.0
	120	9.9	D11	11.0×11.0	7.8	13.0×9.2	8.0	14.9×8.1	8.5	16.9×7.1	9.2	18.7×6.4	9.9

在较小面积的场所（$S \leq 80\text{m}^2$），探测器应尽量居中布置，这样保护半径较小，探测效果较好。

【例2-3】　某锅炉房地面长为20m，宽为10m，房间高度为3.5m，屋顶坡度为12°。试：选探测器类型；确定探测器数量；进行探测器的布置。

【解】 1）根据《火灾自动报警系统设计规范》，锅炉房不宜安装感烟火灾探测器，故选用感温火灾探测器。

2）探测器数量 $N \geqslant \dfrac{S}{KA} = \dfrac{20 \times 10}{1 \times 20}$ 只 $\geqslant 10$ 只，由表2-5查得 $A = 20\text{m}^2$，$R = 3.6\text{m}$。

3）布置。采用经验法布置：

横向间距 $\quad a = \dfrac{20}{5}\text{m} = 4\text{m}$，$a_1 = $ 横向间距$/2 = 2\text{m}$

纵向间距 $b = \dfrac{10}{2}\text{m} = 5\text{m}$，$b_1 = $ 纵向间距/2 = 2.5m

探测器距离房间最远点的距离 $R = \sqrt{(a/2)^2 + (b/2)^2} = \sqrt{2^2 + 2.5^2}\text{m} = 3.2\text{m} < 3.6\text{m}$，可见探测器的布置满足要求，布置合理。

（3）查表法

所谓查表法是根据探测器种类和数量从表 2-5 中查得适当的安装间距 a 和 b 值，按其布置即可。

（4）正方形组合布置法

这种方法就是安装间距 $a = b$，且完全无死角，但使用时受到房间尺寸及探测器数量多少的约束，很难合适。

【例 2-4】 某学院吸烟室地面尺寸为 $9\text{m} \times 13.5\text{m}$，房间高度为 3m，平顶棚。试：确定探测器类型；求探测器数量；进行探测器布置。

【解】 1）根据《火灾自动报警系统设计规范》，吸烟室不宜安装感烟火灾探测器，故选感温火灾探测器。

2）K 取 1，由表 2-5 查得 $A = 20\text{m}^2$，$R = 3.6\text{m}$。

$$N = \frac{9 \times 13.5}{1 \times 20}\text{只} = 6.075\ \text{只}$$

探测器数量取 6 只（因有些厂家产品 K 可取 $1 \sim 1.2$，为布置方便取 6 只）。

3）布置：采用正方形组合布置法，从表 2-5 中查得 $a = b = 4.5\text{m}$（基本符合本例各方面要求）。

校检：$R = \sqrt{a^2 + b^2}/2 = 3.18\text{m} < 3.6\text{m}$，布置合理。

例［2-4］是将查表法和正方形组合布置法混合使用的。如果不采用查表法，a 和 b 值可用下式计算：

横向安装间距 $\qquad a = \dfrac{\text{房间长度}}{\text{横向探测器个数}}$

纵向安装间距 $\qquad b = \dfrac{\text{房间宽度}}{\text{纵向探测器个数}}$

如果恰好 $a = b$，则可采用正方形组合布置法。

（5）矩形组合布置法

具体做法是：求得探测器的数量后，用正方形组合布置法的 a、b 值求法公式进行计算，当 $a \neq b$ 时，可采用矩形组合布置法。

【例 2-5】 某吸烟室地面尺寸为 $4\text{m} \times 10\text{m}$，平顶棚，房间高度为 2.8m。试：确定探测器类型；求探测器数量；布置探测器。

【解】 1）根据《火灾自动报警系统设计规范》，吸烟室不宜安装感烟火灾探测器，故选感温火灾探测器。

2）由表 2-5 查得 $A = 20\text{m}^2$，$R = 3.6\text{m}$。取 $K = 1.0$，则 $N = \dfrac{10 \times 4}{1 \times 20}\text{只} = 2$ 只，探测器数量取 2 只。

3）采用矩形组合布置，计算如下：

$a = \dfrac{10}{2}\text{m} = 5\text{m}$，$b = \dfrac{4}{1}\text{m} = 4\text{m}$

校验：$R = \sqrt{a^2 + b^2}/2 = 3\text{m} < 3.6\text{m}$，满足要求。

综上可知，正方形和矩形组合布置法的优点是：可将保护区域的各点完全保护起来，保护区域内不存在保护"死角"，且布置均匀美观。上述 5 种布置法可根据实际情况选取。

2. 梁对探测器的影响

顶棚有梁时，由于烟的蔓延受到梁的阻碍，火灾探测器的保护面积会受梁的影响。如果梁间区域的面积较小，梁对热气流或烟气流形成障碍，并吸收一部分热量，因而探测器的保护面积必然下降。梁对探测器的影响如图 2-4 所示。表 2-6 为按梁间区域面积确定一只探测器能够保护的梁间区域的个数。查表 2-6 可确定一只探测器能够保护的梁间区域的个数，减少了计算工作量。由图 2-4 可知：房间高度在 5m 以下，感烟火灾探测器在梁高小于 200mm 时，无须考虑其梁的影响；房间高度在 5m 以上，梁高大于 200mm 时，探测器的保护面积受房高的影响，可按房间高度与梁高的线性关系考虑。

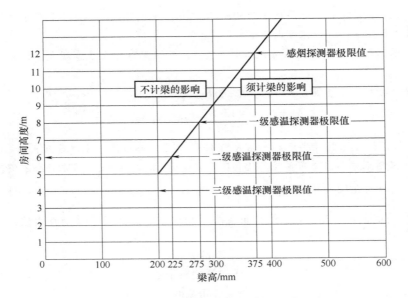

图 2-4　不同高度的房间梁对探测器设置的影响

表 2-6　按梁间区域面积确定一只探测器能够保护的梁间区域的个数

探测器的保护面积 A/m^2		梁隔断的梁间区域面积 Q/m^2	一只探测器保护的梁间区域的个数
感温火灾探测器	20	$Q > 12$	1
		$8 < Q \leqslant 12$	2
		$4 < Q \leqslant 6$	4
		$Q \leqslant 4$	5
	30	$Q > 18$	1
		$12 < Q \leqslant 18$	2
		$9 < Q \leqslant 12$	3
		$6 < Q \leqslant 9$	4
		$Q \leqslant 6$	5

（续）

探测器的保护面积 A/m^2	梁隔断的梁间区域面积 Q/m^2	一只探测器保护的梁间区域的个数
感烟火灾探测器 60	$Q>36$	1
	$24<Q\leqslant36$	2
	$18<Q\leqslant24$	3
	$12<Q\leqslant18$	4
	$Q\leqslant12$	5
80	$Q>48$	1
	$32<Q\leqslant48$	2
	$24<Q\leqslant32$	3
	$16<Q\leqslant24$	4
	$Q\leqslant16$	5

由图 2-4 可查得，三级感温火灾探测器房间高度极限值为 4m，梁高限度为 200mm；二级感温火灾探测器房间高度极限值为 6m，梁高限度为 225mm；一级感温火灾探测器房间高度极限值为 8m，梁高限度为 275m；感烟火灾探测器房间高度极限值为 12m，梁高限度为 375mm。线性曲线左边部分均无须考虑梁的影响。可见当梁突出顶棚的高度在 200～600mm 时，应参照表 2-6 确定梁的影响和一只探测器能够保护的梁间区域的数目。

当梁突出顶棚的高度超过 600mm 时，被梁阻断的部分需单独划为一个探测区域，即每个梁间区域应至少设置一只探测器。

当被梁阻断的区域面积超过一只探测器的保护面积时，应将被阻断的区域视为一个探测区域，并应按规范中有关规定计算探测器的设置数量。

当梁间净距小于 1m 时，可视为平顶棚。

如果探测区域内有过梁，定温型感温火灾探测器安装在梁上时，其探测器下端到安装面必须在 0.3m 以内；感烟型火灾探测器安装在梁上时，其探测器下端到安装面必须在 0.6m 以内。

2.1.7　火灾自动报警系统的技术特点和火灾探测器的线制

由于消防设备快速发展，探测器的接线形式变化也很快，即从多线向少线到总线发展，给施工、调试和维护带来了极大方便。我国采用的线制有四线制、三线制、两线制及四总线制、二总线制等几种。不同厂家生产的不同型号的探测器其线制各异，从探测器到区域报警器的线数也有很大差别。

1. 火灾自动报警系统的技术特点

火灾自动报警系统包括四部分：火灾探测器、配套设备（中继器、显示器、模块总线、隔离器、报警开关等）、报警控制器（又称为报警主机）及导线，这就形成了系统本身的技术特点。

1）系统必须保证长期不间断地运行，在运行期间不但发生火情能报出着火点，而且应具备自动判断系统设备传输线的断路、短路、电源失电等情况的能力，并给出相应的声光报警，以确保系统的高可靠性。

2）探测部位之间的距离可以从几米至几十米。控制器到探测部位的距离可以从几十米到几百米、上千米。一台区域报警控制器可带几十或上百只探测器。有的通用报警控制器做到了可带上千个点，甚至上万个点。无论什么情况，都要求将探测点的信号准确无误地传输到报警控制器。

3）系统应具有低功耗运行性能。探测器对系统而言是无源的，它只是从控制器上获取正常运行的电源。探测器的有限空间是狭小的，因此要求电子部分的设计必须是简练的。探测器必须低功耗，否则给控制器供电带来问题，也给控制探测点的容量带来限制。主电源失电时，应有备用电源可连续供电8h，并要求火警发生后，声光报警时长能达到50min，这就要求控制器也应符合低功耗运行。

2. 火灾自动报警系统的线制

由技术特点可知，线制对系统是相当重要的。线制是指探测器和控制器间的导线数量。更确切地说，线制是火灾自动报警系统运行机制的体现。按线制分，火灾自动报警系统有多线制和总线制之分，总线制又有有极性和无极性之分。多线制目前基本不用，但已运行的工程大部分为多线制系统，下面分别叙述。

（1）多线制系统

1）四线制。四线制即 $n+4$ 线制，n 为探测器数，4指公用线，分别为电源线（+24V）、地线（G）、信号线（S）、自诊断线（T），另外每个探测器设一根选通线（ST）。仅当某选通线处于有效电平时，信号线上传送的信息才是该探测部位的状态信号。这种方式的优点是探测器的电路比较简单，供电和调取信息直观；缺点是线数多，配管直径大，穿线复杂，线路易多发故障，因此目前已不使用。

2）两线制。两线制也称为 $n+1$ 线制，即一条公用地线，另一条则承担供电、信息通信与自检功能。这种线制比四线制简化得多，但仍为多线制系统。

探测器采用两线制时，可完成电源供电故障检查、火灾报警、断线报警（包括接触不良，探测器被取走）等功能。

火灾探测器与区域报警器的最少接线是 $n+n/10$，其中，n 为占用部位号的线数，即探测器信号线的数量，$n/10$（小数进位取整数）为正电源线数（采用红线导线），也就是每10个部位合用1根正电源线。

另一种算法即 $n+1$，其中，n 为探测器数目（准确地说是房号数）。如探测器数 $n=50$，则后一种算法的总线为51根。前一种计算方法是 $50+50/10=55$ 根，这是已进行了巡检分组的根数，与后一种分组后是一致的。

采用每个探测器各占一个部位的接线方法，例如有10只探测器，占10个部位，那么无论采用上述两种计算方法其接线及线数均相同。

图2-5所示为探测器各占一个部位时的接线方法，其中T代表探测器底座并联的二极管与电阻组合电路。

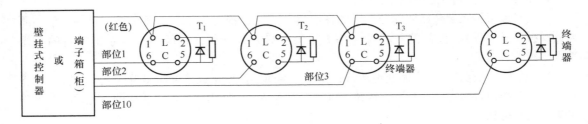

图2-5　探测器各占一个部位时的接线方法

（2）总线制系统

采用地址编码技术，整个系统只用几根总线，建筑物内布线极其简单，给设计、施工及维护带来了极大的方便，因此被广泛采用。

1）四总线制。4 条总线为：P 线，给出探测器的电源、编码、选址信号；T 线，给出自检信号以判断探测部位传输线是否有故障；S 线，控制器从 S 线上获得探测部位的信息；G 线，为公共地线。P、T、S、G 均为并联方式连接，S 线上的信号对探测部位而言是分时的。从探测器到区域报警器只用 4 根全总线，另外一根 V 线为 DC24V，也以总线形式由区域报警控制器接出，其他现场设备也可使用。这样控制器与区域报警器的布线为 5 线，大大简化了系统，尤其是在大系统中，这种线制的优点尤为突出。

2）二总线制。二总线是一种最简单的接线方法，用线量少，但技术的复杂性和难度也提高了。二总线中的 G 线为公共地线，P 线完成供电、选址、自检、获取信息等功能。目前，二总线制应用最多，新型智能火灾报警系统建立在二总线的运行机制上。二总线系统有树枝形和环形、链式及混合型几种方式，同时又有有极性和无极性之分，相比之下无极性二总线技术最先进。树枝形接线方式应用广泛，这种接线如果发生断线，可以报出断线故障点，但断点之后的探测器不能工作。环形接线方式要求输出的两根总线再返回控制器另两个输出端子，构成环形，这种接线方式如中间发生断线不影响系统正常工作。链式接线方式就是各探测器串联接线，对探测器而言，变成了三根线，而对控制器还是两根线。在实际工程设计中，应根据情况选用适当的线制。

2.2 感烟火灾探测器

感烟火灾探测器能对燃烧或热解产生的固体或液化微粒子响应，它能探测物质燃烧初期所产生的气溶胶或烟雾粒子，因此，对早期逃生和初期灭火都非常有利。目前应用比较广泛的感烟火灾探测器主要包括离子感烟火灾探测器和光电感烟火灾探测器。其中，光电感烟火灾探测器按其动作原理的不同分为散光型（应用烟雾粒子对光散射原理）和减光型（应用烟雾粒子对光路遮挡原理）。

2.2.1 离子感烟火灾探测器

离子感烟火灾探测器主要由电离室、电子线路和外壳构成。根据探测器电离室的结构形式，可以分为双源离子感烟火灾探测器和单源离子感烟火灾探测器两种。

最初使用的离子感烟火灾探测器是阈值比较型双源离子感烟火灾探测器，它由两个串联的电离室和电子线路组成，电离室是敏感部件。其中一个电离室为外电离室，又称为检测电离室，烟雾可进入其中；另外一个电离室为内电离室，又称为补偿电离室，空气可缓慢进入，而相对于烟雾是密封的。

在电离室内部，有一片同位素 ^{241}Am 放射源，放置在两个相对的电极之间。^{241}Am 放射出的 α 射线使两电极间的空气分子电离，形成正离子和负离子。当在两电离室间施加一定的电压时，正离子和负离子在电场的作用下将定向移动，从而形成离子电流。

当发生火灾时，烟雾进入外电离室，烟雾粒子很容易吸附被电离的正离子和负离子，因而减慢了离子在电场中的移动速度，而且增大了移动过程中正离子和负离子相互中和的概率。通过电离室的 I-V 特性曲线上可看到电压、电流的变化与燃烧生成物的对应关系。

2.2.2 光电感烟火灾探测器

光电感烟火灾探测器是利用火灾烟雾对光产生散射和吸收作用来探测火灾的一种装置。烟粒子和光相互作用时有两种不同的过程：一种是，粒子能以同样波长再辐射已接收的能量，再辐射可在所有方向上发生，但不同方向上的辐射强度不同，称为散射；另一种是，辐射能可转变成其他形式的能，如热能、化学能或不同波长的二次辐射，称为吸收。为了探测烟雾的存在，将发射器发出的一束光入射到烟雾上：在其光路上，通过测量烟雾对光的衰减量确定烟雾浓度的方法，称为减光型探测法；在光路以外的地方，通过测量烟雾对光的散射作用产生的光能量来确定烟雾浓度的方法，称为散射型探测法。光电感烟火灾探测器主要包括发光元件和受光元件。为了消除环境光对受光元件的干扰，收、发元件安装在一个小的暗室内，烟雾能进入这个暗室，光线却不能进入，这就是点型光电感烟火灾探测器。当收、发元件安装在大范围的开放空间里，对收发之间光路上的烟雾进行检测，便构成了红外光束感烟火灾探测器。

火灾是在时间和空间上失去控制的燃烧过程，根据燃烧物的不同，燃烧的各个阶段会产生粒子直径在 $0.01 \sim 1\mu m$ 的液体或固体颗粒。产生的液体或固体颗粒（对感烟火灾探测器而言为烟雾）中，有的肉眼无法识别，有的是颜色较浅的白色或灰色烟雾，有的是颜色很深的黑色烟雾。在可见烟和近红外光谱范围内，黑色烟雾（简称黑烟）吸收光线的能力很强，对于照射在其上的光辐射以吸收为主，散射光很弱，而对于灰烟、白烟，则以散射为主。

1. 减光式光电感烟火灾探测器

图 2-6 为减光式光电感烟火灾探测器的原理，进入光电检测暗室内的烟雾粒子对光源发出的光产生吸收和散射作用，使通过光路上的光通量减少，从而使受光元件上产生的光电流降低。光电流相对于初始标定值的变化量大小，反映了烟雾的浓度，据此可通过电子线路对火灾信息进行处理，发出相应的火灾信号。

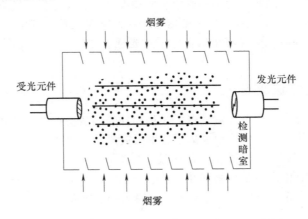

图 2-6 减光式光电感烟火灾探测器原理示意图

减光式光电感烟火灾探测原理可用于构成点型感烟火灾探测器，用微小的检测暗室探测烟雾浓度大小。但减光式光电感烟火灾探测原理更适用于构成线型感烟火灾探测器，如红外光束感烟火灾探测器。

红外光束感烟火灾探测器是对警戒范围中某一线路周围的烟雾粒子予以响应的火灾探测器。它的特点是监视范围广，保护面积大。红外光束感烟火灾探测器通过红外发射器发射一束红外光束，经过反射器镜面发射作用，到达接收器，接收器感受接收到的光线强度。若光路中有烟雾遮挡，会使接收器接收到的光强度减弱，信号经转换放大电路处理，计算出减光率并与设定的灵敏度阈值进行比较，触发火警或故障信号。

线型红外光束感烟火灾探测器的基本结构由下列三部分组成：

（1）发射器

发射器由间歇振荡器和红外发光管组成，通过测量区向接收器间歇发射红外光束，这类似于点型光电感烟火灾探测器中的脉冲发射方式。

（2）光学系统

光学系统采用两块口径和焦距相同的双凸透镜分别作为发射透镜和接收透镜。红外发光管和接收硅光电二极管分别置于发射与接收端的焦点上，使测量区为基本平行光线的光路，并可方便调整发射器与接收器之间的光轴重合。

（3）接收器

接收器由硅光电二极管作为探测光电转换元件，接收发射器发来的红外光信号，把光信号转换成电信号后，由后续电路放大、处理、输出报警。接收器中还设有防误报、检查及故障报警等电路，以提高整个系统的工作可靠性。

线型红外光束感烟火灾探测器的发射器、接收器和光学系统这三部分或完全分开或完全综合，具体情况取决于所选用的系统。当发射器和接收器处于同一个单元时，棱镜板则被安设在对面的墙壁上（该处在正常情况下是接收器所在的位置），从而可把光束反射回光源。

2. 散射光式光电感烟火灾探测器

散射光式光电感烟火灾探测器主要工作原理为：通过接收某一角度上的散射光来探测是否有颗粒进入探测器的散射腔室，并根据接收光的强弱做出是否发生火灾的判断。根据光电感烟火灾探测器中接收散射光的角度大小，可分为前向散射与后向散射两种形式。

（1）前向散射式光电感烟火灾探测器

图 2-7 为前向散射式光电感烟火灾探测器原理示意图。进入遮光暗室的烟雾粒子对发光元件（光源）发出的一定波长的光产生散射作用（按照光散射定律，烟粒子需轻度着色，且当其粒径大于光的波长时将产生散射作用），使得处于锐角位置的受光元件（光敏元件）的阻抗发生变化，产生光电流（无烟雾粒子时光电流大小约为暗电流），当烟粒子浓度达到一定值时，散射光的能量就足以产生一定大小的激励用光电流，可用于激励遮光暗室外部的信号处理电路发出火灾信号。此光电流的大小与散射光强弱有关，并且由烟粒子的浓度和粒径大小及着色与否来决定。根据受光元件的光电流大小（无烟雾粒子时光电流大小

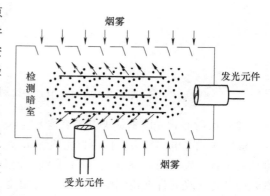

图 2-7　前向散射式光电感烟火灾
探测器原理示意图

约为暗电流），既当烟粒子浓度达到一定值时，散射光的能量就足以产生一定大小的激励用光电流，可以用于激励遮光暗室外部的信号处理电路发出火灾信号。显然，遮光暗室外部的信号处理电路采用的结构和数据处理方式不同，可以构成不同类型的火灾探测器，如阈值报警开关量火灾探测器、类比判断模拟量火灾探测器和参数运算智能化火灾探测器。

由于火灾中一些明火燃烧生成的黑烟雾颗粒具有较强的光吸收能力，使得这种前向散射式感烟火灾探测器对黑烟响应灵敏度较差；另一方面，由于前向散射式光电感烟火灾探测器对阴

燃生成的灰烟响应灵敏度较好，该类探测器对各种火灾烟雾颗粒响应灵敏度的不一致，造成探测器报警算法中阈值的确定较困难，有时不得不降低探测器的响应灵敏度，导致其对黑烟雾颗粒易形成漏报。目前光电感烟火灾探测器采用的光波长有 850nm、940nm 和 1300nm 几种，一个优良的光电感烟火灾探测器除了有好的电子电路和机械结构外，还要调整好光波长、散射角和烟粒子粒径之间的关系，使探测器对不同的烟谱都有较平稳的响应。

（2）后向散射光电感烟火灾探测器

针对前向散射式光电感烟火灾探测器对光吸收能力较强的黑烟响应灵敏度较差的状况，通过对火灾烟雾颗粒光散射过程的进一步深入研究发现：在颗粒光散射角度为钝角时，尽管颗粒散射光较弱，但该角度上的散射光对各种颜色的烟雾颗粒的一致性较好。基于该原理，设计出了后向散射式光电感烟火灾探测器，其原理如图 2-8 所示。这种感烟火灾探测器对各种烟雾颗粒的响应灵敏度较一致，从而有利于感烟探测算法中阈值的选取，而较微弱的散射信号可通过探测器中信号放大倍数的调节来补偿。

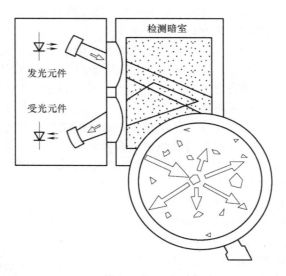

图 2-8　后向散射式光电感烟火灾探测器的原理示意图

（3）散射光式光电感烟火灾探测器的基本结构

散射光式光电感烟火灾探测器由检测暗室、发光元件、受光元件和电子线路等组成。检测暗室是一个特殊设计的"迷宫"，外部光线不能到达受光元件，但烟雾粒子却能进入其中。另外，发光元件与受光元件在检测暗室中成一定角度设置，并在其间设置遮光板，使得从发光元件发出的光不能直接到达受光元件上。

2.2.3　线型光束感烟火灾探测器

线型光束感烟火灾探测器一般为非编码型反射式线型红外光束感烟火灾探测器。该探测器必须与反射器配套使用，但需要根据两者之间安装距离的不同决定使用一块或四块反射器。探测器内置性能卓越的微处理器，具备强大的分析判断能力，通过在探测器内部固化的运算程序，可自动完成系统的调试、火警的判断和故障的诊断，并通过指示灯和信号输出端子给出状态指示。该探测器还具有根据外界环境参数变化补偿的功能，降低了探测器对现场环境洁净程度的要求，探测器的灵敏度可通过电子编码器进行现场设置，拓宽了本产品的应用场所。探测器采用全新的、合理的结构设计，调节灵敏、定位准确、外形美观，易于安装，调试方法简单、方便。该探测器可用于历史性建筑、仓库、大型储存区、购物广场、健身中心、体育馆、展览馆、酒店大堂、印刷厂、制衣厂、博物馆、监狱等场所，还可用于有轻微烟尘的空间。

　　线型光束感烟火灾探测器与反射器相对而置。探测器包含发射和接收两部分，发射部分发射出一定强度的红外光束，经反射器上的多个直角棱镜反射后，由探测器的接收部分对返回的红外光束进行同步采集放大，并通过内置微处理器对采集的信号进行分析判断。当探测器处于正常监视状态时，接收部分接收到的红外光强度稳定在一定范围内；当烟雾进入探测区内时，由于烟雾对光线的散射作用，使接收部分接收到的红外光的强度降低。当烟雾达到一定浓度，接收部分接收到的红外光强度低于预定阈值时，探测器报火警，点亮红色火警指示灯，并闭合火警无源输出触点。线型光束感烟火灾探测器的工作原理如图 2-9 所示。

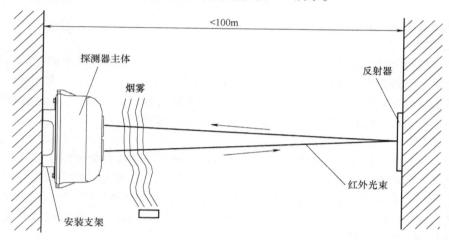

图 2-9　线型光束感烟火灾探测器工作原理

2.2.4　空气采样管式感烟火灾探测器

1. 空气采样管式感烟火灾探测器原理及技术类型

　　当物质受热达到过热时，即因化学变化导致其分解，从而释放出不可见的次微米粒子（直径约为 0.002pm）。当该物质持续受热达到燃点时，开始转变产生碳粒子（即碳烟），并开始融化而燃烧。从物质过热分解到烟雾产生的阶段，称为火灾极早期阶段。火灾极早期阶段是指物质从被过度加热超过其可承受的临界点（即热分解点），到氧化燃烧并开始产生碳烟的阶段。火灾发生极早期阶段（此时尚无烟粒子产生）所出现的情况随着热力的增加，产生大量的不可见次微米粒子。

　　在火灾产生的各个阶段，空气中粒子数的组成及数量如图 2-10 所示：

　　1）在正常阶段，空气中一般只有悬浮粒子。

　　2）在极早期阶段，空气中除了悬浮粒子，还有次微米粒子。

　　3）到达烟阶段，空气中有悬浮粒子、次微米粒子和烟粒子。

　　空气采样管式感烟火灾探测器是利用吸气扇通过空气取样管道和取样孔，从保护区域提取空气样品的吸气式感烟探测系统。空气样品通过一个高灵敏度的精确探测器对其进行分析，并在适当的时候报警。这一系统在性能、安装费用和日常维护上有许多优点。目前，市场上的空气

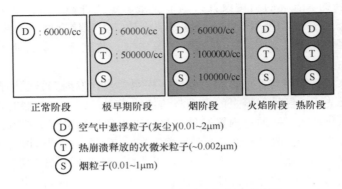

D 空气中悬浮粒子(灰尘)(0.01~2μm)

T 热崩溃释放的次微米粒子(~0.002μm)

S 烟粒子(0.01~1μm)

图 2-10　火灾产生的各阶段空气中粒子数

采样管式感烟火灾探测器通常使用三种类型的技术。

（1）光散射

采样的空气持续流入一个装有高能光源的探测室，这一光源会被样品中的任何烟雾颗粒散射，散射光由一个固态光接收器进行分析。散射光的量与烟雾浓度成正比。光散射系统对阴燃火和电线过载造成的烟雾颗粒非常敏感，对于要求早期报警的地方比较有用。但这种探测器会受灰尘干扰，因此多数探测器会安装复杂的过滤网或电子除尘装置。

（2）云室

采样的空气持续地流入装有水蒸气的探测室。任何很小的颗粒都会使用水蒸气在其周围凝结形成相同大小的水滴。这些水滴的数量由一个脉冲 LED 均匀地测量。由于云室使用水，因此需要定期维护，云室探测器可抗灰尘。在试验中与光散射、颗粒计算比较，发现云室探测器对火焰燃烧产生的颗粒响应效果良好，但对阴燃火产生的颗粒响应效果不好，因此对其在需要早期报警的应用场合应有所限制。

（3）颗粒计算

采样的空气持续地通过聚焦的激光光束，测量每一个颗粒的光散射。这就提供了相对于穿过激光光束的颗粒数量的输出颗粒计数，系统对阴燃火和电线过载敏感，但需要空气主动地均匀通过，因为输出与流速成正比。颗粒计算系统可抗灰尘干扰，但正对着的纤维或大量灰尘可能会导致误报警。该类型探测器目前已经被光散射和云室两种类型替代。

2. 空气采样管式感烟火灾探测器的组成及分类

空气采样管式感烟火灾探测器通常由吸气泵、过滤器、探测腔、主电路板、多级报警显示灯、编程显示模块等部分组成。探测器通过抽气扇的工作，把防护区域内的空气样本从采样点吸入采样管网中，当空气样本到达探测主机后，探测主机把空气样本传输到探测腔进行分析，通过主电路板把探测结果传输到报警显示模块或编程显示模块上。

探测器具有四级报警等级，不同的报警等级可以设置不同的灵敏度，并且每一级报警都有相对应的模块输出，可以在火灾早期发出提醒。

目前空气采样管式感烟火灾探测器的探测技术为光电散射探测原理，根据具体探测手段分为激光式、LED 光电式、云雾室型 LED 光电式等。

（1）激光式

激光式探测器的探测光源为精密激光。当空气样本进入到探测器后，会经过二级过滤，一部分初级过滤的空气进入探测腔中进行探测分析，当探测完成后，二级过滤后的洁净空气把探测腔中的空气样本吹出探测腔，然后再进行下一次探测。

（2）LED 光电式

LED 光电式的探测原理与激光式类似。此种类型的探测器采用环境补偿模式，探测方式为双波段探测，根据两次探测的结果的差别作为火灾报警的依据。

（3）云雾室型 LED 光电式

云雾室型 LED 光电式探测原理的后段部分与激光式类似，实际就是将空气采样管式感烟火灾探测器和凝聚核法粒子计数仪两种设备工作原理相结合，使得系统不仅具有空气采样式探测系统的极早期火灾预警功效，还能够探测到常规空气采样管式感烟探测器所不能探测到的烟雾粒子（光电式散射光式探测器无法检测 0.1um 以下的超微粒子）。探测方式为当空气样本进入到探测主机后，一部分空气样本输入到云雾室腔体中，通过云雾室腔体的凝聚核法，空气中的粒子（尤其对于小于 0.1um 的粒子）会形成凝聚核，粒子直径会增大，然后把凝聚过的空气样本输入到散射光探测系统，确定极早期的火灾隐患。

空气采样管式感烟火灾探测器报警灵敏度高达 0.001% obs/m，是传统探测器的 2000 倍，属于极早期烟雾探测报警设备。它能够在火灾的极早期阶段对浓度或高或低的烟雾进行可靠的探测，其覆盖面积可达 2000m²。

2.2.5 异常环境下使用的感烟火灾探测器

有些厂家生产的防潮型感烟火灾探测器，可在潮湿场所中使用，适于设置在湿度较大、易结露或易产生雾气，不能使用普通探测器的环境下，如用于电缆管道、公共沟槽、地下通道等湿度大的场所。

普通感烟火灾探测器会因水雾渗入、结露而发生误报。防潮型感烟火灾探测器设置箱内装有加热器，可将探测器周围的温度提高 2~3℃，这样可除去渗入的水雾，防止结露。探测器箱为防水构造，主体和线缆之间采用防水型插头连接。一般在平时无人，火灾规模易蔓延的洞道等处，可设置此种探测器以便早期发现火情。

如 NOTIFIER 公司的 HARSH 智能感烟火灾探测器，可以应用于高温、高湿（多蒸汽、多水滴）、灰尘大、空气中的纤维或其悬浮颗粒较多的环境，以及强气流、温度变化范围大的环境。探测器使用环境中甚至允许短时间存在低浓度的大气水雾而不致造成误报。典型使用环境有食品制造厂、面粉厂、造纸厂等工业场所。

2.2.6 感烟火灾探测器的选用

（1）适宜选择感烟火灾探测器的场所

1）饭店、旅馆、教学楼、卧室、办公楼的厅堂、办公室等。

2）计算机房、通信机房、电影或者电视放映室等。

3）书库、档案库等。

4）楼梯、走道、电梯机房等。

5）有电气火灾危险的场所。

（2）不宜选择离子感烟火灾探测器的场所

1）相对湿度经常大于 95%。

2）气流速度大于 5m/s。

3）可能产生腐蚀性气体。

4）有大量粉尘、水雾滞留。

5）产生醇类、醚类、酮类等有机物质。

6）在正常情况下有烟滞留。

（3）不宜选择光电感烟火灾探测器的场所

1）可能产生蒸气和油雾。

2）有大量粉尘、水雾滞留。

（4）线型光束感烟火灾探测器的选用

1）无遮挡的大空间或有特殊要求的房间，宜选择红外光束感烟火灾探测器。

2）符合下列之一的场所，不宜选择红外光束感烟火灾探测器：有大量粉尘、水雾滞留；可能产生蒸气和油雾；在正常情况下有烟滞留；探测器固定的建筑结构由于振动等会产生较大位移的场所。

（5）适宜选择空气采样管式感烟火灾探测器的场所

1）具有高速气流的场所。

2）点型感烟、感温火灾探测器不适宜的大空间、舞台上方、建筑高度超过12m或有特殊要求的场所。

3）低温场所。

4）需要进行隐蔽探测的场所。

5）需要进行火灾早期探测的重要场所。

6）人员不宜进入的场所。

7）灰尘比较大的场所，不应选择没过滤网和管路自清洗功能的空气采样管式感烟火灾探测器。

2.3 感温火灾探测器

在火灾初起阶段，使用热敏元件来探测火灾的发生是一种有效的手段，特别是那些经常存在大量粉尘、油雾、水蒸气的场所，一般无法使用普通感烟火灾探测器，用感温火灾探测器比较合适。感温火灾探测器是一种响应异常温度、升温速率的火灾探测器。其又可分为定温火灾探测器——温度达到或超过预定值时响应的火灾探测器；差温火灾探测器——升温速率超过预定值时响应的火灾探测器；差定温火灾探测器——兼有差温、定温两种功能的火灾探测器。在某些重要的场所，为了提高火灾探测报警及消防联动控制系统的功能和可靠性，或保证自动灭火系统的动作准确性，要求同时使用感烟和感温火灾探测器。感温火灾探测器主要由温度传感器和电子线路构成，由于采用不同的敏感元件，如热敏电阻、热电偶、双金属片、易熔金属、膜盒和半导体等，因此派生出了各种名称的感温火灾探测器。

2.3.1 定温火灾探测器

定温火灾探测器有点型和线型两种结构形式。

1. 点型定温火灾探测器

阈值比较型点型定温火灾探测器一般利用双金属片、易熔合金、热电偶、热敏电阻等元件为温度传感器。图2-11所示为双金属片定温火灾探测器，其主体由外壳、双金属片、触头和电极组成。探测器的温度敏感元件是一只双金属片。当发生火灾的时候，探测器周围的环境温度升高，双金属片受热会变形而发生弯曲。当温度升高到某一特定数值时，双金属片向下弯曲推动触头，于是两个电极被接通，相关的电子线路送出火警信号。

2. 缆式线型定温火灾探测器

缆式线型定温火灾探测器由两根弹性钢丝分别包敷热敏绝缘材料，绞对成型，包带再加外护套而制成，如图2-12所示。在正常监视状态下，两根钢丝间的阻值接近无穷大。由于有终端电阻的存在，电缆中通过细小的监视电流。当电缆周围温度上升到额定动作温度时，其钢丝间热敏绝缘材料的性能被破坏，绝缘电阻发生跃变，接近短路，火灾报警控制器检测到这一变化后报出火灾信号。当线型定温火灾探测器发生断线时，监视电流变为零，控制器据此可发出故障报警信号。

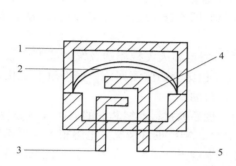

图 2-11　定温火灾探测器主体结构示意图
1—外壳　2—双金属片　3、5—电极　4—触头

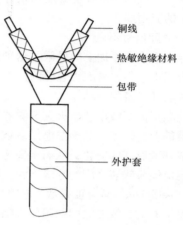

图 2-12　热敏电缆结构示意图

此外，缆式线型定温火灾探测器还可以实现多级报警。缆式线型多级定温火灾探测器由两根弹性钢丝分别包敷两种不同热敏系数的热敏绝缘材料，绞对成型，线缆外绕包带再加外护套而制成，如图2-13所示。

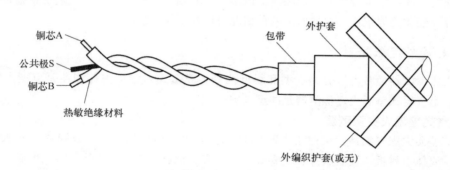

图 2-13　缆式线型多级定温感温电缆结构

在正常监视状态下，两根钢丝间的阻值接近无穷大。当现场的温度上升到火灾探测器设定的低温度等级时，发出火灾预警，提醒人们注意，以便检查现场；当火灾继续发展，温度上升到高温度等级时，发出火灾报警信号，从而实现一种火灾探测器在火灾不同时期多级报警的目的。

无论是缆式线型定温火灾探测器还是缆式线型多级定温火灾探测器，其优点是结构简单，并能方便地接入火灾报警控制器。但因其结构和工作原理的局限存在以下缺陷，致使其在实际应用中的可靠性和实用性受到影响。

（1）破坏性报警

每个报警信号都是要在电缆发生物理性损坏的前提下形成的，意味着这种感温电缆在每次报警过后都要进行相应的修复，这对于像电缆隧道等安装环境不便的地方，修复起来非常困难。另外也不宜作为监测超温现象（非火灾情况）的手段。

（2）报警温度固定

普通型感温电缆由于其设计原理的限制，只能在达到一个固定的温度时产生报警信号，因而不能满足某些因现场环境温度周期性变化而相应改变电缆报警值的要求，以及要求提供精确温度报警的应用场合。

（3）故障信号不全

同样由于设计原理上的局限，这种感温电缆的报警信号与其短路信号无法区分。这个缺陷在实际应用中，很容易因为意外的机械性损坏或其他原因所造成的短路故障而引发误报警信号，导致系统联动设备的误动作。

智能型可恢复线型感温火灾探测器克服了缆式线型定温火灾探测器及缆式线型多级定温火灾探测器的上述缺点，其感温电缆各线芯之间组成互相比较的监测回路，根据阻值变化响应现场设备或环境温度的变化，从而实现感温探测报警的目的。

感温电缆各线芯之间的绝缘层为一种特殊的负温度系数材料，线芯间的NTC（Negative Temperature Coefficient，负温度系数）电阻呈现负温度特性，NTC正常情况下电阻很大，当感温电缆周围温度上升时，线芯之间的阻值大幅下降，在不同温度下其阻值变化不一，因此可以选择在某一具体温度下进行预警或火警。

在正常情况下，其阻值达千兆欧级，线芯中通过微弱电流，据此监视探测器的工作状态。当温度上升到 60~100℃ 或 60~180℃ 时，其阻值能明显下降几百兆欧至几十兆欧，呈对数函数的比例关系，通过科学的配置信号解码器和终端处理器的各项参数，探测器能有效地把上述温度变化探测出来，通过 A/D 转换成数字量信号，经分析输出火灾预警或火警信号。当探测器发生断线或开路时，线芯中电流为零。当探测器由于外界非预期因素，如挤压、鼠咬而短路时，其电阻突然下降，变化趋势很快，根据以上两种情况可以判别短路故障。

2.3.2 差温火灾探测器

差温火灾探测器通常可以分为点型和线型两种。膜盒式差温火灾探测器是点型火灾探测器中的一种，空气管式差温火灾探测器是线型火灾探测器。

1. 膜盒式差温火灾探测器

膜盒式差温火灾探测器的结构如图 2-14 所示。其主要由感热室、波纹膜片、气塞螺钉及触点等构成。壳体、衬板、波纹膜片和气塞螺钉、底座、触点、声板、确认灯共同形成一个密闭的气室，该气室只有气塞螺钉的一个很小的泄气孔与外面的大气相通。在环境温度缓慢变化时，气室内外的空气由于有泄气孔的调节作用，所以气室内外的压力仍能保持平衡。但是，当发生火灾，环境温度迅速升高时，气室内的空气由于急剧受热膨胀而来不及从泄气孔外逸，致使气室内的压力增大将波纹膜片鼓起，被鼓起的波纹膜片与触点碰接，接通了电触点，于是输送火警信号到报警控制器。

膜盒式差温火灾探测器具有工作可靠、抗干扰能力强等特点。但是，由于它是依靠膜盒内气体热胀冷缩而产生盒内外压力差工作的，故其灵敏度受到环境气压的影响。在我国东部沿海标定适用的膜盒式差温火灾探测器，如果在西部高原地区使用，其灵敏度会有所降低。

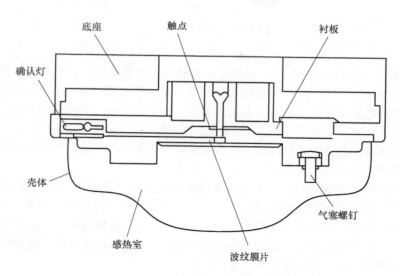

图 2-14　膜盒式差温火灾探测器的结构

2. 空气管式差温火灾探测器

空气管式差温火灾探测器是一种感受升温速率的探测器。它具有报警可靠，不怕环境恶劣等优点，在粉尘多、湿度大的场所也可使用，尤其适用于可能产生油类火灾且环境恶劣的场所，不易安装点型火灾探测器的夹层、闷顶、库房、地道、古建筑等也可使用。由于敏感元件空气管本身不带电，也可安装在防爆场所。但由于长期运行的空气管线路泄漏，检查维修不方便等原因，相比其他类型的感温火灾探测器，使用的场所较少。

空气管式线型差温火灾探测器的敏感元件空气管为 $\phi 3\mathrm{mm} \times 0.5\mathrm{mm}$ 的紫铜管，置于要保护的现场，传感元件膜盒和电路部分可装在保护现场内或现场外，如图 2-15 所示。

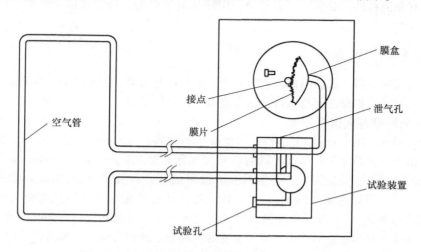

图 2-15　空气管式线型差温火灾探测器结构示意图

当气温正常变化时，受热膨胀的气体能从传感元件泄气孔排出，因此不能推动膜片，动、静接点不会闭合。一旦警戒场所发生火灾，现场温度急剧上升，使空气管内的空气突然受热膨胀，不能从泄气孔立即排出，膜盒内压力增加推动膜片，使之产生位移，动、静接点闭合，接通电路，输出火警信号。

2.3.3 差定温火灾探测器

不论是双金属片定温火灾探测器，还是膜盒式差温火灾探测器，它们都是开关量的探测器，很难做成模拟量探测器。通过采用一致性及线性度很好，精度很高的可作测温用的半导体热敏元件，可以用硬件电路实现定温及差温火灾探测器，也可以通过软件编程实现模拟量感温火灾探测器。

差定温火灾探测器是兼有差温探测和定温探测复合功能的探测器。若其中的某一功能失效，另一功能仍起作用，因而大大地提高了工作的可靠性。

电子差定温火灾探测器一般采用两只同型号的热敏元件，其中，一只热敏元件位于监测区域的空气环境中，使其能直接感受到周围环境气流的温度；另一只热敏元件密封在探测器内部，以防止与气流直接接触。当外界温度缓慢上升时，两只热敏元件均有响应，此时探测器表现为定温特性。当外界温度急剧上升时，位于监测区域的热敏元件阻值迅速下降，而在探测器内部的热敏元件阻值变化缓慢，此时探测器表现为差温特性。

电子感温火灾探测器的输出精度可以达到1℃，因此也可由软件编程实现定温和差温探测的任务，还可实现模拟量报警的浮动阈值修正。

而实际使用的电子差定温火灾探测器一般是单传感器电子差定温火灾探测器，仅使用一只热敏元件，通过软件算法，获取温度上升速率，具有定温和差温特性，电路结构简单稳定。传感器一般采用抗潮湿性能较好的玻璃封装的感温电阻，其体积小热容低，响应速度快。与电阻分压后直接由单片机做 A/D 转换获得温度值，定时做 A/D 转换即可得到单位时间内温度的变化增量，在一规定时间段内增量的大小即反映了温度的上升速率，满足 R 型感温火灾探测器要求，当上升速率较低时，当前温度值满足 S 型感温火灾探测器要求。所谓 S 型感温火灾探测器具有定温特性，即使对较高升温速率在达到最小动作温度前也不能发出火灾报警信号；所谓 R 型感温火灾探测器具有差温特性，对于高升温速率，即使从低于典型应用温度以下开始升温也能满足响应时间要求。

2.3.4 光纤感温火灾探测器

光纤感温火灾探测器，根据动作方式可分为定温型、差温型、差定温型；根据探测方式可分为分布式、准分布式；根据功能构成可分为探测型、探测报警型。

1. 分布式光纤感温火灾探测器

对温度检测需求，Rayleigh 散射信号对温度变化不敏感；Brillouin 散射信号的变化与温度和应力有关，但信号剥离难度大；Raman 散射信号的变化与温度有关，而且 Raman 散射信号相对容易获取和分析，因此工业应用主要采集 Raman 散射信号进行温度分析。Raman 散射会产生两个不同频率的信号：斯托克斯（Stokes）光（比光源波长长的光）和反斯托克斯（Anti-Stokes）光（比光源波长短的光），光纤受外部温度的调制使光纤中的反斯托克斯（Anti-Stokes）光强发生变化，Anti-Stokes 与 Stokes 的比值提供了温度的绝对指示，利用这一原理可以实现对沿光纤温度场的分布式测量。

通过采集和分析入射光脉冲从光纤的一端（注入端）注入后在光纤内传播时产生的 Raman背向反射光的时间和强度信息，得到相应的位置和温度信息，在得知每一点的温度和位置信息后，就可以得到一个关于整根光纤的不同位置的温度曲线。拉曼分布式光纤测温系统的原理是基于光纤后向自发拉曼散射的温度效应和光时域反射 OTDR（Optical Time Domain Reflecteometer）

技术来实现分布式测温的。当光纤中注入一定能量和宽度的激光脉冲时，激光在光纤中向前传播的同时，自发产生拉曼散射光波，拉曼散射光波的强度受所在光纤散射点的温度影响而有所改变，通过获取沿光纤散射回来的背向拉曼光波，可以解调出光纤散射点的温度变化。同时，根据光纤中光波的传输速度与时间的物理关系，可以对温度信息点进行定位。光纤可分为多个 1m 长的区域，每个区域有不同的温度读数，该系统可以对温度分布图进行设定，当温度超过预定值时可发出警报。

分布式光纤系统所用的探测器一般为标准的传输通信用多模光纤。该光纤本身适用的温度范围就很广 （−50～300℃），而一旦在光纤外表面涂上不同材料，其工作温度范围就能扩大到 −190～460℃。但要注意确保其外涂层不向光纤本身施加机械作用。因为这不仅对光纤使用寿命的长短带来不利影响，还会导致光纤弯曲，如超过生产厂商规定的弯曲度，会引起更严重的衰减。

分布式光纤系统是利用光缆作为探测器进行温度监测的工具，通过适宜的安装，它可以连续监测长达 30km 区域内的温度变化情况，测量精度根据用户需求最小可达到 ±0.5℃。由于光纤本身就是传感器，光纤放到哪里温度就测到哪里，故测量的温度数据是不间断、多点的连续分布。分布式光纤系统可以在终端上清晰显示出光纤长度内每个监测点的温度变化（可最短设定 0.25m 为一个监测点），进行精确的温度数值输出与空间定位。测量方式有单端和双端两种。

普通的温度传感技术采用的探测器是相互独立的，如热电偶或铂电阻，它们只能测出一个点的温度，而人们通常只能将这个温度看作是待测区域内的平均温度。而感温电缆虽然可以实现某种特定意义上的连续性，但不能起到分布式与线性的作用。分布式光纤系统可以利用一个探测器对几百个甚至几千个区域或点进行温度监测。

可以利用温度对公路隧道内的火情火势进行判断，利用温度对高压电缆的运行情况进行监测，利用温度变化观测长距离天然气输送管线的安全状况等。分布式光纤系统对于大面积广范围的温度测量要求，完全可以以其独到的材料及形态上的优点取代很大一部分传统的测温系统。

在电缆隧道中，对线路和设备的可靠性监控非常重要。监控的技术原则是对沿线电缆温度变化进行有效数据分析，以预防为主，还要确保事故发生时有快速的反应与报警，做到万无一失。就动力电缆而言，分布式光纤系统是在线监测最有效的方法之一。

分布式光纤系统不仅可以根据客户要求任意设定温度报警点，并具备可恢复性。即分布式光纤系统可以在光缆探测器不受损坏的前提下，仅以模拟量的形式输出温度数值与报警信号，并不影响系统的长期工作。在温度超出预定范围并回落的时候，具备可重复使用的特性。

分布式光纤系统不仅可以严格按照预定的温度点报警，而且可以在同一监测点或监测区域设置不同的温度警戒线，同时实现预警以及火灾报警等。同时，分布式光纤系统还可以根据升温速率进行报警。

分布式光纤系统尤其适用于环境温度检测、隧道内火灾监测和对光缆沿线全长的温度测量。用户可将控制单元安置在隧道外，只将本质安全、不受电磁干扰的光缆探测器安装于隧道中。系统根据对反射光纤的分析进行工作，因此在有火情发生的状况下，只要有一个终端仍与系统相连接，所有未受影响的光缆都能继续提供温度信息并加以定位。随着火势在隧道中发展的延伸，更多的光缆将受到影响。这种实时信息既可以以温度和距离跟踪信息的方式体现出来，也可以通过火情模拟演示来体现。与此同时，我们可以在一个安全的场所，通过 PC 来观察隧道内火情发生的位置、所有影响到的区域、火势蔓延的方向以及现场的温度状况。PC 与 PC 间的通信联络技术的使用意味着可以在远距离控制中心掌握现场信息，这种信息对于救援工作来说是至关重要的，尤其是在与中央闭路电视监视系统相连接的情况下。

隧道中应用分布式光纤系统的另外一个功能，即能在同一个区域内对于温度的峰值和平均值加以描述并定位。一般情况下，温度峰值的测定用于火情监测，而温度平均值的测定则可以用于隧道整体环境监测等的其他应用上。这一功能在使用以列车运行为根据而实施通风的地铁隧道中特别适用。在交通拥挤或者是突然断电的情况下，地铁列车仍能在隧道内继续行驶一段时间。从列车冷凝器所排放出的热量将隧道内密闭空气的温度提高直至超过可接受的温度极限，从而使得排风设备开始工作，加速空气的流通。然而，隧道内的升温也有可能是由火情所引起的，此时自动打开排风装置将是非常危险的。分布式光纤系统在此时可通过相邻隧道来获得温度的峰值和平均值来区别以上两种情况，据此开关风机。

2. 光纤光栅感温火灾探测器

（1）基本原理

光纤由芯层和包层组成，利用光纤芯层材料的光敏特性，通过紫外准分子激光器采用掩膜曝光的方法使一段光纤（约8mm）纤芯的折射率发生永久性改变，折射率的改变呈周期性分布，形成布拉格光栅结构。

光纤芯层原有的折射率为 n_1，被紫外光照射过的部分的折射率变为 n_2，折射率的分布周期 d 就是光纤光栅的栅距；当宽带光通过光纤光栅时，满足布拉格条件的波长被光栅反射回来，其余波长的光透射，反射光波长随光栅栅距的改变而改变。由于光栅栅距 d 对环境温度非常敏感，因此，通过检测反射波长的变化可以计算出环境温度的改变量。

光纤光栅感温火灾探测器的基本原理如图 2-16 所示。一根光纤上串接的多个光栅（各具有不同的光栅常数），宽带光源所发射的宽带光经 Y 型分路器通过所有的光栅，每个光栅反射不同中心波长的光，反射光经 Y 型分路器的另一端口耦合进光纤光栅感温探测信号处理器，通过光纤光栅感温探测信号处理器探测反射光的波长及变化，就可以得到解调数据，再经过处理，就得到对应各个光栅处环境的实际温度。

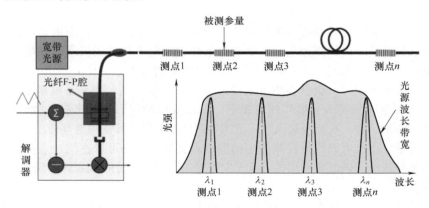

图 2-16　光纤光栅感温火灾探测器的基本原理

光纤光栅感温火灾探测器利用布拉格光栅的温度敏感性和光的反射原理，实时探测光纤光栅感温点温度变化情况，将被测物体物理变化量转变成便于记录及再处理的光信号。从传感器返回的信号为光信号，可以直接通过光缆进行远距离传输。感温探测信号处理器接收其波长改变量的大小，并将之转换成电信号，再计算出待测点的温度大小。

目前光纤光栅感温火灾探测器有逐点波分复用感温火灾探测器及分区全同波分复用感温火

灾探测器。所有探头具有相同的布拉格波长 λ_1，一旦其中一个探头监测部位发生火灾，就会产生一个新的波长 λ_1'；随着温度的升高，此波长会继续往长波方向移动。而在系统中有一个用于设定温度报警门限的宽带光纤光栅 $\Delta\lambda$，如果温度超过设定的报警门限，波长 λ_1' 移动到宽带光纤光栅 $\Delta\lambda$ 的范围内，就会产生报警动作。

（2）光纤光栅感温火灾探测器的组成

光纤光栅感温火灾探测器主要由感温光栅光纤和信号处理器组成。感温光栅光纤由光栅感温探测单元、连接光缆、传输光缆等部分组成。信号处理器由调制解调器、信号转换处理电路和报警显示电路等部分组成。

1）光栅感温探测单元。光栅感温探测单元是光纤光栅感温火灾探测器的核心部分，由测量光栅、导热感温元件（无电元件）等部分组成，其两端由不锈钢软管同光缆连接。在线型光纤感温火灾探测器中，感温探测单元的数量根据用户的实际使用需要确定。一般光纤光栅感温火灾探测器每两个感温探测单元的间隔为 5m，光纤光栅感温火灾探测器使用单芯单模光纤进行信号的检测与传输，光缆外径尺寸为 $\phi7mm$，信号传输光缆外径尺寸为 $\phi7mm$。

2）信号处理器。信号处理器为光纤光栅提供稳定的宽带光源，同时对系统中光栅返回的窄带光进行调制解调。根据系统的设定情况，实时接收来自光纤光栅感温探测单元的信号。信号通过转换处理电路进行调制和处理成最终的实测温度值。信号处理器可进行声光报警和显示，并输出火灾报警和故障信号。

光纤光栅感温火灾探测器以光纤作为信号的传输与传感媒体，利用布拉格光栅的温度敏感性和光的反射原理，能够实时探测沿光纤光栅感温点的温度变化情况，可进行分布测量，测量点可在 5km 范围内任意设置，其结构示意图如图 2-17 所示。

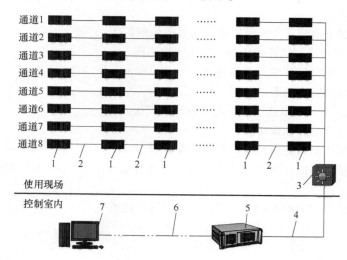

图 2-17　光纤光栅感温火灾探测器的结构示意图
1—光栅感温探测单元　2—连接光缆　3—光缆连接器　4—传输光缆　5—信号处理器
6—电缆（4mm ×1.5mm）　7—报警控制器或系统计算机

由于光纤是用石英材料所造，是绝缘材料，故此不会像金属导线那样受电场或磁场诱导干扰，当然也不存在高压绝缘破坏的问题。因为光纤本身就是光传播的媒体，可以同时将传感的温度信号送到光纤的端部，这就使得光纤不像热电偶那样，传感的温度信号要用别的一对金属导线来进行传输。光纤传感器测温的这一既传感又传播的特点，使得整个系统变得非常简单。由于光纤非常细小，加之柔软轻量，使得安装施工非常简便。比如，要求测量物体的表面温度，则只需用胶布将光纤粘贴固定在物体表面即可。若要求测量空间温度则只需要挂在顶棚上或挂在墙壁上即可。再则，由于光纤属于玻璃质，故不会受酸碱腐蚀，光纤的维护保养工作也相对容易。

2.3.5 感温火灾探测器的选用

1）符合下列条件之一的场所，适宜选择点型感温火灾探测器，且应根据使用场所的典型应用温度和最高应用温度选择适当类别的感温火灾探测器：

① 相对湿度经常大于 95%。

② 可能发生无烟火灾。

③ 有大量粉尘。

④ 吸烟室等在正常情况下有烟或蒸汽滞留的场所。

⑤ 厨房、锅炉房、发电机房、烘干车间等不宜安装感烟火灾探测器的场所。

⑥ 需要联动熄灭"安全出口"标志灯的安全出口内侧。

⑦ 其他无人滞留且不适合安装感烟火灾探测器，但发生火灾时需及时报警的场所。

2）可能产生阴燃火或发生火灾不及时报警将造成重大损失的场所，不宜选择点型感温火灾探测器；温度在 0℃ 以下的场所，不宜选择定温火灾探测器；温度变化较大的场所，不宜选择具有差温特性的探测器。

3）下列场所或部位，适宜选择缆式线型感温火灾探测器：

① 电缆隧道、电缆竖井、电缆夹层、电缆桥架。

② 不易安装点型火灾探测器的夹层、闷顶。

③ 各种带输送装置。

④ 环境恶劣不适合点型火灾探测器安装的其他场所。

4）下列场所适宜选择空气管式线型差温火灾探测器：

① 可能产生油类火灾且环境恶劣的场所。

② 不易安装点型火灾探测器的夹层、闷顶。

5）下列场所或部位，适宜选择线型光纤感温火灾探测器：

① 除液化石油气外的石油储罐。

② 需要设置线型感温火灾探测器的易燃易爆场所。

③ 需要监测环境温度的地下空间等场所宜设置具有实时温度监测功能的线型光纤感温火灾探测器。

④ 公路隧道、敷设动力电缆的铁路隧道和城市地铁隧道等。

2.4 | 火焰探测器

2.4.1 火焰光谱

地球表面附近最大的紫外光源是太阳。太阳紫外辐射分为 UVA、UVB、UVC 三个波段。其中 UVC（100～280mn）波段几乎能够全被臭氧吸收而无法到达地面；UVB（280～320nm）波段对生物危害较大，臭氧在此波段有较强的吸收，能够吸收绝大部分短波辐射，在 320nm 附近吸收能力减弱；UVA（320～400nm）被臭氧吸收的较少，几乎可以自由地穿透大气层，但它对生物影响较小。由于臭氧等大气气体的强烈吸收作用和部分散射作用，波长在 280nm 以下的紫外线几乎不能到达地球表面，因此，200～280nm 波段的紫外光又称为日盲区，280～400nm 波段被定义为可见光盲区。研究发现，燃烧的碳氢化合物，能产生较强的紫外辐射。

一切温度高于绝对零度的物体都具有红外辐射的能力，这就为目标和背景的探测、识别奠定了客观基础。红外辐射有三个主要"大气窗口"吸收带：1～3μm 波段，3～5μm 波段，8～14μm 波段。红外探测器作为一种红外辐射能的转换器，它把辐射能转换成另一种便于测量的能量形式，在多数情况下转换为电能，或是变成另一种可测量的物理量，如电压、电流或探测材料其他物理性质的变化。同时红外探测器是红外系统的核心部件，在红外技术发展中起着关键和主导的作用，从而使得红外技术在战略预警、战术报警、夜视、制导、红外成像、红外激光雷达、资源探测、光谱探测、工业探伤、大气环境监控、医学等军用和民用领域都有非常广泛的应用。采用光电导型硫化铅光敏电阻作为传感器的被动式红外火焰探测器，能够提供快速、准确和可靠的火焰探测，具有抗干扰能力强，性能可靠和性价比高等特点，适用于碳氢化合物火灾探测。响应波长低于 400nm 辐射能通量的探测器称为紫外火焰探测器，响应波长高于 700nm 辐射能通量的探测器称为红外火焰探测器。

2.4.2 火焰探测器的特征、组成及工作原理

火焰探测器是继使用多年感温、感烟火灾探测器后，较晚出现的一种火灾探测器，因而其效益和局限性并未广泛地被人们所认识。在 20 世纪 60 年代研制出一种宽带红外火焰探测器，该种探测器对火焰的响应，仅通过分辨火焰的闪烁频率和一个规定的延迟时间确定。尽管紫外火焰探测器已经使用多年，但直到 20 世纪 70 年代初期，它才作为一种可用的工业装置问世。紫外光敏管质量方面的改进和电子技术的进步，使得当时已广泛用于火工品监视的紫外火焰探测器现在才能够安装在户外场所使用。从使用一个简单的 UV 传感器开始，火焰探测器已经经历了较长时间的发展。UV 探测器是一种较好的快速探测器，同样，对于太阳、电弧光等非火源的其他辐射源也是一个很好的探测器。近年来，其他类型的探测器和复合型探测器被开发出来，包括了单一红外、双红外复合以及红外和紫外复合探测器。单一的探测器具有这样或那样的缺点，主要的问题是误报、低灵敏度和探测距离有限。

各类火灾都有其自身的特征，物质燃烧时，在产生烟雾和放出热量的同时，也产生可见或不可见的光辐射，尤其是在石油和天然气工厂中常见的碳氢化合物类和石油化学产品火灾更是如此。它们发射出的红外线、可见光和紫外线光谱，在特殊的波长会有明确的峰值；同时还会显示低频闪烁（low frequency flicker），一般是 1～10Hz。火焰探测器又称为感光式火灾探测器，适用于响应火焰的光特性，即使用紫外辐射传感器、红外辐射传感器或结合使用这两种传感器识别从火源燃烧区发出的电磁辐射光谱中的紫外和红外波段，从而达到探测火灾的目的。因为电磁辐射的传播速度极快，所以这种探测器对快速发生的火灾（尤其是可燃溶液和液体火灾）能够及时响应，是对这类火灾早期通报火警的理想的探测器。

火焰探测器一般由外壳、底座、光学窗口、传感器等重要部件组成。外壳通常采用工程塑料、铝合金等材料制成，在有防爆要求的场所，外壳需满足隔爆、防爆的要求。传感器是火焰探测器的核心部件。紫外火焰探测器中最常用的传感器是一个密封的内置气体的光电管，称为盖革-弥勒管。红外火焰探测器所使用的传感器则随探测波长的变化而有多种。室内用红外探测器可使用工作波长为 1μm 的硅传感器，它具有灵敏度高的优点，但抗干扰性差。对于 2.7μm 的红外辐射，硫化铝较为常用。硒化铅已使用于 4.7μm 波段，但其探测特性不稳定，随温度而变化。基于钽酸锂的焦热电传感器近年来也得到了应用。它使工作波长为 4.3μm 的红外火焰传感器具有高灵敏度、低噪声的优点，且能工作在温度变化较为剧烈的环境中。传感器一定要有一个合适

的光学窗口加以保护，以避免潮湿和腐蚀性气体的侵害。这个窗口必须对探测波段是透明的，且最好对其他波长的辐射具有高吸收率。最普通的窗口材料是玻璃，它可用于 $0.185 \sim 2.7 \mu m$ 波段，但其透过率仅有 20%。对于波长在 $2.7 \sim 4 \mu m$ 的辐射，石英是较为理想的窗口材料，其透过率达到 50%。对于面积要求较小的窗口来说，蓝宝石较为理想，它很难被划伤，且在 $0.2 \sim 6.5 \mu m$ 波段有较高的透过率。电磁辐射由于波长和频率的不同分为：伽马射线、X 射线、紫外、可见光、红外、微波和无线电波。而通常火灾发出的辐射绝大部分是由紫外射线、红外射线和可见光组成的。

火焰探测器大部分都是光学和电子感应器，通过对太阳光谱以外的红外辐射和紫外辐射产生反应从而探测到火灾，因此，大部分火焰探测器有很多相似之处。火焰探测器是直接式的探测火灾，火焰探测器的电子感应器要进行调整，使其收到的电磁辐射的频率在一个比较小的范围内，以便能接收在这一范围内的火灾的辐射；电磁辐射的能量大小与火源的尺寸成正比，与距火源距离的平方成反比。不管是紫外线还是红外线光谱辐射探测器，在室内和室外都是一种有效的火灾探测方法，它响应速度快，能有效地覆盖大面积的区域，同时它还不容易受风、雨和阳光的影响。这类探测器有独立式的，也有组合式的，按其工作原理可以分为对火焰中波长较短的紫外光辐射敏感的点型紫外火焰探测器、对火焰中波长较长的红外光辐射敏感的点型红外火焰探测器、同时探测火焰中波长较短的紫外线和波长较长的红外线的紫外/红外复合探测器。根据防爆类型可分为隔爆型、本安型。

2.4.3　紫外火焰探测器

紫外火焰探测器是一种能对物质燃烧火焰的光谱特性、光照强度和火焰的闪烁频率敏感的火灾探测器，是一种响应波长低于 400nm 辐射能通量或者说是对火焰发射的紫外光谱敏感的一种探测器。紫外火焰探测器使用一种固态物质作为敏感元件，如碳化硅或硝酸铝，也可使用一种充气管作为敏感元件，如采用高性能紫外光敏管。紫外光敏管是一种外光电效应原理的光电管，具有灵敏、可靠、抗粉尘污染、抗潮湿及腐蚀性气体等优点。

从太阳发出的波长小于 $0.3 \mu m$ 的紫外辐射被地球大气完全吸收，将不会使工作在 $0.185 \sim 0.26 \mu m$ 波段的紫外火焰探测器产生误报警。在这一波段工作的火焰探测器具有极高的反应速度（ $3 \sim 4 \mu s$ ），一般用于探测处于点火瞬间的火灾或爆炸所释放出的具有极高能量的紫外辐射。

紫外火焰探测器由紫外光敏管、石英玻璃窗、紫外线试验灯、光学遮护板、反光环、电子电路及防爆外壳等组成，如图 2-18 所示。紫外光敏管是一种气体放电管，它相当于一个光电开关。管外部是密封玻璃壳，管内充有一定压力的特殊气体，阴极和阳极之间加 300V 左右的直流高压。

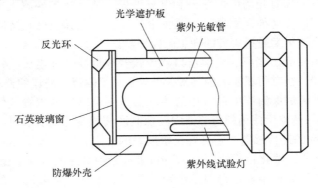

图 2-18　紫外火焰探测器的结构示意图

由于火焰中含有大量的紫外辐射，当紫外火焰探测器中的紫外光敏管接收到波长为 0.185 ~ 0.245μm（1850 ~ 2450Å）的紫外辐射时，光子能量激发金属内的自由电子，使电子逸出金属表面，在极间电场的作用下加速向阳极运动。电子在高速运动的途中，撞击管内气体分子，使气体分子变成离子，这些带电的离子在电场的作用下，向电极高速运动，又能撞击更多的气体分子，引起更多的气体分子电离，直至管内形成雪崩放电，使光敏管内阻变小，电流增加，使电子开关导通，形成输出脉冲信号前沿；由于电子开关导通，将把光敏管的工作电压降低，当此电压低于启动电压时，光敏管停止放电，使电流减少，从而使电子开关断开，形成输出脉冲信号的后沿。此后，电源电压通过 RC 电路充电，使光敏管的工作电压升高，当达到或超过启动电压时，又重复上述过程。这样就产生了一串电脉冲信号，脉冲的频率取决于紫外光照的强度和电路的电气参数。当电路不变时，光照越强，频率越高。将这些脉冲信号通过传输导线送到报警控制器，当测得的脉冲频率高于报警设定值时，探测器发出火灾报警信号。

在大气层内部，由于臭氧层的保护作用，太阳辐射中波长在 280nm 以下的电磁波几乎被完全吸收，而由于光敏管玻璃管透光的限制，紫外光敏管阴极材料的光谱响应波长范围都在 185 ~ 260nm。这样，使用钨等金属材料作为阴极的紫外光敏管就可以达到"日盲"的效果。

在可燃物质燃烧或爆炸刚点燃的瞬间，会以极快的速度（3 ~ 4ms）辐射出较强能量的紫外线。尽管紫外火焰探测器是一种快速高效的火焰探测器，但是，对于其他的非火灾辐射源而言它也是一种很好的探测器，例如像透过臭氧层空洞的太阳光、闪电、电弧和电焊弧光等，很容易引起紫外火焰探测器的误报警，这些误报降低了其报警的可信赖性。

典型的紫外火焰探测器具有 90° ~ 120° 的视角，可以探测到 25m 远处，面积为 0.1m² 的汽油火焰，但大气对辐射的衰减以及探测器窗口的污染都会使其探测能力减弱。紫外光线在烟雾中的透过率极低，因此，此种探测器不应安装在火灾隐患处的垂直上方，以避免火灾产生的烟雾挡住探测器的视线。UV 光传播的主要抑制因素为油雾或膜、浓烟、碳氢化合物蒸气、水膜或冰。当这些现象存在于火焰探测路径中时，辐射衰减能显著降低 UV 信号的强度。因此紫外火焰探测器的探测距离通常宜在 15m 左右。另外，丙酮、乙醇和甲苯等多种化学气体或蒸气也可能对火焰探测器的探测效果产生影响。

点型紫外火焰探测器不受风雨、高湿度、气压变化等影响，能在室外使用。但是，一些受污染区域由于臭氧层稀薄，部分紫外辐射可以透过大气到达地表，这就给点型紫外火焰探测器在室外环境下的运行带来了不利影响，增加了其误报警的概率。对于在这样的区域以及雷电频发、有电弧光大量产生的场所使用时，建议使用点型红外火焰探测器或点型紫外、红外复合火焰探测器。

2.4.4　红外火焰探测器

响应火焰产生的光辐射中波长大于 700nm 的红外辐射进行工作的探测器称为点型红外火焰探测器，红外火焰探测器一般采用阻挡层光电阻或光敏管原理工作。红外火焰探测器基本上包括一个过滤装置和透镜系统，用来筛除不需要的波长，而将收进来的光能聚集在对红外光敏感的光电管或光敏电阻上。点型红外火焰探测器按照红外热释电传感器数量不同可以分为点型单波段红外火焰探测器、点型双波段红外火焰探测器和点型多波段红外火焰探测器。

常见的明火火焰辐射的红外光谱范围中，波长在 4.1 ~ 4.7μm 之间的辐射强度最大，这是因为烃类物质（天然气、酒精、汽油等）燃烧时产生大量受热的 CO_2 气体，受热的 CO_2 在位于 4.35μm 附近的红外辐射强度最大。而地表由于 CO_2 和水蒸气的吸收作用，阳光辐射的光谱中位于 2.7μm 和 4.35μm 附近的红外光几乎完全不存在。所以红外火焰探测器探测元件选取的探测波长可以选择在 2.7μm 和 4.35μm 附近，这样可以最大限度地接收火焰产生的红外辐射，提高探测效率，同时避免了阳光对探测器的影响。现在大多红外火焰探测器选取的响应波段在 4.35μm 附近的红外辐射。在红外热释电传感器内部加装一个窄带滤光片，使其只能通过 4.35μm 附近的红外辐射，太阳辐射则不能通过。一般选取的滤光片的透光范围可以在 4.3~4.5μm。

图 2-19 为典型的红外火焰探测器原理示意图。首先红外滤光片滤光，排除非红外光线，由红外光敏管将接收的红外光转变为电信号，经放大器 1 放大和滤波器滤波（滤掉电源信号干扰），再经内放大器 2、积分电路等触发开关电路，点亮发光二极管（LED）确认灯，发出报警信号。

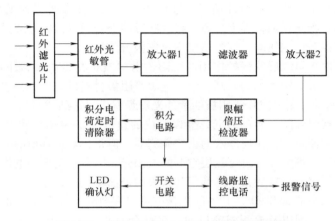

图 2-19　典型的红外火焰探测器原理示意图

火焰的高温以及由火焰引起的大量的高温气体都能辐射出各种频带的红外线，但是能够辐射出红外线的不仅仅是火焰，一些高温物体的表面，如炉子、烘箱、卤素白炽灯、太阳等都能辐射出与"火焰"红外线频带相吻合的红外线。因而这些并非火焰的红外源就容易使红外火焰探测器产生误报警。

点型双波段红外火焰探测器有两个探测元件（红外热释电传感器），其中一个和点型单波段红外火焰探测器的一样，用于探测火焰中的红外辐射；另外一个以红外热释电传感器作为参比通道，选取不同透射谱带的滤光片，用于排除环境中来自其他红外辐射源的干扰。在双波段红外火焰探测器工作时，当存在明火时，用于探测火焰的红外热释电传感器输出的信号大于参比的红外热释电传感器输出的信号，这时探测器报警；当有黑体辐射等强干扰时，参比的红外热释电传感器输出的信号大于探测火焰的红外热释电传感器输出的信号，探测器不报警。这样，就有效地减小甚至避免了探测器误报。目前，国内很多企业生产的双波段红外火焰探测器都能够保证用于探测火焰的红外热释电传感器的透射谱带为 4.3~4.5μm，进而达到"日盲"的要求。对于参比波长的选择，现在选择 5μm 以上波段的产品居多。点型双波段红外火焰探测器一般能够抗人工光源、阳光照射、黑体热源、人体辐射等，户内、户外均可使用，工作稳定可靠，适用于普遍场所，应用较为广泛。

此外，点型多波段红外火焰探测器是将 3 个不同波长的红外探测器复合在一起，其原理与双波段红外火焰探测器类似，增加的红外热释电传感器都是为了克服 4.3μm 附近的红外辐射之外的其他干扰。通过光谱分析能够对除火灾以外的连续的、调制的、脉冲的辐射源保证不产生误报（包含黑体和灰体辐射）。这种高灵敏的 IR3 技术以及其免于误报的特性使其具有更远的探测距离。

这种探测方法具有以下特点：

1）快速响应——响应时间小于5s。

2）较远的探测距离——达到65m远。

3）对小型火灾具有较高的灵敏度。

4）误报率低。

单波段红外探测器对黑体辐射敏感，当探测器监控范围内进入黑体射线，这些装置的敏感度将会受到影响，可能产生假报警，原因可能来自于能够产生足够热量的电力设备，在探测器监控范围内的人或其他运动也可能产生类似的情况（在接收波段范围内的黑体辐射都可能导致误报）。黑体辐射是种热能量，因辐射源与周围环境的温度差异而发射射线。由于大气对 CO_2 辐射频带的吸收，地球表面的太阳光能含有很少 $4.3\mu m$ 波段的 IR 射线。但是，太阳光能可以加热物体使其辐射 $4.3\mu m$ 的"黑体射线"。

双波段红外探测器具有两个传感器，分别探测两个波段的辐射，通过分析信号的闪烁、每一波段接收信号的强度以及两传感器接收信号强度的比值确定火焰辐射源。距离探测器很近的人群能对探测器产生不利的影响，探测器可能会将人体的自然能量认为是红外源，将人群的运动作为闪烁的特性，总体上的结果就可能是一次假报警。接近探测器区域有人群活动时不宜选择双波段红外火焰探测器；双波段、三波段红外火焰探测器的工作原理都是对 CO_2 辐射峰值波段（$4.3\mu m$）进行响应，金属或无氧火焰燃烧产物中没有 CO_2，无法探测到火焰目标。

2.4.5 紫外、红外复合火焰探测器

为了减少误报警，有些火焰探测器装有两个吸收不同波段辐射的探头。紫外、红外复合火焰探测器选用了一个紫外线探头和一个高信噪比的窄频带的红外线探头。虽然紫外线探头本身就是探测火焰的一个好探头，只是由于它特别容易受电焊弧光、电弧、闪电、X 射线等（紫外线辐射）触发而产生误报警。因此，为了防止误报警的发生，它增加了一个 IR 红外检测通道，在许多被探测范围不大的场合，可以采用这一类型的探测器。只有当探测器同时接收到特殊波段的红外信号，同时又接收到特殊波段的紫外线信号时，才确认有火焰存在。这样在更大程度上防止了误报警。

但是，这一看似很好的技术也还有其缺点。这是因为不同形式的火焰，其辐射的紫外线强度和红外线强度的比值是各不相同的。

2.4.6 火焰探测器的选用

点型火焰探测器从问世以来，经过几十年的发展与技术突破，已经在明火探测上通过无数案例证明了自身存在的价值，在保护社会财产和人身安全方面起到了重要的作用。由于各种背景红紫外辐射的干扰，会使得探测器发生误报现象，因此，在使用点型火焰探测器时一定要根据应用环境的特点选择不同种类的探测器。

点型火焰探测器较适合于在机库、工厂车间、中庭等大空间建筑以及化工厂、石油探井、海上石油钻井平台和炼油厂等露天环境中使用。由于其探测范围大、灵敏度高，适用于生产、储存和运输高度易燃物质的危险场所，适宜设置于极昂贵设备或有关键性设施、对火情有特殊检测需要的地方。

1）符合下列条件之一的场所，宜选择点型火焰探测器：

① 火灾时有强烈的火焰辐射。

② 可能发生液体燃烧等无阴燃阶段的火灾。

③ 需要对火焰做出快速反应。

2）符合下列条件之一的场所，不宜选择点型火焰探测器：

① 在火焰出现前有浓烟扩散。

② 探测器的镜头易被污染。

③ 探测器的"视线"易被油雾、烟雾、水雾和冰雪遮挡。

④ 探测区域内的可燃物是金属和无机物。

⑤ 探测器易受阳光、白炽灯等光源直接或间接照射。

⑥ 探测区域内正常情况下有高温物体的场所，不宜选择单波段红外火焰探测器。

⑦ 正常情况下有明火作业，探测器易受 X 射线、弧光和闪电等影响的场所，不宜选择紫外火焰探测器。

2.5 图像型火灾探测器

随着国民经济的迅速发展和社会文明的不断进步，出现了越来越多的、具有高大空间特性的民用和工业建筑与场所，涉及生产生活的各个领域，如体育馆、影剧院、会展中心、火车站、候车（机）室、检修库、中庭、仓库、机库、电厂、储油罐、煤厂等。对以上场所，其空间高度、保护面积、探测距离、建筑结构、现场环境和防火要求与传统的消防领域有很大不同，从而导致了火灾的发生发展模式、探测机理和灭火机理也有所不同，传统的火灾自动报警系统和灭火系统对这类很难实施有效的保护。同时，在这些建筑和场所内往往人员密集或者设备昂贵，一旦发生火灾，将对生命财产造成巨大损失。因此，对此类场所火灾的早期探测成为非常现实且亟待解决的问题，同时也对火灾报警设备的性能、选型、设计等方面提出了更高的要求。

火灾报警后，消防值班人员首先要确认是否有火灾发生，采取的方法是等待收到进一步的报警信号或去现场查看，这往往会延误灭火的最好时机，大大增加火灾造成的损失。如果在控制室听到火灾报警的同时能看到火灾的现场情况，那么值班人员会直接判断火灾是否发生以及火势的大小，当机立断启动疏散及灭火程序，使火灾损失降低到最低程度。

图像型火灾探测器就能很好地解决这个问题，它利用图像传感器的光电转换功能，将火灾光学图像转换为相应的电信号"图像"，把电信号"图像"传送到信息处理主机，信息处理主机再结合各种火灾判据对电信号"图像"进行图像处理，最后得出有无火灾的结果，若有火灾，发出火灾报警信号。目前图像型火灾探测器有图像型火焰探测器和图像型烟雾探测器两种类型。

图像型火灾探测利用摄像机监测现场环境，并通过对所得数字图像的处理和分析实现对火灾的探测。利用此项技术不但能够实现火灾的早期探测，为火灾的扑救赢得宝贵的时间，而且能够在工作过程中有效避免探测距离、环境干扰等因素的影响，具有可视化、无接触等优点。

2.5.1 图像型火灾探测器的工作原理

图像型火灾探测器采用传统 CCD 摄像机或红外摄像机获取被保护现场的视频图像，要求对被保护现场实现无盲区的覆盖，一般通过成对安装摄像机实现对盲区的补偿。摄像机输出的模拟视频信号通过图像采集卡实现视频图像的数字化，在系统主机内部利用智能复合识别算法对数字图像进行分析处理，从而实现对火灾的探测，当发现火灾后，系统采用图形界面和继电器或总线输出方式提供对外报警输出接口。图 2-20 为图像型火灾探测器的工作原理示意图。

系统采用高性能主机对图像进行分析识别，内嵌的智能识别算法能够探测到场景中的微弱变化，并对这些微弱变化进行进一步处理，以提取其中能够与火灾（如灰度、颜色、边缘、运

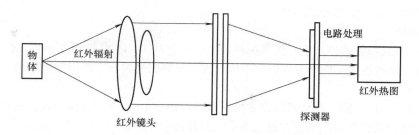

图 2-20　图像型火灾探测器的工作原理示意图

动模式等）相匹配的特征，并对这些特征间的相互关系进行深入分析，利用智能组合数据对特征信息进行筛选，从而保证能够迅速准确地探测到火灾。

其基本原理是：通过图像采集设备（一般由摄像机和图像采集卡构成）采集视频图像并输入到计算机中，对采集到的每一帧视频图像建立模型，利用该模型获得图像中的至少一个区域及其边界像素；对采集到的每一帧视频图像进行运动特性分析，获得图像中的运动前景像素；当所述区域的边界像素中包含的运动前景像素的个数达到一设定的阈值时，将所述区域标记为火灾疑似区域；对所述火灾疑似区域的闪烁特性进行评估，判断所述火灾疑似区域中是否存在火灾；当存在火灾时进行火灾报警，否则继续监测下一帧视频图像。

同时，为了使系统能够适应各种不同的工作场所，有的系统还提供了对场景进行分区，并对每一分区独立设置灵敏度的功能。可以将不同分区进行组合，设置报警条件后映射到不同的继电器输出，使系统设置能够更适合现场的工作环境。还有的系统则将视频录像功能内嵌于系统，支持对报警通道的录像检索查看功能，方便后续火灾事故的调查。

2.5.2　图像型火灾探测器的组成

图像型火灾探测系统的视频火灾探测系统由多个视频摄像机和一个进行视频摄像机信号处理与分析的处理系统组成。视频摄像机可以是安装在公路隧道中用于交通监控的摄像机，也可以是安装在办公建筑中用于日常安防监控的摄像机。只要它们可以连接到一个有人员职守的中控室，就可以通过一个共同的处理系统分别处理多个摄像机来实现对火灾的监控与报警。

视频处理系统中包含高级工业计算机、鼠标、键盘及显示器，计算机内置高性能影像撷取卡等硬件，显示器会显示来自各镜头中任何一个镜头的数字化视频影像，也可显示所有控制与设定的画面、已设定的侦测区域、警示状态的区域及镜头。视频图像在处理系统中被分解为像素，给各个像素和这些像素的组分配亮度值，并借助像素的亮度值与一个参考值的比较来进行是否存在火灾的判断。

除了采用基于计算机的处理方式外，还有的系统采用基于 DSP 的处理方式，即将图像识别算法内嵌于 DSP 器，在摄像机端即完成火灾的识别。

2.5.3　图像型火灾探测器的主要功能及特点

图像型火灾探测器，已经开发出了许多实用的技术。以英国的 VSD 系统为例，此系统可以支持多个摄像机、可将多个系统连接，并使用一个显示屏幕。每个系统能够侦测到多个区域，包括室外临界区域，区域大小都可以调整。系统还可以自动顺序切换警示镜头，必要时可以全荧幕进行解析。当侦测区域的镜头由于某种原因发生振动时，系统可启动镜头振动补偿功能。为达到最大的敏感度，摄像机往往内置噪声补偿功能，系统可自动检查影响信号衰减、屏蔽、低亮度及低对比度、可设定敏感度及延迟时间。

1. 主要功能

1）火灾探测及报警输出功能：图像探测器主机可连接 1~16 路现场探测器，探测器与主机之间通过网络交换机连接。探测器主机集图像处理、报警信号输出、高清图像输出、通信管理等功能于一体。

2）高清视频输出功能：图像探测器主机可以输出最多 16 路探测器保护火警提示框的高清彩色视频信号，通过网络交换机可接入硬盘录像机及其他监控设备。

3）联网功能：图像探测器主机通过网络交换机联网，可与任意多台主机联网构成防控网络，还可方便接入其他消防网络。主机通过 CAN 总线及开关量信号与消防报警控制器联网，实现报警联动。

4）历史记录存储及查询功能：各种报警及操作信息均有详细的记录，火警记录、报警记录等。采用微软公司数据库，可存储任意数量的历史数据，并提供完备的数据查询功能。

5）调试、测试功能：提供远程参数设置、前端探测器测试等功能，方便用户对系统进行调试和测试。

2. 主要特点

1）不受应用空间的限制，能够同时探测烟雾和火焰，只要是摄像机可以监测到的区域，都能够进行实时检测。

2）提供现场视频即可，前端摄像机不必深入现场，就能够对危险场所、爆炸性场所、有毒场所进行探测。

3）基于光电转换原理的视频探测方案，能够快速接收现场火灾信息，实现对火灾的早期探测，响应速度快；基于数字图像处理的算法，能够检测到场景中的微弱变化，具有更高的灵敏度，能够有效避免运动气流的影响；智能探测算法有效避免了环境光照变化和摄像机振动的影响，为存在运动气流场所（如户外）的火灾探测提供了可能。

4）便于火灾的确认和存储，单台主机可以并行处理多台摄像机的视频信号，火灾探测系统可以与视频存储系统相连达到保存数据的目的；提供灵活的通信接口，方便与其他消防系统的集成。

5）可以基于现有的监控系统中的普通监控摄像机，利用计算机视觉、图像处理和模式识别技术在视频图像中检测火灾，从而达到火灾探测报警的目的。

6）利用较好的数学模型和算法，达到在低画质条件下进行火灾检测的目的，使系统可以适应大部分摄像头与现有的视频监控系统达到无缝连接的目的。

7）随着技术的发展，还可以进一步降低系统检测的漏检率和误检率，增强系统的鲁棒性，提高系统的稳定性和安全性。

8）灵活的分区和灵敏度设置功能使系统可以适应不同的应用场所。

9）与传统火灾探测器不同，其可以直接通过检测火灾在视觉上呈现的空间与时间特征达到火灾探测的目的，而不需要像传统火灾探测器那样检测由火灾造成的烟尘、热辐射等产物；其检测更加直观，并且值班人员可以迅速通过监视显示器确认火灾现场。

2.5.4 图像型火焰探测算法

现有的视频图像火焰探测算法主要基于火焰在视频图像中所表现出的空间和时间上的特征，利用这些特征通过 HMM、贝叶斯分类器等模式识别方法进行检测。目前使用的图像特征主要包括以下几个方面。

1. 颜色

计算机中图像中的每个像素由 RGB 三个值表示，分别代表红色、绿色和蓝色三个分量，火焰一般在图像中呈现红色，因此可以利用一定量的火焰图像，分别统计火焰区域每个像素 RGB 所处的范围 $V_{min} < V_i < V_{max}$，其中 i 代表 RGB 三个颜色通道，V_{max}、V_{min} 分别代表每个通道的火焰区域的最大值和最小值，利用该范围初步判断像素是否属于火焰。

2. 运动

火焰在图像中不是一成不变的而是不断在闪烁变化的，因此可以利用火焰的这个特点进行检测。目前，一般的运动检测方法主要有背景减除和时间差分。

（1）背景减除

背景减除首先建立背景模型，然后利用当前帧与背景模型相减，进而检测出前景运动区域。主要包括：背景建模、背景减除、背景更新等主要部分。

背景建模是指利用一定数量的视频帧建立所监测环境的背景模型，每一次当前帧和背景模型相比较，将运动的前景像素区分出，由于背景不是一成不变的，因此需要利用每次的比较结果对背景模型进行更新，达到动态适应场景的目的。

（2）时间差分

时间差分是利用视频序列中相邻两帧或三帧之间做差检测运动目标。该方法也简单易行，但容易产生空洞。

3. 边缘检测

火焰会在图像中呈现出较明显的边缘，因此可以利用这点对火焰进行检测。目前主流的方法是通过计算图像的导数即梯度，寻找变化最大值，达到边缘检测的目的。常用的边缘检测算子主要包括：Roberts 算子、Prewitt 算子、Sobel 算子和 Canny 算子等。Roberts 算子通过计算两对对角线上相邻的像素亮度差分来计算梯度。Prewitt 算子通过计算与中心像素连通的像素差分来计算梯度。Sobel 算子改变了 Prewitt 算子部分像素的权重。Canny 算子首先使用高斯滤波平滑图像，然后计算梯度的幅度和方向，最后使用双阈值连接图像中的边缘。

4. 粗糙度

火焰在图像中的区域并不是光滑的，而有一定的粗糙程度，因此可以计算区域的各像素的颜色值方差，如果该区域属于火焰，那么其方差在一定的范围之内。

$$\sigma_{min} < \sigma < \sigma_{max} \tag{2-4}$$

2.5.5 图像型烟雾探测算法

1. 数字化预处理

图像烟雾探测系统，一般是通过采样、图像扫描、光传感器、量化器、输出存储体等电子元器件来实现的。通过采样、量化后 $M \times N$ 的图像可用矩阵表示为

$$f = \begin{pmatrix} f(0,0) & f(0,1) & \cdots & f(0,n-1) \\ f(1,0) & f(1,1) & \cdots & f(1,n-1) \\ \vdots & \vdots & & \vdots \\ f(m-1,0) & f(m-1,1) & \cdots & f(m-1,n-1) \end{pmatrix} \tag{2-5}$$

数字图像中的每一个像素对应于矩阵中相应的元素。把数字图像表示成矩阵的优点是能应用矩阵理论对图像进行分析处理。

图像也可用向量的方式来表示，

$1 \times MN$ 的列向量 $\boldsymbol{f}$：

$$\boldsymbol{f} = [\boldsymbol{f}_0, \boldsymbol{f}_1, \cdots, \boldsymbol{f}_{m-1}]^2$$
$$\boldsymbol{f}_i = [f(i,0), f(i,1), \cdots, f(i,n-1)]^\mathrm{T}, \quad i = 0, 1, \cdots, m-1$$

这种表示方法的优点在于：对图像进行处理时可以直接利用向量分析的有关理论和方法。构成向量时，既可以按行的顺序，也可以按列的顺序。经过信号转化后的图像是带有灰度值的数组，对其可以应用数学工具进行分析与处理。

检测烟雾出现产生的阈值变化：烟雾的出现不仅会使表示边缘信息的阈值发生变化，当烟雾越来越浓时，可监测图像的能量值是否减少；烟雾在开始阶段是透明的，向四周扩散，因此可监测背景图像的 RGB 矢量是否具有方向性；当前帧和背景的相似之处在减少时，可监测在当前帧中的运动区域的色度值对应于背景图像的 u 值和 v 值的降低。另外，可监测烟雾的闪烁频率，烟雾的闪烁频率与燃烧物的性质和尺度无关，在 10Hz 左右。在烟雾的边界，其闪烁频率范围为 1～3Hz。这些均是烟雾的重要特征。当监测值达到预先设定的阈值时，就可以认为有烟雾产生。有效地检测出这些阈值的变化，可以使视频烟雾探测的有效程度大大提高。

2. 图像变换手段

图像变换在视频烟雾探测中具有十分重要的意义，其目的是使有关烟的图像处理简化，提高烟雾图像特征的提取效率。图像变换中最常用的是傅里叶变换，傅里叶分析是现代工程中应用最广泛的数学方法之一，在进行视频烟雾图像处理时，利用傅里叶变换可以把信号分解成不同尺度上连续重复的成分，非常有利于图像的分析，应用广泛。

以二维离散傅里叶变换为例：

令 $f(x, y)$ 表示一幅大小为 $M \times N$ 的图像，其中 $x = 0, 1, 2, \cdots, M-1$ 和 $y = 0, 1, 2, \cdots, N-1$。F 的二维离散傅里叶变换可表示为 $F(u, v)$，如下式所示：

$$F(u,v) = \sum_{x=0}^{M-1} \sum_{y=0}^{N-1} f(x,y) \mathrm{e}^{-j2\pi\left(\frac{ux}{M} + \frac{vy}{N}\right)} \tag{2-6}$$

逆变换：

$$f(x,y) = \sum_{x=0}^{M-1} \sum_{y=0}^{N-1} F(u,v) \mathrm{e}^{-j2\pi\left(\frac{ux}{M} + \frac{vy}{N}\right)} \tag{2-7}$$

式中　u、v——频率变量，$F(u, v)$ 的坐标系是频率域；

　　　x、y——空间变量，(x, y) 的坐标系是空间域。

在进行视频烟雾图像的处理时，一般根据空间域变量进行定位，根据频率域变量进行烟雾的特征分析。

傅里叶变换无法同时进行时间-频率局部分析，这为烟雾的视频图像处理带来很多不便。因此，现今先进的视频烟雾探测系统中往往应用 DWT 离散小波变换这个数学工具。与傅里叶变换不同，DWT 离散小波变换不仅其中使用的变换核不同，而且这些函数的基本特性和它们的应用方法也不同。因为 DWT 包含各种独立但相关的变换，用一个公式无法完全描述。每个 DWT 是通过利用变换核或定义核的一组参数来表征的。例如，在视频烟雾检测中往往会利用到小波的可分离性质，即小波核可用三个可分的二维小波来表示：

$$
\begin{aligned}
\psi_\mathrm{H}(x,y) &= \psi(x)\varphi(y) \\
\psi_\mathrm{V}(x,y) &= \psi(x)\varphi(y) \\
\psi_\mathrm{D}(x,y) &= \psi(x)\varphi(y)
\end{aligned} \tag{2-8}
$$

分解后的三幅高频分量子图像包含水平方向 $\psi_\mathrm{H}(x, y)$、垂直方向 $\psi_\mathrm{V}(x, y)$ 和对角方向 $\psi_\mathrm{D}(x, y)$ 的边缘信息。在整个视频序列中，监测背景中物体边缘的小波系数值是否减少。可以假定小波系数中的某一个系数用来对应烟雾遮住边缘，如果在连续的图像帧中，其值变为零或接近于零，则有可能是浓厚的烟雾所致。因为一组小波系数值的减少，对应着一系列视频帧的边缘值减少，这意味着场景变得模糊，有可能存在烟雾。

3. 边缘检测

边缘就是图像中像素灰度有阶跃变化或屋顶状变化的那些像素的集合。边缘对图像识别与分析起着十分重要的作用。现今的视频烟雾探测系统中均认为烟出现在图像中会弱化原有图像的边缘。提取边缘，并检测边缘的变化，是现今视频烟雾探测的重要步骤。边缘检测的基本意图就是：找到亮度的一阶导数在幅度上比指定阈值大的地方或亮度的二阶导数有零交叉的地方。

边缘检测算子可以简单地解释为亮度的导数估计器。例如，Sobel 边缘算子、Prewitt 边缘算子、Roberts 边缘算子、Laplacian of Gaussian 边缘算子、Zero Crossings（零交叉）边缘算子、Canny 边缘算子等。以 Sobel 边缘算子为例，如图 2-21 和图 2-22 所示。

Z_1	Z_2	Z_3
Z_4	Z_5	Z_6
Z_7	Z_8	Z_9

−1	−2	−1
0	0	0
1	2	1
−1	0	1
−2	0	2
−1	0	1

图 2-21　图像领域　　　　　图 2-22　Sobel 边缘算子

$$G_x = (Z_7 + 2Z_8 + Z_9) - (Z_1 + 2Z_2 + Z_3)$$
$$G_y = (Z_3 + 2Z_6 + Z_9) - (Z_1 + 2Z_4 + Z_7)$$

Sobel 算子是滤波算子的形式，它的实现过程是，使用左边的掩模对图像进行滤波，再使用另一个掩模对图像进行滤波，然后计算每个滤波后图像中的像素值的平方，并将两幅图像的结果相加，最后计算相加的平方根。用 Sobel 算子提取边缘，可以利用快速卷积函数，简单有效，应用非常广泛。

2.5.6　图像型火灾探测器的选用

图像型火灾探测器的应用范围非常广泛，系统的应用场所还可以是军用或商用船舶的引擎室、水泥厂、石油化工业工厂、有毒物质处理工厂、水处理单位、钢铁厂、造纸厂、纸类回收厂、纸类以及文件储存单位、列车维修站、飞机维修棚、海洋石油以及油气钻探台。

图像型火灾探测器已经达到了应用的水平，其核心技术在于计算机视觉和数字图像处理算法，一个稳定可靠的算法是该探测技术成败的关键。该探测技术与传统探测技术相比，有着较大的优势，如它不受应用场所的限制，对高大空间、隧道、厂房等场所尤其适用。对于大空间建筑来说，图像型火灾探测器具有早期反应、探测范围广、节省设备重复投资、限制条件少等优势。但其也存在着一定的局限性，如所处理的数据巨大，一帧视频图像所包含的信息是传统探测器无法比拟的；硬件的处理效率比其他火灾探测设备的要求要高，而且其本身具有难以判别嘈杂背景的缺陷，如其受光照影响较大，剧烈的光照变化可能会使火焰消失在图像中从而造成漏报甚至误报。在烟与噪声图像的特征变量、数学模型的完善方面还有待提高。但随着计算机技术的发展，在图像变换、图像消噪、图像分割、特征识别等环节上均出现了更有效的数学算法，新的稳定的计算机视觉和数字图像处理算法的引入和应用必然会使该探测技术发展更加迅速。

1）符合下列条件之一的场所，适宜选图像型火灾探测器：

① 火灾时有强烈的火焰辐射。

② 可能发生液体燃烧等无阴燃阶段的火灾。

③ 需要对火焰做出快速反应。

④ 具有高速气流的场所。

⑤ 点型感烟、感温火灾探测器不适宜的大空间。

⑥ 非封闭场所。

⑦ 需要进行隐蔽探测的场所。

⑧ 人员不宜进入的场所。

2）符合下列条件之一的场所，不宜选图像型火灾探测器：

① 在火焰出现前有浓烟扩散。

② 探测器的镜头易被污染。

③ 探测器易受阳光、白炽灯等光源直接或间接照射。

④ 光照变化剧烈的场所。

⑤ 摄像机需要透过网状栅栏、百叶窗、扶手、毛玻璃或其他类似物体进行探测。

2.6 其他火灾探测器

前面几节介绍了感烟火灾探测器、感温火灾探测器、火焰探测器、图像型火灾探测器，这一节主要介绍电气火灾监控探测器、可燃气体探测器、复合火灾探测器、燃烧音火灾探测器、微波火灾探测器、光声火灾气体探测器、激光光谱火灾气体探测器等。

2.6.1 电气火灾监控探测器

电气火灾监控探测器是指被保护线路中的剩余电流、温度等电气火灾危险参数变化的探测器。电气火灾监控探测器按探测参数可分为剩余电流式电气火灾监控探测器和测温式电气火灾监控探测器两种；按工作方式可分为独立式探测器（具有监控报警功能的探测器）和非独立式探测器两类。一般来讲，电气火灾监控探测器适用于具有电气火灾危险的各类场所。在工程应用中，电气火灾监控探测器通常用于监测和保护低压供配电系统的电气线路及电气设备。

1. 电气火灾监控探测器的定义、工作原理及适用场所

（1）电气火灾监控探测器的定义

电气火灾监控系统是指当被保护的电气线路中的被探测参数超过报警设定值时，能发出报警信号、控制信号并能指示报警部位的系统，由电气火灾监控设备和电气火灾监控探测器组成。电气火灾监控设备是指能接收来自电气火灾监控探测器的报警信号，发出声、光报警信号和控制信号，指示报警部位，记录、保存并传达报警信息的装置。电气火灾监控探测器是指探测被保护线路中的剩余电流、温度、故障电弧等电气火灾危险参数变化和由于电气故障引起的烟雾变化及可能引起电气火灾的静电、绝缘参数变化的探测器。

（2）电气火灾监控探测器的工作原理

发生电气故障时，电气火灾监控探测器将保护线路中的剩余电流、温度、故障电弧等电气故障参数信息转变为电信号，经数据处理后，探测器做出报警判断，将报警信息传输到电气火灾监控器。电气火灾监控器在接收到探测器的报警信息后，经报警确认判断，显示电气故障报警探测器的部位信息，记录探测器报警的时间，同时驱动安装在保护区域现场的声光警报装置，发出声光警报，警示人员采取相应的处置措施，排除电气故障，消除电气火灾隐患，防止电气火灾的发生。

（3）电气火灾监控探测器的适用场所

电气火灾监控探测器适用于具有电气火灾危险的场所，尤其是城市地下交通、变电站、石油石化、冶金等不能中断供电的重要场所的电气故障探测，在产生一定电气火灾隐患的条件下发出报警信号，提醒专业人员排除电气火灾隐患，实现电气火灾的早期预防，避免电气火灾的发生。

2. 电气火灾监控系统的组成及分类

（1）电气火灾监控系统的组成

电气火灾监控系统由下列部分或全部设备组成：

1）电气火灾监控器。

2）剩余电流式电气火灾监控探测器。

3）测温式电气火灾监控探测器。

4）故障电弧式电气火灾监控探测器。

5）热解粒子式电气火灾监控探测器。

6）电气防火限流式保护器。

7）当线型感温火灾探测器用于电气火灾监控时，可接入电气火灾监控器。其中，系统中第1、2、3类产品为目前广泛使用的用于电气保护的电气火灾监控产品；第 4 类产品的国家标准已发布，为《电气火灾监控系统 第 4 部分：故障电弧探测器》（GB 14287.4—2014）；第 5、6 类产品的国家标准也在制定过程中。

电气火灾监控系统的构成实物图如图 2-23 所示。

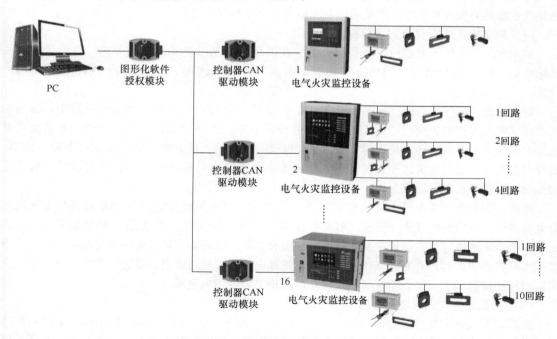

图 2-23 电气火灾监控系统的构成实物图

（2）电气火灾监控探测器的分类

1）按探测器工作方式分类。独立式电气火灾监控探测器，即可以自成系统，不需要配接电气火灾监控设备；其独立探测保护对象电气火灾危险参数的变化，并能发出声、光报警信号。

非独立式电气火灾监控探测器，即自身不具有报警功能，需要配接电气火灾监控设备组成系统。

2）按探测器工作原理分类。

① 剩余电流式电气火灾监控探测器，即当被保护线路的相线直接或通过非预期负载与大地接通，而产生近似正弦波形且其有效值呈缓慢变化的剩余电流，当该电流大于预定数值时即自动报警的电气火灾监控探测器。

② 测温式（过热保护式）电气火灾监控探测器，即当被保护线路的温度高于预定数值时，自动报警的电气火灾监控探测器。

③ 故障电弧式电气火灾监控探测器，即当被保护线路上发生故障电弧时，发出报警信号的电气火灾监控探测器。

④ 热解粒子式电气火灾监控探测器，即监测被保护区域中电线电缆、绝缘材料和开关插座由于异常温度升高而产生的热解粒子浓度变化的探测器，一般由热解粒子传感器和信号处理单元组成。

3）按系统连线方式分类。电气火灾监控设备按系统连线方式分为多线制和总线制。

3. 电气火灾探测器的设置

电气火灾监控系统是一个独立的子系统，属于火灾预警系统，应独立组成。电气火灾监控探测器应接入电气火灾监控器，不应直接接入火灾报警器的探测器回路。当电气火灾监控系统接入火灾自动报警系统中时，应由电气火灾监控器将报警信号传输至消防控制室的图形显示装置或火灾报警控制器上，但其显示应与火灾报警信息有区别；在无消防控制室且电气火灾监控探测器设置数量不超过 8 个时，可采用独立式电气火灾监控探测器。

（1）剩余电流式电气火灾监控探测器

剩余电流式电气火灾监控探测器应以设置在低压配电系统首端为基本原则，宜设置在第一级配电柜（箱）的出线端。当供电线路泄漏电流大于 500mA 时，宜在其下一级配电柜（箱）设置。

剩余电流式电气火灾监控探测器不宜设置在 IT 系统的配电线路和消防配电线路中。因为剩余电流式电气火灾监控探测器在无地线的供电线路中不能正确探测，不适合使用；而消防供电线路由于其本身要求较高，且平时不用，因此也没有必要设置剩余电流式电气火灾监控探测器。选择剩余电流式电气火灾监控探测器时，应考虑供电系统自然漏流的影响，并应选择参数合适的探测器；探测器报警值宜为 300 ~ 500mA。

此外，剩余电流式电气火灾监控探测器一旦报警，表示其监视的保护对象的剩余电流突然升高，产生了一定的电气火灾隐患，容易发生电气火灾，但是并不能表示已经发生了火灾。因此，剩余电流式电气火灾监控探测器报警后，没有必要自动切断保护对象的供电电源，只要提醒维护人员在方便的时候查看电气线路和设备，排除电气火灾隐患即可。总之，剩余电流式电气火灾监控探测器宜用于报警，不宜用于自动切断保护对象的供电电源。

（2）测温式电气火灾监控探测器

测温式电气火灾监控探测器应设置在电缆接头、端子、重点发热部件等部位。保护对象为1000V 及以下的配电线路，测温式电气火灾监控探测器应采用接触式设置。保护对象为 1000V 以上的供电线路，测温式电气火灾监控探测器宜选择光栅光纤测温式或红外测温式电气火灾监控探测器，光栅光纤测温式电气火灾监控探测器应直接设置在保护对象的表面。

（3）故障电弧式电气火灾监控探测器

故障电弧式电气火灾监控探测器以探测电弧所形成的谐波变化为探测原理，以探测电气系统中线路或设备的异常拉弧特征为基本原则。在消防工程应用中，故障电弧式电气火灾监控探测器一般用于低压配电的末端线路，可根据异常拉弧特征实现串弧或并弧故障探测报警。应指出，具有探测线路故障电弧功能的电气火灾监控探测器的设置要求是，其保护线路的长度不宜大于 100m。

（4）独立式电气火灾监控探测器

剩余电流式、测温式或故障电弧式电气火灾监控探测器均做成独立工作结构，独立完成探测和报警功能，因此独立式电气火灾监控探测器的设置应符合上述不同机理探测器的相关规定。

在独立式电气火灾监控探测器应用工程中，设有火灾自动报警系统时，独立式电气火灾监控探测器的报警信息和故障信息应在消防控制室图形显示装置或起集中控制功能的火灾报警控制器上显示，且该类信息与火灾报警信息的显示应有区别。未设火灾自动报警系统时，独立式电气火灾监控探测器应将报警信号传至有人值班的场所。

（5）电气火灾监控器

当设有消防控制室时，电气火灾监控器应设置在消防控制室内或保护区域附近；设置在保护区域附近时，应将报警信息和故障信息传入消防控制室。设消防控制室时，电气火灾监控器应设在有人员值班的场所，并符合下列要求：

1）在有消防控制室的场所，一般情况应将该设备设置在消防控制室，若现场条件不允许，可设置在保护区域附近，但必须将其报警信息和故障信息传入消防控制室。

2）无消防控制室的场所，电气火灾监控设备应设置在有人值班的场所。

3）消防控制室内，电气火灾监控器发出的报警信息和故障信息应与火灾报警信息和可燃气体报警信息有明显区别，可通过具有集中控制功能的火灾报警控制器或消防控制室图形显示装置进行管理。

4）电气火灾监控器的安装设置应参照火灾报警控制器的设置要求。

（6）应设置电气火灾监控系统的建筑或场所

1）现行国家标准《火灾自动报警系统设计规范》中规定的特级、一级、二级保护对象。

2）各类建筑中的观众厅、会议厅、多功能厅等人员密集场所。

3）歌舞厅、卡拉 OK 厅（含具有卡拉 OK 功能的餐厅）、夜总会、录像厅、放映厅、桑拿浴室、游艺厅（含电子游艺厅）、网吧等歌舞娱乐放映游艺场所。

4）超过 5 层或总建筑面积大于 3000m² 的老年人照料设施、任一楼层建筑面积大于 1500m² 或总建筑面积大于 3000m² 的旅馆建筑、疗养院的病房楼、儿童活动场所和大于等于 200 床位的医院的门诊楼、病房楼、手术部等。

5）国家级文物保护单位的砖木或木结构的古建筑。

6）经营灯具、电器等电气火灾危险性较大的场所。

2.6.2　气体火灾探测器

1. 可燃气体探测器

（1）可燃气体探测器概述

可燃气体探测器是指对存在可燃气体泄漏而可能导致燃烧和爆炸的场所的气体浓度进行监测的现场设备。当可燃气体浓度达到危险值时，可燃气体探测器及时发出报警信号或将危险信息传输给报警控制器，以防引起爆炸和火灾。这类探测器常常用在石油化工企业及油轮、油库等布满管道、接头、阀门的场所。

可燃气体一般都是几种气体的混合物，天然气的主要成分是甲烷（CH_4），液化气的主要成分是丙烷（C_3H_8），煤气的主要成分是氢气（H_2）和一氧化碳（CO），日常生活中经常使用的打火机中的气体的主要成分是异丁烷。爆炸浓度下限（Low Explosive Limit，LEL），即可燃气体或蒸气在空气中的最低爆炸浓度，是可燃气体易爆程度的重要指标，比较常见气体的低爆炸浓度下限是：甲烷 5.0%、丙烷 2.2%、氢气 4.0%、一氧化碳 12.5%、异丁烷 1.9%、苯 1.3% 等。

可燃气体探测器一般在工业与民用建筑中安装使用。它基本分为点型可燃气体探测器、独立式可燃气体探测器、便携式可燃气体探测器和线型可燃气体探测器；按防爆要求分为防爆型可燃气体探测器和非防爆型可燃气体探测器。点型、独立式可燃气体探测器又可分为室内使用型可燃气体探测器和室外使用型可燃气体探测器。点型可燃气体探测器一般通过与可燃气体报警控制器组成可燃气体监测报警控制系统进行工作。目前大多数点型可燃气体探测器用于联网系统。独立式可燃气体探测器是指依靠市电或电池供电，具备报警指示功能，可独立使用，因此家庭厨房普遍使用。便携式可燃气体探测器一般依靠电池供电，分为主动吸气式可燃气体探测器和扩散式可燃气体探测器。

无论是何种可燃气体探测器，都需要通过气敏元件与可燃气体发生反应，将其产生的信号经过处理、放大，最终由控制装置发出报警信号。因此气敏元件是可燃气体探测器的核心部件。目前常用的气敏元件有半导体型气敏传感器、催化燃烧型气敏传感器（也称为接触燃烧式气敏传感器或热线式气敏传感器）、电化学气敏传感器、光学式气敏传感器。半导体型、催化燃烧型和电化学型等不同类型气敏传感器简述如下：

1）半导体型气敏传感器。半导体型气敏传感器是一种低成本、高灵敏度的气敏传感器，利用简单的电路即可对检测气体具有良好的灵敏度。既可用于检测 10^{-6} 级的有毒气体，也可用于检测百分比浓度的易燃易爆气体。

金属氧化物半导体型气敏传感器（MOS）由一个金属半导体（如 SnO_2）构成。在清洁的空气中，它的电导很低，而遇到还原性气体，如一氧化碳或可燃性气体，传感元件的电导会增加。如果控制传感元件的温度，可以对不同的物质有一定的选择性。

MOS 传感器的敏感材料是金属氧化物（如 SnO_2、ZnO、Fe_2O_3、TiO_2 等），其电阻随着气体含量不同而变化。气体分子在防火隔膜表面进行还原反应以引起传感器传导率的变化。为了消除气体分子还必须发生一次氧化反应，传感器内的加热器有助于氧化反应进程。

目前，在工程实践中应用较多的气敏半导体元件，是利用二氧化锡（SnO_2）材料适量掺杂、添加微量钯等贵金属作为催化剂，在高温条件下烧结成多晶体为 N 型的半导体材料。这类半导体材料在 250～300℃ 的工作温度下对可燃气体灵敏。它在额定工作温度下，如遇到可燃性气体，如大约 10×10^{-6} 的一氧化碳气体，就足够灵敏。

在所有气敏传感器中，半导体型气敏传感器应用最广泛，一方面由于半导体型气敏传感器能够检测的气体范围很广，另一方面半导体型气敏传感器价格相对低廉。但环境温湿度对半导体影响较大，在使用时应注意对温湿度进行补偿。

2）催化燃烧型气敏传感器。催化燃烧型气敏传感器是利用难熔的、阻值对热敏感的金属铂丝加热后的电阻变化来测定可燃气体浓度的气敏传感器。当可燃气体进入探测器时，由于催化剂的催化作用，可燃气体便在铂丝表面发生氧化反应（即所谓"无焰燃烧"），其产生的热量使铂丝的温度升高，电阻率发生变化。通过监视铂丝电阻率的变化，即可测量可燃气体的存在及其浓度。催化燃烧型气敏传感器的结构如图 2-24 所示。

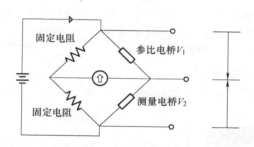

图 2-24　催化燃烧型气敏传感器的结构

测量时，要在参比电桥和测量电桥上施加电压使之发热从而发生催化反应，这个温度大约是 500℃ 或者更高。正常情况下，电桥是平衡的，$V_1 = V_2$，输出为零。如果有可燃气体存在，它的氧化过程会使测量电桥被加热，温度增加，而此时参比电桥温度不变。电路会测出它们之间的电阻变化，$V_2 > V_1$，输出的电压同待测气体的浓度成正比。

催化燃烧型气敏传感器仅对还原性气体敏感，灵敏度与半导体型气敏传感器相比要低，主要用于监测易爆气体（其浓度在爆炸下限的 $1/100 \sim 1/10$，即大于 100×10^{-6}），不适合于探测长链的烷烃，特别是高闪点的物质。

催化燃烧型气敏传感器信号输出线性度良好，非常适合设计成直读式仪表，在此方面有半导体型气敏传感器无法比拟的优点。但催化燃烧型气敏传感器有较大的零点漂移和量程漂移，在使用过程中应定期进行校正。

某些物质可能会分解催化剂，并在催化剂表面形成固态物质，这将导致传感器灵敏度降低；高浓度的含硅化合物将使传感器立即损坏，在使用催化燃烧型气敏传感器时应引起注意。

3）电化学型气敏传感器。电化学型气敏传感器一般利用液体或固体、有机凝胶等电解质与待测气体发生化学反应的原理来测量气体浓度，其输出形式可以是气体直接氧化或还原产生的电流，也可以是离子作用于离子电极产生的电动势。

一般电化学型气敏传感器包括下面几部分：可以渗过气体但不能渗过液体的扩散式隔膜、酸性电解液槽（一般为硫酸或磷酸）、传感电极、测量电极、参比电极（三电极设计）。有些传感器还包括一个可以滤除干扰组分的滤膜。传感电极可以催化一些特殊的反应。随传感器不同，待测物质将在电极上发生氧化或者还原反应，并相对于测量电极产生正或负的电位差，利用此电位差可确定待测气体浓度。一般电化学型气敏传感器的结构如图 2-25 所示。

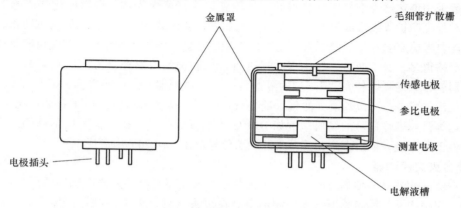

图 2-25　电化学型气敏传感器的结构

电化学型气敏传感器性能比较稳定，分辨率一般可以达到 0.1×10^{-6} 或更低，相对于半导体型气敏传感器和催化燃烧型气敏传感器，分辨率要高得多，非常适合用于有毒气体或微量气体的检测。

（2）可燃气体探测器的应用特性

独立式可燃气体探测器的外形及其安装如图 2-26 所示。

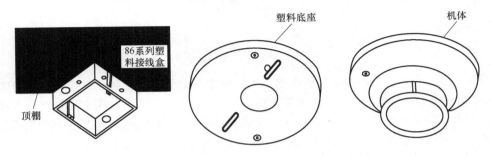

图 2-26　独立式可燃气体探测器的外形及安装

独立式可燃气体探测器以 DAP31-21X1 为例，该探测器基于催化燃烧型气敏传感器载体催化式（接触燃烧式）检测原理，检测方式为扩散式。它属于广谱响应类型，即可检测天然气、液化石油气、煤气等各种可燃气体；由于各种可燃气体的成分不同，最好还是选用针对天然气、液化石油气或者煤气三者中的任何一种气体的专用类型产品，效果更佳。此探测器集探测、控制、报警于一体，形成独立式结构。它以 24V 电源供电，具有两种可选输出方式：一种是无源常开触点信号输出；另一种是数字电平信号输出。DAP31-21X1 独立式可燃气体探测器工作稳定，无须调试，采用吸顶式安装方式，安装简单，接线方便，广泛用于家庭、宾馆、公寓等存在可燃气体的场所进行安全监控。

安装时，先将探测器塑料底座装入顶棚或墙体内的 86 系列塑料接线盒内（接线盒安装孔距为 $52 \sim 90\text{mm}$，深度大于 45mm），再将 DC24V 线及控制线接到相应的端子上，最后将机体按顺时针方向旋装在底座上，旋装前必须注意塑料底座与机体上的安装位置相对应，否则无法安装。确认装好后，即可通电工作。

当可燃气体探测器用于工业危险场合，如石化企业、制药厂、电厂等时，一般要求探测器具有防爆性能，典型的防爆形式有隔爆外壳"d"型和本质安全"i"型两种方式。在对传感器的选择上一般采用催化燃烧型气敏传感器或红外传感器检测可燃气体，采用电化学传感器检测有毒气体。对外壳防护等级及温度等级也有一定的要求，如探测器用于室外时要考虑防水、防尘的要求，还需要考虑高温和低温的要求。总之，与家用可燃气体探测器相比，工业可燃气体探测器的要求要严格得多，对工业可燃气体探测器进行设计和选型时要充分考虑以上问题。隔爆可燃气体探测器就是采用隔爆外壳"d"型的隔爆可燃气体探测器，防爆等级为 Exd Ⅱ CT6，采用催化燃烧型气敏传感器，可以检测天然气、液化气、烷类、醇类等气体，用于石油、化工、冶金、制药、储运等行业爆炸危险的场所。例如 DAP3251 隔爆可燃气体探测器采用不锈钢外壳，可应用于腐蚀性工业环境，输出方式为无源常开触点信号输出，DC24V 电源供电。

2. 复合火灾探测器

复合火灾探测器是一种响应两种以上火灾参数的火灾探测器，主要有感温感烟火灾探测器、感光感烟火灾探测器、感光感温火灾探测器等。在过去，复合火灾探测器因体积庞大，造价昂贵，可靠性差等原因，一直不能得到有效的应用。然而近些年来，微电子技术的高速发展，低功耗、超强功能 CPU 芯片的使用，以及平面贴装工艺的采用，使复合火灾探测器的研制、应用越来越具有吸引力了。比如说，光电、离子、温度三复合火灾探测器，它实际上是一个包含时间因素在内的四维探测器。它不是简单的三种传感器的"与"组合，而是三种燃烧曲线，某种科学算法的智能判断，它几乎可以使误报为零。当然误报原因有操作过失，环境湿度、温度变化，空气中灰尘污染，废气污染，探头变脏以及系统故障等。这种复合火灾探测器本身带有微处理器 CPU，它对各种传感器采集到的信号进行记录、处理，或进行模糊推理或与典型的火灾信号进行类比，做出正确的判断（也可以是初步判断）。经过软件赋址，送到探测二总线回路上。

随着传感器技术、微处理器技术和信号处理技术的飞速发展，复合火灾探测已经成为火灾自动探测技术的发展方向。目前复合火灾探测器主要有光电感烟和感温复合、离子感烟和感温等形式。采用复合探测方法的主要目的是使探测器能够均匀探测各种类型的火灾，特别是散射光烟雾探测器通过温度补偿，克服了其对带温升的黑烟不敏感的缺点，有力地推动了光电烟雾探测器的应用。但是光电烟温复合探测器对低温升的黑色烟雾响应较差，离子感烟由于其存在放射性污染的可能性而越来越难以被市场接受，而且不论是光电还是离子感烟方法，本质上还是粒子探测，各种灰尘、水气和油雾等粒子干扰同样会对它们产生影响，尽管可以采用信号处理的方法抑制这些干扰，但很难做到完全消除，因此需要寻找能够更加有效探测火灾和减少误报的新的火灾探测方法。

有关研究人员通过研究各种火灾的 CO 气体浓度与检测方法，提出能够处理 CO 信号的复合火灾探测算法，研制成功了一氧化碳、光电感烟和感温三复合火灾探测器，它采用低功耗的金属氧化物 CO 传感器、散射光烟雾探测和半导体温度传感技术，利用微处理器对信号进行复合火灾探测算法处理。绝大多数火灾都要产生 CO 气体，在燃烧不充分的火灾早期更是这样，而且 CO 气体比空气轻，扩散性比烟雾更强，因此将 CO 传感器引入火灾探测，构成复合火灾探测器是一种比较理想的早期火灾探测方法。

下列场所宜选择可燃气体探测器：使用可燃气体的场所；燃气站和燃气表房以及储存液化石油气罐的场所；散发可燃气体和可燃蒸气的其他场所。

在火灾初期产生一氧化碳的下列场所可选择点型一氧化碳火灾探测器：烟不容易对流或顶棚下方有热屏障的场所；在顶棚上无法安装其他点型火灾探测器的场所；需要多信号复合报警的场所。

2.6.3 燃烧音火灾探测器

物质燃烧时火源周围产生从人耳可以听到的"噼啪"声音，到人耳听不到的低频和超声频域的声音。可听频域由于受外界干扰大，难以作为探测依据，而超声频域由于燃烧物种类的不同，有的高频成分多，而有的几乎没有，因此不适宜火灾探测。超低频域的声音，与可听域和超声频域的声音不同，其产生完全不受燃烧种类、周围温度、湿度等环境影响。燃烧低频率的声音是由于空气热膨胀和热对流而产生的，其声音强度随着燃烧扩大而增大。因此，捕捉燃烧时超低频域成分，为探测火灾的发生提供了理论依据。

日本东京消防厅消防科学研究所对燃烧音探测技术原理开展了研究，于 1994 年完成系统样机的开发，并对其进行了测试与改造。由于在火灾环境中存在空气流动，产生与燃烧音频类似的信号，对探测器麦克风产生了很大影响，日本研究人员对试验样机的进风口由原来的 5mm 缩窄至 1mm，避免受强风影响；进一步将由开口部引出的细管结合到密封的圆筒式麦克风上，使之只捕捉来自开口部的风，而不受流入腔体内风的影响。而且，改进新样机考虑到了可能发生意想不到的强风，所以又具备了能检测吹到装置上的风的强弱的功能。除了空气流动产生音频干扰外，室内振动对探测器也产生很大干扰。因此，样机设计中必须考虑在连续振动环境中，如何区分燃烧音信号及振动干扰信号。由于该类型探测器在实际应用中存在的技术问题尚未解决，目前市场上还尚未出现成熟的应用产品。

试验样机的系统组成如图 2-27 所示，在该装置中，检测单元里将麦克风的输出分为室内压力变化、装置遇风强弱、装置受的振动 3 个因素的电路，并将火灾信号与非火灾信号同时传输到积分电路，实现火灾信号与环境影响信号分离。

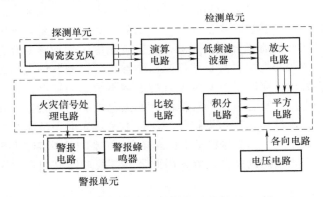

图 2-27　燃烧音火灾探测器试验样机的系统组成

该系统各主要部分的功能如下：

1）陶瓷麦克风：火灾燃烧产生的燃烧音使探测腔室产生容积变化，从而产生压力信号，电容式麦克风将压力信号转变为电压信号。

2）低频滤波器：从燃烧音中提取 0.05～5Hz 的低频域信号。

3）放大电路：将通过低频滤波器滤波后的信号进行放大，以便于其他电路处理。

4）平方电路：由放大电路输出的信号是声压随时间变化的信号，根据声音的能量值与声压的压力值平方成比例的关系，平方电路将声压值转换成声能值。

5）积分电路：积分电路对输出信号进行平滑平方处理，从而抑制可能成为误报的非火灾信号。

6）比较电路：监视积分电路的输出信号超过阈值时，向火灾信号处理电路发送信号。

7）火灾信号处理电路：处理电路主要起到延时的作用，如果比较电路输出的信号持续一段时间，处理电路才向警报单元发送火警信号，可减少误报的发生。

燃烧音火灾探测器样机的技术参数见表 2-7。

表 2-7　燃烧音火灾探测器样机的技术参数

技术参数名称	参　数　值	技术参数名称	参　数　值
输入电压范围/V	DC24±10%	积分时间常数/s	(0.5～15)±10%
稳压电路输出/mV	100 以下（发报时）	比较基准电压/V	(0.2～5)±10%
最大消耗电流/mA	120±10%（发报时）	延时时间/s	(1～66)±10%
平均监视电流/mA	95±10%	外壳材质	ACS（难燃性）树脂
探测单元	陶瓷麦克风	使用温度范围	-10～40℃
低频滤波器特性/Hz	低域截止频率0.1	尺寸大小（mm×mm）	146×68
	高域截止频率5	质量/g	345

2.6.4　微波火灾探测器

火灾燃烧时，存在大量的火焰辐射，辐射波长涵盖紫外、红外及微波波段。火焰探测器目前主要有紫外火焰探测器和红外火焰探测器两种。实际上，火焰辐射在到达火焰探测器时，由于火灾伴随产生大量的烟雾，烟雾产生消光作用，火焰辐射能量已经发生衰减，从而造成火焰探测器接收信号大部分是烟雾的散射信号，而不是火焰直接辐射的信号，因此，有可能使火焰探测器无法探测到火灾的发生。由于该类型探测器在实际应用中存在的技术问题尚未解决，目前市场上还尚未出现成熟的应用产品。

如果采用火焰中的微波辐射进行探测，其工作波长 λ_{MW} 为 $1 \sim 187\,mm$，相应工作频率 f_{MW} 为 $1.6 \sim 300\,GHz$。由于火灾烟雾颗粒的粒径为 $0.0042 \sim 5\,pm$，因此，采用微波探测时，颗粒粒径与入射波长的相对比值的最大值可表达如下：

$$\left(\frac{d_p}{\lambda_{MW}}\right)_{max} = 0.0075 \tag{2-9}$$

当烟雾颗粒粒径与入射波长相对比值小于 0.1 时，其散射符合 Rayleigh 散射理论。根据 Rayleigh 散射定律，烟雾颗粒的散射光强与入射波长的四次方成反比，即波长越长，散射光强越小，因此采用火焰中微波进行探测，烟雾颗粒的散射信号相对较小，可以有效地消除烟雾的消光影响，从而保证微波火灾探测器能接收较大的火焰微波辐射能量。不仅如此，相对于红外及紫外波长，微波穿透能力强，甚至可能穿透建筑物墙壁，因此采用微波探测，可以在火灾火源被遮挡的情况下，或结构复杂的建筑中均可实现火灾探测。德国 Duisburg 大学研究人员对微波探测原理及技术进行了研究，并取得了很好的成果。

图 2-28 为微波接收器的组成结构，其接收频率范围为 $2 \sim 40\,GHz$，采用超外差（superheterodyne）接收技术。这种设计方案有两个优点：一是接收器易于扩充接收其他频段信号；二是易于在中心频率处对热辐射信号进行放大。

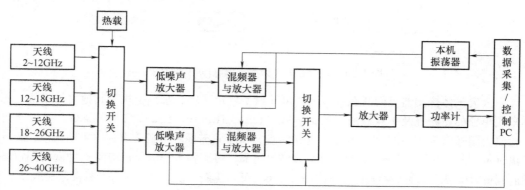

图 2-28　微波接收器的组成结构

在接收器中，接收天线能接收 4 个宽频信号，其频率分别是 $2 \sim 12\,GHz$、$12 \sim 18\,GHz$、$18 \sim 26\,GHz$、$26 \sim 40\,GHz$。热载（Hot Load）采用 100℃恒温信号，其目的是校正接收器的测量误差。热载信号及 4 个宽频信号由切换开关完成切换选择，随后进入低噪声放大器进行放大，再进行混频放大，经切换开关同步切换选择后，再进行放大，最后进行数据采集及处理。

2.6.5　光声火灾气体探测器

光声火灾气体探测器结合悬臂梁式光学扩音器以及电子脉冲红外光源（无机械斩波器）能

同时对多达 9 种气体混合物进行定量分析,气体样本的用量只需 10～30mL,新型的多组分分析技术,确保有效的其他气体的交叉干扰补偿,基于非线性补偿,提供超过五个数量级的线性动态测量范围,无须范围调整,只用一个点跨度校准,稳定性极高,且无须耗材,所以运行成本很低。气体光声检测的基本原理是光声效应。光源发出特定频率 v 的单色光,经角频率为 ω 的斩波器进行强度调制后,入射进入光声池。池内被测气体吸收光能后,发生光声效应,即产生与调制频率同周期的声波,由传声器接收到此信号并将其送至信号处理系统进行处理。可见,光声信号的产生和检测是一个光、热、声、电的能量转换过程。光声光谱技术主要用于多种微量气体的高灵敏度检测,由于成本高,维护难度大,目前主要应用于工业与科研领域的微量气体分析,尚未在火灾气体探测中进行应用。

光声火灾气体探测器总体结构简图如图 2-29 所示,主要包括激励光源、信号产生单元及信号处理单元等几部分。激励光源部分由脉冲调制光源、球面镜、透镜和滤光片组成,用于产生强度可调的入射光;信号产生单元由样品池、光声池和微音器组成,用于产生光声信号;信号处理单元主要由锁相放大器和数字信号处理器 TMS320F2812 组成,用于完成对光声信号的后续处理,并将处理结果送入显示、报警等外部设备,同时可通过通信电路将数据传输至计算机进行控制。

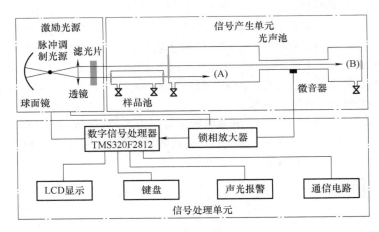

图 2-29　光声火灾气体探测器总体结构简图

光声火灾气体探测器可同时在线检测,可补偿不稳定温度、水汽干扰和其他气体干扰;每种气体采用单独的滤光镜及单点校准;通信方式:USB、TCP/IP、RS232 和 IEEE488,提供通信协议;检测上限通常为下限的 100000 倍;高稳定性,每年只需标定 1 或 2 次;内置抽气泵,最远抽气距离 30m;设有"自我检测"程序,使测量结果可靠;可调整采样管及反应室的冲洗时间以配合不同的测量时间要求,对 9 种气体在标准情况下 60s 便可更新一次读数。量程及检测限见表 2-8。

表 2-8　光声光谱气体检测系统量程及检测限

气体种类	最低检测限($\times 10^{-6}$)	最高检测限($\times 10^{-6}$)	分辨率($\times 10^{-6}$)
一氧化碳 CO	0.2	20000	0.01
二氧化碳 CO_2	2	50000	0.1
甲烷 CH_4	5	20000	0.1
乙烯 C_2H_4	1	50000	0.1
乙炔 C_2H_2	0.2	50000	0.01

（续）

气体种类	最低检测限（$\times 10^{-6}$）	最高检测限（$\times 10^{-6}$）	分辨率（$\times 10^{-6}$）
乙烷 C_2H_6	0.5	20000	0.01
二氧化硫 SO_2	0.3	30000	0.01
六氟化硫 SF_6	0.001	1000	0.0001
氧化氮 NO_x	0.03	30000	0.001

2.6.6 激光光谱火灾气体探测器

可调谐半导体激光吸收光谱（TDLAS）技术具有超高速率、超高灵敏度和超高分辨率等优点，逐渐成为国内外研究的热点之一，如今作为发展了近50年的技术已经被广泛地应用于气体检测的领域当中。TDLAS技术主要用于微量气体的快速、非接触式的高灵敏度检测，由于成本高，维护难度大，目前主要应用于工业与科研领域的微量气体分析，尚未在火灾气体探测中进行应用。

1. TDLAS 气体检测的原理

激光光谱火灾气体探测器以分子吸收光谱理论为理论基础，由于分子能量的量子化使气体分子对光子产生了选择性吸收。主要表现为分子的跃迁：若原子在稳定状态下处于基态 E_i，有光线照射原子时，跃迁到激发态 E_2（此状态并不稳定），用 ΔE 表示跃迁前后的能级差值，那么该原子的跃迁过程满足公式：

$$\Delta E = E_2 - E_1 = h\gamma = \frac{hc}{\lambda} \tag{2-10}$$

式中　h——普朗克常量，$h = 6.626 \times 10^{-34}$ J·s；

　　　c——光速，$c = 299792458$m/s；

　　　λ——波长。

在原子吸收能量跃迁时，原子只能吸收与 ΔE 等量的光子。这种对能量的选择性吸收就使每种气体都有特定的吸收光谱。但是在激发态上的原子只能保持很短的一段时间，最终会通过自发辐射的方式将吸收的能量辐射出去，并回到基态。

吸收光谱根据待测样品对某一特定波长的光吸收强度与待测物质含量之间的关系来定量分析，理论基础是朗伯-比尔（Lambert-Beer）定律，表达式如下：

$$I_t(\nu) = I_0(\nu) \exp\left(PCL\left(S(T) \times \frac{7.34 \times 10^{21}}{T} \right) \varphi(\nu - \nu_0) \right) \tag{2-11}$$

式中　$I_0(\nu)$、$I_t(\nu)$——频率为 ν 的入射光强和出射光强；

　　　$S(T)$——温度 T 时的气体吸收线强（$cm^{-2}atm^{-1}$）；

　　　C——气体的体积浓度；

　　　P——气体环境压力（atm）；

　　　L——气体吸收的有效光程长（cm）；

　　　$\varphi(\nu - \nu_0)$——气体吸收谱线的线型函数（cm）。

其中，$\varphi(\nu - \nu_0)$ 与气体的环境温度、环境压强以及气体的种类和各种成分含量有关。由式（2-11）可得气体浓度 C 的表达式：

$$C = -\frac{\ln\left(\frac{I_t(\nu)}{I_0(\nu)} \right)}{PL\left(S(T) \times \frac{7.34 \times 10^{21}}{T} \right) \varphi(\nu - \nu_0)} \tag{2-12}$$

线性函数 $\varphi(\nu-\nu_0)$ 具有归一化特性：$\int_{-\infty}^{+\infty}\varphi(\nu-\nu_0)\mathrm{d}\nu=1$，对式（2-12）进行积分，并假设气体环境温度和浓度 C 恒定，得到式（2-13）。

$$C = -\frac{\int_{-\infty}^{+\infty}\ln\left(\dfrac{I_t(\nu)}{I_0(\nu)}\right)\mathrm{d}\nu}{PL\left(S(T)\times\dfrac{7.34\times10^{21}}{T}\right)} = \frac{A}{S(T)^*PL} \tag{2-13}$$

式中　A——积分吸光度。

由式（2-13）可知，通过积分吸光度计算浓度可以消除吸收谱线线性对浓度测量的影响。

2. 直接吸收光谱技术

直接吸收光谱技术利用可调谐激光器的波长可调谐特性，通过锯齿波调制激光器的电流或温度，使激光器对目标气体的吸收谱线进行波长扫描，然后对多次测量的光谱信号进行平均，根据朗伯-比尔定律进行数据处理之后，就可以得到气体的吸收谱线，进而得到气体浓度。

直接吸收测量系统的结构框图如图 2-30 所示，其测量原理为：用锯齿波电流信号调谐激光器的波长进行扫描，激光器发出的光经过分光镜，一路进入气体池被气体吸收得到气体吸收信号，相当于朗伯-比尔定律的出射光强；另外一路没有经过气体吸收得到背景信号，相当于朗伯-比尔定律的入射光强，根据朗伯-比尔定律可得到扣除背景信号的吸光度图。

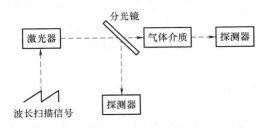

图 2-30　直接吸收测量系统的结构框图

直接吸收光谱技术得到的吸光度图形象直观地表明了气体吸收光谱图，可以用来分析谱线之间的干扰，有利于判断包括标准具和其他噪声的来源及其对气体吸收信号的影响。在温度、压力等参数已知的情况下，可以通过计算得到绝对浓度，不需要通过标准浓度的气体进行标定校准。此外，通过对吸光度曲线进行拟合可以用来测量气体的环境温度和压强。然而，光源的不稳定、光路耦合处耦合状态的变化、环境因素（温度、压强）的影响、电路中元器件的噪声和漂移等因素使直接吸收光谱技术的检测灵敏度较低，不适宜用来进行痕量气体的检测。

3. 免校准波长调制光谱技术

为了对痕量火灾气体进行高灵敏度检测，在 TDLAS 系统中常用的方法是波长调制技术，该技术采用通信领域的调制解调原理，使气体的检测精度得到大大提高。传统的 WMS 技术通过对注入电流进行高频调制，有效地抑制各种干扰和噪声，然而该方法测量实际环境中气体浓度和温度时，需要根据工况和标准气体对 WMS 信号进行校准，来获得绝对的浓度值和温度值。这对于包括开放光路等大多数的实际工作环境和现场都存在困难或难以实现。而随着对调谐激光吸收光谱的理论研究和认识的发展，免校准的波长调制技术得到越来越多的应用。

激光光谱火灾气体探测器基于免校准的波长调制光谱（WMS-2f/1f）技术，在波长调制光谱的基础上，利用一次谐波（1f）对二次谐波（2f）信号进行归一化，消除激光强度变化对测量的影响。通过测试激光器发出激光的参数和吸收谱线线强和压力展宽等参数，可以不需要用已知浓度的气体和工况进行校准，通过测量直接得到绝对的温度和浓度，实现免校准测量。该技术可以应用于所有同时存在波长调制和强度调制的谐波检测系统。

4. 激光光谱火灾气体探测器的构成

现有的激光光谱火灾气体探测器大多数是采用分离式的仪器设备搭建起来的平台，体积庞大，设备复杂，并且不能进行移动。按照 TDLAS 气体检测和波长调制的原理，激光光谱火灾气体探测器的总体结构如图 2-31 所示，主要分为四个部分：第一部分是激光器及驱动电路部分，主要包含 DFB 激光器、驱动电流源和温度控制模块，驱动电流源接收数据处理中心的控制，DFB 激光器产生被调制的激光信号，温度控制模块控制激光器稳定工作在设定的温度处，产生稳定的输出；第二部分是气室部分，激光经过装有待测气体的气室，变成携带气体特征吸收光谱的激光信号；第三部分是光电探测与调理电路部分，包含光电探测器、信号采集和调理部分，完成信号从光信号到数字电信号的转变；第四部分是数据处理中心，它以 FPGA 为核心，完成波形生成、锁相放大、数字滤波、数据存储和数据处理等任务，是整个系统的心脏。

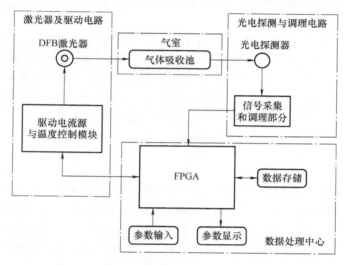

图 2-31 激光光谱火灾气体探测器的总体结构

思 考 题

1. 简述双源离子感烟火灾探测器的结构原理。
2. 依据结构原理不同光电感烟火灾探测器分为哪两类？
3. 点型感温火灾探测器按传感器响应特性不同分为哪几类？
4. 简述膜盒式差温火灾探测器的结构原理。
5. 简述紫外火焰探测器的工作原理。
6. 线型红外光束感烟火灾探测器有哪两种类型？
7. 简述空气管式线型差温火灾探测器的工作原理。
8. 简述光纤光栅感温火灾探测器的构成与工作原理。
9. 为什么说分布式光纤传感技术是比光纤光栅传感技术更加先进的传感技术？
10. 简述采样管网设计的基本要求。
11. 简述火灾气体探测技术的现状及发展趋势。

3

第 3 章
火灾信号识别算法

　　火灾探测器利用火灾物理和化学变化过程中的各种特征参量信号的变化规律，实现检测、识别火灾的目的。烟雾、高温等火灾参量信号易受周围环境干扰，电子线路本身往往有电子噪声，为减少误报，就必须对这些特征参量设计更好的算法。火灾信号识别算法对提高火灾探测器乃至整个火灾自动报警系统可靠性是至关重要的。本章主要包含火灾信号特征、火灾信号的基本识别算法、火灾信号的统计识别算法和火灾信号的智能识别算法等内容。

3.1 　火灾信号特征

　　火灾探测器利用火灾物理和化学变化过程中的各种特征参量信号的变化规律，实现检测、识别火灾的目的。火灾特征参量包括烟雾、高温、火焰以及气体成分等。然而这些特征信号在非火灾情况下也可能发生，甚至其变化规律有时与火灾信号相仿。为了正确地判断火灾是否发生，减少误报警，就必须掌握火灾探测信号的标志性特征。早期火灾信号主要有以下特征。

1. 随机性

　　火灾探测器的传感元件输出信号 $x(t)$ 反映火灾特征参量的实时变化特征。由于火灾早期特征参量存在不稳定性，且对不同类型的火灾又具有不同的表现形式，如慢速阴燃、固体燃料明火燃烧以及快速发展的液体油池火等，导致不同类型的火灾其相应的特征参量存在明显差异。不仅如此，火灾与周围环境的干扰都是随机性事件，周围环境干扰包括气候、温度、灰尘及其本身电子线路引起的电子噪声和人为活动，从而导致火灾探测器输出信号 $x(t)$ 具有随机性特征。

2. 非结构性

　　火灾探测与一般的信号检测相比难度较大，这主要由于火灾信号具有非结构性特征：

　　1）人知道如何处理与判断火灾，但难以用数学语言精确描述。

　　2）存在一些实际范例可供学习。

　　3）最终的识别与判断是一种联想、预测过程。

3. 趋势特征

　　非火灾时探测器输出的信号具有明显的稳态值，而火灾发生时其输出信号则有比较明显的、持续时间较长的正向或负向变化趋势特征。图 3-1 为光电感烟探测器、温度传感器以及 CO 传感器对欧洲标准试验火 TF1（木材明火）的输出信号 $x(t)$。其中，纵坐标是信号的相对变化趋势。由图 3-1 可大致看出：

1）非火灾时有明显的稳态值。

2）火灾发生时信号显示出比较明显的正向（信号增加）趋势特征。

3）信号的趋势变化持续了较长时间，这与一些短暂但强烈的干扰脉冲信号不同。

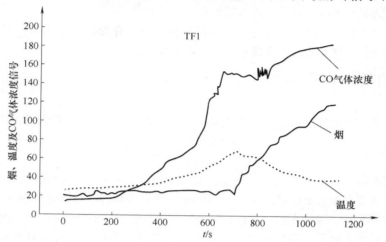

图 3-1　木材明火（TF1）中烟、温度及 CO 浓度变化曲线

4. 频谱特征

火灾初期（阴燃阶段）烟信号的主要频率集中在 0～15MHz，温度的频率主要集中在 0～55MHz，而在出现明火之后，火焰的频率为 8～12Hz。但是烟与温度的最大频率随房间的形状和尺寸而有所变化，此外，考虑到环境参量变化对信号频率的影响，通常认为烟雾最高频率为 20MHz，温度最高频率为 60MHz。

由上述火灾信号的特征可见，火灾探测是一种特殊的信号检测。由于火灾信号 $x(t)$ 事先未知且不确定，环境变化与电子噪声均对传感器的输出产生影响，探测器输出信号 $x(t)$ 可近似处理成一种非平稳的随机过程，由火灾信号和非火灾信号两部分组成：

$$x(t) = \begin{cases} x_f(t) + x_n(t) \\ x_n(t) \end{cases} \tag{3-1}$$

式中　$x_f(t)$——火灾特征参数信号；

　　　$x_n(t)$——其他因素引起的非火灾信号，这里统称为噪声和干扰信号。

$x_f(t)$ 与 $x_n(t)$ 之间相互独立，互不影响，在火灾发生时无法从 $x(t)$ 中分离出 $x_f(t)$，但是在非火灾情况下，$x_n(t)$ 却有可能产生类似 $x_f(t)$ 的变化。

图 3-2 所示为火灾信号处理与识别的流程示意图，由传感器将反映火灾早期特征的相关物理参量（烟、温度及气体等）转换为电信号 $x(t)$，然后经信号处理模块得到 $y(t) = T(x(t))$ 的信号，最终经判决逻辑 $D(y(t))$ 做出火灾或非火灾的判断，此即火灾信号处理与识别算法。

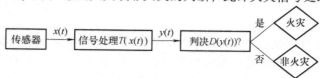

图 3-2　火灾信号处理与识别的流程示意图

最初出现的火灾探测器均为开关量式，即探测器对火灾信号产生感应后直接做出"火灾"与"非火灾"的判断，如利用两种热膨胀系数不同的金属片制成的定温式点型火灾探测器。由于当时元器件制作水平的限制，这时的信号处理电路都很简单，因此大量的探测器均使用此类信号处理的直观方法。随着信号处理技术的快速发展，火灾探测算法也不断改进，从最初的直观阈值法，到现代的综合了神经网络与模糊逻辑的智能探测算法，新的火灾探测算法不断出现，从而使火灾自动探测系统不断完善，性能不断提高。

以下主要针对火灾信号的随机性特征、非结构性特征，介绍相应的火灾信号的基本识别算法、火灾信号的统计识别算法和火灾信号的智能识别算法。

3.2 火灾信号的基本识别算法

火灾信号的基本识别算法包括直观阈值算法、趋势算法、斜率算法以及持续时间算法。

3.2.1 直观阈值算法

早期火灾探测器为开关量型火灾探测器，且主要针对火灾某一个物理参量如温度、烟雾等进行检测，当传感器获取参数值超过预设的阈值时，则发出报警信号。这种识别算法思路简单，易于通过简单硬件实现，因此在实际工程运用中故障发生较少、便于维护。但这种方法存在对环境适应性和抗干扰能力较弱，误报率较高等缺点。直观阈值算法大都直接对火灾传感元件的信号幅值进行处理，主要有固定门限检测法和变化率检测法。

1. 固定门限检测法

这种方法将火灾信号幅值（如烟雾颗粒的光电散射信号幅值、烟雾引起电离室中离子电流变化幅值或温度值等）与预先设定的相应阈值进行比较，当信号幅值超过阈值时，则直接输出火灾报警信号。在图3-2所示的示意图中，固定门限检测法可表示如下：

$$y(t) = T(x(t)), \quad D(y(t)) = \begin{cases} 1, & y(t) > S \\ 0, & y(t) \leq S \end{cases} \tag{3-2}$$

这里，$D(\cdot) = 1$ 表示判决为火灾，$D(\cdot) = 0$ 表示判决为非火灾，S 为门限。

为了提高探测的可靠性和抗干扰能力，抑制环境中突然出现的电脉冲尖峰、50Hz工频干扰等干扰信号，降低误报，可对传感器输出信号进行平均以及延时处理，对信号在一段时间内进行积分平均：

$$\overline{X}(t) = \frac{1}{\Delta t} \int_{t_0}^{t} x(t) \mathrm{d}t, \quad y(t) = T(\overline{X}(t)) \tag{3-3}$$

式中　Δt——选定进行平均的时间段，$\Delta t = t - t_0$。

当传感器信号在一定时间内的平均值 $\overline{X}(t)$ 的幅度超过预定阈值 S 后，判决电路才输出火灾报警信号。Δt 的大小对信号的平均效果起着重要的作用。若 Δt 过小，则可能无法将一个较强的脉冲信号进行有效抑制，从而可能导致误报的发生；若 Δt 太大，则可能将实际火灾信号幅值平滑的时间增加，引起报警的延迟甚至导致漏报的发生。实际电路中这种平均和延时处理可采用电容充放电电路来实现。

2. 变化率检测法

火灾探测信号的变化率是一个重要的特征，例如对于感温火灾探测器的输出信号，当温度信号的上升率超过一定值时，表明温度发生了急剧变化，这是火灾产生的高温可能导致的典型特征。变化率较有效的计算方法可采用下式所示的微分运算。

$$\frac{\mathrm{d}x(t)}{\mathrm{d}t} = y(t), \quad D(y(t)) = \begin{cases} 1, & y(t) > S \\ 0, & y(t) \leqslant S \end{cases} \tag{3-4}$$

在实际应用中，$x(t)$ 的微分运算通常采用有限时间间隔内，相对应的信号变化值进行近似计算，即

$$y(t) = \frac{\Delta x(t)}{\Delta t} = \frac{x(t_2) - x(t_1)}{t_2 - t_1}, \quad t_2 > t_1 \tag{3-5}$$

式中　Δt——用于计算信号变化率的时间间隔，实际中该值往往取信号采样时间间隔。

根据传感器输出值计算出信号变化率 $y(t)$ 的值之后，即可通过 $y(t)$ 与预先设定的斜率阈值 S 进行比较，从而做出是否发生火灾的判断。同理，在这种算法中也可以使用信号的平均和延时处理手段来提高探测的可靠性和抗干扰能力。

直观阈值算法能够在一定程度上正确探测到火灾，由于其电路简单而且易于实现，因此在 20 世纪 80 年代模拟量式火灾探测器尚未出现前，几乎所有的火灾探测系统都是采用直观阈值算法进行火灾判断的。即使是现在，许多模拟量式火灾探测系统仍沿用这种方法，只是将绝对报警阈值改为相对阈值，即所谓阈值补偿，也可将单门限增加为多门限以适应不同应用场合的需要。但是，正是由于直观阈值算法对传感器输出信号过于简单的处理，当噪声和干扰信号 $x_n(t)$ 也超过阈值时，同样会被判断为火灾，因此其误报警率较高。尽管可以采取对信号取平均和报警延时等措施，但是当干扰幅度过大或持续时间过长时，误报警仍然不可避免。

3.2.2　趋势算法

信号特征处理过程采用完整数学表达式描述的方法称为系统法，系统法中最早应用于火灾信号处理的是趋势算法。

1. Kendall-τ 趋势算法

如 3.1 节中所述，发生火灾时，探测器输出信号具有明显的趋势特征，因此可用趋势算法对火灾信号进行分析处理。趋势检测是信号检测中常用的非参数检测方法之一。如图 3-3 所示，该曲线为一段火灾发生时传感器的输出信号 $x(n)$，该曲线是对连续时间信号 $x(t)$ 以一定间隔抽样而得 $x(n\Delta t)$，简化表示为 $x(n)$。其中，横坐标代表离散时间 n，纵坐标 $x(n)$ 代表火灾发生时产生的烟雾或温度信号。表 3-1 为图 3-3 中部分离散坐标值。由图 3-3 或表 3-1 可见，尽管在 $n = 7 \sim 10$ 区间信号略有下降，然而总体上该曲线具有明显的上升趋势，非参数趋势检测算法能够较准确地检测到信号的这种趋势变化，且不受信号具体值的影响。

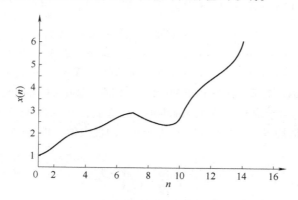

图 3-3　某信号的变化趋势特征

表 3-1　图 3-3 中曲线对应的离散值

n	0	1	2	3	4	5	6	7	8	9	10	11	12	13	14
$x(n)$	1	1.3	1.4	1.6	1.9	2.0	2.3	2.9	2.8	2.5	2.7	3.2	3.8	4.3	5.8

　　趋势算法有多种，最常用且便于实现的是 Kendall-τ 趋势算法，可用下式表示，其只需进行对 0 和 1 的加法运算，并具有递归算式，便于降低计算量，提高计算速度。

$$y(n) = \sum_{i=0}^{N-1}\sum_{j=i}^{N-1} u(x(n-i) - x(n-j)) \qquad (3-6)$$

式中　n——离散时间变量；

　　　N——用于观测数据的窗长；

　$u(x)$——单位阶跃函数，可用下式表达：

$$u(x) = \begin{cases} 1, & x \geqslant 0 \\ 0, & x < 0 \end{cases} \qquad (3-7)$$

　　以图 3-3 所示信号变化曲线为例，选取窗长分别为 $N=3$ 与 $N=5$，则根据式（3-6）算出的各离散时间点上对应的趋势值分布（表 3-2 和表 3-3），式（3-6）中取 $x(-1) = x(-2) = 0$，$x(-3) = x(-4) = 0$。

表 3-2　图 3-3 中曲线对应的 Kendall-τ 趋势值（$N=3$）

n	0	1	2	3	4	5	6	7	8	9	10	11	12	13	14
$y(n)$	6	6	6	6	6	6	6	6	5	3	4	6	6	6	6
τ_1	1.0	1.0	1.0	1.0	1.0	1.0	1.0	1.0	0.83	0.5	0.67	1.0	1.0	1.0	1.0

表 3-3　图 3-3 中曲线对应的 Kendall-τ 趋势值（$N=5$）

n	0	1	2	3	4	5	6	7	8	9	10	11	12	13	14
$y(n)$	15	15	15	15	15	15	15	15	14	12	10	13	15	15	15
τ_1	1.0	1.0	1.0	1.0	1.0	1.0	1.0	1.0	9.33	0.8	0.67	8.67	1.0	1.0	1.0

　　为了对式（3-6）求和的实质进行深入理解，可将其详细展开如下：

$$\begin{aligned} y(n) &= \sum_{i=0}^{N-1}\sum_{j=i}^{N-1} u(x(n-i) - x(n-j)) \\ &= u(x(n) - x(n)) + u(x(n) - x(n-1)) + \cdots + u(x(n) - x(n-N+1)) + \\ &\quad u(x(n-1) - x(n-1)) + u(x(n-1) - x(n-2)) + \cdots + \\ &\quad u(x(n-1) - x(n-N+1)) + \cdots + u(x(n-N+1) - x(n-N+1)) \end{aligned} \qquad (3-8)$$

　　由此易见，当 $i=0$ 时，有 N 项 $u(x)$ 求和；当 $i=1$ 时，有 $N-1$ 项 $u(x)$ 求和；……；当 $i=N-1$ 时，只有 1 项，因此对于窗长为 N 的 Kendall-τ 趋势值，总共有 $N(N+1)/2$ 项 $u(x)$ 求和。若每一项的 $u(x)$ 函数值均等于 1，则可以得到 $y(n)$ 的最大值，即 $N(N+1)/2$，因此，可以定义相对趋势值 τ_1 如下：

$$\tau_1 = \frac{实际值}{最大值} = \frac{y(n)}{N(N+1)/2} \qquad (3-9)$$

　　表 3-2 与表 3-3 中给出了图 3-3 中信号曲线各个时间点对应的相应趋势值，以表 3-3 为例，可以看出，在 $n=8$、9、10 时相对应的趋势值有所下降，而其他时刻相对应的趋势值均为 1.0，

这反映了 $n = 7 \sim 10$ 区间信号的下降对周围若干点的趋势值计算的影响。

由式（3-6）的展开式即式（3-8）可见，信号的下一个时刻的趋势值可由前一时刻对应的趋势值导出，即 $y(n)$ 可以由 $y(n-1)$ 和一些附加项计算出，其递归计算公式如下：

$$y(n) = y(n-1) + \sum_{i=0}^{N-1} \left[u(x(n) - x(n-i)) - u(x(n-i-1) - x(n-N)) \right] \quad (3-10)$$

式（3-10）给出的这种递归计算式在实际运用中极为有效，可大大减少计算量以及存储量，特别是当 N 值较大时。通过式（3-6）或式（3-10）计算出趋势值，与预先设定的阈值进行比较后，即可做出火灾或非火灾的判断，表达如下：

$$D(y(t)) = \begin{cases} 1, & y(t) > S \\ 0, & y(t) \leq S \end{cases} \quad \text{或} \quad D(\tau_1) = \begin{cases} 1, & \tau_1 > S_\tau \\ 0, & \tau_1 \leq S_\tau \end{cases} \quad (3-11)$$

最后对趋势算法中的窗长 N 值大小的选取进行讨论。趋势算法中的计算窗长 N 是一个非常重要的参数，它直接影响信号趋势计算的效果。窗长值选取得较短，则趋势值受信号变化影响大，即算出的趋势值对信号的变化敏感；窗长值选取得较长，则计算出的趋势值较平滑。窗长 N 值大小的选取对趋势值计算的影响可从表 3-2 和表 3-3 之间的对比明显看出。因此，选择适当大小的窗长，在趋势计算中显得极为关键，窗长取值短可以缩短探测时间，具有较高的响应灵敏度，但容易受到干扰信号的影响而产生误报警；而窗长取值长能够平滑噪声的影响，但探测时间被加长了，且趋势值的响应较迟钝，甚至预设阈值不适当时可能出现漏报警。

2. 复合 Kendall-τ 趋势算法

由于单输入 Kendall-τ 趋势算法当窗长 N 值选取较小时，对信号上升或下降的趋势较为敏感，当信号中混入较强的干扰信号时，这种对信号的敏感响应就容易导致探测器的误报警。另一方面，火灾发生时存在烟雾、温度、CO 气体等多种信号，这些信号的变化趋势之间具有明显的相关性。利用不同传感器输出信号趋势的相关性，采用改进的复合 Kendall-τ 趋势算法，可以实现更为准确、可靠的火灾报警。

为了能同时表征并计算信号的正、负两种变化趋势，对 Kendall-τ 趋势算法中单位阶跃函数进行修正，从而定义一个符号函数如下：

$$\text{sgn}(x) = \begin{cases} 1, & x > 0 \\ 0, & x = 0 \\ -1, & x < 0 \end{cases} \quad (3-12)$$

利用该符号函数，可用一个数学表达式同时计算信号变化的正、负趋势。在火灾发生发展过程中，可能出现阴燃火到有焰明火的转变，以及突然点燃的油池火等，这些现象均可能造成火灾信号如烟颗粒浓度、温度等的阶跃变化，这种阶跃变化往往表示火灾信号的剧烈增加，但若依据式（3-6）的趋势算法，则计算所得趋势值较小。

为了在趋势计算中让体现阶跃型变化的信号急剧增加，将两个传感器的输出信号 $x_i(n)(i = 1, 2)$ 进行映射变换后得到：

$$m_i(n) = \begin{cases} m_i(n-1) + k, & x_i(n) - m(n-1) > k \\ x_i(n), & |x_i(n) - m_i(n-1)| \leq k \\ m_i(n-1) - k, & x_i(n) - m_i(n-1) < -k \end{cases} \quad (3-13)$$

式中，参数 k 决定了信号变化的最大（或最小）上升（或下降）速率。由于参数 k 的引入，使阶跃信号反映的急剧增加趋势特征体现在计算出的趋势值中，然后利用多输入的 Kendall-τ 趋势算法，即可计算出经过修正的复合信号称为 $m_1(n)$ 和 $m_2(n)$ 的复合趋势。这种复合趋势同时

考虑两个信号 $m_1(n)$ 和 $m_2(n)$ 的变化方向与程度，因此反映的是两个信号变化的乘积关系：

$$y(n) = \sum_{i=0}^{N-2} \sum_{j=i}^{N-1} \text{sgn}(m_1(n-i) - m_1(n-j))\text{sgn}(m_2(n-i) - m_2(n-j)) \qquad (3\text{-}14)$$

这里 $m_1(n)$ 与 $m_2(n)$ 可以是烟雾与温度信号，也可以是烟雾与 CO 气体浓度信号等，通过对两种火灾信号的综合检测，增加了信号检测的可靠性与准确性。这种改进的复合 Kendall-τ 趋势算法的递归公式如下：

$$y(n) = y(n-1) + \sum_{i=0}^{N-2} \left[\text{sgn}(m_1(n) - m_1(n-i-1))\text{sgn}(m_2(n) - m_2(n-i-1)) - \right.$$
$$\left. \text{sgn}(m_1(n-i-1) - m_1(n-N))\text{sgn}(m_2(n-i-1) - m_2(n-N)) \right] \qquad (3\text{-}15)$$

由于在符号函数即式（3-12）中定义了当 $x = 0$ 时，$\text{sgn}(x) = 0$，因而通过式（3-14）或式（3-15）计算出的复合趋势值的范围确定如下：

$$-N(N-1) \leqslant y(n) \leqslant N(N-1) \qquad (3\text{-}16)$$

因此，其相对复合趋势值计算如下：

$$\tau(n) = \frac{y(n)}{N(N-1)/2} \qquad (3\text{-}17)$$

由以上分析可见，Kendall-τ 趋势算法对信号的趋势变化极为敏感；通过选用合适的窗长 N 等方法可以克服干扰信号带来的尖峰变化影响；整个计算过程只需进行简单的加、减计算以及逻辑计算，且具有递归性，因此算法的运行速度快；可用于单输入或多输入信号的检测。

3. 特定趋势算法

前面介绍的信号趋势算法只能简单地对信号的正向（上升）或负向（下降）变化趋势进行计算，没有考虑信号的稳态值，未能区分信号变化位于稳定值上方还是下方。根据探测器输出在稳态值以上的正趋势或稳态值以下的负趋势判断是否发生火灾的算法，称为特定趋势算法。

如图 3-1 所示，从欧洲标准试验火之一的木材明火（TF1）环境下，光电感烟火灾探测器、温度传感器以及 CO 传感器的输出信号变化过程可看出：在试验火中所用燃料即木材被点火前，3 种传感器的输出值均都相对处于某一稳定值，而点火后传感器输出的烟雾、温度以及 CO 气体信号均产生了位于各自稳定值上方的正向变化趋势，这种变化趋势即表明了火灾发生的特征。

上述趋势检测中使用单位阶跃函数进行趋势判别，由于单位阶跃函数的转折门限为 0，即使是可以同时考虑信号的正、负变化趋势的复合 Kendall-τ 趋势算法中所使用的符号函数 $\text{sgn}(x)$，其转折门限依旧为 0。检测器中所用符号函数的转折门限值太小，导致趋势算法对信号的变化过于敏感，以致抗干扰性较差。为了克服趋势检测器抗干扰性较弱的缺点，有必要定义两个新的符号函数 $\text{sgn1}(x)$ 和 $\text{sgn2}(x)$：

$$\text{sgn1}(x) \begin{cases} 1, & x > S \\ 0, & -S \leqslant x \leqslant S \\ -1, & x < -S \end{cases} \qquad (3\text{-}18)$$

$$\text{sgn2}(x) \begin{cases} 1, & x > 1 \\ 0, & -1 \leqslant x \leqslant 1 \\ -1, & x < -1 \end{cases} \qquad (3\text{-}19)$$

式中，S 为趋势判断所用的转折门限，$\text{sgn2}(x)$ 实质上是 $\text{sgn1}(x)$ 在 $S = 1$ 时的特例。符号函数 $\text{sgn2}(x)$ 主要用于判断信号值与稳态值的相对大小，即处于其上方还是下方。引入信号的稳态值（记作 RW），这样在趋势计算中，不仅比较信号值前后时刻之间的大小，同时还考虑信号值大于还是小于稳态值。因此，信号的特定趋势值表示如下：

$$y(n) = \sum_{i=0}^{N-2} \sum_{j=i}^{N-1} \mathrm{sgn2}(\mathrm{sgn1}(x(n-i) - x(n-j)) + \mathrm{sgn1}(x(n-j) - RW)) \qquad (3\text{-}20)$$

式中，函数 $\mathrm{sgn2}(x)$ 内变量值计算包括两部分，其一为 $\mathrm{sgn1}[x(n-i) - x(n-j)]$，该部分类似于普通的 Kendall-$\tau$ 趋势计算，只是这里所用的符号函数的转折门限为 S 而不是 0；另一部分为 $\mathrm{sgn1}[x(n-j) - RW]$，其作用是用于判断信号 $x(n)$ 与稳态值 RW 之间的大小关系，即处于其上方还是下方。因此，只有当以下两个不等式条件同时满足时，$\mathrm{sgn2}(x)$ 才输出 1，表示信号在其稳态值上方的正向变化趋势：

$$x(n-j) - RW > S \qquad (3\text{-}21)$$

$$x(n-i) - x(n-j) > S \qquad (3\text{-}22)$$

同理，只有当以下两个不等式条件同时满足时，$\mathrm{sgn2}(x)$ 才输出 -1，表示信号的负向变化趋势：

$$x(n-j) - RW < -S \qquad (3\text{-}23)$$

$$x(n-i) - x(n-j) < -S \qquad (3\text{-}24)$$

由此可见，式 (3-20) 的 $y(n)$ 只输出信号 $x(n)$ 大于稳态值 RW 的正向变化趋势与小于稳态值 RW 的负向变化趋势，对于信号在稳态值下方的正趋势与大于稳态值的负趋势不响应，故称为信号的特定趋势算法。式 (3-20) 也有相应的递归计算式：

$$y(n) = y(n-1) + \sum_{i=0}^{N-2} \big[\mathrm{sgn2}(\mathrm{sgn1}(x(n) - x(n-i-1)) + \mathrm{sgn1}(x(n-i-1) - RW))$$

$$- \mathrm{sgn2}(\mathrm{sgn1}(x(n-i-1) - x(n-N)) + \mathrm{sgn1}(x(n-N) - RW)) \big] \qquad (3\text{-}25)$$

类似地，特定趋势的相对值计算如下：

$$\tau_2(n) = \frac{y(n)}{N(N-1)/2} \qquad (3\text{-}26)$$

为了将特定趋势算法与 Kendall-τ 趋势算法进行比较，这里以图 3-4 所示信号为例，依据式 (3-25) 与式 (3-26) 计算该信号的特定趋势值及其相对值 τ_2，同时也依据式 (3-6) 与式 (3-9) 计算 Kendall-τ 趋势值与相对值 τ_1。将计算结果列于表 3-4 中，这里假设信号的稳态值 $RW = 2.0$，趋势计算窗长 $N = 3$，符号函数 $\mathrm{sgn1}(x)$ 的门限值为 $S = 0.05$。

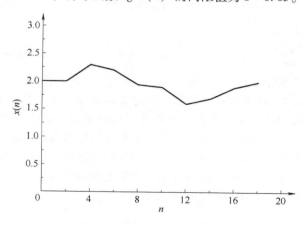

图 3-4　某一信号的变化趋势

表 3-4　信号的特定趋势值与 Kendall-τ 趋势值

n	0	2	4	6	8	10	12	14	16	18
$x(n)$	2.0	2.0	2.3	2.2	1.95	1.9	1.6	1.7	1.9	2.0
特定趋势值	0	0	1	1	0	0	-3	0	0	0
τ_2 值	0	0	0.33	0.33	0	0	-1	0	0	0
Kendall-τ 趋势值	0	0	2	-1	-3	-1	-3	2	3	2
τ_1 值	0	0	0.67	-0.3	-1	-0.33	-1	0.67	1	0.67

从表 3-4 可以看出，与 Kendall-τ_2 趋势算法相比，特定趋势算法能有效减少外界环境带来的信号波动对趋势计算的影响。当信号处于稳定值上方产生负趋势时，或者尽管信号一直保持正向变化趋势但正趋势由强减弱时，对应的特定趋势值均为 0，而此时 Kendall-τ 的趋势值仍相当大；同理，当信号处于稳定值下方产生正向变化趋势时，对应的特定趋势值也为 0，而此时计算出的 Kendall-τ 趋势值却较大（表 3-4 中，当 $n=14$、16、18 时）。由此可见特定趋势算法具有有效性与合理性。

4. 可变窗长特定趋势算法

窗长 N 对于趋势算法产生重要的影响，窗长取值越短，相对趋势值越大，检测灵敏度越高，同时也意味着容易产生误报；窗长取值较长，可以在一定程度上减少误报，但窗长取值过长有可能造成漏报。

为了实现趋势计算所用窗长随信号的不同变化而相应变化，将其分为两部分，其中一部分取固定的较小值 N，以便快速检测到信号；另一部分为变化值，随着信号趋势而逐渐增大，如果增大后的窗长计算仍有较大的趋势值，可见趋势变化确实明显，而短干扰被窗长平滑掉。为使窗长能自动变化，需要引入累加函数 $k(n)$：

$$k(n+1) = \begin{cases} [k(n)+1]u[y(n)-s_t], & s_t > 0 \\ [k(n)+1]u[s_t-y(n)], & s_t < 0 \end{cases} \tag{3-27}$$

式中　s_t——预警阈值；

$u(x)$——单位阶跃函数，见式（3-7）。

因此，趋势计算中可用下式计算总的窗长：

$$N' = N + k(n) \tag{3-28}$$

则窗长 N' 的特定趋势计算式如下：

$$y(n) = \sum_{i=0}^{N+k(n-1)-2} \sum_{j=i}^{N+k(n-1)-1} \text{sgn2}(\text{sgn1}(x(n-i)-x(n-j)) + \text{sgn1}(x(n-j)-RW)) \tag{3-29}$$

当趋势值 $y(n)$ 小于预警阈值 S_t 时，$k(n)=0$，即当平时检测器使用，趋势值一旦超过了预警门限，$k(n)$ 则逐步增加，即窗长逐渐增加。若趋势值超过预警阈值是由于环境噪声引起的，则窗长的增加能够将这种短暂的尖峰干扰信号剔除，从而避免误报的发生；若趋势值的增加是由于真实火灾信号引起的，则即使窗长增加，信号的趋势值依然保持一定的大小，当窗长增大到一定值并经历过一段时间之后，趋势值依然较大，则可给出报警信号。这样，可变窗长特定趋势算法在一定程度上既保证了对信号的响应灵敏度，又可避免误报的发生。

可变窗长特定趋势算法的相对趋势值计算如下：

$$\tau_3(n) = \frac{y(n)}{N(N-1)/2 + Nk(n-1) + k(n-1)[k(n-1)-1]/2} \tag{3-30}$$

类似于 Kendall-τ 趋势算法等，可变窗长特定趋势算法也具有递归计算形式：

$$
y(n) = \begin{cases}
y(n-1) + \displaystyle\sum_{i=0}^{N+k(n-1)-2} \mathrm{sgn2}(\mathrm{sgn1}(x(n) - x(n-i-1)) + \\
\mathrm{sgn1}(x(n-i) - RW)), |\tau_3(n-1)| \geqslant |S_t|, \text{加长窗长重新计算} \\
y(n-1) + \displaystyle\sum_{i=0}^{N-2} [\mathrm{sgn2}(\mathrm{sgn1}(x(n) - x(n-i-1)) + \mathrm{sgn1}(x(n-i-1) - RW)) - \\
\mathrm{sgn2}(\mathrm{sgn1}(x(n-i-1) - x(n-N)) + \mathrm{sgn1}(x(n-N) - RW))], \\
|\tau_3(n-1)| < |S_t|, \text{平时采用短窗长}
\end{cases}
$$

$$(3\text{-}31)$$

最后指出，这种可变窗长方法也适用于其他 Kendall-τ 等趋势算法，也具有良好的效果。此外，尽管窗长可实时根据输入信号的变化而相应变化，但趋势判断转折阈值 S_t 也就是预警阈值仍然是重要参数，需根据响应灵敏度的要求而确定。

5. 复合特定趋势算法

类似于 Kendall-τ 趋势算法，特定趋势算法也可以应用于多输入信号的复合趋势计算。由于复合趋势算法中依据两个以上的火灾信号进行是否发生火灾的判断，综合考虑了更多的火灾信息，因而能够更加及时、准确地探测火灾并降低误报率，将特定趋势算法应用于复合传感器的信号处理中，可以使探测性能进一步提高。

设有两个输入信号 $x_1(n)$ 和 $x_2(n)$，其相应的稳态值分别为 RW_1 和 RW_2，趋势计算窗长为 N，与复合 Kendall-τ 趋势算法即式（3-14）类似，复合特定趋势计算如下：

$$
y(n) = \sum_{i=0}^{N-2} \sum_{j=i}^{N-1} \mathrm{sgn2}(\mathrm{sgn1}(x_1(n-i) - x_1(n-j)) \mathrm{sgn1}(x_1(n-j) - RW_1)) \times \\
\mathrm{sgn2}(\mathrm{sgn1}(x_2(n-j) - x_2(n-j)) + \mathrm{sgn1}(x_2(n-j) - RW_2))
$$

$$(3\text{-}32)$$

式中，符号函数 $\mathrm{sgn1}(x)$ 和 $\mathrm{sgn2}(x)$ 见式（3-18）与式（3-19）。相应地，$y(n)$ 的递归计算式如下：

$$
y(n) = y(n-1) + 2\sum_{i=0}^{N-2} [\mathrm{sgn2}(\mathrm{sgn1}(x_1(n) - x_1(n-i-1)) + \mathrm{sgn1}(x_1(n-i-1) - RW_1)) \times \\
\mathrm{sgn2}(\mathrm{sgn1}(x_2(n) - x_2(n-i-1)) + \mathrm{sgn1}(x_2(n-i-1) - RW_2)) - \\
\mathrm{sgn2}(\mathrm{sgn1}(x_1(n-i-1) - x_1(n-N)) + \mathrm{sgn1}(x_1(n-N) - RW_1)) \times \\
\mathrm{sgn2}(\mathrm{sgn1}(x_2(n-i-1) - x_2(n-N)) + \mathrm{sgn1}(x_2(n-N) - RW_2))]
$$

$$(3\text{-}33)$$

复合特定趋势的相对值计算如下：

$$
\tau(n) = \frac{y(n)}{N(N-1)}
$$

$$(3\text{-}34)$$

最后指出，复合特定趋势算法要求所选用的两种探测器输出的火灾信号的响应变化趋势的方向必须一致，例如对温度和烟雾信号进行复合特定趋势计算，若温度信号随火灾发生而增大，则要求烟雾信号也应随火灾发生而输出值增大，否则复合特定趋势计算结果为负值，不利于火警判断。在实际中若两个信号变化趋势不同，则可以在硬件通道中增加倒相电路，或通过软件变换方法实现。此外，如果将式（3-27）所示的累加函数引入复合特定趋势算法，也可构成可变窗长复合特定趋势算法，其探测可靠性可更高，但算法也稍复杂。

3.2.3　斜率算法

通过对各种趋势算法的深入讨论可以看出，趋势算法对信号幅值的增加或减小的变化趋势较为敏感，然而趋势算法无法定量确定信号变化趋势的急剧程度，即具有相同变化趋势特征，但其变化速率不同的两个信号对应的趋势值很可能相等。例如，如图3-5所示，信号 a、b、c 均有上升变化的趋势，其中阶跃信号 c 上升的斜率最快，而信号 a 与信号 b 在 $N/2 \sim N$ 间隔，分别以斜率 k_a 与 k_b 上升，且信号 b 比信号 a 增加的速率快，即 $k_a < k_b$。此时若采用 Kendall-τ 趋势算法对其中的信号 a 与信号 b 计算其趋势值，当选取的窗长为 N 时，算出的相对趋势值均为 $\tau_1 \approx 0.75$。由此可见，Kendall-τ 趋势算法是一种非参数检测算法，无法具体确定信号变化趋势的强烈程度，即依据趋势算法计算得到的信号变化的趋势值遗漏了信号本身包含的一部分信息，未能充分反映信号变化的特征。

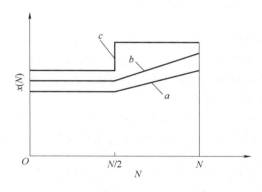

图3-5　信号的不同变化斜率

此外，Kendall-τ 趋势算法对信号的阶跃变化也不敏感，对于图3-5中的阶跃信号 c，其 Kendall-τ 相对趋势值 $\tau_1 \approx 0.5$，反而小于信号 a 和 b 的相对趋势值，而实际上阶跃信号 c 的变化幅度大于信号 a 与 b 的变化幅度，这进一步说明趋势算法存在一定的缺陷。在火灾探测中，发生火灾特别是当突然发生油池大火时，往往引起信号的急剧变化，类似于这种阶跃信号。图3-6和图3-7所示为欧洲标准试验火聚氨酯泡沫塑料火（TF4）与正庚烷火（TF5）对应的烟、温度以及 CO 气体浓度的变化趋势。

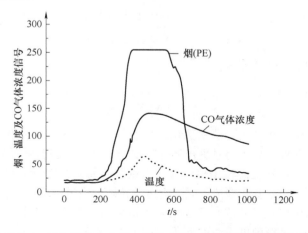

图3-6　TF4 标准火中烟、温度以及 CO 气体浓度变化曲线

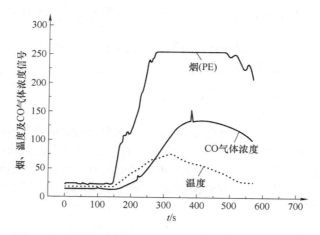

图 3-7 TF5 标准火中烟、温度以及 CO 气体浓度变化曲线

由图 3-6 和图 3-7 可见，由于 TF4 与 TF5 均属于明火燃烧，发展较快，一旦点火便迅速释放出大量的火灾烟气，因此，对应的火灾烟雾与 CO 气体浓度信号均急剧增大，很接近于阶跃信号。对这种近阶跃型火灾信号，若采用一般的趋势算法则可能因其趋势值达不到预警阈值而发生漏报。尽管德国的 R. Siebel 采取对输入信号修正的方法 [式 (3-13)]，针对类似于阶跃变化的信号增大对应的趋势值，在一定程度上反映出信号的阶跃变化特性，然而这种方法只能修正信号在阶跃点附近的值，当阶跃信号持续时间较长时，依然无法较好地体现阶跃信号所表征的信号急剧变化的信息，算出的趋势值依然偏小。为了不但能够识别信号的变化趋势，而且能够具体地识别其变化的急剧程度即信号变化的斜率，引入斜率算法。

由于火灾探测输出信号都有其稳态值，即使考虑到干扰或噪声的影响，信号也是在其稳态值的上下波动。假设输入信号为 $x(n)$，相应的稳态值为 RW，可以定义信号 $x(n)$ 与其稳定值之间的相对差值函数 $d(n)$ 如下：

$$d(n) = \frac{x(n) - RW}{RW} \tag{3-35}$$

实际运用中，为了补偿环境变化导致的信号稳态值的变化，往往可对信号在较长时间段上求其平均值作为其稳态值。例如，假设探测器每隔 1s 采样一个数据，若采用探测器在一天内采得数据的平均值作为稳态值，定义一个长度为 $24 \times 60 \times 60 = 86400$ 的队列，该队列中始终存储最近 24h 内探测器的输出值，则在时刻 n 对应的稳态值可由下式计算：

$$RW(n) = \frac{1}{86400} \sum_{i=1}^{86400} x(i) \tag{3-36}$$

这样探测器采用的稳态值始终跟随外界环境如温度的变化而相应同步变化，避免了诸如季节变化导致的环境温度变化引起感温火灾探测器的误报等，提高了探测器的响应性能。

采用探测器输出信号值的相对变化特征比采用其幅度变化的绝对数值更便于判断火灾是否发生，因此这里重点分析信号的相对变化特征，并将信号变化都近似为线性变化（图 3-5），对于信号的相对变化特征而言，该假设较合理且易于实现。$k(n_1, n_2)$ 值表征信号 $x(n)$ 在离散时间 n_1 和 n_2 段的斜率，计算如下：

$$k(n_1, n_2) = \frac{d(n_2) - d(n_1)}{n_2 - n_1} \tag{3-37}$$

此外，由于火灾的发生将导致某火灾信号在一段时间产生连续的变化，这是火灾信号与瞬时干扰脉冲等信号的差异所在。因此，为了抑制噪声等干扰对信号斜率计算的影响，引入一个累加函数 $a(n)$：

$$a(n) = \begin{cases} [a(n-1)+1]u(d(n-1)-S_g), & S_g > 0 \\ [a(n-1)+1]u(S_g-d(n-1)), & S_g < 0 \end{cases} \qquad (3\text{-}38)$$

式中　$u(x)$——单位阶跃函数；

　　　S_g——预设的一个阈值。

式（3-38）表示：当 $S_g > 0$ 时，只有由信号幅值与其稳态值 RW 算得的差值函数 $d(n)$ 大于 S_g，才进行累加运算，否则累加函数 $a(n)$ 归零，当差值函数 $d(n)$ 再次超过 S_g 时，再次开始累加；当 $S_g < 0$ 时，只有由信号幅值与其稳态值 RW 算得的差值函数 $d(n)$ 小于 S_g，才进行累加运算，否则累加函数 $a(n)$ 归零，当差值函数 $d(n)$ 再次超过 S_g 时，再次开始累加。因此，可以定义信号的斜率函数如下：

$$g(n) = d(n)\delta(a(n)-N) \qquad (3\text{-}39)$$

式中　N——由斜率计算区间长度决定的常数；

　　　$\delta(x)$——单位冲激函数，表示如下：

$$\delta(x)\begin{cases} 1, & x=0 \\ 0, & x\neq 0 \end{cases} \qquad (3\text{-}40)$$

式（3-39）中采用单位冲激函数 $\delta(a(n)-N)$ 是为了确保只对累加函数满足 $a(n)=N$ 的 n 时刻才进行信号斜率的计算。由于一旦 $d(n)>S_g$（当 $S_g > 0$ 时）的条件不满足，则累加函数将归零，因此，只有当信号连续向一个方向变化时，函数 $a(n)$ 值才可能累加到 N，进而计算该时刻的信号变化的斜率值。这样，算法中通过引入累加函数 $a(n)$ 与参数 N，得以保证每次斜率计算区间的准确。最后需要指出的是：参数 N 是斜率算法中的重要参数，其值的大小将对信号斜率值的计算产生影响，在实际使用中必须与探测器中设定的斜率报警阈值综合考虑，即若参数 N 值发生变化而斜率报警阈值不变，将使探测器最终的响应灵敏度等性能发生改变。

3.2.4　持续时间算法

正如前文所述，发生火灾时，探测器检测到的信号具有两个特征：一个特征是其幅值将会产生明显的上升或下降，趋势算法正是依据这种特征进行火灾探测的；另一个特征是信号变化的相对持续性，这是火灾信号区分于同样具有上升与下降变化趋势的瞬时脉冲等干扰信号的重要判据，因此也可依此对火灾进行探测。由于火灾信号往往可以分解成高频快变部分与低频慢变部分，与非火灾时或干扰信号激励条件下相比，发生火灾时，相应传感器输出信号 $x(t)$ 中的慢变部分超过某一预设阈值的持续时间相对非火灾信号长得多，这一特点可作为火灾发生的另一判据，从而构建基于持续时间算法的火灾探测器。

1. 单输入偏置滤波算法

为了对火灾信号的持续特征进行检测，首先需要设定一个合适的预警阈值，然后才能计算信号超过该预警阈值的持续时间。由于有限冲激响应（Finite Impulse Response，FIR）偏置滤波器正好可用于该类持续时间特性的计算，所以可用数字滤波器进行这类检测。

若时域 FIR 数字滤波器的输入信号为 $x(n)$，有限冲激响应序列为 $h(n)$，则滤波器的输出可用差分方程表示如下：

$$y(n) = \sum_{i=0}^{N-1} h(i)x(n-i) \qquad (3\text{-}41)$$

式中，$n=0,1,2,\cdots,N-1$。

$y(n)$ 是输入信号 $x(n)$ 延时链的横向结构，其实现框图如图 3-8 所示，其中 Z^{-1} 表示延迟一个单位时间的延迟器。

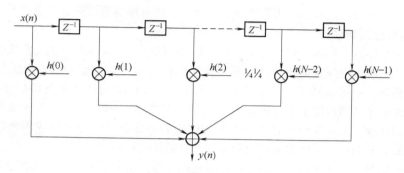

图 3-8 FIR 横向数字滤波器结构

由式（3-41）以及图 3-8 可见，滤波器中每一输入均要经过相乘，延时后相乘，最后相加输出，因此可将滤波器输出视为输入信号 $x(n)$ 的 N 个值分别以冲激响应序列 $h(n)$ 作为加权函数求和。为了针对信号超过阈值部分进行计算，在式（3-41）中加入阈值以及单位阶跃函数，从而得到偏置滤波算法：

$$y(n) = C\sum_{i=0}^{N-1} w(n,i)\big[x(n-i) - S_t\big]u\big(x(n-i) - S_t\big) \tag{3-42}$$

式中 C——常数；

$w(n,i)$——加权函数；

S_t——阈值。

式（3-42）通过采用单位阶跃函数 $u(x)$，从而确保只有当输入信号超过阈值时才对信号超过阈值部分进行累加，滤波器求和输出的 $y(n)$ 中包含了信号超过阈值的持续时间和大小。这种偏置滤波算法对环境中出现的幅值较大但持续时间较短的干扰脉冲信号具有较强的抑制能力，在一定程度上避免了这类干扰信号引起的误报。

若其中的加权函数 $w(n,i)$ 取为常数 1，则可将式（3-42）写成递归计算形式：

$$y(n) = \big\{y(n-1) + C[x(n) - S_t]\big\}u(x(n) - S_t) \tag{3-43}$$

由式（3-43）可见，当 $x(n)$ 超过阈值 S_t 时，$y(n)$ 连续累加，而一旦 $x(n)$ 小于阈值 S_t，则滤波器输出为 0。输出值 $y(n)$ 表征的其实是输出信号超出阈值部分的面积，图 3-9 中显示了这种偏置滤波算法输出值 $y(n)$ 对应的面积。

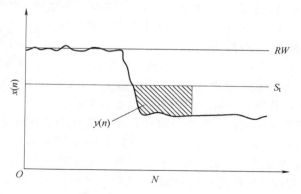

图 3-9 偏置滤波器输出值与面积对应关系

在基于偏置滤波算法的探测器中，阈值是重要的参数，需慎重选取，预警阈值 S_t 以及根据探测器最终输出值 $y(n)$ 而采用的火灾判决阈值 S 的大小直接影响火灾探测的响应时间等参数，若预警阈值与火灾判决阈值选择不合理或者两者不匹配，将可能降低探测器性能。

2. 复合偏置滤波算法

火灾的发生总伴随着烟雾、热量以及 CO 气体等的释放，只通过单一火灾参量进行是否发生火灾的判断，由于所依据信息量较少而容易产生误报或漏报等，随着人们对火灾探测准确性与及时性要求的提高，采用多传感器或复合传感器技术的火灾探测技术逐渐得到了发展与运用，因此，综合处理多个传感器输出信号的复合算法也越显重要。单输入的偏置滤波算法可扩展用于多输入信号的处理，形成复合偏置滤波算法，构成的滤波器可综合两种或两种以上的火灾信号进行火灾判断，从而提高探测的响应灵敏度及其准确性与可靠性。

若两个输入信号分别为 $x_1(n)$ 与 $x_2(n)$，对这两个输入信号可采用简单加权求和或求积的复合方式。设加权函数为 $w(n,i)$，加权乘积型复合偏置滤波算法见下式：

$$y(n) = Cu(x_1(n) - S_1)u(x_2(n) - S_2)\sum_{i=0}^{N-1} w(n,i)[x_1(n-i) - S_1][x_2(n-i) - S_2] \quad (3-44)$$

式中　S_1——信号 $x_1(n)$ 的预警阈值；

　　　S_2——信号 $x_2(n)$ 的预警阈值；

　　　C——常数；

$u(x)$——单位阶跃函数。

若对两个信号的乘积不加权，即函数 $w(n,i)=1$，则复合偏置滤波算法具有简便的递归计算形式：

$$y(n) = \{y(n-1) + C[x_1(n) - S_1][x_2(n) - S_2]\}u(x_1(n) - S_1)u(x_2(n) - S_2) \quad (3-45)$$

由式（3-45）可知，只有当两个输入信号均超过各自的预警阈值时，两个信号超过阈值部分的乘积才进行累加运算，否则滤波器输出值归零。这种乘积型复合算法也可称为"加权互"复合算法，即对于信号 $x_1(n)$ 而言，相当于采用信号 $x_2(n)$ 作为加权函数将其信号放大了 $x_2(n)$ 倍；同理，对于信号 $x_2(n)$，相当于采用信号 $x_1(n)$ 作为其加权函数。这种复合方式将反映火灾发生的两种信号进行综合叠加，从而提高了火灾探测器的响应灵敏度。而且式（3-45）表明，只有当两个信号的变化幅值均超过其相应的阈值后，才输出信号复合值并以此为依据判断是否发生火灾。可见，一方面，环境干扰脉冲导致的某一信号急剧增加将不会导致报警的发生，因此，该算法的误报率将大大降低；另一方面，两个信号同时超过其各自预警阈值时，通过对复合算法输出值和报警阈值的适度降低，可大大提高探测器的响应灵敏度。总之，该探测算法既能提高探测器的响应灵敏度，又能降低其误报率，大大提高了其整体性能，且算法的运算简单实用，因此，这种复合算法得到了广泛的运用。

6 种欧洲标准火即木材明火（TF1）、木材热解阴燃火（TF2）、棉绳阴燃火（TF3）、聚氨酯泡沫塑料火（TF4）、正庚烷有焰火（TF5）及酒精火（TF6）代表了各种典型火灾现象，包含了固体与液体燃料，以及高温热解、阴燃与明火等各种燃烧状态，其火灾产物具有很强的代表性。因此，可用这 6 种标准火的燃烧产物对各种探测算法的响应灵敏度进行检验。前文中，图 3-1、图 3-6 和图 3-7 给出了 TF1、TF4 与 TF5 这 3 种标准火对应的光电感烟火灾探测器、温度传感器及 CO 传感器的输出信号的变化曲线。另外 3 种标准火即 TF2、TF3 及 TF6 所对应的光电感烟火灾探测器、温度传感器及 CO 传感器的输出信号的变化曲线分别如图 3-10 ~ 图 3-12 所示。

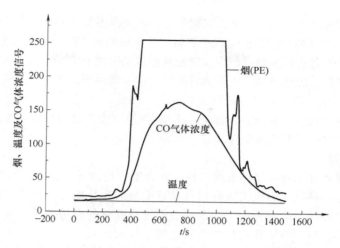

图 3-10　TF2 标准火中烟、温度以及 CO 气体浓度变化曲线

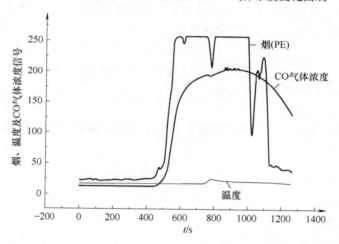

图 3-11　TF3 标准火中烟、温度以及 CO 气体浓度变化曲线

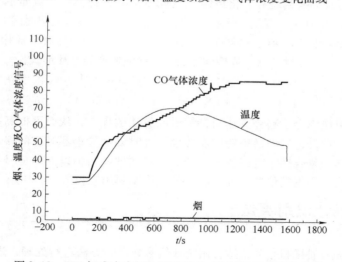

图 3-12　TF6 标准火中烟、温度以及 CO 气体浓度变化曲线

由上述 6 种欧洲标准火中光电感烟火灾探测器、温度传感器及 CO 传感器输出值的变化曲线可知，对于 TF2 和 TF3 这两种阴燃火生成的灰烟，光电感烟火灾探测器输出值均发生急剧增加，变化明显，但是由于阴燃火释放热量较少，因此其温度信号增加得较少；但对于 TF6 即酒精火，其生成极少的烟雾颗粒，因此感烟火灾探测器的输出值变化很小，无法对其进行有效探测，但由图 3-12 可知，其温度及 CO 信号却有较明显的变化，因此，采用对此两种信号的复合算法可有效对其进行早期探测。若对烟雾颗粒、温度以及 CO 气体浓度 3 种信号进行复合，则能更为有效地对 6 种欧洲标准火进行早期的可靠探测。

3. 趋势持续算法

由火灾信号的基本变化特征以及上述 6 种欧洲标准火的烟雾、温度及 CO 信号的曲线可见，火灾发生时，一种或一种以上的火灾特征信号具有明显的变化趋势，且这些变化趋势将持续一段较长的时间，而各种环境或人为的干扰因素引起信号变化的趋势持续时间一般较短。信号的变化趋势特征以及持续时间特征均可相对有效地用于探测火灾，为了综合采用这两种火灾信号特征作为判断火灾发生的判据，提高探测器对干扰信号的抑制能力，可构建趋势持续算法。

这种趋势持续算法首先采用 Kendall-τ 或者可变窗长特定趋势算法对信号的相对趋势值 $\tau(n)$ 进行计算，并通过累加函数 $k(n)$ 计算所得信号相对趋势值超过某一预设预警阈值的持续时间：

$$k(n) = \begin{cases} [k(n-1)+1]u(\tau(n-1)-S_c), & S_c > 0 \\ [k(n-1)+1]u(S_c-\tau(n-1)), & S_c < 0 \end{cases} \tag{3-46}$$

式中　S_c——信号相对趋势值的预警阈值；

　　$u(x)$——单位阶跃函数。

与偏置滤波算法类似，对超过趋势预警阈值那部分的相对趋势值进行累加求和，则趋势持续输出值计算如下：

$$y(n) = Cu(k(n)-N_t) \sum_{i=0}^{N-1} w(n,i)[\tau(n-i)-S_c]u(\tau(n-i)-S_c) \tag{3-47}$$

式中　C——常数参量；

　　$w(n,i)$——加权函数；

　　N_t——趋势持续预警阈值。

N_t 的作用在于保证只有当趋势变化持续 N_t 时间以上才进行火灾持续量的计算，否则，若持续时间无法达到 N_t，即 $k(n) < N_t$，表示信号具有的正向或负向变化趋势时间太短，由于单位阶跃函数 $u(x)=0$，所以输出 $y(n)=0$。这样在一定程度上可避免环境中短时干扰脉冲引起的误报。

若取加权函数 $w(n,i)=1$，则趋势持续算法具有简便的递归计算形式：

$$y(n) = \begin{cases} [y(n-1)+(\tau(n)-S_c)]u(k(n)-N_t), & \text{正趋势} \\ [y(n-1)+(S_c-\tau(n))]u(N_t-k(n)), & \text{负趋势} \end{cases} \tag{3-48}$$

这种趋势持续算法综合了趋势算法与持续时间算法的优点，从而可提高探测器的响应灵敏度且降低其误报率。此外，这种趋势持续算法也可针对多个传感器对应的多个信号扩展为复合趋势持续算法，具体与复合持续时间算法类似，可将两种或两种以上的信号进行求和或乘积复合，从而增加作为火灾判据的信息，进一步提高探测器的响应性能。

3.3 | 火灾信号的统计识别算法

火灾探测信号是一种随机信号，适合用统计信号处理的方法进行处理，进而进行火灾判断。在本节中，将介绍一些火灾探测信号的统计检测方法。

3.3.1   随机信号及其处理方法

一个离散时间信号或序列，是一组在时间、空间或其他独立变量中依次得到的观察结果。如火灾探测器的输出信号经过采样后得到的时间序列信号为 $x(n)$，可以是对连续的火灾探测信号 $x(t)$ 进行采样的结果，即 $x(n) = x(nT)$，其中，T 为采样周期。

时间序列的关键特征是：观察在时间上是顺序排列的，且相邻的观察值是相关的。当序列的观察相互关联时，可以用过去的观察值来预测未来的值。如果预测是准确的，这个序列被认为是确定的。然而在绝大多数情况下，不能准确地预见时间序列，这种序列就称为随机序列。它们的可预见程度由连续观察值之间的相关性决定，完全不可预见的情况发生在信号的每个采样之间均为相互独立的时候。实际的信息系统中，输送的信号都是随机信号，因为如果输送的是确定性信号，接收方就不可能从信号中获得任何新的消息；即使输送的是确定性信号，由于信道如空间或电路中都有噪声和干扰存在，而噪声和干扰都具有随机性，所以确定信号也变成了随机信号。随机信号的基本特征是不能准确地预测它的值，即随机信号是不可预见的，找不到一个数学表达式将其表示为时间的函数。

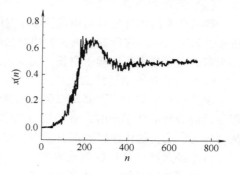

图 3-13   某次试验中感烟火灾
探测器的输出采样序列

火灾探测信号的采样序列是一种随机信号，并且前后的采样值具有一定的相关性。图 3-13 是感烟火灾探测器采样输出序列 $x(n)$，取采样信号之间的时间间隔为 l，画出点 $(x(n), x(n+l))$ 的分布图，其中 $0 \leqslant n \leqslant N - l - 1$，$N$ 是数据记录的长度，这样的图称为 $x(n)$ 的散布图。图 3-14 为时间间隔为 1 的散布图，数据点都落在一条正斜率的直线附近，这意味着高的相关性。火灾探测信号是相邻采样点具有一定相关性的随机信号，可以预见对其建立自回归模型是可行的。

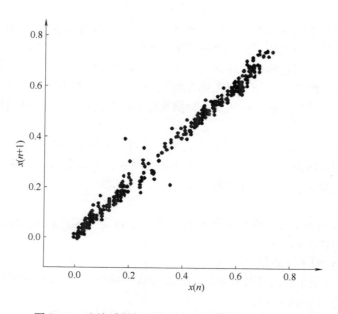

图 3-14   连续采样间隔的某烟感探测器信号散布图

对于随机信号，要用概率和统计方法来描述和处理，这些方法的理论基础为概率论、随机过程等数学理论，按其目标不同，处理方法分为以下两类：

1）信号分析。信号分析的主要目的是提取可以用于理解信号产生过程的信息或是提取可以进行信号分类的特征。所采用的大多数方法归类于谱估计和信号建模。在火灾探测中主要是提取可对信号进行分类（分为非火灾和火灾信号）的特征。

2）信号滤波。信号滤波的主要目的是依照容许的性能指标改善信号的质量。典型的应用包括噪声和干扰的消除。

以下简要介绍几种信号分析与滤波方法，在后面几节中介绍其在火灾探测中的具体应用。

1. 谱估计

在随机信号分析中，最主要的信号分析工具是谱估计。谱估计是用来表示从一组观测值中估计信号的能量和功率分布的一系列方法的总称。谱估计所使用的方法可分为经典谱估计法和现代谱估计法两类。

（1）经典功率谱估计法

经典功率谱估计法包括周期图法、BT法、平均周期图法（又称为分段平均法）、加窗平滑法和WFFT法等。这些方法大多采用对信号加窗的方法截取待分析信号，容易引起频谱泄露，另外频谱的频率分辨率依赖于窗长，使频谱的频率分辨率较低。

（2）现代功率谱估计法

现代功率谱估计法大多是以随机过程的参数模型为基础，故又称为参数模型法。该方法处理正弦波信号的功率谱时，有谱线分裂和频率偏移现象，后来又提出前向、后向AR参数估计法，Marple法，迭代法，数据自适应加权法等，解决了谱线分裂问题。使用这些方法进行谱估计可以减小经典谱估计中的频谱泄露，同时也具有比经典功率谱估计方法高得多的频率分辨率。然而，由于经典谱估计法计算简单快速，在某些场合仍得到较为广泛的应用。

在很多应用中，如两个信号具有相同或相似的性质，要描述它们之间的相似度和相互作用，比较简单的方法是采用互相关及其功率谱的方法。

2. 信号建模

信号建模的目的在于用尽可能好的方法得到对实际信号的有效表达（即模型），并且这种表达能够体现出这些信号的一组特征，如相关或频谱特征等。

在实际应用中，最感兴趣的是线性含参模型。含参模型表现了由它们的结构决定的相关性。如果参数个数接近相关的范围（相当于采样个数），模型可以模拟任何相关性。一个好的模型应该具有以下特征：模型参数个数尽可能少，根据数据对模型进行参数估计比较容易；模型参数应该具有物理意义。

如果根据信号的行为成功地建立了含参模型，就可以在多种应用中使用这种模型。在火灾探测中，主要的应用包括为火灾识别提供参数，作为判别火灾和非火灾的依据；跟踪信号变化，当信号发生变化时，帮助确定发生变化的原因。

3. 自适应滤波

传统的固定系数的频率选择性数字滤波器，有一个特定的响应以希望的方式改变输入信号的频谱。它们的关键特征如下：

1）滤波器是线性时不变系统。

2）设计过程中希望用到的参数有通带、转换波段、通带波纹和阻带衰减等，在确定这些参数时，并不需要知道信号的采样值。

3）当输入信号的各个部分占据不重叠频带时，滤波器工作最好。例如，它可以轻易分离频谱不重叠的信号和噪声。

4）滤波器系数在设计阶段选定，并在滤波器的正常运行中保持不变。

然而，实际应用中有很多问题不能用固定数字滤波器很好地解决，因为没有充足的信息设计固定数字滤波器，或设计规则会在滤波器正常运行时改变。绝大多数这些应用都可以用特殊的智能滤波器，即通常说的自适应滤波器来成功解决。自适应滤波器的显著特征是：它在工作过程中不需要用户的干预就能改变响应以改善性能。

自适应滤波器主要包含以下三个模块（图3-15）：

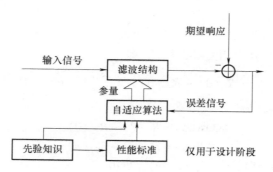

图 3-15　自适应滤波的基本要素

1）滤波结构。该模块使用输入非线性的参数，它的参数由自适应算法进行调整。

2）性能标准。自适应滤波器的输出和期望响应（当可获得时）由性能标准模块处理，并参照特定应用的需求来评估它的质量。

3）自适应算法。自适应算法使用性能标准的数值或它的函数、输入的测量值和期望响应来决定如何修改滤波器的参数，以改善性能。

采用自适应滤波算法的火灾探测器，其滤波器参数可随环境的变化进行调整，使火灾探测器适应周围环境的变化。

3.3.2　功率谱检测算法

1. 单输入功率谱检测算法

火灾探测信号 $x(t)$ 是非平稳随机过程，但可以认为是片断平稳的，对于这类随机信号可以用信号的短时自相关函数和功率谱密度特征进行信号检测。由随机信号分析理论可知，一个平稳随机信号 $x(t)$ 或其经过抽样后的离散信号 $x(n)$ 可以由它的自相关函数 $R_{xx}(\tau)$〔对离散信号为 $R_{xx}(n)$〕或是 $R_{xx}(\tau)$ 的傅里叶变换——功率谱密度 $S_{xx}(\omega)$（对离散信号为 $S_{xx}(e^{jw})$）〕来描述。为了使用信号的功率谱特征进行火灾探测：

1）设火灾探测信号 $x(t)$ 是平稳随机过程，且信号频率限定在一定频带 $-\omega_g < \omega < w_g$ 内。由于火灾探测器的主频谱带宽较窄，做这种限定是合理的。

2）寻找一个非火灾情况下的参考信号 $x'(t)$。

3）计算 $x(t)$ 与 $x'(t)$（这里采用信号离散值）的平均功率差，并求出功率谱密度差的积分。

4）当该积分值达到某一门限时，说明两个信号间有较大的差异，可以判断为火灾。这两个信号的平均功率差表示如下：

$$\gamma = \int_{-\omega_g}^{\omega_g} \left[S_{xx}(\omega) - S_{x'x'}(\omega) \right]^2 d\omega \tag{3-49}$$

功率谱密度 $S_{xx}(\omega)$ 和 $S_{x'x'}(\omega)$ 可由其自相关函数 $R_{xx}(n)$ 和 $R_{x'x'}(n)$ 的离散傅里叶变换表示，即：

$$S_{xx}(\omega) = \sum_{n=-\infty}^{\infty} R_{xx}(n)\mathrm{e}^{-j\omega n} = \sum_{m=-\infty}^{\infty} R_{xx}(n)\left[\cos(\omega n) - j\sin(\omega n)\right] \tag{3-50}$$

整理后得：

$$S_{xx}(\omega) = R_{xx}(0) + 2\sum_{k=1}^{\infty} R_{xx}(k)\cos(k\omega) \tag{3-51}$$

同理可得：

$$S_{x'x'}(\omega) = R_{x'x'}(0) + 2\sum_{k=1}^{\infty} R_{x'x'}(k)\cos(k\omega) \tag{3-52}$$

式（3-49）中功率谱可用自相关函数表示，即：

$$S_{xx}(\omega) - S_{x'x'}(\omega) = R_{xx}(0) - R_{x'x'}(0) + 2\sum_{n=1}^{\infty}\left[R_{xx}(n) -)R_{x'x'}(n)\right]\cos(\omega k) \tag{3-53}$$

定义 $\Delta R(0)$ 和 $\Delta R(n)$ 为

$$\Delta R(0) = R_{xx}(0) - R_{x'x'}(0) \tag{3-54}$$

$$\Delta R(n) = R_{xx}(n) - R_{x'x'}(n) \tag{3-55}$$

将式（3-53）~式（3-55）代入式（3-49），可得：

$$\gamma = \int_{-\omega_g}^{\omega_g}\left[\Delta R(0) + 2\sum_{k=1}^{\infty}\Delta R(k)\cos(\omega k)\right]^2 \mathrm{d}\omega \tag{3-56}$$

展开式（3-56）并交换积分次序与求和次序，则有：

$$\gamma = \int_{-\omega_g}^{\omega_g}\left[\Delta R(0)\right]^2 \mathrm{d}\omega + 4\sum_{k=1}^{\infty}\Delta R(0)\Delta R(k)\int_{-\omega_g}^{\omega_g}\cos(\omega k)\mathrm{d}\omega +$$
$$4\sum_{k=1}^{\infty}\sum_{l=1}^{\infty}\Delta R(k)\Delta R(l)\int_{-\omega_g}^{\omega_g}\cos(\omega k)\cos(\omega l)\mathrm{d}\omega \tag{3-57}$$

考虑到

$$\int_{-\omega_g}^{\omega_g}\cos(\omega k)\mathrm{d}\omega = 0, \quad k = 1,2,\cdots \tag{3-58}$$

和正交条件

$$\int_{-\omega_g}^{\omega_g}\cos(\omega k)\cos(\omega l)\mathrm{d}\omega = 0 = \begin{cases}0, & k \neq l \\ \omega_g, & k = l\end{cases} \tag{3-59}$$

则式（3-57）可以简化如下：

$$\gamma = 2\omega_g\left[\Delta R(0)\right]^2 + 4\omega_g\sum_{k=1}^{\infty}\left[\Delta R(k)\right]^2 \tag{3-60}$$

将式（3-60）除以 $2\omega_g$，得到相对功率差：

$$\gamma_n = \left[R_{xx}(0) - R_{x'x'}(0)\right]^2 + 2\sum_{k=1}^{\infty}\left[R_{xx}(k) - R_{x'x'}(k)\right]^2 \tag{3-61}$$

由于式（3-61）中 $k\to\infty$，求和无法实现，根据随机信号理论可知，自相关函数可表示为自协方差函数与均值函数平方之和，即：

$$R_{xx}(n) = C_{xx}(n) + E^2[X] \tag{3-62}$$

式中 $C_{xx}(n)$——随机序列（信号）$x(n)$ 的自协方差函数。

如果随机过程 X 和参考随机过程 X^r 广义平稳且不包含周期信号成分，那么自协方差序列 $C_{xx}(n)$ 将随着 n 的增加而减少；如果 X 和 X^r 的数学期望相等，式（3-61）中 k 大于一定值时，$R_{xx}(k) - R_{x'x'}(k)$ 可以忽略，这样，式（3-61）中的求和项可以限制在某个值内，设这个值为 q，则有：

$$\gamma_n \geqslant 0 \tag{3-63}$$

仅当 X 和 X' 相等时等号才成立。由于 $R_{xx}(0)$ 与功率谱 $S_{xx}(\omega)$ 的总功率成正比，这样 γ_n 对应实际信号自相关函数与参考信号自相关函数之间的变化。存在的另一个问题是如何由随机信号 $x(n)$ 获得其自相关函数 $R_{xx}(n)$，考虑到至少在非火灾情况下信号可视为片断平稳的，对于一个任意随机过程（由矩阵描述）的抽样矢量：

$$\boldsymbol{x}^T(n) = [x(n), x(n-1), \cdots, x(n-q+1), x(n-q)] \tag{3-64}$$

它的自相关矩阵由下式表示：

$$\boldsymbol{R}_{xx} = E[\boldsymbol{x}(n)\boldsymbol{x}^T(n)]$$

$$= \begin{pmatrix} R_{xx}(n,n) & R_{xx}(n,n-1) & \cdots & R_{xx}(n,n-q) \\ R_{xx}(n-1,n) & R_{xx}(n-1,n-1) & \cdots & R_{xx}(n-1,n-q) \\ \vdots & \vdots & & \vdots \\ R_{xx}(n-q,n) & R_{xx}(n-q,n-1) & \cdots & R_{xx}(n-q,n-q) \end{pmatrix} \tag{3-65}$$

其中，矩阵元素：

$$R_{xx}(n-i,n-j) = E[x(n-i)x(n-j)], i,j = 0,1,\cdots,q \tag{3-66}$$

如设在时间间隔 $n-q < k < n$ 中信号的二次统计不变，则式（3-66）所示的矩阵元素可简化为

$$R_{xx}(n-i,n-j) = R_{xx}(n-j,n-i) = R_{xx}(n,k), k = i-j = 0,1,2,\cdots,q \tag{3-67}$$

即相应的自相关函数只与时间 n 有关。然后用信号矢量的 L 个抽样值组成观测矢量：

$$\boldsymbol{x}(n) = [x(n), x(n-1), \cdots, x(n-q+1), x(n-q)]^T \tag{3-68}$$

来估计时间 n 相对于位移 k 的自相关序列：

$$r_{xx}(n,k) = [\boldsymbol{x}^T(n)\boldsymbol{x}(n-k)]h(n) \tag{3-69}$$

式中　$h(n)$——窗函数的单位脉冲响应，$h(n)$ 定义如下：

$$\begin{cases} \sum_{n=0}^{\infty} h(n) = 1, & n \geqslant 0 \\ h(n) = 0, & n < 0 \end{cases} \tag{3-70}$$

有各种窗函数，如果窗函数选择适当，可以递归计算相关序列 $r_{xx}(n, k)$。常用的有矩形窗、Barnwell 窗。

矩形窗的单位脉冲响应定义如下：

$$h(n) = \begin{cases} \dfrac{1}{L}, & 0 < n < L-1 \\ 0, & n < 0 \text{ 或 } n > L-1 \end{cases} \tag{3-71}$$

则矩阵窗的 $r_{xx}(n, k)$ 的递归算式如下：

$$r_{xx}(n,k) = \begin{cases} r_{xx}(n-1,k) + \dfrac{1}{L}[x(n)x(n-k)] - \\ x(n-L)x(n-(L-k)), & n > L \\ \dfrac{1}{L-k}\sum_{i=k+1}^{L} x(i)x(i-k), & n \leqslant L \end{cases} \tag{3-72}$$

Barnwell 窗的单位脉冲响应定义如下：

$$h(n) = \begin{cases} 0, & n < 0 \\ (n+1)(1-\mu)^2\mu^n, & n \geqslant 0 \end{cases} \quad (0 < \mu < 1) \tag{3-73}$$

对于 Barnwell 窗，$r_{xx}(n,k)$ 的递归算式如下：

$$r_{xx}(n,k) = \begin{cases} 2\mu r_{xx}(n-1,k) - \mu^2 r_{xx}(n-2,k) + x(n)x(n-k), & n > L \\ \dfrac{1}{L-k}\sum_{i=k+1}^{L} x(i)x(i-k), & n \le L \end{cases} \quad (3-74)$$

Barnwell 窗的有效窗长取决于参数 μ。将式（3-74）代入式（3-61），得到计算火灾探测信号功率差的公式，即：

$$\gamma_n = C\left\{ [r_{xx}(n,0) - r_{xx}^r(n,0)]^2 + 2\sum_{k=1}^{q} [r_{xx}(n,k) - r_{xx}^r(n,k)]^2 \right\} \quad (3-75)$$

式中　C——常数。

为了限制实际的运算量，求和项数被限制到 q。实际中参考信号 $x'(t)$ 可以用 $x(t)$ 本身在非火灾情况下的信号代替，即用一个长窗长从 $x(t)$ 中截取出 $x'(t)$，长窗能平滑掉噪声的影响，而用短窗长计算功率谱密度可以保证不丢失火灾信息。最后，对 γ_n 经过门限比较给出火灾或非火灾的判决。对于广义平稳随机信号，γ_n 接近于 0，它随着环境的变化可能也发生缓慢的变化，但只要环境变化引起的信号变化在参考窗长以内，γ_n 均能保持接近于 0。

2. 多输入功率谱检测算法

功率谱检测算法还适用于多传感器或复合传感器的信号处理。首先定义输入信号，设有 m 个输入信号 $x_i(n)$，$i = 1, \cdots, m$。考虑到实际的火灾探测系统都是有一定的动态范围，如果设 $x_{i\max}$ 为第 i 个信号的最大值，$x_{i\min}$ 为第 i 个信号的最小值，显然第 i 个信号的范围是 $0 \le x_{i\min} \le x_i \le x_{i\max}$。由于功率谱算法要求信号变化方向均朝正方向（增加），而有些传感器输出为负方向（减小），为此可以在传感器上加反向器，或对信号进行如下处理：

$$z_i(n) = \begin{cases} x_i(n), & \text{正趋势} \\ x_{i\max} - x_i(n), & \text{负趋势} \end{cases} \quad (3-76)$$

由于各个传感器对不同的火灾探测效果不同，因此在多传感器算法中，可引入权因子，以调节各个输入信号的大小，将各个传感器信号 $x_1(n)$，$x_2(n)$，$\cdots$，$x_m(n)$ 用权因子 $w_j \ge 0$ 组合：

$$m(n) = \sum_{j=1}^{m} w_j x_j(n) \quad (3-77)$$

然后对复合修正信号 $m(n)$ 使用式（3-75）计算其 γ_n 值，以进行火灾判断。

3. 单输入功率谱检测算法的试验

单输入功率谱检测算法的试验分为燃烧试验和探测试验。

试验燃烧室按照《点型感烟火灾探测器》（GB 4715—2005）的相关要求建设，满足火灾试验所需的环境条件。在试验探测室里，主要运用离子烟浓度计、光学烟尘密度计和温度场动态采集系统试验数据，并对算法进行检验分析。

在以上试验条件下，利用相关的试验设备对 4 种标准试验火的相关数据进行采集：TF2 木材阴燃火；TF3 棉绳阴燃火；TF4 聚氨酯泡沫塑料火；TF5 正庚烷有焰火，并在燃烧试验室中无火灾的状况下，进行了无火灾环境信号的采集。同时，还进行了虚假信号的模拟，采集油烟信号数据。

图 3-16 是在无火灾环境下采集的数据和虚假火灾情况下采集的数据经过算法处理后得到的 γ_n 随时间变化的数据图。从图 3-16 可以看出，在无火灾环境下，γ_n 值最高达到 0.000012，而绝大多数数值都分布在 0.000004 以下，即烟气的密度变化很小，其信号能量幅值几乎等于零。而虚假信号值最大达到 0.0007。因此，可以确定，判断是否为火灾信号的 γ_n 的阈值不应低于 0.0007。但是，不能单从虚假火灾信号的最大值分析，还要具体分析标准火试验信号的 γ_n 的变化。

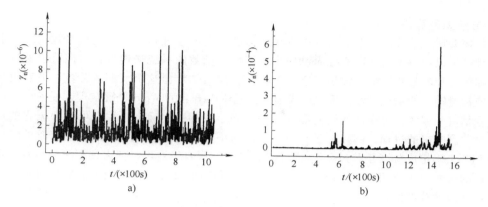

图 3-16 平均功率差与时间的关系

a) 无火灾环境下的信号 b) 虚假火灾信号

4 种标准火由光学烟尘密度计采集得到的信号，经过算法处理后得到相应的 γ_n。分析发现，4 种标准火的信号能量相差数十倍，这是由于不同的火的烟气变化特征不同造成的。选取一种峰值最小的标准试验火信号的 γ_n 值来分析，若对它能够准确、及时地报警，则对另 3 类标准试验火也能够准确、及时地报警。由于 TF4 标准试验火的 γ_n 峰值最小，故选择 TF4 标准试验火信号与虚假火灾信号进行对比分析。

由标准试验火信号与虚假火灾信号的 γ_n 的数据比较可知，与 TF4 标准试验火的相比，虚假火灾信号的 γ_n 可以认为接近于 0，TF4 的 γ_n 值则有很大的跳变。考虑到虚假火灾信号试验并没有统一的标准，本试验的试验环境又为标准实验室，与真实的火灾现场还有差别，所以设定的阈值 0.02 相对于虚假火灾信号的 γ_n 值高两个数量级，以防止可能出现的其他因素引起的干扰信号导致 γ_n 值高峰引起误报。

阈值为 0.02 的 TF4 标准试验火试验在 129s 时就可以判别火灾。而这一时刻在 TF4 标准试验火试验过程中还处于火灾的初期阶段，报警是比较及时的。通过分析 TF4 标准试验火信号的 γ_n 值，阈值已初步确定，现在用选出的阈值（0.02）对其他 3 类标准试验火进行检测。采用同样的方法，可以得到 TF2、TF3、TF5 的阈值响应时间分别为 532s、113s 和 28s，都仅处于火灾的初期阶段，报警是十分及时的。同时因阈值高出无火灾信号和虚假火灾信号的 γ_n 值很多，误报率低，报警是准确的。

表 3-5 是试验过程中各类火灾探测器的报警时间与功率谱检测算法阈值响应时间，进行比较可以看出，其中除了对 TF4 标准试验火的判断稍落后外，其余的与传统感烟火灾探测器相比都有很大的优势，对该环境下的虚假火灾信号都没有产生误判。所以，功率谱检测算法对火灾烟气的判别是一种较为有效的方法。

表 3-5 火灾探测试验报警时间比较 （单位：s）

火源	功率谱检测算法		离子感烟火灾探测器	光电感烟火灾探测器	紫外火焰探测器	火灾图像监测控制系统
	烟尘光学密度信号	离子烟浓度信号				
TF2	532	684	780	780	不报	不报
TF3	113	137	600	780	不报	不报
TF4	128	112	60	不报	2	1
TF5	28	18	120	不报	120	1
虚假火灾	不报	不报	不报	不报	2	2

4. 参数模型算法

参数模型算法是现代功率谱估计中常用的方法，它的原理是：基于绝大多数实际中遇到的随机过程都可以由一个白噪声信号通过一个有理传输函数的系统来逼近，人们可以根据已掌握的待测随机过程的某些特征与知识建立一个模型，然后估计出这个模型的参数，最后由该模型来估计或检测输入的随机过程。根据现代谱分析理论中著名的 Wold 分解定理，任何广义的平稳随机过程都可分解为一个完全随机的部分和一个确定的部分，确定过程是可以根据它的过去取样值完全预测未来的过程，例如对于一个有噪声的正弦随机过程可分解为一个纯随机成分（白噪声）和一个确定成分（正弦过程）。基于这种理论，很自然地可以把火灾探测信号看作由一个完全随机的信号（火灾信号、噪声、人为干扰等）和一个长时间相对确定的周期过程组成，因此它适合使用参数模型算法来识别。

参数模型算法用于火灾探测的基本步骤：

1）选择合适的模型。

2）根据测量到的非火灾条件下的信号估计出非火灾模型的参数。

3）利用标准试验火等火灾试验数据估计出火灾模型的参数。

4）利用这些模型来判断待测信号是火灾信号还是非火灾信号。

由此可见，模型的选择非常重要。常用的模型为自回归滑动平均（ARMA）模型、自回归（AR）模型及滑动平均（MA）模型。ARMA 模型的描述如下：对于一个平稳随机过程，当输入信号是均值为 0、方差为 σ_w^2 的时间序列 $\{y(n)\}$ 时，一定能够将它拟合成如下形式的随机差分方程：

$$y(n) + \sum_{k=1}^{p} a_k y(n-k) = v(n) + \sum_{l=1}^{q} b_l v(n-k) \tag{3-78}$$

式中 $a_k(k=1, 2, \cdots, p)$——自回归参数；

$\quad\quad b_l(l=1, 2, \cdots, q)$——滑动平均参数；

$\quad\quad\quad\quad\quad v(n)$——残差。

当这一模型正确揭示了随机过程的结构与规律时，$\{v(n-k)\}$ 是白噪声。称 $a_0 = b_0 = 1$，a_k、b_l 不全为 0 的式（3-78）为自回归滑动平均模型，又称为 ARMA（p, q）模型。

若滑动平均参数 $b_l = 0 (l=1, 2, \cdots, q)$，则式（3-78）可简化如下：

$$y(n) + \sum_{k=1}^{p} a_k y(n-k) = v(n) \tag{3-79}$$

这一模型称为 p 阶自回归模型，记为 AR(p)。

若自回归参数 $a_k = 0 (k=1, 2, \cdots, p)$，则式（3-78）可简化如下：

$$y(n) = v(n) + \sum_{l=1}^{q} b_l v(n-k) \tag{3-80}$$

这一模型称为 q 阶滑动平均模型，记为 MA(q)。

通常，AR 模型的应用范围要比 ARMA 或 MA 模型要广泛，这是因为在 ARMA 或 MA 模型的参数求解过程中，往往要解一组非线性方程，而 AR 模型参数的求解只需要求解一组线性方程。另外，由统计信号处理的理论可知，任何 ARMA 或 MA 模型的求解过程都可以用阶数很高的 AR 模型来表示。

3.4 | 火灾信号的智能识别算法

火灾自动报警系统根据单个传感器信息做出是否发生火灾的判决，容易造成误报。如感烟火灾探测器探测到的粒子数达到预定阈值，就发出火警信号，但这些粒子可能是烟雾粒子，也可能是水雾或灰尘等非火灾产生的粒子，普通感烟火灾探测器无法区分是烟雾粒子还是水雾和灰尘粒子，这就容易导致误报的发生。火灾的复杂性除了事件的随机性特征，还在于相同的材料在不同的环境下具有不同的着火温度，相同的环境不同的材料，着火条件也不一样，人类的活动以及环境的变化事先也无法确定，所以实际的火灾参量是随着空间和时间的变化而变化着的，很难建立一种或几种数学模型进行精确描述。因此，火灾探测信号的检测要求信号处理算法能够适应各种环境条件的变化，自动调整参数以达到既能快速探测火灾，又可降低误报率的目的。人工神经网络（以下简称神经网络）与模糊系统都属于一种数值化和非数学模型的函数估计和动力学系统，它们都能以一种不精确的方式处理不精确的信息，并获得相对精确的结果。利用火灾多种信号作为输入，采用智能算法，可大大减少火灾探测误报与漏报的可能。

3.4.1 模糊逻辑在火灾探测中的应用

1. 单输入火灾探测信号的模糊处理

使用模糊逻辑进行火灾信号处理，首先应定义判断规则。以模糊逻辑处理烟雾探测信号为例，模糊逻辑可以对一定时间内的烟雾浓度信号进行火灾和非火灾的判断识别，以控制报警延迟时间，图 3-17 显示了对某光电烟雾探测器输出信号的延迟时间的控制。

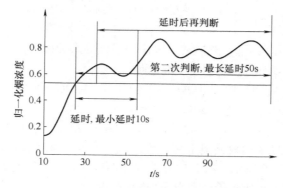

图 3-17 光电烟雾探测器输出信号的延迟时间

为了实现其控制过程，定义输入变量（表 3-6）。

表 3-6 模糊逻辑判断变量函数

序 号	定 义
1	减光率（烟雾浓度）从 1.0% 上升到 5.0%
2	从 5.0% 上升到 10.0%（报警）
3	报警前 1min 的烟雾平均浓度
4	报警前 3min 的平均烟雾浓度
5	报警前 1min 内前 30s 和后 30s 的平均烟雾浓度差
6	报警前 3min 内烟雾从 0.1% 上升到 2.5% 的次数
7	报警前 3min 内烟雾从 2.5% 上升到 5.0% 的次数

处理过程为：

1）首先判断输入信号的大小，根据其大小做出火灾或非火灾的判决，为此需要定义输入变量的隶属函数，对于输入信号"大"和"小"的隶属函数可采用梯形分布。

2）做火灾或非火灾的逻辑判断，首先由输入变量之间进行模糊逻辑"与"运算，得到输出变量的隶属度，然后对输出隶属度进行判断。

3）根据输出隶属度确定延迟时间的长短。延迟时间长短定义为：若输出变量隶属度≥0.50，判断为火灾，延迟10s；若输出变量隶属度<0.50，判断为非火灾，延迟20～50s。

4）在判断延迟期间，采用非模糊逻辑方法判断，如果输入信号（烟雾浓度）减小，则输出非火灾判断；如果输入信号增大，则立即输出火灾报警信号；当延迟结束时，输入信号仍维持报警水平，则也输出报警信号。

这种火灾探测的信号处理方法，经过对ISO的标准试验火和实际安装在日本某公司大楼内的火灾探测系统采集到的非火灾数据的模拟测试，表明有70%的火灾报警信号有所提前，误报警减少了50%。

2. 复合"火灾量"算法的模糊处理

在前面论述了根据烟雾和温度信号进行火灾探测的复合偏置滤波算法，即复合"火灾量"算法，如对这种算法结合模糊逻辑处理可以得到较短的报警延迟时间和较低的误报警率。

设输入烟雾信号为$x_R(n)$，温度信号为$x_T(n)$，烟雾火灾量计算门限为S_{RB}，对于烟雾信号的火灾量计算，有：

$$B_R(n) = \begin{cases} B_R(n-1) + x_R(n) - S_{RB}, & S_{RB} < x_R(n) \\ 0, & S_{RB} \geq x_R(n) \end{cases} \tag{3-81}$$

设温度火灾量计算门限为S_{TB}，考虑到一般使用暖气等人为因素造成的温度变化十分缓慢，因此温度的火灾量计算应该在一段区间内考虑，即：

$$B_T(n) = \begin{cases} B_T(n-1) + x_T(n) - x_T(n-1), & x_T(n) - x_T(n-1) \geq B_T \\ 0, & x_T(n) - x_T(n-1) < B_T \end{cases} \tag{3-82}$$

计算区间条件为：$x_T(n-k) - x_T(n-k-1) \neq 0$，$0 \leq k < L$，$L$为区间长度。

对于火灾量大小的判断采用模糊集定义方法，选定烟雾和温度信号火灾量"大"的隶属函数，分别如图3-18和图3-19所示。图3-18中定义了两种烟雾火灾量隶属函数ρ_1、ρ_2，相当于两级火灾报警处理。设最后的火灾报警门限为S，模糊逻辑输出：

$$z(n) = \max\{\min\rho_1[B_R(n)], \quad \tau_t[B_T(n)], \quad \rho_2[B_R(n)]\} \tag{3-83}$$

当经过模糊逻辑运算后所得结果$z(n)$超过门限S时，探测器输出火灾警报。

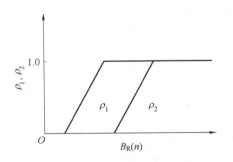

图3-18　烟雾火灾量"大"
的隶属函数

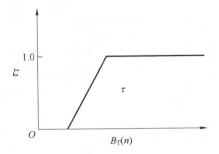

图3-19　温度火灾量"大"
的隶属函数

这种模糊复合"火灾量"方法已经用于对后向散射光点型烟雾探测信号和半导体温度探测信号进行模糊处理，并经过德国Duisburg市市立医院厨房非火灾条件下的水蒸气信号的试验，图3-20显示了在这种条件下，烟雾和温度信号以及相应的烟雾和温度火灾量的隶属度的变化。

从图 3-20 可以看到，隶属函数在干扰情况下，$\rho_1[B_R(n)]$ 已接近最大值 1，而 $\rho_2[B_R(n)]$ 相对较小，温度信号有一个至 32℃ 的阶跃，其 $\tau[B_T(n)] \approx 0.6$。在时间段 $N_1 \leqslant n < N_2$ 中由于 $\rho_2[B_R(n)] < \rho_1[B_R(n)]$，而且 $\tau[B_T(n)] < \rho_1[B_R(n)]$，所以 $z(n) = \tau[B_T(n)]$；在 $N_2 \leqslant n < N_3$ 区间内，$z(n) = \rho_2[B_R(n)]$。如果报警门限确定为 $S = 0.6$，这时不会产生误报警。这种算法与普通复合火灾量算法的比较见表 3-7，其中还包括 $z(n)$ 取不同最大值时的误报警情况。

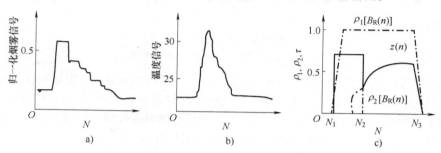

图 3-20　非火灾条件下烟雾和温度干扰信号
a）烟雾信号变化　b）温度信号变化　c）火灾"大"的隶属变化

表 3-7　两种算法的误报比较

z_{max} 范围	误报次数			
	医院厨房		钢铁厂	
	普通算法	模糊算法	普通算法	模糊算法
$0.1 < z_{max} \leqslant 0.2$	37	36	1	0
$0.2 < z_{max} \leqslant 0.3$	25	19	2	0
$0.3 < z_{max} \leqslant 0.4$	14	21	0	0
$0.4 < z_{max} \leqslant 0.5$	13	10	1	0
$0.5 < z_{max} \leqslant 0.6$	4	6	0	0
$0.6 < z_{max} \leqslant 0.7$	1	3	2	0
$0.7 < z_{max} \leqslant 0.8$	2	1	1	0
$0.8 < z_{max} \leqslant 0.9$	9	2	0	0
$0.9 < z_{max} \leqslant 1.0$	48	14	1	1

3.4.2　神经网络算法

1. 神经网络的分类

神经网络按结构分为层次型神经网络和互联型神经网络；从学习计算角度分为有教师学习和无教师学习两种。

（1）神经网络按结构分类

1）层次型神经网络。层次型神经网络中神经元是分层排列的，这种网络由输入层、一层或多层的隐层以及输出层组成，每一个神经元只与前一层的神经元相连接，如图 3-21a 所示。层次型神经网络通常用于模式识别和自动控制等领域，典型的网络有多层感知器、BP 网络和 Hamming 等。

2）互联型神经网络。互联型神经网络中任意两个神经元之间都可能有连接，因此，输入信号要在神经元之间反复传递，从某一初始状态开始，经过若干次的变化，渐渐趋于某一稳定状态

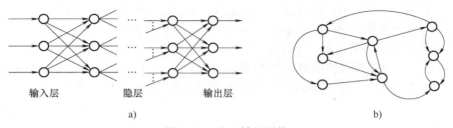

图 3-21　人工神经网络

a）层次型神经网络　b）互联型神经网络

或进入周期振荡等其他状态，如图 3-21b 所示。互联型神经网络可分为联想存储模型和用于模式识别及优化的网络。联想存储模型与计算机中使用的存储器有很大不同，它可以根据内容进行检索，类似于人的记忆方式，有广阔的应用前景。而后者的网络特别适合用于优化领域，已获得很多成果。其中最常用的反馈式人工神经网络为 Hopfield 网络。

（2）神经网络按学习分类

神经网络的卓越能力来自于神经网络中各神经元之间的连接权。连接权一般不能预先准确地确定，故神经网络应该具有学习功能。由于能根据样本（输入信号）模式逐渐调整权值，使神经网络具有了卓越的信息处理能力。

1）有教师学习。对于有教师学习，神经网络的输出和希望的输出进行比较，然后根据二者之间的差的函数（如差的平方和）来调整网络的权值，最终使函数达到最小。

最常见的有教师学习方法是梯度下降法，该方法是根据希望的输出 $Y(k)$ 与实际的网络输出 $\overline{Y}(\boldsymbol{W}, k)$ 之间的误差平方最小原则来修改网络的权向量。

定义误差函数 $J(\boldsymbol{W})$：

$$J(\boldsymbol{W}) = \frac{1}{2}\big[Y(k) - \overline{Y}(\boldsymbol{W}, k)\big]^2 \tag{3-84}$$

式中　$\boldsymbol{W}$——网络的所有权值组成的向量。

梯度下降法就是沿着 $J(\boldsymbol{W})$ 的负梯度方向不断修正 $\boldsymbol{W}(k)$ 的值，直至 $J(\boldsymbol{W})$ 达到最小值。梯度下降法可用数学式表述如下：

$$\boldsymbol{W}(k+1) = \boldsymbol{W}(k) + \eta(k)\left(-\frac{\partial J(\boldsymbol{W})}{\partial \boldsymbol{W}}\right) \tag{3-85}$$

式中　$\boldsymbol{W} = \boldsymbol{W}(k)$；

$\eta(k)$——控制权值修改速度的变量，即步长。

2）无教师学习。对于无教师学习，当输入样本模式进入神经网络后，网络按预先设定的规则（如竞争规则）自动调整权值，使网络最终具有模式分类的功能。

常见的无教师学习方法是 Hebb 学习规则，该规则假设：当两个神经元同时处于兴奋状态时，它们之间的连接应当加强。令 $w_{ji}(k)$ 表示神经元 i 到神经元 j 的当前权值，I_i、I_j 表示神经元 i、j 的激活水平，则 Hebb 学习规则可表述如下：

$$w_{ji}(k+1) = w_{ji}(k) + I_i I_j \tag{3-86}$$

对于人工神经元，有：

$$I_i = \sum_j w_{ji} x_j - \theta_i \tag{3-87}$$

式中　θ_i——阈值。

$$y_i = f(I_i) = \frac{1}{1 + \exp(-I_i)} \tag{3-88}$$

于是 Hebb 学习规则可进一步表述如下：

$$w_{ji}(k+1) = w_{ji}(k) + y_i y_j \tag{3-89}$$

2. 反向传播算法（BP 算法）

BP 网络是由多层感知机发展起来的层次型网络，Kolmogorov 定理证明一个三层 BP 网络可以精度逼近任意一个 [0，1] 范围内的函数，故反向传播算法在神经网络算法中是研究得最多和应用得最广的一种学习算法，是一种典型的误差修正方法。其基本思路是：把网络学习时输出层出现的与"事实"不符的误差，归结为连接层中各节点间连接权和阈值的"过错"，通过把输出层节点的误差逐层向输入层逆向传播，以"分摊"给各连接节点，从而可算出各连接节点的参考误差，并据此对各连接权进行相应的调整，使网络适应要求的映射。本节仅讨论其算法原理和推导方法。

（1）反向传播算法的导出

BP 算法基本上用于图 3-22 所示的 BP 神经网络，相同层的神经元之间没有连接。这里，用图 3-22 中的表示符号来导出 BP 算法。

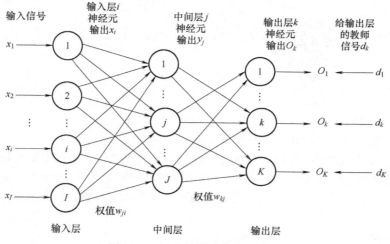

图 3-22　层次结构的神经元网络

输入信号从输入层进入网络，经过中间层传向输出层。输出层的神经元输出和教师信号的平方误差可定义如下：

$$E = \frac{1}{2}\sum_{k=1}^{K}(d_k - O_k)^2 \tag{3-90}$$

$$O_k = f(\mathrm{net}_k) \tag{3-91}$$

$$\mathrm{net}_k = \sum_{j=1}^{J} w_{kj} y_j \tag{3-92}$$

式中　O_k——输出层神经元 k 的输出；

　　net_k——输出层神经元 k 的输入和。

应用最小二乘平均原理，先求中间层和输出层间权值的更新量：

$$\begin{aligned}
\Delta w_{kj} &= -\eta\frac{\partial E}{\partial w_{kj}}\\
&= -\eta\frac{\partial E}{\partial O_k}\frac{\partial O_k}{\partial \mathrm{net}_k}\frac{\partial \mathrm{net}_k}{\partial w_{kj}}\\
&= -\eta[-(d_k - O_k)]f'(\mathrm{net}_k)y_j\\
&= -\eta\delta_{ok}y_j
\end{aligned} \tag{3-93}$$

式中 η——正的常数；

δ_{ok}——输出层神经元 k 的 δ 值。

当 y_j 为中间层神经元 j 的输出，net_j 为中间层神经元 j 的输入和时，有：

$$y_i = f(net_j) \tag{3-94}$$

$$net_j = \sum_{i=1}^{I} w_{ji} x_i \tag{3-95}$$

同样运用最小二乘平均原理，有：

$$
\begin{aligned}
\Delta w_{ji} &= -\eta \frac{\partial E}{\partial w_{ji}} \\
&= -\eta \frac{\partial E}{\partial O_k} \frac{\partial O_k}{\partial net_k} \frac{\partial net_k}{\partial y_j} \frac{\partial y_j}{\partial net_j} \frac{\partial net_j}{\partial w_{ij}} \\
&= -\eta \frac{\partial E}{\partial O_k} \left[\frac{1}{2} \sum_{k=1}^{K} (d_k - O_k)^2 \right] \frac{\partial O_k}{\partial net_k} \frac{\partial net_k}{\partial y_j} f'(net_j) x_i \\
&= \eta \sum_{k=1}^{K} (d_k - O_k) f'(net_k) w_{kj} f'(net_j) x_i \\
&= \eta \sum_{k=1}^{K} \delta_{ok} w_{kj} f'(net_j) x_i \\
&= \eta \delta_{yj} x_i
\end{aligned}
\tag{3-96}
$$

式中 η——学习常数。

式（3-96）取 $k = 1 \sim N$ 的和，是因为所有的 net_k 直接依存于 y_j。

BP 算法中，除了这样对一个模式逐次进行权值更新的方式外，还有将修正量在全部训练模式上归纳，同时进行权值更新的批学习方式，但多数情况下逐次更新方式更好一些。

1）反向传播法的步骤。反向传播算法的步骤可概括为选定权系数初值和重复下述过程，直到收敛：

① 对 $k = 1 \sim N$。

正向过程计算：计算各层各单元的 O_{kj}^{l-1}、net_{kj}^{l} 和 $\bar{y}_k$（$k = 2, \cdots, N$）。

反向过程计算：对各层（$l = L-1, \cdots, 2$）各单元，计算 δ_{kj}^{l}。

② 修正权值：

$$w_{ji} = w_{ji} - \eta \frac{\partial E}{\partial w_{ji}}, \quad \eta > 0 \tag{3-97}$$

其中

$$\frac{\partial E}{\partial w_{ji}} = \sum_{k=1}^{N} \frac{\partial E_k}{\partial w_{ji}} \tag{3-98}$$

2）神经元输入输出函数。BP 算法中的神经元输入输出函数应该满足的条件是单调增，最常用的是 S 函数（Sigmoid 函数），其表达式如下：

$$f(x) = \frac{1}{1 + e^{-x}} \tag{3-99}$$

图 3-23 表示了该函数及其微分值的大致形状。

现在根据 S 函数考察 BP 算法的权值更新公式。如式（3-93）和式（3-96）的更新量为：

更新量 = 学习系数 × 误差 × S 函数微分值 × 神经元输出

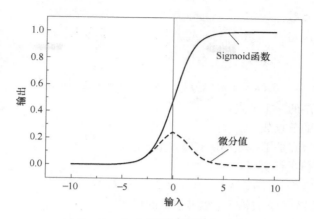

图 3-23　Sigmoid 函数及其微分值

实际上，对 S 函数进行微分，有：

$$
\begin{aligned}
f'(x) &= \frac{1}{(1+e^{-x})^2}e^{-x} \\
&= \frac{1}{1+e^{-x}}\frac{1+e^{-x}-1}{1+e^{-x}} \\
&= f(x)\left[1-f(x)\right]
\end{aligned}
\tag{3-100}
$$

由图 3-23 可以看出，神经元输出 $f(x)$ 在 0 或 1 附近时，更新量变小，稳定性增强。这样的方法在数理规划中经常用到。

下面讨论对神经元输出范围的影响。式（3-99）所示的神经元输入输出函数中，神经元输出在（0，1）区间内，但极其接近 0 或 1 的情况却经常发生。这样权值的更新量趋近于 0，学习变得很慢。在输出范围为（-1，1）时，神经元的激发即使很弱，也会输出接近 -1 的值，权值的更新持续进行。因此，神经元输出范围取为（-1，1）时，学习时间变短。但是，也有研究指出，此时网络特性的通用能力会变得较差。

3）权值的初始值。权值和偏置项的初始值，用较小的随机数设定的情况比较多。值太大，学习的时间可能很长；反之，如果太小，神经元的输入和很难增大，也要花很长的时间学习。

当所使用的输入输出函数为奇函数神经元模型时，初始值的设定针对不同的神经元而不同，理论上在 [$-a$/（给神经元输入的权值的数量），a/（给神经元输入的权值的数量）] 范围内比较好，这里的 a 为 1 位的常数。

（2）BP 网络的训练步骤

为了应用神经网络，在选定所要设计的神经网络结构之后（其中包括的内容有网络的层数、每层所含神经元的个数和神经元的激活函数），首先应考虑神经网络的训练过程。下面用两层神经网络为例来叙述 BP 网络的训练步骤。

1）用均匀分布随机数将各权值设定为一个小的随机数，如 $W(0) = [-0.2, +0.2]$。

2）从训练数据对 [$x(k)$，$d(k)$] 中，将一个输入数据加在输入端。

3）计算输出层的实际输出 $O(k)$。

4）计算输出层的误差：

$$
\begin{aligned}
&e_j(k) = d_j(k) - O_j(k), \\
&\delta_j(k) = e_j(k)f'[S_j(k)], \quad j = 1,2,\cdots,m
\end{aligned}
\tag{3-101}
$$

式中 m——输出层节点数。

5）计算中间层的误差：

$$e_h(k) = \sum_l \delta_1(k)w_{h1},$$

$$\delta_h(k) = e_h(k)f'[S_h(k)], h = 1,2,\cdots,H \qquad (3\text{-}102)$$

式中 h——某一中间层的一个节点；

H——该中间层的节点数；

l——该中间层节点的下一层的所有节点数。

6）对网络所有权值进行更新：

$$w_{pq}(k+1) = w_{pq}(k) + \eta\delta_q(k)O_p(k) \qquad (3\text{-}103)$$

式中 w_{pq}——由中间层节点 p 或输入 p 到节点 q 的权值；

O_p——节点 p 的输出或节点 q 由 p 而来的输入；

η——训练速率，一般为 $0.01 \sim 1$。

7）返回2）重复进行。

3. 神经网络在火灾探测中的应用

（1）BP 神经网络

日本 Nohmi Bosai 公司的 Y. Okayama 最早提出的火灾探测神经网络方法是采用 BP 网络的前馈神经网络络算法，分别对光电烟雾、温度、CO 等火灾信号进行了研究。三个输入信号分别用 I_1、I_2、I_3 表示，并归一化到 $[0，1]$ 的范围内。三个输出信号分别表示火灾概率、火灾危险性和阴燃概率，它们分别用 O_1、O_2、O_3 表示，输出值范围也是 $[0，1]$。隐层为一层，有 5 个单元即 Y_1、Y_2、Y_3、Y_4、Y_5，因此，隐层与输入层之间有 15 条连线，其权值为 $w_{ji}(k)$，隐层与输出层之间也有 15 条连线，其权值为 $w_{kj}(k)$。从输入到隐层的和定义为：

$$N_1(j) = \sum_{i=1}^{3} I_i w_{ji} \qquad (3\text{-}104)$$

隐层的输出由 S 函数转换到 $[0，1]$，得到：

$$M_j = \frac{1}{1 + \exp[-N_1(j)r_1]} \qquad (3\text{-}105)$$

特征函数采用 S 函数，并引入形状调节因子 r_1。r_1 越大，S 曲线越接近单位阶跃函数；r_1 越小，S 曲线越平坦。从隐层到输出层的信号为：

$$N_2(k) = \sum_{j=1}^{5} M_j w_{kj} \qquad (3\text{-}106)$$

由 $N_2(k)$ 得到网络的输出信号为：

$$O_k = \frac{1}{1 + \exp[-N_2(k)r_2]} \qquad (3\text{-}107)$$

式中 r_2——形状调节因子，意义同 r_1。

如果烟雾信号范围 $[0，1]$ 对应 $0 \sim 20\%/m$，温度信号范围 $[0，1]$ 对应 $0 \sim 10℃/min$，CO 信号范围 $[0，1]$ 对应 $0 \sim 100ppm$（百万分之一），使用一个 12 种模式的学习定义表（表3-8，表中 D 为定义值，R 为计算值），用式（3-104）~式（3-107），通过学习（183 次计算）可以得到各连接权因子，见表3-9。由此，神经网络的模型便确定下来。通过学习，定义值和计算值的误差基本上不超过 0.1。

表3-8　模式定义

序号	信号值			火灾概率		火灾危险性		阴燃概率	
	烟雾	温度	CO	D	R	D	R	D	R
1	0.1	0	1.0	0.70	0.661	0.60	0.702	0.90	0.802
2	0.3	0.5	1.0	0.90	0.885	0.90	0.889	1.00	0.037
3	0.1	0	0.2	0.30	0.245	0.20	0.187	0.40	0.289
4	0.5	0.1	0.8	0.80	0.829	0.80	0.786	0.70	0.772
5	0	0.3	0.1	0.10	0.094	0.10	0.098	0.10	0
6	0	0	1.0	0.40	0.453	0.70	0.588	0.30	0.376
7	0	1	0	0.20	0.199	0.30	0.307	0.05	0
8	0.3	0.2	0.5	0.70	0.781	0.60	0.701	0.30	0.247
9	0.6	0.8	0.8	0.95	0.902	0.95	0.904	0.05	0.073
10	0.2	0	0.3	0.60	0.542	0.40	0.431	0.75	0.756
11	0.1	0	0.1	0.10	0.189	0.05	0.119	0.10	0.205
12	0.4	0.2	0	0.70	0.714	0.65	0.529	0.20	0.260

表3-9　各连接权因子

i, j	1, 1	2, 1	3, 1	1, 2	2, 2	3, 2	1, 3	2, 3
w_{ji}	-9.93	5.85	8.95	0.43	-1.32	-0.16	1.13	-5.93
i, j	3, 3	1, 4	2, 4	3, 4	1, 5	2, 5	3, 5	
w_{ji}	9.94	-1.24	-1.09	4.1	0.04	-0.62	-0.92	
j, k	1, 1	2, 1	3, 1	4, 1	5, 1	1, 2	2, 2	3, 2
v_{jk}	-5.02	-3.68	-7.79	2.07	3.38	1.99	-0.38	-1.17
j, k	4, 2	5, 2	1, 3	2, 3	3, 2	4, 3	5, 3	
v_{jk}	2.72	0.26	-0.37	-5.97	-3.02	-4.98	-0.87	

（2）多层感知器火灾探测器研究

MLP（Multi Layer Perception）方法是采用 MLP 对各种传感器信号进行判决处理并报警的火灾探测方法。火灾探测试验模型如图3-24所示。从图3-24可知，该系统有 n 个传感器输入端和 m 个状态输出端。这种自动探测火灾的 MLP 试验模型主要由三大部分组成：传感器测量部分、预处理部分和网络识别报警部分。各部分的功能和相互关系由下面的公式给出：

$$x_i = T_i(s_i), i = 1, 2, \cdots, n \tag{3-108}$$

$$\psi : \boldsymbol{X} \rightarrow \boldsymbol{O} \tag{3-109}$$

式中　s_i——第 i 个传感器测量数据；

　　　x_i——第 i 个预处理器的输出值；

　　　$\boldsymbol{X}$——网络的输入向量，$\boldsymbol{X} = (x_1, x_2, \cdots, x_n)^{\mathrm{T}}$；

　　　$\boldsymbol{O}$——网络的输出向量，$\boldsymbol{O} = (O_1, O_2, \cdots, O_n)^{\mathrm{T}}$（上标"T"表示向量转置）。

传感器测量部分主要完成对各种可能引起火灾的因素和物质的测量工作，设在本模型中有 n 个传感器测量值输入，分别记为 s_1，s_2，$\cdots$，s_n。如图3-24所示，这些数据分别经过预处理部分

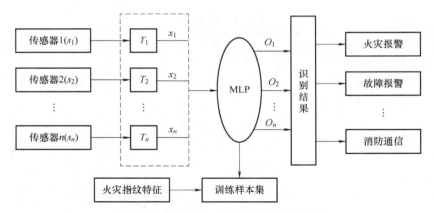

图 3-24　用于 MLP 的火灾探测试验模型

（如图 3-24 中所示的预处理器：T_1，T_2，$\cdots$，T_n）处理以后作为 MLP 识别网络的输入。预处理部分的主要功能是将各种传感器的测量数据分别进行适当的变换和归一化处理，并为后续的识别网络准备好输入数据。系统有 n 个输出，可分别记为 O_1，O_2，$\cdots$，O_n。

　　在所进行的试验中，输出主要有火灾过程的各个状态（如无火期、着火期）的发生概率等。为了训练本网络，用预先选定的 P 个典型数据样本组成训练样本集对 MLP 识别网络的各种连接权值进行学习训练，该识别网络的训练可以使用下面将要介绍的 BP 反传算法来训练、调整网络各层间的连接权值和阈值。训练结束后，该网络即已找出火灾参数与各传感器输入模式之间的映射规律，这种映射规律可由式（3-109）表达。其实这种映射规律是隐含在这种识别神经网络的结构和互联权值中的。训练后的网络就是最后的神经网络火灾探测系统，可以直接用在各种实际的自动火灾探测系统中。

　　图 3-24 为三层感知器模型。设输入层第 i 单元和隐层第 j 单元的连接权为 w_{ji}，隐层的阈值为 W_{oj}（$i = 1$，2，$\cdots$，n；$j = 1$，2，$\cdots$，n_1），设隐层第 j 单元和输出层第 k 单元的连接权为 w_{kj}，输出层的阈值为 W_{ok}（$j = 1$，2，$\cdots$，n_1；$k = 1$，2，$\cdots$，n），x_i^p 为输入样本的第 i 个分量，$f(x) = \dfrac{1}{1 + \exp(-T_x)}$。

　　多层感知器常采用 BP 算法。BP 算法通过误差反传调整网络的连接权，使得误差最小而得到一组训练权，通过这种训练权可以进行火灾识别。按 BP 算法，w_{ji}、w_{kj} 的调整规则如下：

$$w_{ji}(l+1) = w_{ji}(l) - \eta_i \frac{\partial E}{\partial w_{ji}(l)} \tag{3-110}$$

$$w_{kj}(l+1) = w_{kj}(l) - \eta_i \frac{\partial E}{\partial w_{kj}(l)} \tag{3-111}$$

$$E = \frac{1}{2} \sum_{p=1}^{P} \left[\sum_{k=0}^{m} (d_k^p - O_k^p) \right]^2 \tag{3-112}$$

式中　d_k^p——教师信号分量。

　　在通常的 BP 算法中，容易陷入误差局部最小和产生振荡，为此很多文献提出了各种解决方法。本文的计算采用的是步长的自适应调整，令步长表示如下：

$$\eta_l = \eta E \bigg/ \sqrt{\left[\sum_{i=j} \left(\frac{\partial E}{\partial w_{ji}} \right)^2 + \sum_{j=k} \left(\frac{\partial E}{\partial w_{kj}} \right) \right]^2} \tag{3-113}$$

式中　η——步长因子。

　　合适地设置步长能够有效地克服误差局部最小和振荡。

智能化火灾探测算法是火灾探测技术发展的一种必然趋势。火灾信号具有非结构性特征，当前处理非结构性问题最有效的方法是人工神经网络，它的自学习功能，使探测系统能适应环境的变化；它的容错能力又提高了系统的可靠性；并行处理功能加快了系统的探测速度；网络不需要固定的算法，可适应千变万化的环境，这些特点，固定程序（运算公式一定）或固定模式的系统是无法满足的。因此人工神经网络是一种很有发展前途的火灾探测方法。

3.4.3　模糊神经网络火灾探测算法

1. 模糊信息处理与神经网络的融合

模糊系统和神经网络均可视为智能信息处理领域内的一个分支，有各自的基本特性和应用范围。如前所述，它们在对信息的加工处理过程中均表现出很强的容错能力。模糊系统是仿效人的模糊逻辑思维方法设计的一类系统，这一方法本身就明确地说明了系统在工作过程中所表现出的容错性来自于其网络自身的结构特点。而神经网络模拟人脑形象思维方法，人靠形象思维能很快发现火灾，表现出很强的容错能力。正是源于这两方面的综合思维方法上的模糊性以及大脑本身的结构特点，模糊神经网络是一种集模糊逻辑推理的强大结构性知识表达能力与神经网络的强大自学习能力于一体的新技术，它是模糊逻辑推理与神经网络有机结合的产物。一般来讲，模糊神经网络主要是指利用神经网络结构来实现模糊逻辑推理，从而使传统神经网络没有明确物理含义的权值被赋予了模糊逻辑中推理参数的物理含义。

神经网络和模糊系统都属于一种数值化和非数学模型的函数估计器和动力学系统。它们都能以一种不精确的方式处理不精确的信息。与传统的统计学方法不同，它们不需要给出表征输入与输出关系的数学模型表达式；它们也不像人工智能（AI）那样仅能进行基于命题和谓词运算的符号处理，而难以进行数值计算与分析，且不易于硬件的实现。神经网络和模糊系统由样本数据（数值的，有时也可以是用语言表述的），即过去的经验来估计函数关系，即激励与响应的关系或输入与输出的关系。它们能够用定理和有效的数值算法进行分析与计算，并且很容易用数字的或模拟的 VLSI 实现。

虽然模糊系统和神经网络都用于处理模糊信息，并且存在着许多方面的共性，但其各自特点、适用范围以及具体做法还是有很大差别的。而神经网络和模糊系统的结合则能构成一个带有人类感觉和认知成分的自适应系统。神经网络直接镶嵌在一个全部模糊的结构之中，因而它能够向训练数据学习，从而产生、修正并高度概括输入与输出之间的模糊规则。而当难以获得足够的结构化知识时，系统还可以利用神经网络自适应产生和精练这些规则，而后根据输入模糊集合的几何分布及由过去经验产生的那些模糊规则，便可以得到由此进行推理得出的结论。

目前神经网络与模糊技术的融合方式大致有以下四种（图 3-25）：

1）神经元模型和模糊模型的连接。该模型是模糊控制和神经网络两个系统以相分离的形式结合实现信息处理，如图 3-25a 所示。

2）神经元模型为主、模糊模型为辅。该模型以神经网络为主体，将输入空间分割成若干不同形式的模糊推论组合，对系统先进行模糊逻辑判断，以模糊控制器输出作为神经网络的输入（后者具有自学习的智能控制特性），如图 3-25b 所示。

3）模糊模型为主、神经元模型为辅。该模型以模糊控制为主体，应用神经网络实现模糊控制的决策过程，以模糊控制方法为"样本"，对神经网络进行离线训练学习。"样本"就是学习的"教师"。当所有样本学习完以后，这个神经网络就是一个聪明、灵活的模糊规则表，具有自学习、自适应功能，如图 3-25c 所示。

4）神经元模型与模糊模型完全融合。该模型两个系统密切结合，不能分离。根据输入量的不同性质分别由神经网络与模糊控制并行直接处理输入信息，直接作用于控制对象，从而更能发挥各自的控制特点，如图 3-25d 所示。

图 3-25　模糊神经网络分类

a）神经元模型与模糊模型的连接示意图　　b）神经元模型为主、模糊模型为辅示意图
c）模糊模型为主、神经元模型为辅示意图　　d）神经元模型与模糊模型完全融合示意图

2. 模糊逻辑神经元

对输入的信号执行逻辑操作的神经元称为逻辑神经元。逻辑神经元中执行聚合逻辑操作的称为聚合逻辑神经元。聚合逻辑神经元有 OR 神经元和 AND 神经元两种，它们分别执行不同的逻辑操作功能。

（1）OR 神经元

对输入的各个信号和相应的权系数执行逻辑乘操作，然后再对所有操作结果执行逻辑加操作的逻辑神经元称为 OR 神经元。

OR 神经元的数学模型如下：

$$y = \mathrm{OR}(\boldsymbol{X}; \boldsymbol{W})$$
$$\boldsymbol{X} = \{x_1, x_2, \cdots, x_n\}$$
$$\boldsymbol{W} = \{\omega_1, \omega_2, \cdots, \omega_n\}, \omega_i \in [0, 1], \quad i = 1, 2, \cdots, n$$

其中，y 是 OR 神经元的输出，$\boldsymbol{X}$ 是 OR 神经元的输入，$\boldsymbol{W}$ 是输入与神经元的连接权系数。

OR 神经元是执行逻辑加的聚合操作，它和一般逻辑加门电路的功能是不一样的。关键在于 OR 神经元对输入信号 x_i 和权系数 ω_i 先执行逻辑乘，然后对结果执行逻辑加，而一般的逻辑加门电路是直接对输入信号 x_i 实行逻辑加。

（2）AND 神经元

对输入的信号和相应的权系数分别对应执行逻辑加，然后再对所有结果执行逻辑乘操作的神经元称为 AND 神经元。AND 神经元的数学模型如下：

$$y = \mathrm{AND}(\boldsymbol{X}; \boldsymbol{W})$$
$$\boldsymbol{X} = \{x_1, x_2, \cdots, x_n\}$$
$$\boldsymbol{W} = \{\omega_1, \omega_2, \cdots, \omega_n\}$$

其中，y 是 AND 神经元的输出，$\boldsymbol{X}$ 是 AND 神经元的输入，$\boldsymbol{W}$ 是输入与神经元的连接权系数。

AND 神经元和一般的逻辑乘门电路的最大区别在于 AND 神经元对输入信号 x_i 和权系数 ω_i 先执行逻辑加，而后对结果执行逻辑乘，而一般的逻辑乘门电路只对输入信号执行逻辑乘。

OR 神经元和 AND 神经元可以被认为是普通的模糊关系方程的表达式。直接把这两种神经元组合起来可以产生中间逻辑特性。把 AND 神经元和 OR 神经元组合起来可构成被称为 OR/AND 神经元的单独结构，它可以产生介于 AND 神经元功能与 OR 神经元功能之间的中间功能。

3. 火灾信息处理中的模糊神经网络方法

神经网络模糊推理系统基本结构如图 3-26 所示，传感器采集到的信号经过数字滤波、归一化和特征提取等信号预处理后，进入神经网络进行运算处理，神经网络输出明火和阴燃火概率，然后对神经网络的输出根据隶属函数进行模糊化处理，再根据控制规则推理，推理结果经去模糊化后，输出火灾报警或非火灾信号。

图 3-26　火灾探测神经网络模糊推理系统基本结构

（1）预处理和神经网络

由传感器获得的模拟量不直接作为神经网络的输入，而是经预处理首先进行低通滤波，保留信号的轮廓，滤除高频干扰，然后归一化到 [0，1] 范围内。神经网络利用前馈多层网络模型，这种网络模型能够输出火灾概率。神经网络由输入层、隐层和输出层构成。输入层的 4 个输入为 IN_1、IN_2、IN_3 和 IN_4，分别来自离子感烟火灾探测器、光学感烟火灾探测器、模拟量感温火灾探测器和模拟量湿度探测器。输出层的两个输出为 O_1、O_2，分别代表火灾概率、阴燃火概率。网络学习采用 BP 算法，通过调节权值使实际输出与期望输出的总均方差最小。输入层与输出层之间为隐层 $IM_1 \sim IM_6$。IN_i 和 IM_j 之间的权值为 w_{ji}，IM_j 和 O_k 之间的权值为 w_{kj}。输入 IN_i 时，隐层输入的和为 $net_1(j)$，即：

$$net_1(j) = \sum_{i=1}^{m} (IN_i w_{ji}) \tag{3-114}$$

$net_1(j)$ 用 S 函数转换到 [0，1]，即表示成 IM_j：

$$IM_j = \frac{1}{1 + \exp[-net_1(j)r_1]} \tag{3-115}$$

同样，输出层的输入和如下：

$$net_2(k) = \sum_{j=1}^{n} (IM_j w_{kj}) \tag{3-116}$$

$net_2(k)$ 与式（3-115）一样转换到 [0，1]，即表示成 O_k：

$$O_k = \frac{1}{1 + \exp[-net_2(k)r_2]} \tag{3-117}$$

输入 IN_1、IN_2、IN_3、IN_4 与输出 O_1、O_2 的关系用权值联系在一起，见式（3-110）~ 式（3-113），其中 r_1、r_2 是由 S 函数的斜率所决定的常数，这里分别取为 1.0 和 1.2。为了使神经网络能够准确判断火灾，需要确定训练模式并对网络进行训练。模式对由输入信号和导师信号构成，它根据传感器标准试验火和各种实际环境条件下的信号来确定。根据 4 种传感器对欧洲标准试验火 TF1 的响应，可以定义导师信号（由火灾概率和阴燃火概率组成）并确定出训练模式对，它由火灾判决表表示。表 3-10 为一个判决表的示例。

表 3-10　判决表的定义（示例）

模式序号	离子感烟探测量（IN_1）	光学感烟探测量（IN_2）	感温探测量（IN_3）	湿度探测量（IN_4）	火灾概率（O_1）	阴燃火概率（O_2）
1	0.4	0.3	0.8	0.1	0.9	0.9
2	0.6	0.5	0.3	0.2	0.8	0.7
3	0.4	0.3	0.5	0.5	0.7	0.6
4	0.2	0.1	0.0	1.0	0.1	0.05

表 3-10 描述了 4 个输入和 2 个输出组成的 4 组模式对通过 BP 学习方法，就可将判决表转换到神经网络的连接权矩阵中。这种转换具有信号处理、特征提取、自适应、分布式存储特性和延拓能力，这样就能自适应地表示输入的各种情况并给出接近期望值的结果。在定义输入和输出之间的关系时，只需考虑重要的样点，而不必定义输入/输出模式的所有组合。重要的样点包括：对于输入的很小变化即引起输出很大变化、要在细节上描述的样点，或最大值和最小值样点所在的区域。根据实际应用调整判决表的定义可更加精确地判决并进行火险估计。学习时，当第 m 种输入模式送到输入层，由式（3-110）～式（3-113）计算得到 O_1、O_2 与相应的导师信号 d_1、d_2 进行比较，均方差 E_m（$m = 1 \sim 4$）计算如下：

$$E_m = \sum_{k=1}^{m} \frac{1}{2} (O_{km} - d_{mk})^2 \tag{3-118}$$

总均方差计算如下：

$$E = \sum_{m=1}^{4} E_m \tag{3-119}$$

调整权值 w_{ji} 和 w_{kj}，使 E 达到最小。

调整好权值后，系统由学习状态转移到工作状态，火灾探测器的输出值送到神经网络的输入层，神经网络利用式（3-114）～式（3-117）即可计算出火灾概率、阴燃火概率的输出值。

（2）模糊推理系统

神经网络的输出是火灾和阴燃火发生的概率，它们只能表示发生火灾的可能性有多大。很容易看出，当明火概率大于 0.8 时，可以肯定发生了火灾，而当明火概率小于 0.2，且阴燃火概率也很小时，可以认为没有火灾出现。难于判决的是明火概率在 0.5 附近，特别是采用门限方法来判决时，若门限定为 0.5，而网络输出为 0.49 或 0.51 时，则很难做出判断。为了更接近实际和模拟人的判断，这里采用模糊推理方法对神经网络的输出做进一步处理。

首先对神经网络输出信号通过隶属函数进行模糊化。在模糊系统中，隶属函数的确定是比较困难的，这里采用最常用的指派法。考虑到火灾概率最难判断的区间在 0.5 附近，隶属函数应对输入值在 0.5 附近的做适当展宽，因此可以采用一种正态分布作为模糊化隶属函数：

$$A(x) = \begin{cases} 0, & x \leqslant a \\ 1 - e^{-\left(\frac{x-a}{b}\right)^2}, & x > a \end{cases} \tag{3-120}$$

式中　x——明火或阴燃火概率；

　　$A(x)$——其相应的隶属模糊量；

　　a、b——调整隶属函数的形状，$a = 0.2$，$b = 0.4$。

考虑到对火灾信号，神经网络输出的火灾概率通常都会长时间出现较大值，而干扰信号即使会引起较大输出，一般也只是短时间的。为了增加系统的抗干扰能力，本文引入了火灾概率持续时间函数 $d(n)$ 的概念：

$$d(n) = [d(n-1) + 1]u(A(x) - T_d) \tag{3-121}$$

式中　$u(\cdot)$——单位阶跃函数；

　　T_d——判断门限，这里取为 0.5。

当火灾概率 $A(x)$ 超过 T_d 时，则 $d(n)$ 被累加，否则 $d(n) = 0$，n 为离散时间变量。

模糊推理系统根据火灾模糊量和火灾概率持续时间进行推理，若用 $A(x_f)$ 表示明火模糊量，$A(x_s)$ 表示阴燃火模糊量，根据实际情况，推理规则可以确定为：

如果 $[A(x_f)$ 为"大"]"与"$[A(x_s)$ 为"小"]"与"$[d(n)$ 为"小"] 则 [输出为非火灾]。

"或"$[A(x_f)$ 为 "小"$]$ "与" $[A(x_s)$ 为 "大"$]$ "与" $[d(n)$ 为 "小"$]$ 则 $[$输出为非火灾$]$。

"或"$[A(x_f)$ 为 "大"$]$ "与" $[d(n)$ 为 "大"$]$ 则 $[$输出为火灾$]$。

"或"$[A(x_s)$ 为 "大"$]$ "与" $[d(n)$ 为 "大"$]$ 则 $[$输出为火灾$]$。

由这个推理规则可得到模糊逻辑推理运算：

$$f(y) = \max\{\min[A(x_f),A(x_s),d(n)],\min[A(x_f),d(n)],\min[A(x_s),d(n)]\} \quad (3\text{-}122)$$

其中，y 为系统非模糊化以前的输出变量；$\max[\cdot]$ 和 $\min[\cdot]$ 为模糊逻辑 "或" "与" 运算，"大" 或 "小" 是针对隶属度结果按最大隶属度原则确定的。

最后对模糊推理输出 y，用重力中心法完成非模糊化，输出火灾报警或非火灾信号。

思 考 题

1. 火灾信号的基本特征有哪些？相应有哪些识别算法？

2. 窗长对趋势算法有什么影响？可变窗长趋势算法是怎样实现的？

3. 单输入功率谱火灾探测算法是怎样实现的？BP 神经网络的训练步骤有哪些？怎样应用于多信号火灾探测？请用 MATLAB 编程，计算本章中 Y. Okayama 提出的算例。

第4章
水灭火联动控制系统

　　水具有高效、经济、获取方便、使用简单的特点，因而在灭火中获得了广泛的应用，以水为介质的灭火系统称为水灭火系统。水灭火系统的联动控制主要包括以下几种类型：室内消火栓系统的联动控制；湿式自动喷水灭火系统的联动控制；干式自动喷水灭火系统的联动控制；预作用自动喷水灭火系统的联动控制；水幕或水雾系统的联动控制；雨淋灭火系统的联动控制；水喷雾灭火系统的联动控制；细水雾灭火系统的联动控制；自动跟踪定位射流灭火系统的联动控制。

4.1 │ 室内消火栓系统

　　室内消火栓是扑救建筑内火灾的主要设施，通常安装在消火栓箱内，与消防水带和水枪等器材配套使用，是使用最普遍的消防设施之一，在灭火过程中因性能可靠、成本低廉而被广泛采用。

4.1.1　系统的组成及工作原理

1. 室内消火栓给水系统的组成

　　室内消火栓给水系统由消防给水基础设施、消防给水管网、室内消火栓设备、报警控制设备及系统附件等组成，如图4-1所示。消防给水设备由消火栓水枪、消火栓、给水管网、供水设施和阀门等组成。供水设施包括消防泵、稳压泵、气压水罐、高位消防水箱。电控部分包括火灾探测器、火灾报警控制器、消火栓报警按钮、启泵指示灯和电控柜等。

2. 室内消火栓给水系统的工作原理

　　室内消火栓给水系统的工作原理与系统的给水方式有关。在临时高压消防给水系统中，系统设有消防泵和高位消防水箱。当火灾发生后，现场的人员可打开消火栓箱，将水带与消火栓口连接，打开消火栓的阀门，高位消防水箱出水管上的流量开关直接启动消防水泵，消火栓即可投入使用，并向消防控制中心报警。在供水的初期，由于消火栓泵的启动需要一定时间，其初期由高位消防水箱来供水（储存10min的消防水量）。消火栓泵还可由消防泵现场、消防联动控制系统启动，消火栓泵一旦启动后不得自动停泵，停泵只能由现场手动控制。

　　（1）建筑中设置火灾自动报警系统

　　联动控制方式，应由消火栓系统出水干管上设置的低压压力开关、高位消防水箱出水干管

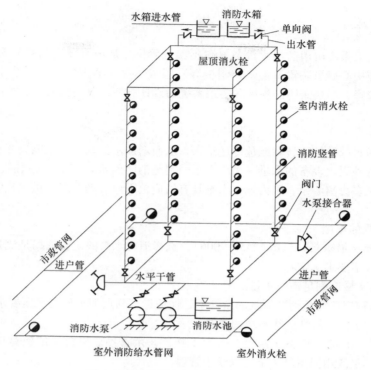

图 4-1　消火栓给水系统的组成示意图

上设置的流量开关或报警阀压力开关等信号作为触发信号，直接控制启动消火栓泵，联动控制不应受消防联动控制器处于自动或手动状态的影响。当设置消火栓按钮时，消火栓按钮的动作信号应作为报警信号及启动消火栓泵的联动触发信号，由消防联动控制器联动控制消火栓泵的启动。室内消火栓系统的工作原理如图 4-2 所示。

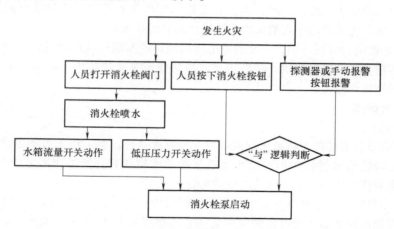

图 4-2　室内消火栓给水系统的工作原理

（2）建筑内无火灾自动报警系统

当建筑内未设置火灾自动报警系统时，消火栓按钮用导线直接引至消防水泵控制箱（柜）启动消防水泵，现场人员打开消火栓阀门后按下消火栓按钮，即可直接启动消防水泵，后消防水泵的动作信号通过消防联动控制器反馈至消火栓按钮上显示。

4.1.2　系统组件

　　室内消火栓灭火系统由消防给水设备（包括给水管网、加压泵及阀门等）和电控部分（包括启泵按钮、消防中心启泵装置及消防控制柜等）组成。室内消火栓灭火系统中消防水泵的启动和控制方式的选择，与建筑物的规模和给水系统的设计有关，以确保安全、控制电路设计简单合理为原则。

1. 消防水泵

　　消防水泵是通过叶轮的旋转将能量传递给水，从而增加水的动能、压能，并将其输送到灭火设备处，以满足各种灭火设备的水量、水压要求，它是消防给水系统的"心脏"。目前消防给水系统中使用的水泵多为离心泵，因为该类水泵具有适应范围广、型号多、供水连续、可随意调节流量等优点。

　　（1）消防水泵的选用

　　消防水泵符合《消防泵》（GB 6245—2006），选择消防水泵的主要依据是流量、扬程及变化规律。通常可按以下要求选定：

　　1）水泵的出水量应满足消防水量的要求。

　　2）水泵的扬程应在满足消防流量的条件下，保证最不利点消火栓的水压要求。

　　3）最好是选用 Q-H 特性曲线平缓的水泵。

　　4）消防水泵一般均不应少于两台，一台工作，其余备用。单台泵的流量应按消防流量选择，同一建筑物尽量选用同型号水泵，以便于管理。

　　（2）消防水泵的启动及动力装置

　　1）消防水泵的启动装置。消防水泵应能手动启停和自动启动，且应确保从接到启泵信号到水泵正常运转的自动启动时间不大于 2min。消防水泵不应设置自动停泵的功能，停泵应由具有管理权限的工作人员根据火灾扑救情况确定；消防水泵应由消防水泵出水干管上设置的压力开关、高位消防水箱出水管上的流量开关，或报警阀压力开关等开关信号自动启动。消防水泵房内的压力开关宜引入消防水泵控制柜内；消火栓按钮不宜作为直接启动消防水泵的开关，但可作为发出报警信号的开关或启动干式消火栓系统的快速启闭装置等。

　　2）消防水泵的动力装置。消防水泵的供电应按现行的国家标准规定进行设计。消防传输泵的供电应符合消防水泵的供电要求。消防水泵、消防稳压泵及消防传输泵应有不间断的动力供应，也可采用内燃机作动力。

2. 消防给水管道

　　（1）室外消防给水管道

　　1）管材。敷设在室外的消防给水管道可按下列要求选择：当工作压力小于或等于 0.60MPa 时，室外埋地的消防给水管宜采用内搪水泥砂浆的给水铸铁管；当工作压力大于 0.60MPa 时，宜采用给水球墨铸铁管或内外壁经防腐处理的钢管。

　　2）敷设。室外消防给水管道在布置成环状的同时应合理设置阀门。阀门宜采用明杆，设置的位置可用以控制两路水源，能保证管网中某一管段维修或发生故障时其余管段仍能保证消防用水量和水压的要求。

　　（2）室内消防给水管道

　　1）单层、多层建筑消防用水与其他用水合用的室内管道，当其他用水达到最大小时流量时，应仍能保证供应全部消防用水量；高层民用建筑室内消防给水系统管道应与生活、生产给水系统分开独立设置。

2）除有特殊规定外，建筑物的室内消防给水管道应布置成环状，且至少应有两条进水管与室外环状管网相连接，当其中的一条进水管发生故障时，其余的进水管应仍能供应全部消防用水量。

3）室内消防给水管道应采用阀门分成若干独立段。

4）一般情况下，消防给水竖管的布置应保证同层相邻两个消火栓的水枪充实水柱同时到达被保护范围内的任何部位。

5）室内消火栓给水管网与自动喷水灭火系统（局部应用系统除外）的管网应分开设置。如有困难，应在报警阀前分开设置。

6）室内消火栓给水管材通常采用热镀锌钢管，根据工作压力的情况，可以是有缝钢管也可是无缝钢管。

3. 消防水泵接合器

水泵接合器是供消防车向消防给水管网输送消防用水的预留接口。它既可用以补充消防水量，也可用于提高消防给水管网的水压。火灾情况下，当建筑物内消防水泵发生故障或室内消防用水不足时，消防车需从室外取水通过水泵接合器将水送至室内消防给水管网，供灭火使用。

水泵接合器由阀门、安全阀、止回阀、栓口放水阀以及连接弯管等组成。在室外从水泵接合器栓口给水时，安全阀起到保护系统的作用，以防补水的压力超过系统的额定压力；水泵接合器设止回阀，以防止系统的给水从水泵接合器流出；为考虑安全阀和止回阀的检修需要，还应设置阀门。放水阀具有泄水的作用，用于防冻时使用。故水泵接合器的组件排列次序应合理，从水泵接合器给水的方向，依次是止回阀、安全阀、阀门。

4. 增压稳压设备

对于采用临时高压消防给水系统的高层或多层建筑，当消防水箱设置高度不能满足系统最不利点灭火设备所需的水压要求时，应设置增压稳压设备。增压稳压设备一般由隔膜式气压罐、稳压泵、管道附件及控制装置组成。

（1）稳压泵

稳压泵是指在消防给水系统中用于稳定平时最不利点水压的给水泵。稳压泵通常是选用小流量、高扬程的水泵。消防稳压泵也应设置备用泵，通常可按一用一备选用。

它由3个压力控制点（p_1，p_2，p_3）分别和压力继电器相连接，用来控制稳压泵的工作。当它向管网中持续充水时，管网内压力升高，当达到设定的压力值 p_3（稳压上限）时，稳压泵停止工作；由于管网存在渗漏或其他原因导致管网压力逐渐下降，当降到设定压力值 p_2（稳压下限）时，则稳压泵再次启动。周而复始，从而使管网的压力始终保持在 $p_2 \sim p_3$。若稳压泵启动持续给管网补水，但管网压力还继续下降，则可认为有火灾发生，管网内的水正在被使用。因此，当压力继续降到设定压力值 p_1（消防水泵启动压力点）时，联锁启动消防水泵，同时稳压泵停止。

（2）气压罐

实际运行中，由于各种原因，稳压泵常常频繁启动，不但泵易受损，而且对整个管网系统和电网系统不利，因此稳压泵常与小型气压罐配合使用。气压罐最小设计工作压力应满足系统最不利点灭火设备所需的水压要求。气压罐容积包括四部分：消防储存水容积、缓冲水容积、稳压调节水容积和压缩空气容积。

4.1.3 联动控制系统

消火栓使用时，系统内出水干管上的低压压力开关、高位消防水箱出水管上设置的流量开关或报警阀压力开关等均有相应的反应，这些信号可以作为触发信号，直接控制启动消火栓泵，不受消防联动控制器处于自动或手动状态的影响。

当建筑物内设有火灾自动报警系统时，消火栓按钮的动作信号作为火灾报警系统和消火栓系统的联动触发信号，由消防联动控制器控制消防水泵启动，消防水泵的动作信号作为系统的联动反馈信号应反馈至消防控制室，并在消防联动控制器上显示。消火栓按钮的设置要求如下：

1）设置火灾自动报警系统时，消火栓按钮可采用二总线制，即引至消防联动控制器总线回路，用以传输按钮的动作信号，同时消防联动控制器接收到消防水泵动作的反馈信号后，通过总线回路点亮消火栓按钮的启泵反馈指示灯。

2）未设置火灾自动报警系统时，消火栓按钮采用四线制，即二线引至消防水泵控制柜（箱）用于启动消防水泵；二线引至消防水泵动作反馈触点，接收消防水泵启动的反馈信号，在消防水泵启动后点亮消火栓按钮的启泵反馈指示灯。

3）稳高压系统中设置的消火栓按钮，其启动信号不作为启动消防水泵的联动触发信号，仅用来确认消火栓的位置信息。

消火栓按钮经联动控制器启动消防水泵的优点是：减少布线量和线缆使用量，提高整个消火栓系统的可靠性。消火栓按钮与手动火灾报警按钮的使用目的不同，不能互相替代。图4-3为室内消火栓灭火系统中消防水泵联动控制示意图。

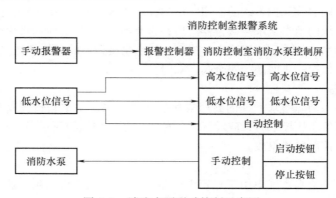

图4-3　消防水泵联动控制示意图

消火栓系统的控制显示功能包括：控制消防水泵、稳压泵的启动、停止；显示消火栓按钮的位置和状态；显示消防水泵、稳压泵的工作、故障状态。这些功能由火灾报警控制器和电控柜完成。

消火栓系统的联动控制应符合下列要求：

1）联锁控制方式：消火栓使用时，应将消火栓系统出水管上设置的低压压力开关、高位消防水箱出水管上设置的流量开关或报警阀压力开关等信号作为触发信号，直接控制启动消火栓泵，联动控制不应受消防联动控制器处于自动或手动状态的影响。

2）联动控制方式：当设置火灾自动报警系统时，消火栓按钮的动作信号与任一火灾探测器或手动报警按钮报警信号共同作用，触发消火系统的联动控制，消防联动控制器联动控制消火栓泵的启动。

3）手动控制方式：当设置火灾自动报警系统时，应将消火栓泵控制箱（柜）的启动、停止按钮用专用线路直接连接至消防联动控制器的手动控制盘上，通过手动控制盘直接手动控制消火栓泵的启动、停止。

4.2 | 自动喷水灭火系统

自动喷水灭火系统是由洒水喷头、报警阀组、水流报警装置（水流指示器或压力开关）等组件，以及管道、供水设施组成，并能在发生火灾时喷水的自动灭火系统。自动喷水灭火系统根据所使用喷头的形式，分为闭式自动喷水灭火系统和开式自动喷水灭火系统两大类；根据系统的用途和配置状况，自动喷水灭火系统又分为湿式系统、干式系统、预作用系统、雨淋系统、水幕系统等。

4.2.1　系统的组成及工作原理

不同类型的自动喷水灭火系统，其工作原理、控火效果等均有差异。因此，应根据设置场所的火灾特点、环境条件来确定自动喷水灭火系统的选型。

1. 湿式自动喷水灭火系统

湿式自动喷水灭火系统（以下简称湿式系统）由闭式喷头、湿式报警阀组、水流指示器或压力开关、供水与配水管道以及供水设施等组成，在准工作状态时管道内充满用于启动系统的有压水。湿式系统的组成如图4-4所示。

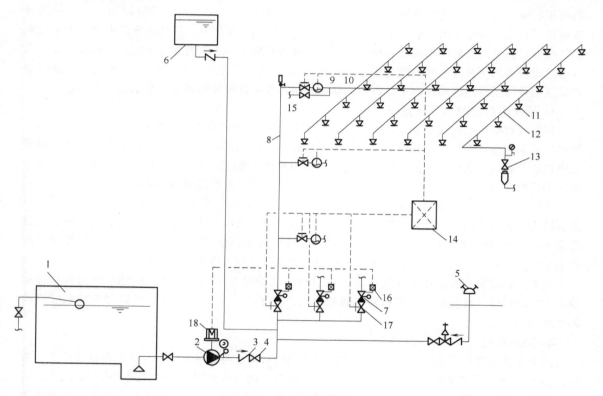

图 4-4　湿式系统的组成

1—消防水池　2—水泵　3—止回阀　4—闸阀　5—水泵接合器　6—消防水箱　7—湿式报警阀组
8—配水干管　9—水流指示器　10—配水管　11—闭式喷头　12—配水支管　13—末端试水装置
14—火灾报警控制器　15—泄水阀　16—压力开关　17—信号阀　18—驱动电动机

湿式系统在准工作状态时，由消防水箱或稳压泵、气压给水设备等稳压设施维持管道内充水的压力。发生火灾时，在火灾温度的作用下，闭式喷头的热敏元件动作，喷头开启并开始喷水。此时，管网中的水由静止变为流动，水流指示器动作送出电信号，在报警控制器上显示某一区域喷水的信息。由于持续喷水泄压造成湿式报警阀的上部水压低于下部水压，在压力差的作用下，原来处于关闭状态的湿式报警阀自动开启。此时压力水通过湿式报警阀流向管网，同时打开通向水力警铃的通道，延迟器充满水后，水力警铃发出声响警报，压力开关动作并输出启动供水泵的信号。消防水泵投入运行后，完成系统的启动过程。

2. 干式自动喷水灭火系统

干式自动喷水灭火系统（以下简称干式系统）由闭式喷头、干式报警阀组、水流指示器或压力开关、供水与配水管道、充气设备以及供水设施等组成，在准工作状态时配水管道内充满用于启动系统的有压气体。干式系统的启动原理与湿式系统相似，只是将传输喷头开放信号的介质，由有压水改为有压气体。

干式系统在准工作状态时，由消防水箱或稳压泵、气压给水设备等稳压设施维持干式报警阀入口前管道内充水的压力，报警阀出口后的管道内充满有压气体（通常采用压缩空气），报警阀处于关闭状态。发生火灾时，在火灾温度的作用下，闭式喷头的热敏元件动作，闭式喷头开启，使干式报警阀出口压力下降，加速器动作后促使干式报警阀迅速开启，管道开始排气充水，剩余压缩空气从系统最高处的排气阀和开启的喷头处喷出，此时通向水力警铃和压力开关的通道被打开，水力警铃发出声响警报，压力开关动作并输出启泵信号，启动系统供水泵；管道完成排气充水过程后，开启的喷头开始喷水。从闭式喷头开启至供水泵投入运行前，由消防水箱、气压给水设备或稳压泵等供水设施为系统的配水管道充水。压力开关的动作信号和消防水泵的动作反馈信号传至消防联动控制器，由消防联动控制器显示该报警阀和消防水泵的动作信息。

3. 预作用自动喷水灭火系统

预作用自动喷水灭火系统（以下简称预作用系统）由闭式喷头、雨淋阀组、水流报警装置、供水与配水管道、充气设备和供水设施等组成，在准工作状态时配水管道内不充水，由火灾报警系统自动开启雨淋阀后，转换为湿式系统。预作用系统与湿式系统、干式系统的不同之处，在于系统采用雨淋阀，并配套设置火灾自动报警系统。预作用系统的组成如图4-5所示。

系统处于准工作状态时，由消防水箱或稳压泵、气压给水设备等稳压设施维持雨淋阀入口前管道内充水的压力，雨淋阀后的管道内平时无水或充以有压气体。发生火灾时，由火灾自动报警系统自动开启雨淋报警阀，配水干管管道开始排气充水，使系统在闭式喷头动作前转换成湿式系统，并在闭式喷头开启后立即喷水。压力开关动作，信号传至消防联动控制器，与之前的任一火灾探测器报警信号的逻辑作为消防水泵启动的联动触发信号，由消防联动控制器联动控制消防水泵的启动，并接收其反馈信号。联动控制方式不应影响压力开关动作信号直接联锁启动消防水泵的功能。

4. 雨淋系统

雨淋系统由开式喷头、雨淋阀组、水流报警装置、供水与配水管道以及供水设施等组成，与前几种系统的不同之处在于，雨淋系统采用开式喷头，由雨淋阀控制喷水范围，由配套的火灾自动报警系统或传动管系统启动雨淋阀。雨淋系统有电动系统和液动或气动系统两种常用的自动控制方式。

系统处于准工作状态时，由消防水箱或稳压泵、气压给水设备等稳压设施维持雨淋阀入口前管道内充水的压力。发生火灾时，由火灾自动报警系统或传动管控制，自动开启雨淋报警阀和供水泵，向系统管网供水，由雨淋阀控制的开式喷头同时喷水。

5. 水幕系统

水幕系统由开式洒水喷头或水幕喷头、雨淋报警阀组或感温雨淋阀、供水与配水管道、控制阀以及水流报警装置（水流指示器或压力开关）等组成。水幕系统不具备直接灭火的能力，是用于挡烟阻火和冷却分隔物的防火系统。水幕系统的组成如图4-6所示。

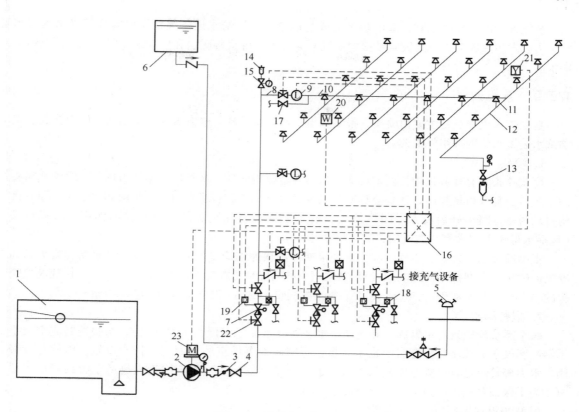

图 4-5　预作用系统的组成

1—消防水池　2—消防水泵　3—止回阀　4—闸阀　5—水泵接合器　6—消防水箱　7—预作用报警阀组

8—配水干管　9—水流指示器　10—配水管　11—闭式喷头　12—配水支管　13—末端试水装置

14—排气阀　15—电动阀　16—报警控制器　17—泄水阀　18—压力开关　19—电磁阀

20—感温探测器　21—感烟探测器　22—信号阀　23—驱动电动机

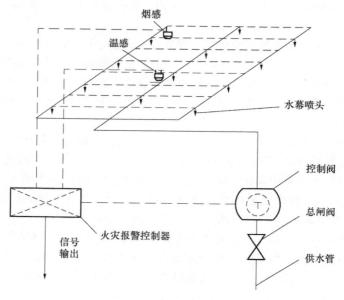

图 4-6　水幕系统的组成

系统处于准工作状态时，由消防水箱或稳压泵、气压给水设备等稳压设施维持管道内充水的压力。发生火灾时，由火灾自动报警系统联动开启雨淋报警阀组和供水泵，向系统管网和喷头供水。

4.2.2　系统组件

自动喷水灭火系统主要由喷头、报警阀组、水流指示器、水力警铃、延迟器、压力开关、末端试水装置和管网等组件组成。

1. 喷头

闭式喷头具有释放机构，由玻璃泡、易熔合金热敏元件、密封件等零件组成。平时闭式喷头的出水口由释放机构封闭，达到公称动作温度时，玻璃泡破裂或易熔合金热敏元件熔化，释放机构自动脱落，喷头开启喷水。闭式喷头具有定温探测器和定温阀及布水器的作用。开式喷头（包括水幕喷头）没有释放机构，喷口呈常开状态。

根据喷头的热敏性能指标，喷头分为早期抑制快速响应（ESFR）喷头、快速响应喷头和标准响应喷头。早期抑制快速响应（ESFR）喷头的响应时间指数为 $RTI < 28(\mathrm{m \cdot s})^{0.5}$；快速响应喷头的响应时间指数为 $RTI \leqslant 50(\mathrm{m \cdot s})^{0.5}$；标准响应喷头的响应时间指数为 $RTI \geqslant 80(\mathrm{m \cdot s})^{0.5}$。

2. 报警阀组

每个系统均应设有报警阀组和电动报警装置（水流指示器、压力开关），与报警阀或水流指示器配套设置的控制阀应有启闭指示装置。报警阀设置地点的地面应有排水设施，以便对报警阀、水力警铃等进行试验时能顺利排水。水力警铃宜安装在报警阀附近人员易于听到警报的部位。为了保证其响声的强度，水力警铃入口的水压不应小于 0.05MPa。

（1）雨淋报警阀组

1）雨淋报警阀组的组成。雨淋报警阀是通过电动、机械或其他方法开启，使水能够自动流入喷水灭火系统同时进行报警的一种单向阀。按照其结构可分为隔膜式、推杆式、活塞式、蝶阀式雨淋报警阀。雨淋报警阀广泛应用于雨淋系统、水幕系统、水雾系统、泡沫系统等各类开式自动喷水灭火系统中。

2）雨淋阀的工作原理。雨淋阀是水流控制阀，可以通过电动、液动、气动及机械方式开启。

雨淋阀的阀腔分成上腔、下腔和控制腔三部分。控制腔与供水管道连通，中间设限流传压的孔板。供水管道中的压力水推动控制腔中的膜片、进而推动驱动杆顶紧阀瓣锁定杆，锁定杆产生力矩，把阀瓣锁定在阀座上。阀瓣使下腔的压力水不能进入上腔。控制腔泄压时，使驱动杆作用在阀瓣锁定杆上的力矩低于供水压力作用在阀瓣上的力矩，于是阀瓣开启，供水进入配水管道。

（2）报警阀组设置要求

自动喷水灭火系统应根据不同的系统形式设置相应的报警阀组。保护室内钢屋架等建筑构件的闭式系统，应设置独立的报警阀组。水幕系统应设置独立的报警阀组或感温雨淋阀。

报警阀组宜设在安全及易于操作、检修的地点，环境温度不低于4℃且不高于70℃，距地面的距离宜为1.2m。水力警铃应设置在有人值班的地点附近，其与报警阀连接的管道直径应为20mm，总长度不宜大于20m；水力警铃的工作压力不应大于 0.05MPa。

一个报警阀组控制的喷头数，对于湿式系统、预作用系统不宜超过800只，对于干式系统不宜超过500只。串联接入湿式系统配水管的其他自动喷水灭火系统，应分别设置独立的报警阀组，其控制的喷头数计入湿式阀组控制的喷头总数。每个报警阀组供水的最高和最低位置喷头的高程差不宜大于50m。

控制阀安装在报警阀的入口处，用于系统检修时关闭系统。控制阀应保持常开位置，保证系统时刻处于警戒状态。使用信号阀时，其启闭状态的信号反馈到消防控制中心；使用常规阀门时，必须用锁具锁定阀板位置。

3. 水流指示器

水流指示器是用于自动喷水灭火系统中将水流信号转换成电信号的一种水流报警装置，一般用于湿式、干式、预作用等系统中。水流指示器的叶片与水流方向垂直，喷头开启后引起管道中的水流动，当桨片或膜片感知水流的作用力时带动传动轴动作，接通延时线路，延时器开始计时。到达延时设定时间后，叶片仍向水流方向偏转无法复位，电触点闭合输出信号。当水流停止时，叶片和动作杆复位，触点断开，信号消除。水流指示器的功能是及时报告发生火灾的部位。设置闭式自动喷水灭火系统的建筑内，每个防火分区和每个楼层均应设置水流指示器。当水流指示器前端设置控制阀时，应采用信号阀。

4. 水力警铃

水力警铃是一种靠水力驱动的机械警铃，安装在报警阀组的报警管道上。报警阀开启后，水流进入水力警铃并形成一股高速射流，冲击水轮带动铃锤快速旋转，敲击铃盖发出声响警报。

5. 延迟器

延迟器是一个罐式容器，入口与报警阀的报警水流通道连接，出口与压力开关和水力警铃连接，延迟器入口前安装过滤器。在准工作状态下可防止因压力波动而误报警。当配水管道发生渗漏时，有可能引起湿式报警阀阀瓣的微小开启，使水进入延迟器。当流量小时，进入延迟器的水量会从延迟器底部的节流孔排出，使延迟器无法充满水，更不能从出口流向压力开关和水力警铃。只有湿式报警阀开启，经报警通道进入延迟器，水流将延迟器注满并由出口溢出，才能驱动水力警铃和压力开关。

6. 压力开关

压力开关是一种压力传感器，是自动喷水灭火系统中的一个部件，其作用是将系统的压力信号转化为电信号，报警阀开启后，报警管道充水，压力开关受到水压的作用后接通电触点，输出报警阀开启及启动供水泵的信号，报警阀关闭时电触点断开。

压力开关安装在延迟器出口的报警管道上。自动喷水灭火系统应采用压力开关控制稳压泵，并调节启停稳压泵的压力。雨淋系统和防火分隔水幕，其水流报警装置宜采用压力开关。

7. 末端试水装置

末端试水装置由试水阀、压力表以及试水接头等组成，其作用是检验系统的可靠性，测试干式系统和预作用系统的管道充水时间。

末端试水装置是人工检查喷淋系统工作是否正常的装置。打开试水装置的末端试验阀，放水水流量相当于系统中一只最小流量系数喷头的喷水水量，观察末端试水装置压力表的压力，达到0.5MPa时水流指示器动作，声光报警器发出火灾报警信号，表明系统工作正常。试验阀是湿式报警阀上的一个阀门，是用来人工检查湿式报警阀工作是否正常的装置。打开该阀门，湿式报警阀开启，30s后，压力开关动作，一个短路信号经水泵控制器启动喷淋泵，启泵信号反馈到火灾报警控制器，压力开关的另一个短路信号经信号模块送到火灾报警控制器，发出火灾报警信号；同时水力警铃发出报警铃声。这样既保证了火灾时所有设备动作无误，又方便平时维修检查。

4.2.3 联动控制系统

系统组件和配套设施的下列工作状态应予以监测：控制阀开启状态；消防水泵电源供应和

工作情况；水池、水箱的水位；干式、预作用系统有压充气管道的气压；水流指示器、压力开关动作情况。上述状态的信号宜集中监测，监测装置应有备用电源。

预作用系统与雨淋系统应在其保护区域内设相应的火灾自动报警系统。预作用系统配置的火灾探测器应在发生火灾时先于闭式洒水喷头动作。预作用与雨淋系统应有自动、远程和手动应急开启雨淋阀三种控制方式。

水幕系统一般由喷头、管道和控制水流的阀门等组成，采用开式洒水喷头或水幕喷头。水幕系统可采用自动控制或手动操作的方式启动。采用自动控制方式启动的系统应设置雨淋阀，且应同时设有手动开启雨淋阀的装置。

自动控制开启雨淋阀的传动系统包括：火灾自动报警系统；安装闭式喷头的传动管装置；带易熔锁封的钢索绳装置。保护范围较小的水幕，可采用感温雨淋阀或开式喷头控制器控制水幕的开启。

1. 湿式、干式联动控制系统

喷头打开后，水流指示器动作。输出短路信号经信号模块、总线传输到火灾报警控制器和相应的区域报警盘。在区域报警盘上显示火灾信息。火灾报警控制器通过声光报警器发出火灾报警信号。喷头打开后，喷淋管网水压力降低，湿式报警阀两端的水压力失去平衡，阀门打开，水进入喷淋管网，同时打开报警阀的报警口，报警口流出的水经延迟器延迟 30s 后，触发压力开关的双触点动作，输出短路信号经信号模块传送到火灾报警控制器，发出火灾报警信号，并由消防联动控制器发出联动控制信号，经喷淋泵控制柜启动喷淋泵，抽取消防水池的水向喷淋管网供水。喷淋泵启动后，控制柜的动作信号反馈到火灾报警控制器，控制器上显示喷淋泵已投入运行。在压力开关启动喷淋泵的同时，水力警铃动作，发出火灾报警铃声。水流指示器、压力开关的报警信号和控制柜的动作信号全送到火灾报警控制器。湿式系统的联动控制如图 4-7 所示。

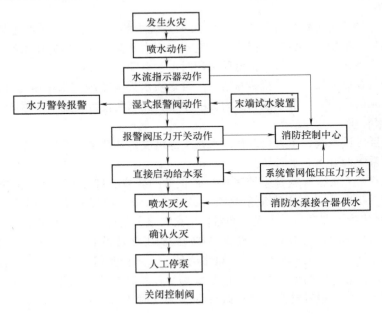

图 4-7 湿式系统的联动控制

1）联锁控制方式。湿式报警阀压力开关的动作信号直接联锁启动消防水泵向管网持续供水，这种联锁控制不应受消防联动控制器处于自动或手动状态的影响。

2）联动控制方式。在实际工程应用过程中，为防止湿式报警阀压力开关至消防水泵的启动线路因断路、短路等电气故障而失效，湿式报警阀压力开关的动作信号应同时传至消防联动控制器，与任一火灾探测器或手动报警按钮报警信号共同作用下触发湿式控制系统的联动控制，由消防联动控制器通过总线模块冗余控制消防水泵的启动。

3）手动控制方式。应将消防喷淋泵控制箱（柜）的启动、停止按钮用专用线路直接连接至设置在消防控制室内的消防联动控制器的手动控制盘上，可直接手动控制消防喷淋泵的启动、停止。如果发生火灾，消防联动控制系统在手动控制方式时，可以通过操作消防联动控制器的手动控制盘直接启动消防水泵。

4）水流指示器、信号阀、压力开关、消防喷淋泵启动和停止的动作信号应反馈至消防联动控制器，由消防联动控制器显示。干式系统的联动控制如图4-8所示。

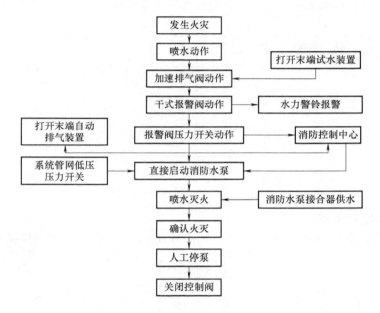

图4-8　干式系统的联动控制

2. 预作用联动控制系统

1）联动控制方式。为了保障系统动作的可靠性，应由同一报警区域内两只及以上独立的感烟火灾探测器，或一只感烟火灾探测器与一只手动火灾报警按钮的报警信号（"与"逻辑），作为预作用阀组开启的联动触发信号。预作用系统的联动控制如图4-9所示。

预作用系统在正常状态时，配水管道中没有水。由消防联动控制器控制预作用阀门组开启，使系统转变为湿式系统；当火灾温度继续升高，闭式喷头的闭锁装置熔化脱落，喷头自动喷水灭火；当系统设有快速排气装置时，应联动控制排气阀前的电动阀的开启。

2）手动控制方式。应将消防喷淋泵控制箱（柜）的启动和停止按钮、预作用阀组的启动和停止按钮，用专用线路直接连接至设置在消防控制室内的消防联动控制器的手动控制盘上，直接手动控制消防喷淋泵的启动、停止及预作用阀组和电动阀的开启。系统在手动控制时，如果发生火灾，可以通过操作手动控制盘直接启动向配水管道供水的阀门和供水泵。

3）水流指示器、信号阀、压力开关、消防喷淋泵的启动和停止的动作信号，有压气体管道气压状态信号和快速排气阀入口前电动阀的动作信号，都应反馈至消防联动控制器。

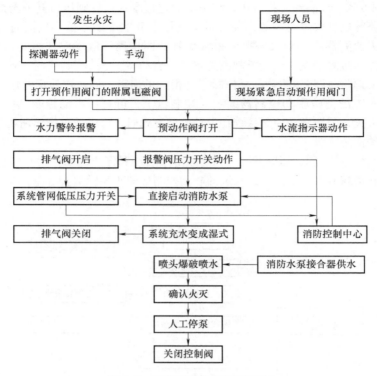

图 4-9　预作用系统的联动控制

3. 雨淋联动控制系统

雨淋系统是指通过火灾自动报警系统实现管网控制的系统。雨淋系统的联动控制如图 4-10 所示。

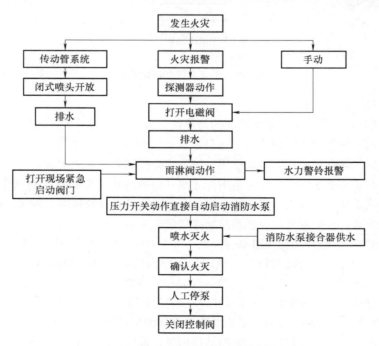

图 4-10　雨淋系统的联动控制

1）联锁控制方式。雨淋阀压力开关的动作信号直接联锁启动消防水泵向管网持续供水，这种联锁控制不应受消防联动控制器处于自动或手动状态的影响。

2）联动控制方式。为了保障系统动作的可靠性，应由同一报警区域内两只及以上独立的感温火灾探测器或一只感温火灾探测器与一只手动火灾报警按钮的报警信号（"与"逻辑），作为雨淋阀组开启的联动触发信号，应由消防联动控制器控制雨淋阀组的开启。雨淋报警阀动作信号取自雨淋报警阀的辅助触头，可通过输入模块接入总线，并在消防联动控制器上显示。

3）手动控制方式。应将雨淋系统消防水泵控制箱（柜）的启动和停止按钮、雨淋阀组的启动和停止按钮，用专用线路直接连接至设置在消防控制室内的消防联动控制器的手动控制盘上，直接手动控制雨淋系统消防水泵的启动、停止及雨淋阀组的开启。

4）水流指示器、压力开关、雨淋阀组、雨淋消防水泵的启动和停止的动作信号应反馈至消防联动控制器。

4. 水幕联动控制系统

控制阀门根据防火需要可采用电磁阀、雨淋报警阀或人工操作的通用阀门。

1）联锁控制方式。水幕系统相关控制阀组压力开关的动作信号直接联锁启动消防喷淋泵向管网持续供水，这种联锁控制不应受消防联动控制器处于自动或手动状态的影响。

2）联动控制方式。出于可靠性考虑，当自动控制的水幕系统用于防火卷帘的保护时，应由防火卷帘下落到楼板面的动作信号与本报警区域内任一火灾探测器或手动火灾报警按钮的报警信号，作为水幕阀组启动的联动触发信号，并应由消防联动控制器联动控制水幕系统相关控制阀组的启动；仅用水幕系统作为防火分隔时，应由两只独立的感温探测器的火灾报警信号作为水幕阀组启动的联动触发信号，并由消防联动控制器联动控制水幕系统相关控制阀组的启动。水幕系统的联动控制如图 4-11 和图 4-12 所示。

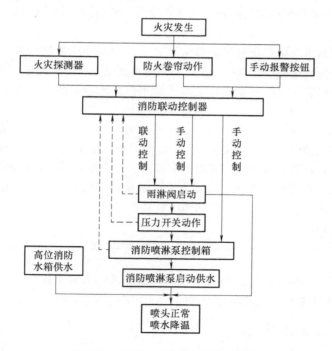

图 4-11 冷却水幕系统的联动控制

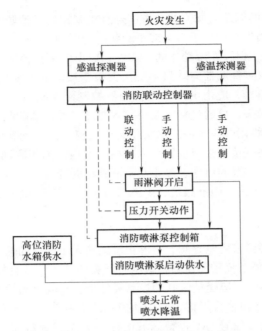

图 4-12　防火分隔水幕系统的联动控制

3）手动控制方式。应将水幕系统相关控制阀组和消防喷淋泵控制箱（柜）的启动、停止按钮用专用线路直接连接至消防联动控制器的手动控制盘上，直接手动控制消防喷淋泵的启动、停止及水幕系统相关控制阀组的开启。

4）压力开关、水幕系统相关控制阀组和消防喷淋泵的启动、停止的动作信号，应反馈至消防联动控制器。

使用消防喷淋泵的启动信号作为自动喷水灭火系统的联动反馈信号时，该信号取自供水泵主回路接触器辅助触头，这种设计的缺点是：如果供水泵电动机出现故障，供水泵虽未启动，但反馈信号却表示已经启动了，而反馈信号取自干管水流指示器，能真实地反映消防喷淋泵的工作状态。

自动喷水灭火系统中设置的水流指示器，主要是为显示喷水管网中有无水流通过。这一信号的发生可能有以下几种情况：自动喷水灭火；因管网中有水流压力突变；受水锤影响；在管网末端放水试验和管网检修等，这些都有可能使水流指示器动作。因此它不能用于启动消防水泵，湿式报警阀压力开关因管网水压变化（喷水灭火时的水压降低）而产生动作信号，该动作信号启动自动喷洒水泵，由气压罐压力开关控制加压泵自动启动。

4.3 水喷雾灭火系统

水喷雾灭火系统是利用专门设计的水雾喷头，在水雾喷头的工作压力下将水流分解成粒径不超过 1mm 的细小水滴进行灭火或防护冷却的一种固定式灭火系统。

4.3.1 系统的组成及工作原理

1. 系统的组成

水喷雾灭火系统由水源、供水设备、过滤器、雨淋阀组、管道及水雾喷头等组成，并配套设置火灾探测报警及联动控制系统或传动管系统，火灾时可向保护对象喷射水雾灭火或进行防护冷却。系统按启动方式分类如下：

水喷雾灭火系统按启动方式可分为电动启动水喷雾灭火系统和传动管启动水喷雾灭火系统。

（1）电动启动水喷雾灭火系统

电动启动水喷雾灭火系统以普通的火灾报警系统作为火灾探测系统，通过传统的点型感温、感烟探头或缆式火灾探测器探测火灾，当有火情发生时，探测器将火警信号传到火灾报警控制器上，火灾报警控制器打开雨淋阀，同时启动水泵，喷水灭火。为了减少系统的响应时间，打开雨淋阀前管道上应是充满水的状态。电动启动水喷雾灭火系统的组成如图4-13所示。

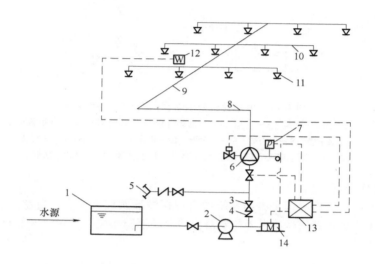

图 4-13 电动启动水喷雾灭火系统的组成

1—消防水池 2—消防水泵 3—闸阀 4—止回阀 5—水泵接合器 6—雨淋报警阀
7—压力表 8—配水干管 9—配水管 10—配水支管 11—开式洒水喷头
12—感温探测器 13—报警控制器 14—驱动电动机

（2）传动管启动水喷雾灭火系统

传动管启动水喷雾灭火系统以传动管作为火灾探测系统，传动管内充满压缩空气或压力水，当传动管上的闭式喷头受火灾高温影响动作后，传动管内的压力迅速下降，打开封闭的雨淋阀，为了尽量缩短管网充水的时间，雨淋阀前的管道上应是充满水的状态，传动管的火灾报警信号通过压力开关传到火灾报警控制器上，报警控制器启动水泵，通过雨淋阀、管网将水送到水雾喷头，水雾喷头开始喷水灭火。传动管启动水喷雾灭火系统适用于防爆场所，不适用于安装普通火灾探测系统的场所。传动管启动水喷雾灭火系统的组成如图4-14所示。

传动管启动水喷雾灭火系统按传动管内的充压介质，可分为充液传动管和充气传动管两种。充液传动管内的介质一般为压力水，这种方式适用于不结冰的场所，充液传动管的末端或最高点应安装自动排气阀。充气传动管内的介质一般是压缩空气，由空压机或其他气源保持传动管内的气压。充气这种方式适用于所有的场所，但在北方寒冷地区，应在传动管的最低点设置冷凝器和汽水分离器，以保证传动管不会被冷凝水结冰堵塞。

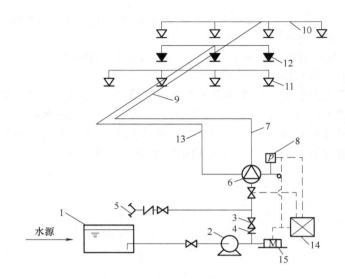

图 4-14　传动管启动水喷雾灭火系统的组成
1—水池　2—水泵　3—闸阀　4—止回阀　5—水泵接合器　6—雨淋报警阀
7—配水干管　8—压力表　9—配水管　10—配水支管　11—开式洒水喷头
12—闭式洒水喷头　13—传动管　14—报警控制器　15—驱动电动机

2. 系统的工作原理

水喷雾灭火系统的工作原理是：当系统的火灾探测器发现火灾后，自动或手动打开雨淋报警阀组，同时发出火灾报警信号给报警控制器，并启动消防水泵，通过供水管网到达水雾喷头，水雾喷头喷水灭火。

4.3.2　系统组件

水喷雾灭火系统由水雾喷头、雨淋阀、过滤器、供水管道等主要部件组成。

1. 水雾喷头

水雾喷头是在一定的压力作用下，利用离心或撞击原理将水流分解成细小水雾滴的喷头。水雾喷头按结构可分为离心雾化型水雾喷头和撞击型水雾喷头两种。

（1）离心雾化型水雾喷头

离心雾化型水雾喷头由喷头体、涡流器组成，在较高的水压下通过喷头内部的离心旋转形成水雾喷射出来，它形成的水雾同时具有良好的电绝缘性，适合扑救电气火灾。但离心雾化型水雾喷头的通道较小，时间长了容易堵塞。离心雾化型的水雾喷头有 A 型和 B 型两种，A 型水雾喷头的进水口与出水口成 90°，安装后喷头出水方向可在一定范围内进行调节。B 型水雾喷头的出水口和进水口在一条直线上，安装后是完全固定不可调节的。

（2）撞击型水雾喷头

撞击型水雾喷头的压力水流通过撞击外置的溅水盘，在设定区域分散为均匀锥形水雾。喷头由溅水盘、分流锥、框架本体和滤网组成。撞击型水雾喷头根据需要可以水平安装，也可以下垂、斜向方向安装。

2. 雨淋阀

雨淋阀作为水喷雾灭火系统中的系统报警控制阀，起着十分重要的作用。雨淋阀一般有角式雨淋阀和直通式雨淋阀两种。

（1）角式雨淋阀

1）角式雨淋阀的组成。角式雨淋阀组由角式雨淋阀、供水蝶阀、单向阀、电磁阀、手动快开阀、过滤器、压力开关、水力警铃等主要部件组成，具有功能完善、安全可靠、抗腐蚀性能好、便于安装、维护方便等特点。

2）角式雨淋阀的工作原理。角式雨淋阀利用隔膜上下运动实现阀瓣的启闭。隔膜将阀分为压力腔（即控制腔）、工作腔和供水腔，由供水管而来的压力水流（0.14～1.2MPa）作用于隔膜下部阀瓣。同时，也从控制管路经单向阀进入压力腔而作用于隔膜的上部，由于上、下受水作用面积的差异，保证了隔膜雨淋阀具有良好的密封性。

当保护区发生火警时，通过火灾报警灭火控制器，直接打开隔膜雨淋阀的电磁阀，使压力腔的水快速排出，由于压力腔泄压，从而作用于阀瓣下部的水迅速推起阀瓣，水流即进入工作腔，流向整个管网喷水灭火。同时部分压力水流向报警管网，启动水力警铃发出铃声报警、压力开关动作，给值班室发出信号指示或直接启动消防水泵供水。此时由于隔膜雨淋阀控制管路上的电磁阀具有自锁功能，所以雨淋阀被锁定为开启状态，灭火后，手动将电磁阀复位，稍后雨淋阀将自行复位。

（2）直通式雨淋阀

1）直通式雨淋阀的组成。直通式雨淋阀组主要由直通雨淋阀、信号蝶阀、单向阀、电磁阀、手动球阀、压力开关、水力警铃等部件组成，具有功能完善、安全可靠、抗腐蚀性能好、便于安装、维护方便等特点。它相比其他形式的雨淋阀，还具有水力性能好、水力摩阻损失小的优点。

2）直通式雨淋阀的工作原理。直通式雨淋阀利用隔膜左右运动实现阀瓣的启闭。隔膜将阀体分为控制腔和工作腔。来自供水管的压力水流（0.14～1.6MPa）作用于阀瓣，同时，压力水还从控制管路经单向阀进入控制腔而作用于隔膜的左部，由隔膜通过推杆将力传递到压臂上，由压臂压紧阀瓣，保证隔膜雨淋阀具有良好的密封性。

阀门具有三种控制方式：电动控制、手动控制和传动控制。电动控制：当保护区发生火灾时，通过火灾报警控制器，直接打开直通雨淋阀的电磁阀，使控制腔的水快速排出。手动控制：工作人员手动打开控制管路上的手动球阀排水泄压，启动阀门。传动控制：火灾发生时依靠安装在保护区内与系统相连的闭式喷头玻璃球破裂，进而排水或排气泄压。由于控制腔的泄压，通过推杆作用在压臂上的力消除，作用于阀瓣下部的水迅速推起阀瓣，水流即进入工作腔，流向整个管网喷水灭火，同时一部分压力水流向报警管网，启动水力警铃发出铃声报警、压力开关动作，发出信号指示或直接启动消防水泵供水。灭火后，需手动复位雨淋阀。

（3）雨淋阀组的功能及设置要求

1）雨淋阀组应具备以下功能：

① 应有自动控制、手动控制的操作方式。

② 应能监测供水、出水压力。

③ 应能接通或关闭水喷雾灭火系统的供水。

④ 应能接收电信号电动开启雨淋阀，接收传动管信号液动或气动开启雨淋阀。

⑤ 应能驱动水力警铃报警。

⑥ 应能显示雨淋阀启、闭状态。

2）雨淋阀组的设置应符合下列要求：

① 雨淋阀组宜设在环境温度不低于4℃，并有排水设施的室内，其位置宜靠近保护对象并便于操作。

② 雨淋阀组设在室外时，雨淋阀组配件应具有防腐功能，设在防爆区的雨淋阀组配件应符

合防爆要求。

③ 寒冷地区的雨淋阀组应采用电伴热或蒸汽伴热进行保温。

④ 并联设置的雨淋阀组，雨淋阀入口处应设止回阀。

⑤ 雨淋阀前的管道应设置可冲洗的过滤器；当水雾喷头无滤网时，雨淋阀后的管道上也应设置过滤器。过滤器滤网应采用耐腐蚀金属材料，滤网的孔径应为 $4.0 \sim 4.7$ 目/cm^2。

⑥ 雨淋阀的试水口应接入可靠的排水设施。

4.3.3 联动控制系统

为了确保灭火的可靠性，水喷雾灭火系统采用了多种启动控制方式，包括在雨淋阀组上设置机械应急操作阀，在被保护设备附近设置有明显标志的紧急手动电控启动按钮，在消防控制室设置远程启动按钮，利用缆式线型定温火灾探测器报警联动控制等多重控制方式。

火灾发生时产生的热量通过热辐射和热对流方式传递到缆式线型定温火灾探测器，温度升高到第一组探测器的报警温度值时，其向位于消防控制室内的火灾报警控制器发出火灾报警信号，值班人员立即进行火灾查询和人工确认，做出相应处理。当温度升高到第二组探测器的报警温度值（比第一组更高）时，第二组探测器报警。火灾报警控制器接收到同一探测区域内第二个报警信号（即火灾确认），立即通过逻辑程序发出相应的联动指令，打开雨淋阀控制腔的电磁阀，排出腔内压力水，开启雨淋阀，启动消防水泵，通过消防管网向水雾喷头供水，喷头喷雾灭火。消防控制室通过压力开关信号监测雨淋阀开启状态，水力警铃发出报警信号提示现场相关人员火灾的情况。消防水泵的启动或故障信号也将反馈到消防控制中心，监控水泵的启动运行情况，同时联动其他相关设备。水喷雾灭火系统的联动控制如图 4-15 所示。

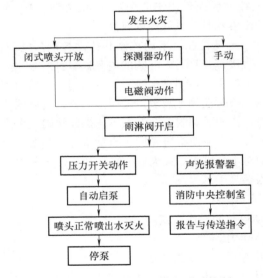

图 4-15　水喷雾灭火系统的联动控制

雨淋阀组的功能应符合下列要求：接通或关断水喷雾灭火系统的供水；接收电信号可电动开启雨淋阀，接收传动信号可液动或气动开启雨淋阀；具有手动应急操作阀；显示雨淋阀启、闭状态；驱动水力警铃；监测供水压力；电磁阀前应设过滤器。雨淋阀组应设在环境温度不低于 4℃，并有排水设施的室内，其安装位置宜在靠近保护对象并便于操作的地点。雨淋阀前的管道应设置过滤器，当水雾喷头无滤网时，雨淋阀后的管道也应设置过滤器，过滤器后的管道应采用内外镀锌钢管，且宜采用丝扣连接。

水喷雾灭火系统应设有自动控制、手动控制和应急操作三种控制方式。

1）自动控制：火灾探测、报警系统与雨淋阀自动联锁。

2）手动（远程）控制：操作人员远距离操纵雨淋阀启动。

3）应急操作：操作人员在现场直接启动雨淋阀。

水喷雾灭火系统的控制设备应具有选择控制方式的功能，并且具有重复显示保护对象状态、监控消防水泵启、停状态，监控雨淋阀启、闭状态，监控主、备电源自动切换的功能。火灾探测器可采用缆式线型定温火灾探测器、空气管式感温火灾探测器或闭式喷头。

4.4 | 细水雾灭火系统

细水雾灭火系统由加压供水设备（泵组或瓶组）、系统管网、分区控制阀组、细水雾喷头和火灾自动报警及联动控制系统等组成。

4.4.1　系统的组成及工作原理

细水雾灭火系统由水源（储水池、储水箱、储水瓶）、供水装置（泵组推动或瓶组推动）、系统管网、控水阀组、细水雾喷头以及火灾自动报警及联动控制系统组成。

1. 开式细水雾灭火系统

（1）系统的组成

开式细水雾灭火系统包括全淹没应用方式和局部应用方式，采用开式细水雾喷头，由配套的火灾自动报警系统自动联锁或远控、手动启动后，控制一组喷头同时喷水的自动细水雾灭火系统。

由于供水装置的不同，细水雾灭火系统的构成略有不同。泵组式系统由细水雾喷头、控制阀组、系统管网、泵组（消防水泵和稳压装置）、水源（储水池或储水箱）以及火灾自动报警及联动控制系统组成，如图4-16所示。

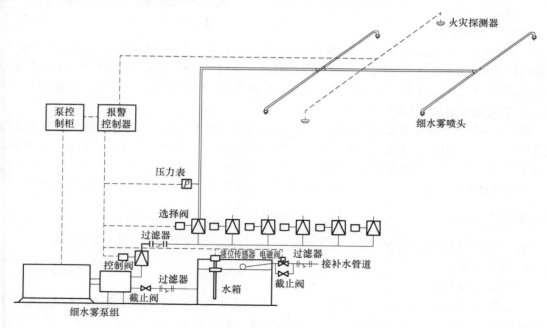

图4-16　高压泵组式细水雾灭火系统

瓶组式系统由细水雾喷头、控制阀、启动瓶、储水瓶组、瓶架、系统管网以及火灾自动报警及联动控制系统组成，如图4-17所示。

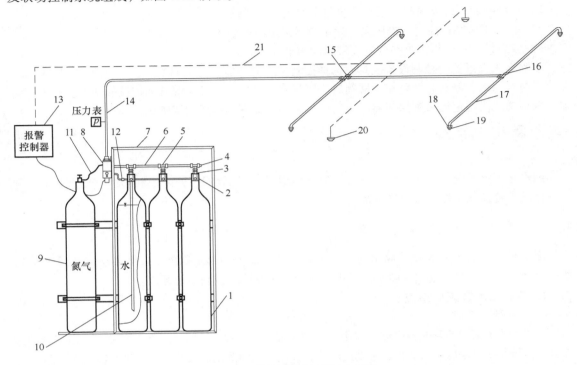

图4-17　瓶组式细水雾灭火系统

1—储水瓶　2—瓶接头体　3—管接头　4—管堵　5、16—三通　6、14、17—不锈钢管　7—瓶组支架

8—分配阀　9—氮气瓶　10—虹吸管　11—软连接管　12—气体单向阀　13—报警控制器

15—四通　18—短管　19—喷头　20—探测器　21—探测线路

（2）工作原理

火灾发生后，火灾探测器动作，报警控制器得到报警信号后，向消防控制中心发出灭火指令，在得到控制中心灭火指令或启动信息后，联动关闭防火门、防火阀、通风及空调等影响系统灭火有效性的开口，并启动控制阀组和消防水泵，向系统管网供水，水雾喷头喷出细水雾，实施灭火。

2. 闭式细水雾灭火系统

闭式细水雾灭火系统是采用闭式细水雾喷头的细水雾灭火系统。闭式系统还可以细分为湿式系统、干式系统和预作用系统。闭式细水雾灭火系统与闭式自动喷水灭火系统相比，除了喷头为细水雾闭式喷头外，其系统组成和工作原理均一致。

闭式细水雾灭火系统适宜于采用非密集存储柜的图书库、资料库和档案库等保护对象。

4.4.2　系统组件

细水雾灭火系统主要由细水雾喷头、控制阀组、过滤装置和末端试水阀等组件组成。

1. 细水雾喷头

（1）喷头的构造

细水雾喷头是将水流进行雾化并实施喷雾灭火的重要部件。根据成雾原理的不同，细水雾喷头的构造也不同。如7孔开式细水雾喷头由喷头体、微型喷嘴、芯体、滤网等8个零件构成。

一定压力的水通过滤网进入喷头后，在压力的作用下沿弹簧、喷嘴和喷嘴芯围成的螺旋空间产生高速旋转运动，水流到达喷头小孔后被完全击碎，沿喷嘴出口锥面射出，形成极微小的雾滴。

（2）喷头的选择

1）对于喷头的喷孔易被外部异物堵塞的场所，应选用具有相应防护措施且不影响细水雾喷放效果的喷头，如粉尘场所应选用带防尘罩（端盖）的喷头，但在喷雾时要防止喷雾阻挡和对人员造成伤害。

2）对于电子数据处理机房、通信机房的地板夹层，宜选择适用于低矮空间的喷头。

3）对于闭式系统，应选择响应时间指数不大于 50 $(m \cdot s)^{0.5}$ 的喷头，其公称动作温度宜高于环境最高温度 30 ℃，且同一防护区内应采用相同热敏性能的喷头。

4）对于腐蚀性环境应选用用防腐材料制作或具有防腐镀层的喷头。

5）对于电气火灾危险场所的细水雾灭火系统不宜采用撞击雾化型细水雾喷头。

2. 控制阀组

控制阀是细水雾灭火系统的重要组件，是执行火灾自动报警系统控制器启/停指令的重要部件。控制阀的设置要求应符合以下要求：

（1）控制阀的选择

1）中、低压细水雾灭火系统的控制阀可以采用雨淋阀。但细水雾灭火系统中使用的雨淋阀的工作压力应满足系统工作的压力要求。

2）高压细水雾灭火系统的控制阀组通常采用分配阀，它类似于卤代烷灭火系统中的选择阀，但它不仅具备了选择阀的功能，而且具有启动系统和关闭系统双重功能；也可采用电动阀和手动阀组合的方式完成控水阀组的功能。

（2）控制阀的设置

开式系统应按防护区设置分区控制阀，闭式系统应按楼层或防火分区设置分区控制阀。分区控制阀宜靠近防护区设置，并应设置在防护区外便于操作、检查和维护的位置。

（3）动作信号反馈装置

分区控制阀上宜设置系统动作信号反馈装置。当分区控制阀上无系统动作信号反馈装置时，应在分区控制阀后的配水干管上设置系统动作信号反馈装置。闭式系统中的分区控制阀应为带开关锁定或开关指示的阀组。

3. 过滤装置

过滤装置是细水雾灭火系统中重要的组件之一，在细水雾灭火系统中常用的过滤装置是 Y 形过滤器。过滤器的设置应符合下列要求：

1）系统控制阀组前的管道应就近设置过滤器；当细水雾喷头无滤网时，雨淋控制阀组后应设置过滤器；最大的过滤器过滤等级或目数应保证不大于喷头最小过流尺寸的 80%。

2）在每一个细水雾喷头的供水侧应设一个喷头过滤网，对于喷口最小过流尺寸大于 1.2mm 的多喷嘴喷头或喷口最小过流尺寸大于 2mm 的单喷嘴喷头，可不设喷头过滤网。

3）管道过滤器的最小尺寸应根据系统的最大过流流量和工作压力确定。

4）管道过滤器应具有防锈功能，并设在便于维护、更换的位置，应设旁通管，以便清洗。

4. 末端试水装置

细水雾灭火系统的闭式系统应在每个报警阀组后管网的最不利处设置末端试水装置，其设置要求同自动喷水灭火系统，并应符合下列规定：

1）试水阀前应设置压力表。

2）试水阀出口的流量系数应与一只喷头的流量系数等效。

3）试水阀的接口大小应与管网末端的管道一致，测试水的排放不应对人员和设备等造成危害。细水雾灭火系统的开式系统应在分区控制阀上或阀后邻近位置设置泄放试验阀。

4.4.3 联动控制系统

1. 伺服状态

系统从泵组到各区域控制阀组内充满水，区域控制阀组后没有水，管道内的水压由稳压泵维持。储水箱的补水设施能根据水位的下降实时补充至预定水位高度。

2. 自动控制

火灾报警主机收到第一路报警信号后，联动开启防护分区的声报警器，接到第二路火灾报警后，经延时确认，联动声光报警器，打开该区的区域控制阀，启动主泵，压力水经管路、细水雾喷头喷放。压力开关动作，点亮喷雾指示灯。灭火后，启动机械通风，对细水雾喷放的区域进行排烟、干燥处理。开式细水雾灭火系统的联动控制如图4-18所示。

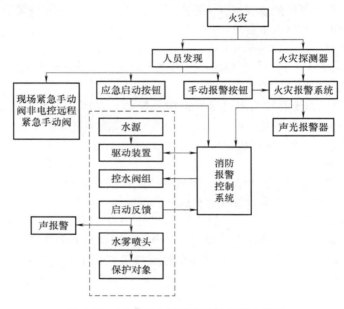

图4-18 开式细水雾灭火系统的联动控制

3. 手动远程控制

当工作人员确认火灾，火灾报警系统尚未动作时，按下火灾报警联动控制柜，开启该区的区域控制阀，启动主泵；压力水经管路、细水雾喷头喷放。压力开关动作，点亮喷雾指示灯。

4. 手动现场控制

当现场人员确认火灾，火灾报警系统尚未动作时，按下防护区门口的紧急启停按钮，联动开启该区的区域控制阀，启动主泵；压力水经管路、细水雾喷头喷放。压力开关动作，点亮喷雾指示灯。

5. 机械应急操作

当自动/手动控制失效时，通过操作区域控制阀组的手柄，打开区域阀，按下箱内启泵按钮，启动系统喷放实施灭火。

6. 系统释放方式

细水雾组合分配灭火系统具有自动释放和手动释放两种释放方式。系统的自动释放在接收到两个独立的火灾信号后才能启动系统。

（1）自动释放

将火灾报警控制器上的控制方式选择为"自动"，使系统处于自动控制状态。一般情况，系统处于此种控制方式下。当某一保护区发生火情时，火灾探测器将火灾信号送往火灾报警控制器，火灾报警控制器发出声光报警信号，同时发出联动指令，关闭联动设备，发出灭火指令至控制盒；控制盒首先发出启动水泵、打开水泵电磁阀和相应保护区的选择阀信号，通过延时开关的设定保证水泵正常运行后，关闭水泵电磁阀，水泵升压至设定压力的同时，通过选择阀向相应保护区喷射细水雾实施灭火。灭火完成后手动关闭水泵，停止释放细水雾。控制盒断电，选择阀复位。

（2）手动释放

1）电气手动释放：将火灾报警控制器上的控制方式选择为"手动"，使系统处于电气手动控制状态。当保护区发生火情时，可按下手动控制盒或火灾报警控制器的启动按钮，释放细水雾，实施灭火。

2）机械应急手动释放：当保护区发生火情且火灾报警控制器不能发出灭火指令时，应立即通知人员撤离现场，关闭联动设备。断开控制盒的电源，手动打开相应保护区的选择阀，松开水泵泄压口的开关，启动水泵，待水泵正常运行后，观察水泵出口压力表，手动调整泄压口的大小，将压力锁定在设定的压力，选择阀向相应保护区喷射细水雾实施灭火。灭火完成后手动关闭水泵，停止释放细水雾。

（3）紧急停止

当发生火灾报警，在延时时间内发现不需启动灭火系统时，可按下手动控制盒或火灾报警控制器上的紧急停止按钮，即可阻止控制器灭火指令的发出。

4.5 | 自动跟踪定位射流灭火系统

自动跟踪定位射流灭火系统是以水或泡沫混合液为喷射介质，利用红外、紫外、数字图像或其他火灾探测装置对烟、温度、火焰等进行早期火灾探测与自动跟踪定位，以自动控制方式实现灭火的射流灭火系统。

4.5.1 系统的组成及工作原理

1. 系统分类

根据灭火装置的流量大小与射流方式，自动跟踪定位射流灭火系统可分为：自动消防炮灭火系统，灭火装置的流量大于 16L/s 的自动跟踪定位射流灭火系统；喷射型自动射流灭火系统，灭火装置的流量不大于 16L/s、射流方式为喷射型的自动跟踪定位射流灭火系统；喷洒型自动射流灭火系统，灭火装置的流量不大于 16L/s、射流方式为喷洒型的自动跟踪定位射流灭火系统。

（1）自动消防炮灭火系统

消防炮属于定点灭火装置。这种灭火方式的特点是保护面积大，灭火速度快，灭火损失小。根据人员的参与程度又分为自动消防炮和手动消防炮两类。手动消防炮的灭火过程必须有人员操作和控制消防炮，才能进行灭火，完成灭火功能，如手动消防炮、电控消防炮、液控消防炮和气控消防炮等。手动消防炮属于手动灭火范畴，只能替代消火栓灭火系统。自动消防炮是无须人员参与就能自动完成灭火的一种消防炮，能替代自动喷水灭火系统。这种灭火系统通过自动探测火灾、自动扫描定位、自动确认火灾、自动启泵开阀、自动射水灭火，实施自动灭火功能。

（2）喷射型自动射流灭火系统

由喷射型灭火装置组成的喷射型自动射流灭火系统和自动消防炮灭火系统都属于定点灭火

系统。由于灭火装置体积比较小，结构形式多样，水流量也不大，保护半径在 30m 以内，所以这种灭火装置构成的系统比较灵活，可以由专用火灾探测器启动灭火装置扫描，也可以由灭火装置自带火灾探测器启动灭火装置扫描，甚至由常规火灾自动报警系统的火灾探测器启动灭火装置扫描。其中第一种形式和自动消防炮灭火系统的系统结构、控制方式及控制过程大致相同。第二种形式的灭火装置除了有定位器外，还自带火灾探测器，火灾探测器探测到火灾，将报警信号发到火灾报警控制器，火灾报警控制器发出火灾报警信号等联动信号，经延迟一段时间（可人为设定）后，启动消防水泵，打开电磁阀，实施喷水灭火。这种系统结构简单，但要求：探测器的探测距离和灭火装置的喷射距离相互匹配，否则会出现盲区；火灾探测器是复合火灾探测器或组合火灾探测器，以便降低误报、误喷事件发生的可能性。

（3）喷洒型自动射流灭火系统

喷洒型自动射流灭火系统的主要部件是火灾探测器和大流量喷头。大流量喷头的安装高度为 6 ~ 25m，流量为 5L/s 和 10/L/s，相应的保护半径分别为 6m 和 8m，所以不能用普通感温探测器控制喷头打开、喷水灭火，即高空用火焰探测器探测到火灾，报警信号经输入模块、回路总线到火灾报警控制器，火灾报警控制器再发出一个控制信号经回路总线、相应的输出模块（火灾探测器与大流量喷头有对应关系），打开电磁阀，大流量喷头喷水灭火。喷头外罩在水力作用下旋转，形成两股旋转水洒向地面，实施喷水灭火。控制器的控制信号同时启动消防水泵对管网供水，启动声光报警器发出火灾报警信号。为了防止误喷，火灾探测器应采用复合火灾探测器。

电磁阀除了受火灾探测器自动控制外，现场还设有手动控制盘进行手动控制大流量喷头喷水灭火。喷洒型自动射流灭火系统除了大流量喷头、火灾探测器、火灾报警控制器外，还配有消防水泵、稳压泵、消防水泵控制柜、水流指示器、声光报警器、UPS 等设备。

2. 系统的组成

自动跟踪定位射流灭火系统主要由以下两部分组成：

1）供水系统：主要由水源、消防水泵、高位水箱或气压稳压装置、水泵接合器、供水管路、信号阀、水流指示器、手动阀、电磁阀、自动跟踪定位射流灭火装置、模拟末端试水装置等组成。

2）电气联动控制系统：主要由智能图像火灾探测系统、联动控制柜、现场控制箱、电源控制器、智能激光光束感烟探测器、联动扩展模块、水泵控制柜、配电系统等组成。自动跟踪定位射流灭火系统的组成如图 4-19 所示。

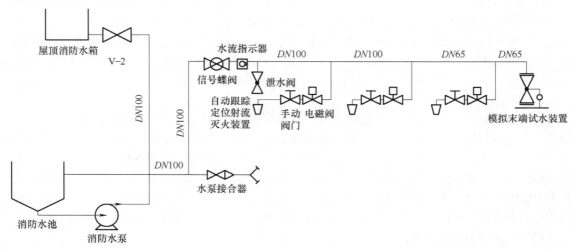

图 4-19　自动跟踪定位射流灭火系统的组成

3. 系统的工作原理

自动跟踪定位射流灭火系统全天候实时监测保护场所，对现场的火灾信号进行采集和分析。当有疑似火灾发生时，火灾探测装置捕获相关信息，控制装置根据探测装置捕获的信息进行分析处理，当确认火源时，则对火源进行自动跟踪定位，准备定点（定区域）射流（喷洒）灭火，同时发出声光报警和联动控制命令，自动启动消防泵组、开启阀门，灭火装置射流灭火。

中庭安装有喷射型自动射流灭火装置的场所发生火灾后，火灾产生的红外信号会立即被装置上的启动传感器感知，经控制器组件分析处理，启动装置在水平方向进行旋转扫描，当水平传感器接收到火源信号后，装置立即停止水平旋转，同时启动垂直传动机构带动射水嘴和垂直传感器沿垂直方向扫描，一旦垂直传感器接收到火源信号，装置立即停止垂直扫描，此时装置完成对火源的定位，打开电磁阀，启动水泵进行射水灭火。直到将火扑灭，装置发出信号关闭电磁阀，停止喷水。若有新火源，装置重复上述灭火过程。自动跟踪定位射流消防炮灭火系统的工作流程如图 4-20 所示。

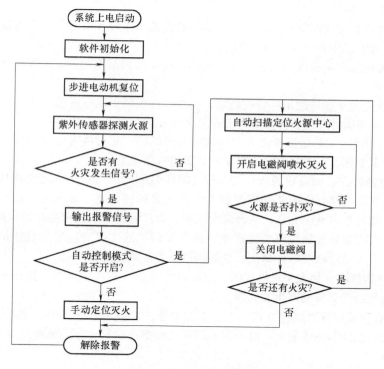

图 4-20　自动跟踪定位射流消防炮灭火系统的工作流程

4.5.2　系统组件

系统包括视频火灾识别子系统、主控机、消防炮定位灭火子系统。每台灭火装置配备一个电磁阀和一个水流指示器，均安装在配水支管上，消防水泵安装在配水总管上。水流指示器用于监测水流动作；水泵和电磁阀的开启/关闭可由系统自动控制，也可由区域控制箱或控制主机手动控制，从而控制相应的灭火装置喷水灭火。末端试水装置仅在系统测试及安装阶段起作用，主要用于监测系统末端压力，以及检验系统启动、报警和联动等功能是否正常。中庭等大空间设置喷射型自动射流灭火系统，该系统与自动喷水灭火系统合用一套供水系统，在湿式报警阀前将管道分开,将各中庭的射流装置组成环状管网。

1. 消防炮

1)定位器是消防炮的重要部件。在消防炮扫描过程中,它能够接收现场的火灾信息并发送至信息处理主机,进行信号处理、识别和判断,完成自动扫描过程。定位器能够准确提供现场火灾的位置信号,消防炮控制装置就是依赖这个信号锁定火源位置,并完成火源的准确定位。

2)定位器是用来搜索火源和瞄准火源的器件,当定位器的探测距离小于消防炮的射程时,消防炮的最大保护距离等于定位器的探测距离;当定位器的探测距离大于消防炮的射程时,即使发现了火源,消防炮也无法灭火,因此消防炮的最大灭火距离等于消防炮本身的射程。因此,定位器的探测距离最好等于消防炮的射程,以保证消防炮的射程。

3)自动跟踪定位射流灭火系统从火灾探测、跟踪定位到定点灭火整个过程,涉及信号采集与处理、控制、输出等环节,较之其他灭火系统结构更复杂,技术要求更高。在有防腐要求的场所使用的消防炮、供水管网应该满足相应的防腐要求。

2. 探测装置

1)探测装置应能有效探测和判定保护区域内的火源。在设计布置上,应保证其探测范围能覆盖到整个保护场所,并不应有遮挡或阻碍。

2)探测装置的监控半径应与灭火装置的保护半径或保护范围相匹配。在设计中应根据具体情况进行选型配置。

3)探测装置应满足相应使用环境的防尘、防水、抗现场干扰等要求。

探测装置设置场所的环境条件主要应考虑三个方面:

① 环境恶劣程度,如环境温度是否会长时间出现低温,此时应考虑采取保温措施;如系统长时间处于风沙多尘环境,此时应考虑对探测装置进行防尘处理。

② 环境干扰源特点,如设置场所环境内有长时间强阳光照射点,加之气流扰动,容易引起系统误报,如果系统选择红外或紫外探测装置作为主要探测装置,那么系统选择时应注意探测装置安装时应避免直接对准强光点,从而减少误报。如设置场所中经常存在焊接操作,焊接操作产生的电弧容易引起紫外光敏探测装置产生误报,此时系统选择时应根据具体情况与厂家技术人员进行沟通,可以通过修改软件算法、探测阈值的方法减少误报。

③ 环境障碍物情况,如大型机修车间,空间内可能存在跨接式行车,探测装置安装后形成的光路轴线应避免因行车移动产生的遮挡。

4)探测装置应采用复合探测方式。火灾探测要求采用复合探测方式,如感烟和图像复合、红外和紫外复合、红外和图像复合、红外双波段或红外多波段复合等,使火灾探测更加可靠,防止系统发生误喷。

4.5.3 联动控制系统

1. 联动控制

自动跟踪定位射流消防炮灭火系统前级火灾探测感知器感知到火灾信号后,将火灾信号传递给系统控制器,控制器发出信号,带动消防炮及炮体上的定位仪进行寻火,定位火源之后,进行灭火,整个过程是一个自动化的过程。自动跟踪定位射流消防炮灭火系统的联动控制如图4-21所示。

前级火灾探测感知器主要由一个或者若干个光学系统和感知火焰信号以及干扰信号的特种元件组成,它在探测感知到红外信号之后,转换为电压信号。但是此时的电压信号比较小,不能被微控制器的 AD 模块所采集,必须经过放大、滤波等处理后,才能转化为微控制器 AD 模块所

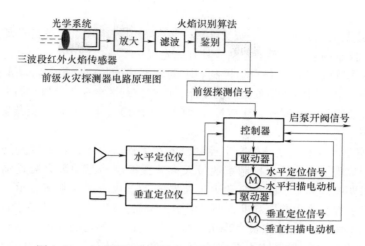

图 4-21 自动跟踪定位射流消防炮灭火系统的联动控制

能够采集的合适信号。

水平探测定位仪和垂直探测定位仪安装在自动跟踪定位射流消防炮的本体上，水平探测定位仪和垂直探测定位仪的探测原理与前级火灾探测感知器的探测原理相同，将红外火焰传感器外加不同中心波长的菲涅尔透镜来感知火焰信号、干扰信号。水平探测定位仪和垂直探测定位仪的另外一个重要功能是寻找火源所在坐标位置，即寻找火源位置，其功能如下：

1）前级探测感知器：在其控制区域内，探测火灾是否发生，具有火灾预警作用。如果在其控制的区域内发生了火灾，前级探测感知器就会将报警信号传送给炮体中心控制器，炮体中心控制器接收到报警信号之后就会启动消防炮本体进行寻找火源位置的动作。

2）水平探测定位仪：前级火焰探测器探测到火灾信号之后，中心控制器就会启动水平步进电动机并带动水平探测定位仪做水平方向的扫描，在水平方向寻火。当水平探测定位仪找到火灾信号之后，水平步进电动机停止转动，从而完成在水平方向上的寻火定位动作，再开始垂直方向上的寻火定位动作。

3）垂直探测定位仪：垂直探测定位仪安装在自动跟踪定位射流消防炮的炮筒上，当水平方向寻火定位完成后，炮体中心控制器就会启动垂直步进电动机并带动垂直探测定位仪做垂直方向的扫描，在垂直方向寻火。当垂直探测定位仪找到火灾信号之后，垂直步进电动机停止转动，垂直方向寻火定位完成。

经过前级探测感知器的探测感知，水平探测定位仪和垂直探测定位仪的定位，找到火源的中心位置，将消防炮炮口准确对准火源的中心位置之后，炮体的中心控制器就可以启动水泵和打开阀门，将灭火剂喷向火源。

2. 控制要求

1）控制装置应具备与火灾自动报警系统和其他联动控制设备联动或通信的功能。

自动跟踪定位射流灭火系统的控制装置除了发现火灾时快速发出多种形式的报警信息外，还应具有与其他火灾自动报警系统、灭火系统和安防系统设备联动或通信的功能，以达到信息共享，提高灭火救灾效率。设置自动跟踪定位射流灭火系统的场所，其所在的建筑物常常还设有火灾自动报警和其他各种消防联动控制设备。这些场所的自动跟踪定位射流灭火系统应作为建筑物火灾自动报警系统的一个子系统，兼有火灾控制和灭火功能，同时将火灾报警信号及其他相关信号送至建筑物消防控制中心，启动火灾自动报警系统控制器报警，并联动控制相关区域的消防设备。

2）控制装置应具有对消防水泵、灭火装置、控制阀门等系统组件进行自动控制、控制室手动控制、现场手动控制的功能，手动控制应具有优先权。

① 自动控制：控制装置应具备自动控制和手动控制功能，应能控制自动消防炮或喷射型射流灭火装置的俯仰、水平回转和相关阀门的动作，应能控制多台灭火装置进行联动工作。控制装置的控制功能除应控制灭火装置外，还应控制消防水泵的启、停，控制灭火装置射流状态和自动控制阀的启、闭等。

② 消防控制室手动控制：消防控制室控制设备在手动状态下，当系统报警信号被工作人员通过控制室显示器或现场确认后，控制室通过灭火装置控制器驱动灭火装置瞄准着火点，启动电磁阀和消防水泵实施灭火，消防水泵和灭火装置的工作状态在控制室显示。手动控制具有优先控制权，应能手动控制灭火装置瞄准火源，消防水泵启、停，以及灭火装置的射流状态。

③ 现场应急手动控制：工作人员发现火灾后，通过设在现场的手动控制盘按键驱动灭火装置瞄准着火点，启动电磁阀和消防水泵实施灭火，消防水泵和灭火装置的工作状态在控制室显示。

思 考 题

1. 简述室内消火栓系统的工作原理。
2. 自动喷水灭火系统如何分类？
3. 自动喷水灭火系统的适用范围有哪些？
4. 简述干式自动喷水灭火系统的工作原理。
5. 简述预作用自动喷水灭火系统的工作原理。
6. 水喷雾灭火系统如何分类？
7. 水喷雾灭火系统是如何工作的？
8. 细水雾灭火系统如何分类？
9. 细水雾灭火系统的适用范围有哪些？
10. 细水雾灭火系统由哪些主要部件组成？
11. 细水雾灭火系统的灭火机理是什么？
12. 细水雾灭火系统是如何工作的？
13. 细水雾灭火系统有哪些特性？

第5章

特殊灭火联动控制系统

在特定条件下的火灾，需要采用一些特殊的灭火方法，如泡沫灭火、气体灭火和干粉灭火。在建筑消防系统中，特殊的灭火方法能够有效弥补水灭火方法的劣势。因此除了水灭火联动控制系统外，集成特殊的灭火联动控制系统对于全灭火系统的完善，火灾的综合处理能力的提高以及灭火效率的提高等都具有十分重要的意义。

本章主要介绍三种特殊灭火联动控制系统，包括泡沫灭火联动控制系统、气体灭火联动控制系统和干粉灭火联动控制系统。通过本章的学习，熟悉不同灭火系统的组成及工作原理，并且进一步掌握系统的组件、联动控制等内容，从而在发生火灾时，可以正确判断并执行相应的火灾联动。

5.1 泡沫灭火联动控制系统

泡沫灭火系统通常指前期喷泡沫灭火，后期喷水冷却防止复燃，集自动喷水和泡沫喷淋为一体的灭火系统，同时其具有灭火能力强、速度快、水渍损失小等优点。且实践证明，该系统具有安全可靠、经济实用、灭火效率高的特点，是行之有效的灭火方法之一。本节通过对泡沫灭火系统的组成及工作原理、组件和联动控制进行介绍，分析系统在火灾发生时及时的灭火过程，能够有效地减少人员伤亡和财产损失。

5.1.1 系统的组成及工作原理

1. 系统的组成

如图 5-1 所示，泡沫灭火系统一般由空调控制柜、电动防火门（窗）、喷头、声光报警器、紧急停止按钮、压力开关、泡沫灭火控制器、火灾报警控制器等组成。

2. 系统的工作原理

灭火机理是泡沫喷射到燃烧物的表面，在燃烧物的表面形成一层泡沫或层膜，使可燃物与空气隔绝，导致火灾窒息。泡沫灭火系统（Foam Extinguishing System）按照泡沫发泡倍数分为低倍数（发泡倍数在 20 倍以下）、中倍数（发泡倍数在 20 ~ 200 倍）和高倍数（发泡倍数在 200 倍以上）灭火系统。

低倍数泡沫灭火系统主要通过泡沫的遮断、窒息、冷却作用，将燃烧液体与空气隔离实现灭

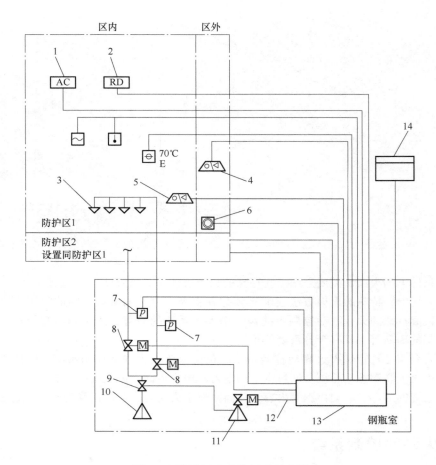

图 5-1　泡沫灭火系统组成示意图

1—空调控制柜　2—电动防火门（窗）　3—喷头　4—声光报警器（防火区出入口门外）
5—声光报警器（防火区出入口门内）　6—紧急停止按钮　7—压力表　8—区域选择电磁阀
9—瓶头气动阀　10—灭火剂泡沫瓶组　11—启动气瓶　12—瓶头电动阀
13—泡沫灭火控制器　14—火灾报警控制器

火。高倍数泡沫灭火系统主要通过密集状态的大量高倍数泡沫封闭区域，阻断新空气的流入，实现窒息灭火。中倍数泡沫灭火系统当以较低的倍数用于扑救甲、乙、丙类液体流淌火时，灭火机理与低倍数泡沫灭火系统的灭火机理相同；当以较高的倍数用于全淹没方式灭火时，灭火机理与高倍数泡沫灭火系统的灭火机理相同。

5.1.2　系统组件

泡沫灭火系统组件是泡沫灭火系统联动控制过程中的重要组成部分，以下对泡沫灭火系统联动控制相关组件进行具体介绍。

1. 泡沫消防水泵

泡沫消防水泵简称泡沫消防泵，用于输送满足泡沫灭火系统流量扬程的消防用水，分为单吸单级和单吸多级分段式两种，供输送不含固体颗粒的清水及物理化学性质类似于水的液体用。泡沫消防泵由电动机和泵两部分组成，电动机为 Y 系列三相异步电动机，泵和电动机采用联轴器连接，整体为刚性连接，使用时无须校正。泵由定子部分和转子部分组成。泡沫消防泵子部分由进水段、中段、导叶、出水段、填料函体等零件组成。为防止定子磨损，定子上装有密封环、平衡套等，磨损后可用备件更换。转子部分由轴、中轮、平衡鼓等组成。转子下端为水润滑轴承，上部为角接触球轴承，泵的轴向力绝大部分由平衡鼓来承担，其余小部分残余轴向力由角接触球轴承来承受。进水段、中段和出水段的结合面用纸垫通过拉紧达到密封。

泡沫消防泵主要用于消防系统管道增压送水，也可适用于工业和城市给水排水、高层建筑增压送水、远距离送水、供暖、浴室、锅炉冷暖水循环增压空调制冷系统送水及设备配套等场合。通常可按以下要求选定：

1）应选择特性曲线平缓的离心泵，且其工作压力和流量应满足系统设计要求。

2）当泡沫液泵采用水力驱动时，应将其消耗的水流量计入泡沫消防泵的额定流量。

3）当采用环泵式比例混合器时，泡沫混合液泵的额定流量宜为系统设计流量的 1.1 倍。

4）泵出口管道上应设置压力表、单向阀和带控制阀的回流管。

2. 泡沫液储存装置

泡沫液储存装置是压力比例混合器的一部分，当水通过输水管道进入罐体的时候，该装置配合压力比例混合器可控制泡沫液与水按一定的比例相融合，形成泡沫水混合液，为空气泡沫产生器制造泡沫做好前期准备。

3. 泡沫储罐

泡沫储罐由泡沫罐、压力比例混合器、隔膜、进水管、出液管及控制阀等组成。当压力水流经该装置的比例混合器时，能使水与泡沫按一定的比例进行自动混合，泡沫混合液供泡沫产生器、泡沫炮、泡沫喷头、泡沫枪等喷射设备使用，产生并喷射泡沫进行灭火。

4. 泡沫产生器

泡沫产生器的作用是吸入大量的空气到已经混合好的泡沫混合液里面，在水经过消防泡沫炮之前形成大量的泡沫。

（1）横式泡沫产生器

横式泡沫产生器是一种固定水平安装在油罐罐壁顶部，产生和喷射低倍空气泡沫的灭火设备。目前，横式泡沫产生器有 PC4、PC8、PC16、PC24 四种规格，额定工作压力为 0.5MPa，发泡倍数大于 5 倍。其工作原理是：当混合液沿管道流过产生器孔板时，突然节流，流速增大，形成负压，使大量空气吸入产生器内，初步与混合液形成泡沫。然后，经过击散片的分散作用，使混合液与空气得到进一步充分混合，形成空气泡沫。泡沫将产生器出口的玻璃盖冲破，在导板的作用下沿罐壁流向着火的液面，将火扑灭。

（2）高背压泡沫产生器

高背压泡沫产生器是为液下喷射泡沫灭火系统配喷嘴的一种低倍泡沫产生装置。目前，我国的高背压泡沫产生器有 PCY450G 型、PCY900G 型、PCY1350G 型、PCY1800G 型、PCY450 型和 PCY900 型六种型号。其工作原理是：高背压泡沫产生器的喷嘴前通过水带接口或法兰盘连接泡沫混合液管路，扩散管末端连接泡沫管线。工作时由消防水泵输送的具有一定压力的泡沫混合液通过喷嘴喷出，在混合室内产生负压，吸入空气，随后进入混合管。在混合管中，空气与泡沫混合液经过搅拌、混合，形成大量微细的气液混合物。这种气液混合物进入管径逐渐扩大的扩散管后，流速降低而压力相应上升，从扩散管流出后则形成具有一定压力的泡沫，再通过泡沫管线从下部喷入，进行覆盖灭火。

5. 泡沫比例混合器

泡沫比例混合器是泡沫灭火系统的"神经中枢"，压力水进入压力式比例混合器后由进水支管进入储罐，挤压胶囊置换出泡沫灭火剂（泡沫浓缩液），泡沫灭火剂和水按设计的比例（3%或6%）混合成泡沫混合液。泡沫比例混合器一般分为负压比例混合器和压力比例混合器两种。

（1）负压比例混合器

负压比例混合器主要为 PH 系列。当高压水枪从喷嘴喷出后，在混合室内产生负压，从而使泡沫液在大气压的作用下，从吸液口被吸入混合室，在混合室与水混合（泡沫液的浓度较高）经扩散管进入水泵吸水管再与水分充分混合形成混合液，并被输送至泡沫产生装置。

（2）压力比例混合器

压力比例混合器直接安装在耐压的泡沫液储罐上，其进出口串接在具有一定压力的消防水泵出水管线上。其工作原理是：当有压力的水流通过压力比例混合器时，在压差孔板的作用下，造成孔板前后之间的压力差。孔板前较高的压力水经缓冲管进入泡沫液储罐上部，迫使泡沫液从储罐下部经出液管压出。而且节流孔板出口处形成一定的负压，对泡沫液还具有抽吸作用，在压迫与抽吸的共同作用下泡沫液与水按规定的比例混合，其混合比可通过孔板直径的大小确定。

压力比例混合器的单罐容积不宜大于 $10m^3$；若采用无囊式压力比例混合器，当单罐容积大于 $5m^3$ 且储罐内无分隔设施时，宜设置一台小容积压力比例混合器，其容积应大于 $0.5m^3$，并能保证系统按最大设计流量连续提供 3min 的泡沫混合液；采用压力比例混合器时，应考虑储罐内部材料是否与水成膜泡沫液相适宜。

6. 控制阀门

控制阀门一般安装在系统各分区的消防干管始端，可将水流动的信号转换为输出电信号，发送到电控箱或消防控制中心显示喷头喷水的区域，对系统实施监控、报警作用。

阀门安装之前，应仔细核对所用阀门的型号、规格是否与设计相符；根据阀门的型号和出厂说明书检查对照该阀门可否在要求的条件下应用；阀门吊装时，绳索应绑在阀体与阀盖的法兰连接处，且勿拴在手轮或阀杆上，以免损坏阀杆与手轮；在水平管道上安装阀门时，阀杆应垂直向上，不允许阀杆向下安装。

7. 泡沫枪

泡沫枪是用来产生和喷射空气泡沫的灭火设备之一，按其是否自带吸液装置可分为自吸液泡沫枪和非自吸液泡沫枪两种，按混合液量规格有 PQ4、PQ8 和 PQ16 三种。自吸液泡沫枪由吸液管、吸液管接头、枪体、管牙接口、滤网、喷嘴、枪筒等组成。工作时泡沫枪进口与水带连接，在压力水流作用下，通过吸管按比例吸入泡沫液，形成混合液，并吸入空气形成泡沫，再通过枪筒喷出泡沫灭火。

8. 泡沫缓冲装置

抗溶泡沫扑救水溶性的易燃和可燃液体时，不能用泡沫炮或泡沫管枪直接把抗溶泡沫喷到水溶性可燃、易燃液体表面上，也不能用扑救油类火灾使用的液上喷射泡沫产生器直接将泡沫喷到储罐液体表面，因为这样会将液面搅动，失去抗溶效果而不能灭火。故必须在水溶性可燃和易燃液体储罐内安装泡沫缓冲装置。目前我国常用的泡沫缓冲装置有泡沫溜槽和泡沫降落槽等。

9. 泡沫堰板

泡沫堰板是设置在浮顶储罐的浮顶上靠外缘的一圈挡板。其作用是围封泡沫，将泡沫的覆盖面积控制在罐壁与浮顶之间的环形面积内，这样可减小泡沫覆盖面积，避免不必要的浪费。因为浮顶储罐发生火灾后，仅在浮顶与罐壁的密槽内燃烧，浮顶的中部为不可燃材料，不会燃烧。

10. 管线式泡沫比例混合器

管线式泡沫比例混合器利用文丘里管的原理在混合腔内形成负压，在大气压力作用下将容器内的泡沫液吸到腔内与水混合。不同的是管线式泡沫比例混合器直接安装在主管线上，泡沫液与水直接混合形成混合液，系统压力损失较大。在低倍数泡沫灭火系统中，要求管线式泡沫比例混合器的出口压力应满足克服混合器的出口至泡沫产生装置这段消防水带的水头损失和泡沫产生装置进口需要的压力；在高倍数泡沫灭火系统中，水的进口压力范围为 0.6 ~ 1.2MPa，水流量范围为 150 ~ 900L/min，比例混合器的压力损失可按水进口压力的 35% 计算。

5.1.3 系统联动控制

泡沫灭火系统一般应用于贵重精密机房、油类火灾等不能用水保护的场所，为避免系统误报而造成不必要的损失，灭火系统启动触发信号需要高可靠性。通常泡沫灭火控制系统的构成设备包括火灾报警和联动控制器、灭火控制器、警铃、声光报警器、放气指示灯、监视模块、控制模块及紧急启停按钮等。系统设计形式有泡沫灭火控制器直接连接火灾探测器的形式和非直接连接火灾探测器两种形式，每种形式的系统启动方式有自动控制和手动控制两种。

1）如图 5-2 所示，对于泡沫灭火控制器直接连接火灾探测器的系统，工作原理是：当泡沫灭火控制器接收到某一防护区满足联动逻辑关系的首个联动触发信号（该防护区内设置的感烟火灾探测器、其他类型火灾探测器或手动火灾报警按钮的首次报警信号）后，启动设置在该防护区内的火灾声光报警器，进行预报警，在预报警期间，防护区内或值班室人员迅速检查现场，采取措施灭火；当泡沫灭火控制器接收到该防护区的第二个联动触发信号（同一防护区内与首次报警的火灾探测器或手动报警按钮相邻的感温火灾探测器、火焰探测器或手动火灾报警按钮的报警信号）后发出系统联动控制信号。联动控制信号包括：

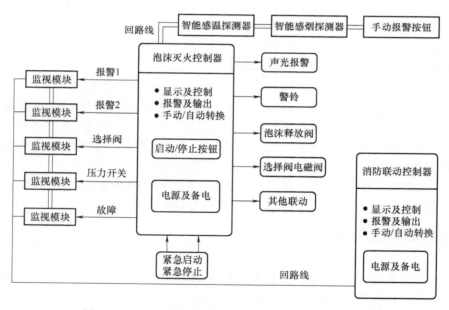

图 5-2 泡沫灭火系统联动流程图（直连探测器系统）

① 关闭防护区域的送（排）风机及送（排）风阀门。
② 停止通风和空气调节系统及关闭设置在该防护区域的电动防护阀。
③ 联动控制防护区域开口封闭装置的启动，包括关闭防护区域的门、窗。
④ 开启相应防护区域的选择阀（适用于组合分配系统）。
⑤ 启动泡沫灭火装置，释放泡沫灭火剂。泡沫灭火控制器可设定不大于30s的延迟喷射时间。
⑥ 启动泡沫灭火装置的同时，启动设置在防护区入口处表示气体喷水的火灾声光警报器。

对于无人工作的防护区，通常设置为无延迟喷射，一般灭火控制器在接收到满足逻辑关系的首个触发信号后，执行除启动泡沫灭火装置外的全部联动；在接收到第二个联动触发信号后，启动泡沫灭火装置。

2）如图5-3所示，对于泡沫灭火控制器非直接连接火灾探测器的系统，其两路联动触发信号火灾报警控制器或消防联动控制器根据预定程序发出，泡沫灭火控制器接收到报警触发信号后执行的相关联动程序与直接连接火灾探测器的形式相同。

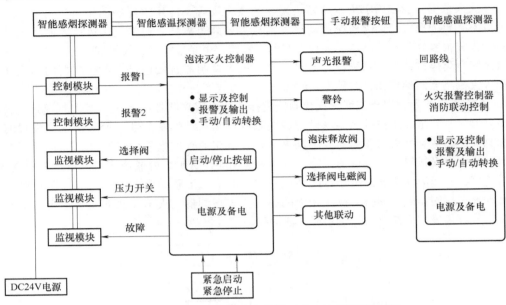

图 5-3　泡沫灭火系统联动流程图（非直连探测器系统）

泡沫灭火系统的手动控制方式有两种：一种是操作设置在防护区门外的手动启动和停止按钮；另一种是操作设置在泡沫灭火控制器上的手动启动、停止按钮。当手动启动按钮按下时，相当于确认火灾发出的信号，泡沫灭火控制器执行系统全部联动控制；当手动停止按钮按下时，如相关联动程序还没有输出，则可中断输出，停止相关联动控制。

泡沫灭火装置启动及喷放各阶段的联动控制及反馈信号反馈至消防联动控制器，包括火灾探测器的报警信号、选择阀的动作信号和压力开关信号等。

5.2 气体灭火联动控制系统

气体灭火系统是指通常在室温和大气压力下用气体状的灭火剂进行扑灭火灾的消防灭火系统。气体灭火系统具有灭火效率高、灭火速度快、适用范围广、灭火后无污渍等优点。本节以低压二氧化碳灭火系统、七氟丙烷灭火系统和IG-541混合气体灭火控制系统为主，介绍气体灭火系统的联动控制。通过对危险因素和危险参数进行实时监测、报警和联动控制，达到预测和消除事故隐患的目的，及时避免事故的发生，降低火灾带来的人员伤亡和财产损失。

5.2.1 系统的组成及工作原理

1. 系统的组成

如图5-4所示，气体灭火系统由储存装置、启动分配装置、输送释放装置、监控装置及联动控制装置组成。

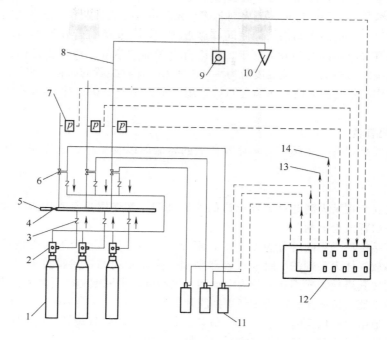

图 5-4 气体灭火系统组成示意图

1—储存容器 2—容器阀 3—单向阀 4—安全阀 5—汇集管 6—选择阀 7—压力表
8—管道 9—探测器 10—喷头 11—启动气瓶（氮气） 12—控制器
13—报警装置 14—联动控制装置

储存装置和输送释放装置由储存容器（钢瓶）、启动气瓶、容器阀、单向阀、选择阀、汇集管、管道、喷头及安全阀等组成。

监控装置由探测器、控制器、报警装置等组成。

2. 系统的工作原理

气体灭火系统是指平时灭火剂以液体、液化气体或气体状态储存于压力容器内，灭火时以气体（包括蒸汽、气雾）状态喷射作为灭火介质的灭火系统。并能在防护区空间内形成各方向均一的气体浓度，而且至少能保持该灭火浓度达到规范规定的浸渍时间，实现扑灭该防护区的空间、立体火灾。灭火剂的种类目前有很多种，短短几年，二氧化碳、七氟丙烷、惰性混合气体、三氟甲烷等灭火系统相继出现，但是无论哪种灭火系统其灭火机理都是相同的。

5.2.2 系统组件

气体灭火系统组件是气体灭火系统联动控制过程中的重要组成部分，以下对气体灭火系统联动控制相关组件进行具体介绍。

1. 灭火剂储存装置

灭火剂储存装置放置在靠近防护区的专用储瓶间，既要储存足够数量的灭火剂，又要保证在着火时能及时开启，释放灭火剂进行灭火。

储存装置应符合下列规定：管网系统的储存装置应由储存容器、容器阀和集流管等组成；七氟丙烷和 IG-541 预制灭火系统的储存装置，应由储存容器、容器阀等组成；容器阀和集流管之间应采用挠性连接。储存容器和集流管应采用支架固定；储存装置上应设耐久的固定铭牌，并应标明每个容器的编号、容积、皮重、灭火剂名称、充装量、充装日期和充压压力等，管网灭火系统的储存装置宜设在专用储瓶间内。储瓶间宜靠近防护区，并应符合建筑物耐火等级不低于二级的有关规定及有关压力容器存放的规定，且应有直接通向室外或疏散走道的出口。储瓶间和设置预制灭火系统的防护区的环境温度应为 $-10 \sim 50℃$，储存装置的布置应便于操作、维修及避免阳光照射。操作面距墙面或两操作面之间的距离，不宜小于 1.0m，且不应小于储存容器外径的 1.5 倍。

2. 启动分配装置

启动分配装置是用来打开灭火剂储存容器上的容器阀以及相应的选择阀，使灭火剂释放到着火区进行灭火。

（1）容器阀

容器阀是指安装在灭火剂储存容器出口的控制阀门，其作用是平时用来封存灭火剂，火灾时自动或手动开启释放灭火剂。

容器阀按其结构形式不同可分为差动式和膜片式两种。差动式容器阀是依靠阀体上下腔的压差来封闭或释放气体灭火剂的。膜片式容器阀则是采用专用的密封膜片来封闭或释放气体灭火剂的。容器阀按其启动方式不同可分为电动型、气动型、机械型和电引爆型四类，其开启是一次性的，打开后不能直接关闭，需要重新更换膜片或重新支撑后才能关闭。电引爆型容器阀平时处于闭合状态，通电时阀内雷管（引火器）爆炸，推动活塞使杠杆旋转，进而带动活门开启。

为了保证系统正常启动，容器阀应满足以下性能要求：

1）应符合灭火系统的具体使用地点、环境的要求，能长期可靠地工作，不出现误动作，在高速流体作用下阀门的部件不得被喷出或喷入管道。

2）应能在 $-20 \sim 50℃$ 的温度范围内工作。

3）阀门的各零部件必须具备一定的强度，在标准的试验过程中不得变形、渗漏，在阀体与管道的连接处不得有点滴或潮湿现象。

4）各密封处要保证一定程度的密封性，按规定方式试验时，阀门及其附件出口处应无泡或泄漏，也不能有机械损伤。

5）必须能经受一定程度的安装、运输、工作过程的振动。

6）保证灭火剂在长期储存过程中不过量泄漏。

7）既能保证在正常工作压力下动作灵活准确，还能保证在最大和最小工作压力下动作准确，并迅速完全开启。

8）应能经受多次的开启关闭，不出现任何故障和结构损坏。

9）应满足耐腐蚀的要求。

10）应满足耐冲击的要求。

（2）选择阀

选择阀主要用于灭火剂供给两个以上保护区域的装置上，其作用是选择释放灭火剂的方向，以实现选定方向的快速灭火。

选择阀的启动方式可以分为电动式和气动式两类。无论哪种启动方式的选择阀，均设有手动操作机构，以便于系统自动控制失灵时，仍能将选择阀打开。选择阀的布置应靠近储存容器，以节省管道材料和减少灭火剂流经管道的压力损失。由于选择阀上都设有应急手动操作机构，布置时还应考虑操作方便。此外，选择阀上应有表明对应防护区的铭牌。选择阀的管径和对应的防护区主管道的管径应相同。

3. 输送释放装置

输送释放装置包括管道和喷嘴，输送灭火剂和保证灭火剂以特定形式喷出，促使灭火剂和保证灭火以特定形式输出，并促使灭火剂迅速汽化，保证空间达到灭火浓度的作用。

（1）管道

高压系统管道及其附件应能承受最高环境温度下灭火剂的储存压力，低压系统管道及其附件应能承受 4.0MPa 的压力。并应符合下列规定：管道应采用符合《输送流体用无缝钢管》（GB/T 8163—2018）的规定，并应进行内外表面镀锌防腐处理。对镀锌层有腐蚀的环境，管道可采用不锈钢管、铜管或其他抗腐蚀的材料。挠性连接的软管必须能承受系统的工作压力和温度，并宜采用不锈钢软管。低压系统的管网中应采取防膨胀收缩措施。在可能产生爆炸的场所，管网应吊挂安装并采取防晃措施。管道可采用螺纹连接、法兰连接或焊接。公称直径等于或小于 80mm 的管道，宜采用螺纹连接；公称直径大于 80mm 的管道，宜采用法兰连接。管网中阀门之间的封闭管段应设置泄压装置，其泄压动作压力高压系统应为（15 ± 0.75）MPa，低压系统应为（2.38 ± 0.12）MPa。

（2）喷嘴

喷嘴是用来控制灭火剂的流速和喷射方向的组件，是气体灭火系统的一个关键组件。

喷嘴的布置应根据被防护对象的具体条件和制造厂商提供的喷嘴性能参数来确定。对于全淹没灭火系统，喷嘴的布置应根据防护区的大小、形状和制造厂商提供的喷嘴保护面积和高度条件确定。防护区内任一点均应在喷嘴的有效覆盖面积之内，防护区的高度应小于喷嘴的最大应用高度。若防护区的高度超过喷嘴的应用高度，则应布置多排喷嘴。对于局部应用系统，喷嘴的布置应根据防护区的大小、形状，防护区内可燃物的性质、有效覆盖面积和喷嘴的安装高度与方向等进行设计。所选择的喷嘴类型、数量和布置的位置，应使防护区内可燃物体的所有暴露表面均处于喷嘴的有效覆盖范围内，包括对火灾可能蔓延到的区域及设备等。设置在粉尘场所的喷嘴应增设不影响喷射效果的防尘罩。

4. 监控装置

监控装置主要检测系统是否正常工作。

采用气体灭火系统的防护区应设置火灾自动报警系统，其设计应符合《火灾自动报警系统设计规范》的规定，并应选用灵敏度级别高的火灾探测器。管网灭火系统应设自动控制、手动控制和机械应急操作三种启动方式。预制灭火系统应设自动控制和手动控制两种启动方式。

采用自动控制启动方式时，根据人员安全撤离防护区的需要，应有不大于 30s 的可控延迟喷射；对于平时无人工作的防护区，可设置为无延迟喷射。

灭火设计浓度或实际使用浓度大于无毒性反应浓度（NOAEL 浓度）的防护区和采用热气溶胶预制灭火系统的防护区，应设手动与自动控制的转换装置。当人员进入防护区时，应能将灭火系统转换为手动控制方式；当人员离开时，应能恢复为自动控制方式。防护区内外应设手动、自动控制状态的显示装置。

5. 火灾探测器、报警控制盘、执行控制盘

在气体灭火系统中，每个防护区一般都要设置火灾探测器，用于探测并输出火灾信号。根据火灾探测器的探测功能及用途，可分为感温探测器、感烟探测器、感光探测器及其复合式探测器等几种类型。火灾探测器种类的选择，应按照可能发生的初起火灾的形成特点、房间高度、环境条件、可能引起误报的原因等因素依据《火灾自动报警系统设计规范》确定。

报警控制盘是用来接收防护区内设置的火灾探测器发出的火灾信号，并发出火灾警报，提

醒人员注意，同时将火灾信号输送到消防控制中心。若报警控制盘同时接收到两种或两路由探测器发出的火灾信号，除发出警报外，还通过"与门"电路，将灭火指令送到执行控制盘，启动灭火系统扑灭火灾。

执行控制盘接到报警控制盘传来的两种或两路"与门"火警信号后，立即发出警报，指示人员撤离；经过延时 $0 \sim 60s$（根据灭火剂种类、灭火剂的灭火浓度、防护区的大小及出口数量的多少来确定，一般选择 30s），报警控制盘开始启动灭火剂储存瓶的容器阀和相应的防护区选择阀，释放灭火剂灭火；同时报警控制盘发出灭火剂释放警告声。

另外，执行控制盘还具有紧急切断、人工启动、时钟显示、联动控制、故障检测、状态显示、试验装置及备用电源等功能和装置。

6. 气体灭火控制器

气体灭火控制器能接收来自火灾探测器或手动报警按钮的报警信号，发出声光报警信号，与此同时，经逻辑判断，手动或自动地控制消防联动设备，启动气体灭火装置，迅速且有效地扑灭火灾。为了保证卤代烷等固定灭火装置安全可靠地运行，对其控制应具有手动和自动两种启动方式。控制器的使用要求为：

1）手动启动装置应设在保护区出入口附近位置，应便于操作人员接近且烟、火又暂时蔓延不到的地方。

2）启动装置应设置明显的永久性标志，说明被保护区名称及操作方法。

3）为了提高气体灭火控制器的可靠性，手动和自动控制方式一般可以切换。通常可以用手动方式，晚间无值班人员时，可转换为探测器联动的自动控制方式，手动与自动位置应设置相应的指示。

4）停电时应自动转换到备电方式。

7. 可燃气体报警控制器

可燃气体报警控制器与可燃气体探测器配套，成模拟量型可燃气体泄漏检测报警装置，从而实现对周围环境空气中一般可燃气体在爆炸下限以内含量的检测与报警。

报警方式分为单段报警式和双段报警式两种。单段报警式系统，需预先设定某一个浓度标定值，当被监控现场可燃气体浓度达到浓度标定值后，即发出声光报警，联动有关消防设备。而双段报警式系统则须预先设定低浓度和高浓度两个标定值。

5.2.3 系统联动控制

1. 低压 CO_2 灭火系统的联动控制

CO_2 灭火系统按防护区的特征和灭火方式可分为全淹没灭火系统和局部应用灭火系统；按结构分为有管网输送灭火系统和无管网输送灭火系统。管网输送灭火系统又分为组合分配系统和单元独立系统；按管网布置形式分为均衡管网和非均衡管网；按贮压等级分为高压系统和低压系统，本节将介绍低压 CO_2 有管网输送系统。

CO_2 灭火剂的喷射量可按需要量自动控制，可与火灾探测器、报警灭火控制器和管网喷头等构成低压 CO_2 灭火系统，具有自动、手动和机械应急启动等多种灭火启动方式。低压 CO_2 自动灭火系统及其控制程序图如图 5-5 和图 5-6 所示。

低压 CO_2 自动灭火装置主要由 CO_2 灭火剂低温储存装置（包括灭火剂储罐、电接点压力表、液位仪、制冷机组和液相充装阀等）主阀（电动或气动阀）、选择阀等组成。再配以低压 CO_2 灭火装置控制柜、喷头及管路、火灾探测器和报警控制柜（盘）等，即构成低压 CO_2 自动灭火系统。

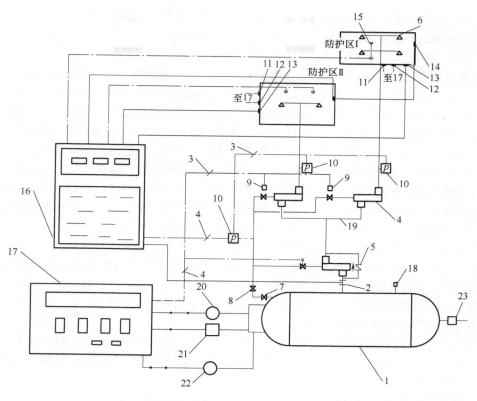

图 5-5 低压 CO_2 自动灭火系统图

1—灭火剂储罐 2—储罐截止阀 3—主阀（包括气启动阀） 4—选择阀（包括气启动器） 5—旁路管道止回阀

6—喷头 7—启动气路截止阀 8—启动气路调节阀 9—启动气路电磁阀 10—压力表

11—紧急启动按钮 12—紧急停止按钮 13—放气指示灯 14—声光报警器 15—火灾探测器

16—报警控制柜 17—灭火装置控制柜 18—安全阀 19—汇集管

20—电接点压力表 21—制冷机组 22—液位仪 23—液相充装阀

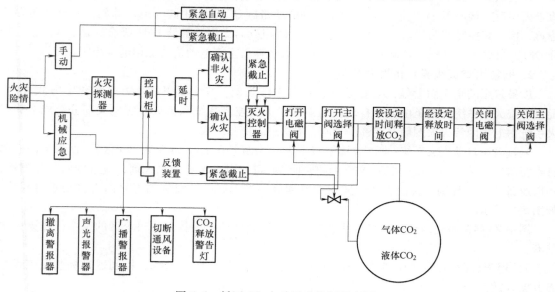

图 5-6 低压 CO_2 自动灭火控制程序图

低压 CO_2 灭火控制装置按其结构可分为四部分：PLC 主机、制冷系统控制线路及主回路部分、主阀的控制线路及主回路部分、灭火装置控制柜控制面板。

（1）PLC 主机

PLC 主机是控制柜的核心装置，它接收各种传感器（包括电接点压力表或压力开关、压差变送器）传回的各种信号，并进行运算和处理，发出各种执行命令和控制制冷系统的工作等，使低压 CO_2 灭火装置保持在正常的伺服状态下。例如，当储罐内的压力超过 2.17MPa 或低于 1.72MPa，以及储罐内的 CO_2 灭火剂的液位低于设计用量 90% 或高于设计用量 10% 时，灭火控制柜均可发出相应的声光报警信号。黄色灯光为"注意"信号，红色灯光为"检修维护"信号。

当发生火情时，PLC 主机接收来自火灾报警控制器或灭火装置控制柜的操作灭火指令，控制选择阀和主阀启闭，释放 CO_2 灭火剂实施对被保护区的火灾扑救，并发出相应的声光报警信号。

灭火控制柜设有自动控制、手动控制、机械应急操作三种启动方式。如果是小范围内应值班室内应用，而且在被保护现场有人值班时，也可不设自动控制。

（2）制冷系统控制线路及主回路部分

该部分主要执行来自 PLC 主机对制冷机的启动和停止命令。在遇到 PLC 主机不能控制的情况下，如压缩机腔内过压或欠压、线圈过电流等，可通过自保回路进行自我保护，通过执行 PLC 主机的指令，控制制冷机的工作，以保证储罐保持在一个安全的物理状态。

（3）主阀的控制线路及主回路部分

该部分执行来自 PLC 主机对主阀的开启和闭合命令，在选择阀已经开启的情况下，实施低压对被保护区的 CO_2 灭火剂的喷放。在 PLC 主机不控制的情况下，主阀发生故障，则通过自保回路进行自我保护。

（4）灭火装置控制柜控制面板

控制面板包括显示部分和控制按钮部分，另外主阀操作包括紧急启动、停止和启动等操作。在低压 CO_2 灭火装置控制柜上可以完成系统的全部操作和相应的信号显示，故一般将该装置装设在消防控制中心或被保护区外的值班室内。而对小范围内应用的低压 CO_2 灭火系统，其手动操作装置应装设在被保护区的附近。

开机试验项目是将控制柜与制冷机、主阀（电动或气动）及其他各部件的连接导线连接好，检查无误后，接通380V电源，合上控制主阀的断路器 QF1，将主阀（电动球阀）手动摇至中间位置，按下其控制回路的启动（停止）按钮，使相应的交流接触器 KM1 吸合（断开），然后断开 QF1，根据主阀（电动球阀）的旋转方向，调整连接主阀电动机的三相电源相序。

2. 七氟丙烷灭火系统的联动控制

以最常用的全充满七氟丙烷自动灭火控制系统为例，其主要以物理方式和化学方式灭火。七氟丙烷灭火系统一般是由灭火自动报警系统、灭火控制系统和灭火系统三大部分组成，其灭火系统由七氟丙烷灭火剂储存装置、管网、喷头三大部分组成。

七氟丙烷自动灭火系统一般应根据防火分层划分保护区域（如 A 区、B 区），使每个区域都有报警信号，为了防止由于探测器产生的误报警而可能引起误喷洒灭火剂，应采用两类探测器，并取逻辑"与"控制。目前在实际应用中有四区、二十四区总线制的七氟丙烷自动报警系统，如图 5-7 所示。

图中 ZY-4A 型气体灭火控制器可实现对四个区的气体灭火控制，每个区的基本气体灭火功能有：

1）用于启动小钢瓶的电磁阀的控制线，输出最大值为 1.5A/24V，控制器时刻监视该线是否开路（故障）。

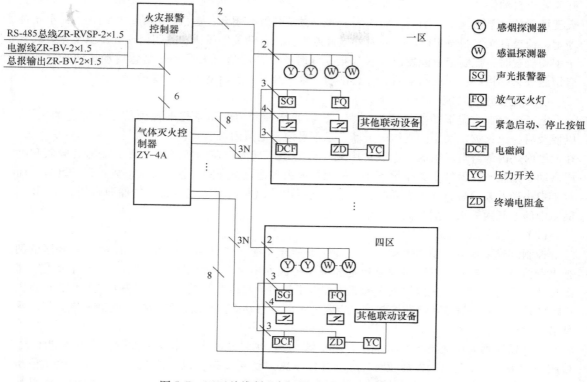

图 5-7 四区总线制七氟丙烷自动灭火系统控制图

2）用于启动现场声光警报器的控制线，输出最大值为 500mA/24V。

3）用于启动放气警报灯的控制线，输出最大值为 50mA/24V。

4）提供三对无源常开/常闭转换触点，用于控制该区其他联动设备，触点容量为 3A、AC250V、DC250V。

5）用于接收现场紧急启动按钮和现场紧急停止按钮的状态输入线。

6）用于接收压力开关的状态输入线，以反馈气体是否被释放的状态，控制器时刻监视该线是否开路（故障）。

火灾报警控制器则进行动态跟踪 ZY-4A 的运行状况，若发生放气灭火事件，则将放气灭火的启动原因、发生的时间等作为数据记录永久地保存下来，为事后分析起因提供原始凭证。

值得注意的是，本系统采取将两类探测器的报警信号采取逻辑"与"，虽然降低了报警的误报率，但延误了执行灭火的时间，使火势可能增大。此外，若采取逻辑"与"的两类探测器损坏，整个系统将处于瘫痪状态，且无法自动投入灭火工作，尤其只使用两只不同类型的探测器时更是如此。所以，对于面积较小的保护区，如果设计结果只需要感烟、感温探测器共两只，则从系统工作的可靠性出发，应当适当增加各类探测器的个数，如感烟、感温探测器分别选用两只，再对两类探测器的输出信号取逻辑"与"。一般来说，对于大面积的保护区，因为安装的火灾探测器数目较多，这个问题可以不考虑。

对于七氟丙烷气动自动灭火系统，当任意灭火分区的信号道内两种探测器同时报警时，控制柜由火灾报警转变为灭火警报。在警报情况下，控制柜上的两种探测器报警信号灯亮；在消防值班室内发出快变调警报音响，同时对报警的火灾现场也发出声、光警报；假设控制器上的转换开关置于自动位置上，报警控制器将立即发出指令延时 20～30s 开启钢瓶；钢瓶开启并开始对火灾现场释放七氟丙烷灭火剂后，瓶头阀上的一对常开触点闭合；警报一开始，控制柜上的电子钟停走，记录首次警报发出时间，同时外控触点闭合，自动关停风机和关闭门窗等；当工作方式置于手动位置时，控制柜只能发出灭火警报，此时要靠消防值班人员操作紧急启动按钮来完成开启钢瓶灭火的指令；灭火结束后，开启排烟、排气装置，及时清理火灾现场。

（1）主要设备功能

七氟丙烷在常温下的蒸气压力不大，故需要增加动力气体维持七氟丙烷系统应有的压力，以便及时扑灭火灾。增压的气体应干燥，且不易溶于七氟丙烷气体内，如氮气（N_2）容易干燥，在七氟丙烷内的溶解度很低，所以常用氮气作为增压气体。在钢瓶间内设置七氟丙烷储瓶和高压启动小钢瓶，在氮气压力作用下使七氟丙烷灭火剂通过选择阀、管路等喷洒到被保护区域。而对于中小型七氟丙烷自动灭火系统，则常将七氟丙烷储瓶与增压气体氮气的储瓶合用，A、B 区储瓶中的七氟丙烷灭火剂与氮气储瓶是分开的。

（2）控制方式

控制方式主要有自动和手动。若将转换主令开关置于"自动"位置上，在接收到 B 区的两种火警信号后，控制器便同时向总控室和被保护区发出声、光警报信号，发出"执行灭火"指令并开始延时计时。七氟丙烷灭火剂流过配气干管时途经压力开关，所以压力开关动作，即将向 B 区喷洒灭火剂的信号回馈至控制柜，表明七氟丙烷自动灭火系统已开始执行喷洒七氟丙烷灭火剂进行灭火。

如在接收到火灾探测器发出火警信号的 20～30s 延时时间内，未发现火情，或者火势不大，可用一般手提式小型灭火器扑救时，应立即按下紧急切断按钮，以停止执行灭火。若消防值班人员发现被保护区内有较大火情，而控制柜并未向七氟丙烷灭火装置发出灭火指令，则可按下手动启动按钮。对于保护区域不便组合，或两个被保护区相距较远时，宜选用单元独立的七氟丙烷自动灭火系统。该系统也是由火灾自动报警系统、灭火控制系统和灭火系统三部分组成。

3. IG-541 灭火系统的联动控制

（1）电气自动控制部分

电气自动控制部分主要由站级气体灭火主机（NFS2-3030）、气体灭火现场控制盘（RP-1002PLUS）、警铃、声光报警器、手动/自动转换按钮（含紧急释放功能）以及现场火灾探测器等设备组成，其主要功能是完成火灾的探测、灭火剂喷洒控制信号输出、现场火警信息的上传、判断和相应设备的联动控制。现场火灾探测器将火灾所产生的温度、烟雾和火光等物理特性转换成电信号发送至火灾报警主机，然后主机下发火警联动控制信号至现场控制器，同时上传火警信号至站级火灾自动报警系统。

（2）灭火剂储存输送部分

灭火剂储存输送部分主要由灭火剂储气瓶、启动气瓶、选择阀、压力开关、输气管道、喷嘴、气动电磁阀、高压软管等组成，其主要功能是实现灭火剂的储存与输送。当启动气瓶的电磁阀接收到现场控制器发送的启动信号后，释放启动气瓶中的启动气体，再由启动气体冲开灭火剂储存瓶的瓶头阀与选择阀，从而释放灭火剂，灭火剂经集流管、选择阀最后经输送管道输送至气体灭火保护区，从而扑灭火灾。图 5-8 所示为 IG-541 灭火系统联动控制图。

（3）系统灭火启动方式

IG-541 气体灭火系统主要有三种灭火剂释放启动方式，即自动启动、手动启动和紧急机械操作启动。

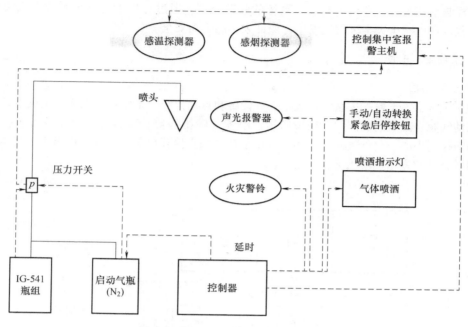

图 5-8 IG-541 灭火系统联动控制图

1）自动启动。在正常情况下，探测器通过回路连接卡连接在 NFS2-3030 火灾报警主机上，当感温、感烟火灾探测器探测到火情后将火警传送至火灾报警主机。主机接收到两个不同类型火灾探测器传送的火警信号后，发送火警联动信号至现场控制器，现场控制器控制警铃、声光报警器、电磁阀（30s 延时）等现场设备动作。如果在系统处于 30s 延时阶段时，判定现场为误报火警或可通过灭火器扑灭火灾，为减少财产损失，可通过手动/自动转换按钮（含紧急释放功能）紧急停止。

2）手动启动。当主机在接收到两个不同类型火警信号并经过现场确认后，系统未能按照自动启动模式正常启动灭火剂的喷洒模式，或车站值班人员巡检时发现设备房火灾但火灾探测器未能及时发出火警信号至火灾报警主机时，即自动启动模式启动无效时或系统未能正常报警情况下，须由值班人员直接在现场手动操作紧急启动按钮，启动现场设备联动动作。手动启动方式是通过系统的电气控制方式人为手动操作来实现的。

3）紧急机械操作启动。在自动启动和手动启动两种方式皆无效的情况下，现场人员应前往气瓶间通过紧急机械操作方式启动气体灭火系统灭火。紧急机械操作方式又可分为两种情况：通过手动触动启动钢瓶的电磁阀开启；在电磁阀开启无效的情况下可通过手动逐瓶开启灭火剂储气瓶的方式释放灭火剂，完成灭火剂的释放。紧急机械操作启动方式是通过系统的管网机械手动控制来实现的，与电气控制相互独立。同时，该操作手段是气体灭火系统的最终操作手段，如果本操作方式依然无法启动，则系统无法启动。

5.3 干粉灭火联动控制系统

干粉灭火系统是将干粉罐内的干粉灭火剂释放到着火区域，通过抑制、隔离、冷却、窒息等作用进行扑灭火灾的消防灭火系统。干粉灭火系统具有灭火速度快、效率高、不导电、可长距离输送等优点，主要可用于扑救易燃、可燃液体、可燃气体和电气设备的火灾。本节以自动控制系统和手动控制系统为主，介绍干粉灭火系统的联动控制。通过分析干粉灭火系统在火灾发生时的灭火过程，可以减少灾害事故的发生，保证人员的生命安全。

5.3.1　系统的组成及工作原理

1. 系统的组成

如图 5-9 所示，干粉灭火系统一般由灭火设备和自动控制设备两部分组成。灭火设备由干粉储罐、驱动气瓶、减压阀、阀门、输粉管道、喷嘴（喷枪）等构成；自动控制设备包括火灾探测器、消防控制中心、启动气瓶等。还可以用手动方式直接开启驱动气瓶，排出高压气体，实施向干粉储罐充气和充压、喷洒干粉等动作。

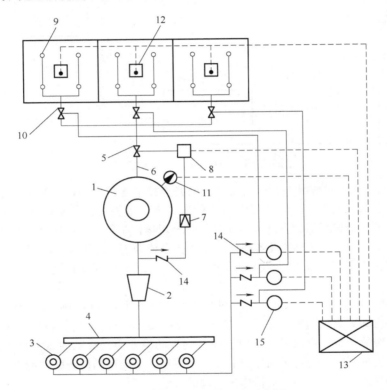

图 5-9　干粉灭火系统组成示意图

1—干粉储罐　2—压力控制器　3—氮气瓶（N_2）　4—集气管　5—球阀　6—输粉管道
7—减压阀　8—电磁阀　9—喷嘴　10—选择阀　11—压力传感器　12—火灾探测器
13—消防控制中心　14—单向阀　15—启动气瓶

2. 系统的工作原理

干粉灭火系统的工作原理是利用氮气瓶组内的高压氮气经减压阀减压后，使氮气进入干粉储罐，其中一部分被送到罐的底部，起到松散干粉灭火剂的作用。随着罐内压力的升高，部分干粉灭火剂随氮气进入出粉管被送到干粉炮、干粉枪或干粉固定喷嘴的出口阀门处，当干粉炮、干粉枪或干粉固定喷嘴的出口阀门处的压力达到一定值（干粉储罐上的压力表值达 1.5～1.6MPa）后，打开阀门（或者定压爆破膜片自动爆破），将压力能迅速转化为速度能，这样高速的气粉流便从干粉炮（干粉枪或固定喷嘴）中喷出，射向火源，切割火焰，破坏燃烧链，迅速扑灭或抑制火灾。

5.3.2　系统组件

干粉灭火系统组件是干粉灭火系统联动控制过程的重要组成部分，以下对干粉灭火系统联动控制相关组件进行具体介绍。

1. 启动装置

干粉灭火系统有启动气体和驱动气体两种启动装置。启动气体装置使系统启动，驱动气体给灭火剂提供压力，使它快速灭火。具体是启动气体装置使驱动气瓶和灭火剂瓶的容器阀打开，使选择阀打开。外储压形式需要驱动气瓶，内储压则不用（因为灭火剂瓶里有压力）。如果自动报警失效，需要手动启动的时候，则手动打开选择阀，然后打开驱动气瓶和灭火剂瓶的容器阀。

2. 驱动气体储瓶

干粉灭火剂是由气体驱动并携带喷射出去的，这些输送干粉灭火剂的气体称为驱动气体，也称为载气。大型干粉灭火系统一般采用氮气作为驱动气体，小型干粉灭火系统多采用二氧化碳作为驱动气体，应保证气体质量，要求不能含有水分和其他可能腐蚀容器的成分。例如，使用二氧化碳气体时，要避免使用液态二氧化碳，除非采取可靠措施除去水分和油质；二氧化碳含水率不应大于 0.015%（m/m），其他气体含水率不得大于 0.006%（m/m）。

驱动气体储瓶是用来储存驱动气体的高压钢瓶，它对系统的使用有着很大的影响。驱动气体储瓶一般由瓶体和瓶头阀组成，其中，氮气瓶通常采用 40L 的标准氮气瓶，储气压力为 13 ～ 15MPa；二氧化碳瓶多采用 7kg 的二氧化碳灭火器钢瓶。驱动压力不得大于干粉储存容器的最高工作压力。驱动气体进入干粉储罐时，应保证能使干粉适当地流体化，同时在干粉从干粉储罐放出之前，使整个储罐内形成相同的压力，确保干粉流速适当，使其达到应有的灭火效果。

3. 控制阀门

干粉灭火系统上安装有多个阀门，以控制系统正常工作。这些阀门主要有驱动气瓶上的瓶头阀、减压阀、干粉控制球阀、安全阀、单向阀、泄放阀、放气阀、吹扫阀等。

驱动气瓶上的瓶头阀一般分为手动瓶头阀、气动瓶头阀和电动瓶头阀三种。其中，手动瓶头阀一般用于较小的干粉灭火设备或半固定式的灭火装置上，它仅有一两个气瓶，手动操作启动比较容易；气动瓶头阀和电动瓶头阀则用在多个驱动气瓶组成的气瓶组上，通常由一根集气管把各气瓶连在一起，通过一根总管输出气体，以便实现自动控制启动。气动瓶头阀只要启动瓶从集气管给予 1.2 ～ 2.0MPa 的气压，就可立即打开所有气瓶阀，从排气管排出气体。这种阀门只要在使用中防止灰尘和污染，动作后使阀门复位，它的密封性能是相当可靠的。电动瓶头阀是通过引爆电爆管，使密封片破坏，排出瓶中气体，其优点是启动快、密封可靠；缺点是使用后需要更换密封片和启爆管。

为了减小储气瓶的体积，驱动气体都储存在高压气瓶内。气瓶的压力高达 15MPa，甚至达到 20MPa，而干粉储罐的工作压力一般都不超过 2MPa。为了保证给干粉储罐安全供气，必须安装调压阀。调压阀的安装形式一般有三种：第一种是安装在每只气瓶的出口；第二种是安装在瓶组的总输气管上；第三种是安装在干粉储罐的进气口。常用的调压阀有活塞式调压阀和气体平衡式调压阀，在规定的进口压力下，其出口压力可在所需范围内调节。调压阀的进口、出口都必须安装阀门，进口端阀门的有效直径不应小于 15mm，出口端阀门的有效直径不应小于 20mm。调压阀启动前，应关闭进口端、出口端阀门，使调节螺钉处于自由状态，然后缓慢开启进口端阀门，观察高压表读数。调节调压阀的调节螺钉，观察出口端低压表读数，调至所需压力后，即可打开低压端阀门供气。当其入口压力为储气瓶正常的工作压力时，其流量应能满足干粉储罐的充压时间；当干粉储罐额定充装量小于或等于 1000kg 时不大于 30s；干粉储罐额定充装量大于

1000kg 时不大于 45s。

4. 干粉储罐

干粉储罐平时密封储存干粉，灭火时，加压气体（即高压下不燃气体，如氮气、二氧化碳等）进入罐内，使罐内干粉剧烈搅动。当罐内气压上升到工作压力时便自动打开出粉管上的阀门，干粉即被加压气体冲出形成粉、气混合流，再经输粉管由喷嘴喷出灭火剂。

干粉储罐两端是椭圆封头的钢制圆柱形容器或球形钢制容器。罐上设有装粉口、出粉口、进气口、安全阀、压力表、清扫口等。外表面应涂以大红面漆。干粉储罐的容积有 300L、1000L、2000L 等，工作压力一般为 1.5 ~ 2.0MPa。

5. 出粉管

干粉储罐内的干粉通过出粉管导出，再通过输粉管输送至防护区。出粉管的出口一般在干粉储罐圆柱体的上部或顶部。出粉管的进粉嘴都设在干粉储罐内中心下部，其形式有直管形、锐角形、喇叭形三种。进粉嘴与干粉储罐底部的距离是一个关键尺寸，一般通过试验确定。距离偏大，余粉量过多；距离偏小，使粉气流产生过大的阻力，不利于干粉的排出。另外，在出粉管上应装有安全膜或阀门，以便在干粉导出之前形成适当的工作压力。

6. 进气管

进气管是向干粉储罐加注动力气体的，数量为一根或几根。进气管一般位于干粉储罐的底部，沿出粉管、进粉嘴周围均匀布置，但与进粉嘴的相对位置要适当，因为其距离的远近将影响粉气混合比。进气管的末端有排气孔，在排气孔上要加橡胶套。橡胶套可固定，也可不固定。但在固定时，要固定在上部，使气流向下排放。

7. 主阀

主阀设在干粉储罐底部出粉嘴周围，小型罐只设 1 个，大型罐需设 3 或 4 个主阀。主阀与出粉嘴的相对位置需通过试验确定。如果主阀与出粉嘴距离过小，粉气混合比小，即气体中干粉灭火剂的输出量少，干粉灭火设备不能发挥正常灭火效能；主阀与出粉嘴距离过大，粉气混合比大，则可能产生粉堵，使干粉灭火设备不能正常工作。

8. 自动操作盘

干粉储罐的工作压力一般为 1.5 ~ 2.0MPa，氮气瓶中的高压气体压力一般为 13 ~ 15MPa，因此氮气在进入干粉储罐前必须经过自动操作盘进行减压。但考虑到可能因设备故障使干粉储罐超压，所以必须设安全阀或安全膜片等。一般选用弹簧式调压阀，为防干粉堵塞安全阀进口造成安全阀失灵，应将安全阀安装在干粉储罐顶部无干粉的部位。

9. 氮气瓶

氮气瓶由瓶体和控制阀组成，工作压力为 15MPa，减压器低压端的压力可在 0 ~ 4.0MPa 内调节。氮气瓶平时给充气的火灾探测管道补气，火灾发生时，探测器的低熔点合金熔化脱落，探测管道中的气体泄出，压力下降，处于关闭状态的活塞阀被开启，气体通过连接报警器的管道使报警器发出报警信号；气体同时通过管道流向驱动气瓶开启氮气瓶阀门。

10. 干粉喷嘴

喷嘴的作用是将粉气流均匀地喷出，将着火物表面完全覆盖，以实现灭火。为了适应不同保护场所的需要，干粉喷嘴主要有直流喷嘴、扩散喷嘴和扇形喷嘴三种形式。

不同形式的喷嘴用于不同的保护对象，并有不同的安装方式和要求。直流喷嘴的出口粉气流呈柱形，随着喷射距离的增加逐渐分散开，射程比较远，可使粉气流喷射到保护对象的各个部位，一般可用于化工装置、变压器的保护；扩散型喷嘴射出的粉气似伞状，有效射程最短，一般用于热油泵房、可燃液体散装库等场所，安装在泵房、库房的顶部；扇形喷嘴的出口粉气流呈扇形，覆盖面大，射程较前者短，一般用于油罐、油槽等部位，安装在其上部边缘。

　　喷嘴的数量应根据其喷射性能确定，喷嘴的保护面积应完全覆盖保护对象的计算面积。

　　全淹没式干粉灭火系统喷嘴的布置，应能使干粉均匀布置，以保证整个空间内干粉灭火浓度不低于设计浓度，喷嘴的最大布置间距一般应通过试验确定；局部应用式干粉灭火系统喷嘴的布置，应保证干粉喷射面能够覆盖保护表面，在整个喷射时间内，保证保护对象表面的任一处能够形成要求的干粉灭火剂设计浓度，若保护易燃液体，喷头的布置位置还应防止产生易燃液体的飞溅，以避免火灾蔓延扩大。

　　干粉喷嘴的工作压力可为 0.05～0.7MPa。由于喷嘴口径和喷嘴压力不同，每个喷嘴的喷嘴量可为 9～470kg/min，喷射距离为 1～12m。喷头应有防止灰尘或异物堵塞喷孔的防护装置，防护装置在灭火剂喷放时应能被自动吹掉或打开。喷头的单孔孔径不得小于6mm。

　　11. 分配阀

　　干粉灭火系统的管道分为气体管道和干粉管道。气体管道连接启动装置、驱动气瓶、干粉储罐等组件。驱动气瓶与减压器间的管道压力一般为 15MPa 左右，减压器至干粉储罐间的管道工作压力一般为 2MPa 左右，这两种气体管道均应采用铜管，且在减压器和减压阀前要加装过滤器。干粉储罐至喷嘴间的管道为干粉管道，包括总管、干管和支管，应采用镀锌钢管。干粉管道上的阀门选用时应保证阀门的通径与干粉管道内径一致，以免造成干粉堵塞。

5.3.3　系统联动控制

　　干粉灭火控制系统是依靠驱动气体（惰性气体）驱动干粉的，干粉固体所占体积与驱动气体相比小得多，宏观上类似于气体灭火控制系统，因此，可用二氧化碳灭火系统设计数据。防护区围护结构具有一定耐火极限和强度是保证灭火的基本条件。对于只输出开关量信号的其他类型火灾探测器，可以通过中继模块接入报警回路。

　　根据设置干粉灭火装置场所的要求，干粉灭火系统可以分为手动操作系统、半自动操作系统和自动操作系统。

　　1）在防护区无人看守的情况下，可将火灾报警控制器的选择开关置于"自动"位置，干粉灭火系统便处于自动探测、自动报警及自动释放（探测到火警并报警后延时 30s）灭火剂、自动灭火的工作状态。

　　2）当防护区有人看守时，可将火灾报警控制器的选择开关置于"手动"位置。当火灾探测器发出火灾信号时，火灾报警控制器便发出声、光报警信号，而灭火系统不启动。经工作人员确认火灾，按下设置在防护区门口的紧急启动按钮或者消防联动控制器手动控制盘的启动按钮，灭火系统启动并释放干粉灭火剂灭火（或经值班工作人员将火灾报警控制器上的开关转换到自动位置，干粉灭火系统即可自动完成灭火过程）。

　　3）在火灾自动报警系统失灵或消防电源断电的情况下，干粉灭火系统不能自动或电控启动灭火，此时现场人员可以机械方式操作，人工启动干粉灭火系统。首先拔掉启动瓶电磁阀上的保险卡簧，用力拍下手柄（或依次拔掉动力瓶上的保险插销，直接按下每个驱动气瓶手柄），当听到驱动气瓶气体进入粉罐的声音后，观察粉罐上的压力表，压力值上升到 1.4MPa 时，快速摇动出粉总阀上的开启手轮，释放灭火剂进入防护区灭火（特别提醒：当系统为组合分配方式时，必须首先确认发生火灾区域的分区阀，并快速摇动分区阀上的手轮开启阀门，然后再按上述机械应急操作全过程启动干粉灭火系统）。

　　4）紧急启动或紧急停止操作：当现场人员发现防护区发生火情后，在火灾自动报警系统还未报警的情况下，可提前直接启动灭火系统灭火。此时，现场工作人员击破紧急启停按钮上的防护玻璃，按下启动按钮，干粉灭火系统立即按自动灭火程序进行灭火。反之，当现场工作人员发现防护区并未发生火灾或人工能扑灭火灾，同时声光报警器已经发出火警信号，在延时 30s 时间内，现场工作人员可击破紧急停止按钮上的防护玻璃，按下停止按钮，可立即中断灭火系统的动作程序，停止灭火。干粉灭火系统控制程序图如图 5-10 所示。

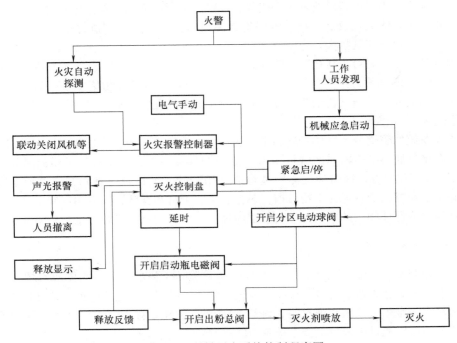

图 5-10　干粉灭火系统控制程序图

必须指出，干粉灭火系统的管道分为气体管道和干粉管道，干粉和动力气体应用不同的钢瓶储存，分开放置，以便确保灭火效果。固定干粉灭火系统可以设置在易燃、可燃液体的油槽，变压器室，配电室，发电机房，可燃气体压缩机房，以及接触水能发生化学反应的催化剂储存处等部位，有良好的灭火效果。一旦有火灾出现，压力报警器也能随时进行智能化工作。

思　考　题

1. 泡沫灭火控制系统按喷射方式分可以分为哪几种？
2. 泡沫灭火控制系统按发泡倍数分为哪几种？发泡倍数分别是多少？
3. 泡沫灭火控制系统由哪些组件组成？
4. 气体灭火控制系统中常见的灭火机理有哪些？各有什么不同？
5. 气体灭火控制系统的主要控制方式是哪三种？各自有什么特点？
6. 七氟丙烷灭火系统的特点和应用范围是什么？
7. 简述干粉灭火系统的基本类型和组成。
8. 简述干粉灭火系统的检测内容和方法。
9. 简述干粉灭火系统联动控制的要求和方法。

第6章
防排烟联动控制系统

火灾发生时将产生大量的高温有毒有害烟气，这些烟气不仅直接威胁人们的生命安全，还具有很强的减光作用，使得能见度大大降低，严重妨碍人员安全疏散和消防人员扑救。国内外的多次火灾表明，火灾中产生的烟气，其遮光性、毒性和高温的影响是造成火灾人员伤亡的最主要因素。为确保人员的安全疏散、消防扑救的顺利进行，对建筑防烟排烟系统进行精心设计，组织合理的烟气控制方式，建立有效的烟气控制设施是十分必要的。防烟、排烟设备的合理动作是控制火灾烟气的关键，必须进行精心的设计。设计、施工、检查等人员应了解防排烟系统的组成、工作原理、联动要求，防火阀、排烟阀、送风口、风机等的控制要求、位置等，故本章针对防排烟系统工作原理、主要控制设备、联动控制方式、设计要点等进行较为详细的阐述。

6.1 防排烟系统的分类及工作原理

火灾烟气的控制有防烟和排烟两种方式，防烟是防止烟气进入疏散通道，排烟是把烟气排出室外，两者互为相补。防烟和排烟两者的最终目的一致，都是为确保建筑内人员安全疏散和消防队员灭火提供条件，最大限度地减少火灾造成的损失。防烟和排烟常常紧密联系，不可分割，故称为防排烟。

6.1.1 防烟系统的分类及工作原理

防烟系统的工作方式分为自然通风和机械加压送风。自然通风是指通过采用自然通风的方式，防止火灾烟气在楼梯间、前室、避难层（间）等空间内积聚。机械加压送风是指通过采用机械加压送风方式，阻止火灾烟气侵入楼梯间、前室、避难层（间）等空间的系统。当建筑物发生火灾时，疏散楼梯是建筑物内部人员疏散的唯一通道，前室、合用前室是消防队员进行火灾扑救的起始场所，也是人员疏散必经的通道。因此，发生火灾时无论采用何种防烟方式，都必须保证它的安全性，防烟就是控制烟气不进入上述安全区域。

1. 自然通风

自然通风是一种热压和风压作用的、不消耗机械动力的、经济的通风方式。如果室内外空气存在温度差或者窗户开口之间存在高度差，则会产生热压作用下的自然通风。当室外气流遇到建筑物时，会产生绕流流动，在气流的冲击下，将在建筑迎风面形成正压区，在建筑屋顶上部和建筑背风面形成负压区，这种建筑物表面所形成的空气静压变化即为风压。当建筑物受到热压、风压同时作用时,外围护结构上的各窗孔就会产生因内外压差引起的自然通风。由于室外风的风向和风速经常变化,因此导致风压是一个不稳定因素。

对于建筑高度小于或等于50m的公共建筑、工业建筑和建筑高度小于或等于100m的住宅建筑,由于这些建筑受风压作用影响较小,利用建筑本身的采光通风也可基本起到防止烟气进一步进入安全区域的作用。因此,其防烟楼梯的楼梯间、独立前室、合用前室及消防电梯前室宜采用自然通风方式的防烟系统。当采用敞开的凹廊、阳台作为防烟楼梯间的前室、合用前室及消防电梯前室,或者防烟楼梯间前室、合用前室及消防电梯前室具有两个不同朝向的可开启外窗且可开启窗面积符合规定时,可以认为前室或合用前室自然通风,能及时排出前室的防火门开启时从建筑内漏入前室或合用前室的烟气,并可阻止烟气进入防烟楼梯间。当楼梯间采用自然通风,而前室采用机械加压通风时,要求加压送风口必须设置在独立前室、合用前室及消防电梯前室顶部或正对前室入口的墙面。

2. 机械加压送风

在防烟的设计中,自然通风方式结构简单,不需要外加动力,但自然通风的防排烟效果不稳定,尤其受气象条件的影响很大。在国外一些地区,自然通风的有效利用率仅在25%左右。

负压机械排烟克服了自然通风方式受气象条件影响而不稳定的弊端,但由于火灾的复杂性和排烟管路、排烟风机的耐热性等问题,烟气从着火区域蔓延扩散到非着火区域仍然是无法避免的。

基于上述问题,便提出了机械加压送风方式。机械加压送风是指在疏散通道等人员逃生的路线送入足够的新鲜空气,并维持其压力高出建筑物其他部位,从而把着火区域产生的烟气有效地堵截在加压防烟的部位之外。利用在疏散通道、楼梯间和电梯间及前室等部位加压,保证疏散通道的能见距离不低于5m,使受灾人员可以看清路线逃生。

高层建筑内可分为四类安全区:第一类安全区为防烟楼梯间、避难层;第二类安全区为防烟楼梯间前室、消防电梯间前室或合用前室;第三类安全区为走道;第四类安全区为房间。发生火灾时,从安全性的角度出发,要满足:加压送风时应使防烟楼梯间压力>前室压力>走道压力>房间压力,同时还要保证各部分之间的压差不要过大,以免造成开门困难影响疏散。我国现行相关规范规定,防烟楼梯间与非加压区的设计压差为40~50Pa,防烟楼梯间前室、合用前室、消防电梯间前室、封闭避难层与非加压区的设计压差为25~30Pa。一般来说,机械加压送风防烟是向防烟楼梯间及其前室加压送风,造成与走道之间一定的压力差,防止烟气入侵。

机械加压送风的运行方式一般分为两种。一种是只在紧急情况下,即发生火灾时投入运行,而平时则停止运行,称为一段式;另一种是在平时作为加压区域的空气调节使用,以较低的功率进行送风换气,当发生火灾时,能立即投入增加空气压力而运转,称为两段式。在一般情况下,第二种送风方式比较理想,因为加压系统持续运行的情况下,可以在火灾初期就起到加压防烟作用。

对加压空间的送风依靠风机将室外空气送入需要加压防烟的空间。室外空气不应受到烟气污染,但不必进行过滤、消声或加热等任何处理。

6.1.2 排烟系统的分类及工作原理

排烟系统的工作方式主要有两种:一是充分利用建筑物的结构进行自然排烟;二是利用机械排烟设置进行机械排烟。

1. 自然排烟

自然排烟是指充分利用建筑物的构造,在自然力的作用下,即利用火灾产生的热烟气流的浮力和外部风力作用,通过建筑物房间或走廊的开口把烟气排至室外。这种排烟方式实质上是通过室内外空气对流进行排烟的。在自然排烟中,必须有冷空气的进口和热烟气的排出口。一般采用可开启外窗及专门设置的排烟口进行自然排烟,这种排烟方式经济、简单、易操作,并具有不需使用动力及专用设备等优点。自然排烟是简单且不消耗动力的排烟方式,系统无复杂的控制方法及控制过程。因此,对于满足自然排烟条件的建筑,首先应考虑采取自然排烟方式。

自然排烟窗(口)应设置手动开启装置,设置在高位不便于直接开启的自然排烟窗(口),应设置距地面高度 1.3~1.5m 的手动开启装置。净空高度大于 9m 的中庭、建筑面积大于 2000m^2 的营业厅、展览厅、多功能厅等场所,尚应设置集中手动开启装置和自动开启设施。

2. 机械排烟

机械排烟是指利用电能产生的机械动力,迫使室内的烟气和热量及时排出室外。机械排烟的优点是能有效地保证疏散通路的安全,使烟气不向其他区域扩散。其缺点是火灾猛烈发展阶段排烟效果会降低,排烟风机和排烟管道需耐高温,初投资和维修费用高。

机械排烟可分为局部排烟和集中排烟两种方式。局部排烟方式是在每个需要排烟的部位设置独立的排烟风机直接进行排烟;集中排烟方式是将建筑物划分为若干个区域,在每个区域内设置排烟风机,烟气通过排烟口进入排烟管道引到排烟风机直接排至室外。由于局部机械排烟方式投资大,且排烟风机分散,维修管理麻烦,所以很少采用。若采用,一般与通风换气要求相结合,即平时可兼作通风排风。当建筑的机械排烟系统沿水平方向布置时,每个防火分区的机械排烟系统应独立设置。

机械排烟是利用排烟机把着火区域产生的烟气通过排烟口排到室外的排烟方式。在火灾发展初期,这种排烟方式能使着火房间压力下降,造成负压,烟气不会向其他区域扩散。根据补风方式的不同,机械排烟还可分为机械排烟/自然补风方式和机械排烟/机械补风方式。

6.2 防排烟联动控制系统的主要设备

防排烟联动控制系统中涉及的主要设备包括阀门、防排烟风机、挡烟垂壁、自动排烟窗等。

6.2.1 阀门

阀门是防排烟系统进行联动控制的重要设备,按照功能可以分为防火阀、排烟阀、送风阀等,表 6-1 对民用公共建筑通风系统常见阀门功能进行了介绍。

表 6-1 民用公共建筑通风系统常见阀门功能

类别	编号	名称	功　　能	消防联动控制模块
通风类 防火阀	1	70℃防火阀	常开,空气温度70℃或150℃(厨房用)时阀门熔断关闭,输出开闭状态无源电信号。可手动关闭,手动复位	输入模块
	2	电动防火阀	常闭,火灾时电动打开(DC24V)并联锁开启风机(一般用于消防补风风机),输出关闭无源电信号。可手动开启,手动复位	输入/输出模块
	3	70℃电动 防火阀	常开,火灾时电动(DC24V)和70℃熔断关闭,输出开闭状态无源电信号。可手动关闭,手动复位	输入/输出模块+ 输入模块
	4	电动开关风阀(联锁正压送风机)	常闭,火灾时与正压送风机联锁启闭(DC24V),输出开闭状态无源电信号,可手动开启,手动复位	输入/输出模块
	5	70℃电动开关风阀(气灭灾后排风用)	常开,火灾时电动(DC24V)及70℃熔断关闭,火灾后电动打开(DC24V),输出开闭状态无源电信号,可手动关闭,手动复位	双输入/输出模块+ 输入模块

（续）

类别	编号	名称	功　能	消防联动控制模块
防烟阀	6	加压送风口	常闭，火灾时电动（DC24V），输出开闭状态无源电信号，联动加压风机开启	输入/输出模块
排烟防火阀类	7	280℃防火阀	常开，烟气温度280℃时阀门熔断关闭，输出开闭状态无源电信号，联动加压风机开启	输入模块
	8	280℃排烟防火阀（联锁风机）	常开，280℃时阀门熔断关闭，输出开闭状态无源电信号，并联锁关闭相应的排烟风机。可手动关闭，手动复位	输入模块＋联锁信号线（硬线）
	9	280℃电动排烟防火阀	常开，火灾时阀门电动（DC24V）和280℃熔断关闭，并输出开闭状态无源信号。可联锁关闭风机。可手动关闭，手动复位	输入/输出模块＋输入模块
	10	排烟阀	常闭，火灾时阀门电动（DC24V）或手动（远距离缆绳）开启，输出开闭状态无源电信号，并联动排烟风机开启，可设280℃重新关闭装置。可手动开启，手动复位	输入/输出模块＋输入模块
	11	排烟口	常闭，火灾时阀门电动（DC24V）或手动（远距离缆绳）开启，输出开闭状态无源电信号，并联动排烟风机开启，可设280℃或重新关闭装置。可手动开启，手动复位	输入/输出模块＋输入模块
220V强电控制	12	电动开关风阀（消防用，联动送风兼补风风机）（消防用，联锁排风兼排烟风机）	阀门与送风兼补风风机联锁启闭，或阀门与排风兼排烟风机联锁启闭。电动开启，电动复位（即正反转）（AC220V）。手动开启，手动复位	—
	13	电动开关风阀（消防用，联锁新风兼补风风机）	阀门与新风兼补风风机连续启闭。同时具有防冻作用，当盘管后测点温度低于5℃时，关闭风机，同时关闭风阀。电动开启，电动复位（即正反转）（AC220V）。手动开启，手动复位	—

　　排烟阀或送风阀装在建筑物的过道、防烟前室或无窗房间的防排烟系统中用作排烟口或正压送风口。平时阀门关闭，当发生火灾时阀门接收电动信号打开阀门。送风阀或排烟阀的电动操作机构一般采用电磁铁，当电磁铁通电时即执行开阀操作。电磁铁的控制方式有三种：一是消防控制中心火警联锁控制；二是自动控制，即由自身的温度熔断器动作实现控制；三是就地（现场）手动操作控制。无论何种控制方式，当阀门打开后，其微动（行程）开关便接通信号回路，向控制室返回阀门已开启的信号或联锁控制其他装置。

　　防火阀与排烟阀相反，正常时是打开的，当发生火灾时，随着烟气温度上升，熔断器熔断使阀门自动关闭；一般用在有防火要求的通风及空调系统的风道上。防火阀可用手动复位（打开），也可用电动机构进行操作。电动机构通常采用电磁铁，接收消防控制中心命令而关闭阀门，其操作原理同排烟阀。排烟防火阀的工作原理与防火阀相似，只是在机构上还有防烟要求。

6.2.2　防排烟风机

　　风机是一种用于输送气体的机械，是将原动机的机械能转换成流经其内部流体的压力能的设备。在建筑物防排烟系统中，风机是有组织地往室内送入新鲜空气，或排出室内火灾烟气的输送设备，是机械排烟系统和加压送风系统中必不可少的部分，在防排烟系统中起着至关重要的作用。根据作用原理分类，风机分为离心风机、轴流风机和混流风机。机械加压送风风机宜采用轴流风机或中、低压离心风机。排烟风机一般可采用离心风机、排烟专用的混流风机或轴流风机。

根据风机的转速将风机分为单速风机和双速风机。改变风机的转速可以改变风机的性能参数，以满足风量和全压的要求，并可实现节能的目的。双速风机采用的是双速电动机，通过接触器改变极对数得到两种不同转速。

6.2.3 挡烟垂壁

挡烟垂壁是指安装在吊顶或楼板下或隐藏在吊顶内，火灾时能够阻止烟和热气体水平流动的垂直分隔物。活动挡烟垂壁是指火灾时因感温、感烟或其他控制设备的动作，自动下垂的挡烟垂壁，主要用于高层或超高层大型商场、写字楼以及仓库等场合，能有效阻挡烟雾在建筑顶棚下横向流动，以利于提高在防烟分区内的排烟效果，对保障人民生命财产安全起到积极作用。

活动挡烟垂壁应与感烟探测器联动，当感烟探测器报警后，挡烟垂壁能自动下降至挡烟工作位置；当挡烟垂壁接收到消防控制中心的控制信号后，应能下降至挡烟工作位置；当系统断电时，挡烟垂壁能自动下降至挡烟工作位置。

卷帘式挡烟垂壁电动下降或机械下降的运行速度应不小于 0.07m/s。翻板式挡烟垂壁电动下降或机械下降的运行时间应小于 7s。挡烟垂壁应设置限位装置，当其运行至上、下限位时，能自动停止。

挡烟垂壁的控制由电磁圈及弹簧锁等组成翻板式挡烟垂壁锁，平时用它将防烟垂壁锁在吊顶中。火灾时可通过自动控制或手柄操作使垂壁降下。火灾时从感烟探测器或联动控制盘发来电信号（DC24V），电磁圈通电把弹簧锁的销子拉进去，开锁后挡烟垂壁由于重力的作用靠滚珠的滑动而落下，下垂到90°至挡烟工作位置。另外，当系统断电时，挡烟垂壁能自动下降至挡烟工作位置。手动控制时，把挡烟垂壁升回原来的位置即可复原，将挡烟垂壁固定住。

6.2.4 自动排烟窗

排烟窗是在火灾发生后，能够通过手动打开或通过火灾自动报警联动控制系统自动打开，将建筑火灾中热烟气有效排出的装置。排烟窗分为自动排烟窗和手动排烟窗。自动排烟窗与火灾自动报警系统联动或可远距离控制打开，手动排烟窗火灾时靠人员就地开启。

用于高层建筑物中的自动排烟窗由窗扇、窗框和安装在窗扇、窗框上的自动开启装置组成。开启装置由开启器、报警器和电磁插销等主要部件构成。自动排烟窗能在火灾发生后自动开启，并在60s内达到设计的开启角度，起到及时排放火灾烟气、保护高层建筑的重要作用。

当发生火灾时，智能控制箱接收该楼宇既有消防中心的消防信号，同时把信号传输给开窗器，开窗器接收到消防信号后自动开启消防排烟窗，达到通风排烟的目的。也可能当火灾发生时，该楼宇既有消防中心没有给出火警消防信号，这时可直接敲碎紧急按钮开关面板上的无伤害玻璃并按下报警按钮，消防控制箱在接收到紧急报警按钮的信号后同样会全部开启排烟窗。

6.3 防排烟联动控制系统的运行与控制

当建筑物发生火灾时，随着火势的发展，掌握何时使防排烟设备动作以及在同时间内使哪些设备动作，是极其重要的。防排烟设备可以在火灾现场附近就地手动操作、也可以在消防控制室实现远程控制或联动控制。从全局来看，有必要使防排烟设备系统地动作，并且能局部控制。

如果把防排烟设备的动作顺序搞错，就可能导致把烟气引进疏散通道或其他部位的危险。

6.3.1 防烟系统的运行与控制

1. 防烟系统设备的组成

机械加压送风防烟系统主要由送风机、送风管道、送风阀、送风口、新风入口及控制系统组成，如图6-1所示。在机械加压送风防烟系统中设置送风阀，主要是防止火灾烟气进入送风系统，送风阀一般采用70℃可自动关闭的防火阀。如果送风温度达到70℃及以上，送风阀关闭，表明新风入口已受到火灾烟气的危害，应停止送风。

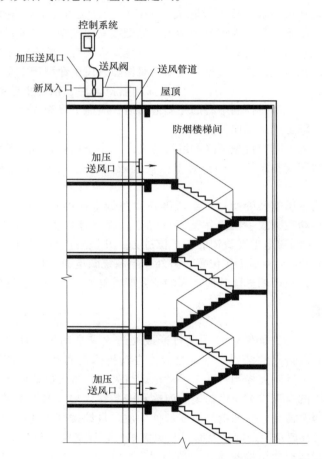

图6-1 机械加压送风防烟系统组成

2. 防烟系统设备的联动方式

（1）直接联动控制

当某建筑不设消防控制室时，其防烟系统的运行控制主要是把火灾报警信号接至送风机控制箱，由控制箱直接启动送风机。

（2）消防控制中心联动控制

当某建筑设有消防控制室时，火灾报警信号通过总线连到消防控制室，由消防控制中心的主机发出相应的指令程序，通过控制模块启动送风口、送风机。

3. 防烟系统的控制程序

当火灾发生时，机械加压送风防烟系统应能够及时开启，防止火灾烟气侵入作为疏散通道的防烟楼梯间及其前室、消防电梯前室或合用前室以及封闭的避难层（间），以确保有一个安全可靠、畅通无阻的疏散通道和安全疏散所需的时间。这就需要及时正确地控制和监视机械加压送风防烟系统的运行。防烟系统的控制通常采用手动、自动、手动及自动控制相结合的方式。火灾发生时，各种消防设施是否联动、联动方式的不同，以及是由人发现火灾还是由火灾监控设施探测到火灾，这些情况的防烟系统的运行方式也就不同。

（1）不设消防控制室

1）如果由人发现火灾，可手动开启常闭送风口。送风口打开，送风机与送风口联动，送风机开启，即可向防烟楼梯间、（合用）前室等部位进行加压送风。此时也可直接操作控制箱开启送风口和送风机，使其运行，其控制程序如图 6-2a 所示。

如果送风口常开，送风口与送风机无法实现联动运行，只能在控制柜上直接开启送风机，其控制程序如图 6-2b 所示。

2）如果由火灾探测器发现火灾，火灾探测器启动常闭送风口，送风口打开，送风机与送风口联动，送风机开启，即可向防烟楼梯间、（合用）前室等部位进行加压送风。此时也可直接操作控制箱开启送风口和送风机，使其运行，其控制程序如图 6-2a 所示。

如果送风口常开，送风口与送风机无法实现联动运行，只能由火灾探测器直接开启送风机，其控制程序如图 6-2b 所示。

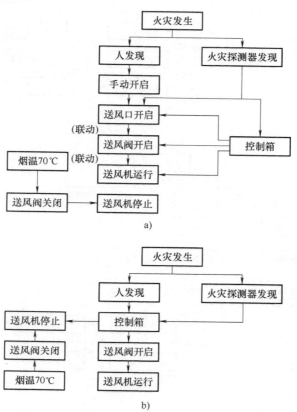

图 6-2 不设消防控制室的机械防烟系统控制程序

a）送风口常闭 b）送风口常开

（2）设消防控制室

1）如果由人发现火灾，可手动开启送风口，送风口打开，其开启信号反馈到消防控制室，消防控制室发出指令程序，开启送风机，该过程称为送风口联动控制送风机，其控制程序如图 6-3a 所示。

当消防控制室接到电话报警或通过监控系统发现火情，可在消防控制室直接开启送风机，或开启送风口，使其联动控制送风机运行，其控制程序如图 6-3a 所示。

2）如果由火灾探测器发现火灾，火灾探测器将信号反馈到消防控制室，由消防控制室通过联动控制程序启动常闭送风口、送风机，向防烟楼梯间、（合用）前室等部位进行加压送风，其控制程序如图 6-3b 所示。当火灾发生时，如果建筑内的空调系统正在运行，消防控制室在发出指令程序开启排烟机和送风机的同时，也应发出指令程序，停止空调系统的运行。在送风机的运行过程中，如果火灾烟气危害到新风入口，使送风温度达到 70℃，送风阀应立即关闭，送风机停止运行，停止送风。

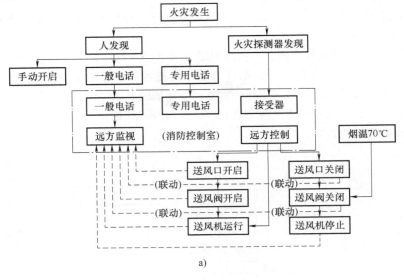

a)

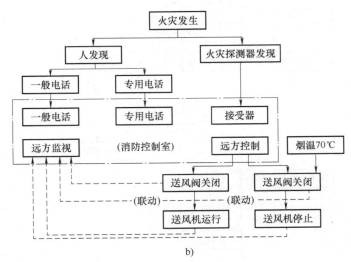

b)

图 6-3　设置消防控制室的机械防烟系统控制程序

a）送风口常闭　b）送风口常开

4. 防烟系统运行调节方式

一个性能良好的机械防烟系统在设计条件下运行时，应该满足设计参数的要求，即关门正压间应保持一定的正压值，开门门洞处的气流应维持高于最低流速值的速度。当系统在非设计条件下运行时，如施工质量较差、开门工况变化等，也应能保证关门正压间不超压不卸压，维持开门门洞处的风速不低于最低流速。这就意味着正压系统必须有良好的应变能力，这除了在计算系统的加压送风量时充分考虑各种不利的因素、风量储备系数等外，还有一个系统的运行调节方式问题。此处着重指出，前室加压时，通常只加压火灾层及其上下邻层的前室，如果着火层前室设有独立的加压系统，每层前室内设出风口，出风口为常闭。当火灾发生时，火灾信号传至消防中心，立即指令加压风机启动，并同时指令火灾层及其上下邻层前室出风口打开，对前室进行加压。着火层是随机的，而其上下邻层也随着火层同时控制，在控制线路上较为繁杂，但可以解决。另外其正压值与楼梯间正压保持一定压差，并采用泄压措施。目前常用的泄压措施包括余压阀泄压和旁通系统运行方式。

（1）余压阀泄压

当加压空间内的空气压力不超过最大压力差时，余压阀上由于可调节重物的作用，折页板呈关闭状态。当加压空间所有的门关闭，余压值超过最大压力差时，当加压空间余压降至最大压力差时折页板又恢复到关闭状态。

（2）旁通系统运行方式

旁通系统是指在送风机的出口管道上设一旁通管道，将系统多余的空气引至送风机入口进行再循环。在旁通管道上设有由静压传感器控制的电动阀门，静压传感器设在建筑物1/3高度处，根据压力控制点正压值的变化改变阀门的开度，从而改变送往加压区域的送风量。压力传感器设在容易造成超压的地方和总送风管道内。当加压区域的所有门都关闭时，正压区间的正压增大，超过限定值时静压传感器就控制旁通阀门开大，使循环回到送风机入口的风量增加，从而减少送入正压系统的送风量，使系统不超压。

6.3.2 排烟系统的运行与控制

1. 排烟系统设备的组成

机械排烟系统主要由排烟机、排烟管道、排烟防火阀、排烟口及控制系统组成，如图6-4所示。当建筑物内发生火灾时，由火场人员手动控制或由火灾探测器将火灾信号传递给防排烟控制器，开启活动的挡烟垂壁将烟气控制在发生火灾的防烟分区内，并打开排烟口以及和排烟口联动的排烟防火阀，同时关闭空调系统和送风管道内的防火阀防止烟气从空调、通风系统蔓延到其他非着火房间，最后由设置在屋顶的排烟机将烟气通过排烟管道排至室外。

2. 排烟系统设备的联动方式

排烟系统设备的联动方式有多种，采取哪种方式，主要是由其控制设施来决定的。

（1）直接联动控制

当某建筑不设消防控制室时，其排烟系统的运行控制主要是把火灾报警信号连到排烟机控制柜，由控制柜直接启动排烟机。

（2）消防控制中心联动控制

当某建筑设有消防控制室时，火灾报警信号通过总线连到消防控制室，由消防控制中心的主机发出相应的指令程序，通过控制模块启动排烟口、排烟机。

3. 排烟系统的控制程序

火灾发生时，机械排烟系统的快速启动运行，对于人员的疏散起着至关重要的作用，机械排

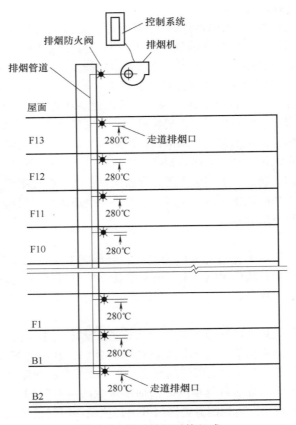

图 6-4　机械排烟系统组成

烟系统可以手动启动、火灾探测器联动控制、消防控制室远程控制。火灾发生时，各种消防设施是否联动、联动方式的不同，以及是有人发现火灾还是由火灾监控设施探测到火灾，排烟系统的运行方式也就不同。

（1）不设消防控制室

1）当火灾现场有人发现火灾发生，可手动开启常闭排烟口，排烟口打开，排烟口与活动挡烟垂壁、排烟机、空调机等联动，活动挡烟垂壁下降，形成防烟分区，同时空调系统停止运行，排烟机开启，即可对房间、走廊、中庭等部位进行排烟；此时也可直接在控制柜上直接开启排烟口和排烟机，使其直接运行。其控制程序如图 6-5a 所示。

如果排烟口常开，排烟口与排烟机无法实现联动运行，只能在控制柜上直接开启排烟机，关闭空调系统，其控制程序如图 6-5b 所示。

2）如果火灾由火灾探测器发现，火灾探测器启动常闭排烟口，排烟口打开，排烟口与活动挡烟垂壁、排烟机、空调机联动，活动挡烟垂壁下降，形成防烟分区，同时空调系统停止运行，排烟机开启，即可对排烟部位进行排烟；此时也可在控制柜上直接开启排烟口和排烟机，使其直接运行，关闭空调系统，其控制程序如图 6-5a 所示。

如果排烟口常开，排烟口与排烟机无法实现联动运行，只能由火灾探测器直接开启排烟机，同时启动活动挡烟垂壁动作，排烟机联动控制空调系统，使其停止运行。其控制程序如图 6-5b 所示。

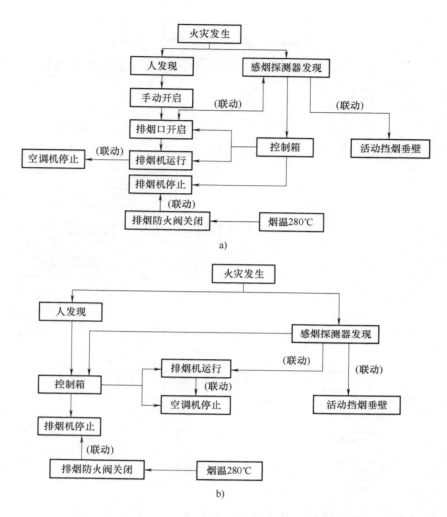

图 6-5 不设消防控制室的机械排烟系统控制程序

a）排烟口常闭 b）排烟口常开

（2）设消防控制室

1）当火灾现场有人发现火灾发生，可手动开启排烟口，排烟口打开，其开启信号反馈到消防控制室，消防控制室发出指令程序，关闭空调系统，开启排烟机，该过程称为排烟口联动控制排烟机。其控制程序如图 6-6a 所示。

当消防控制室接到电话报警或通过监控系统发现火情，可在消防控制室直接开启排烟机，或开启排烟口，联动控制排烟机运行，其控制程序如图 6-6a 所示。

2）如果火灾由火灾探测器发现，火灾探测器将信号反馈到消防控制室，由消防控制室通过联动控制程序开启常闭排烟口、排烟机，对排烟部位进行排烟，同时关闭空调系统。其控制程序如图 6-6b 所示。

不管是排烟口、排烟机、活动挡烟垂壁的启动，还是空调系统停止工作，以及排烟防火阀的启闭，其动作信号都会反馈到消防控制室。当火灾烟气温度达到 280℃ 时，排烟防火阀关闭，同时联动排烟机停止排烟，排烟系统关闭。

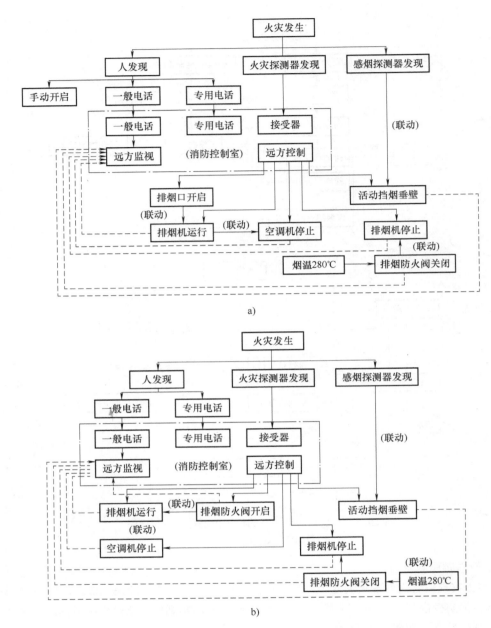

图 6-6　设置消防控制室的机械排烟系统控制程序

a）排烟口常闭　b）排烟口常开

（3）排烟与排风共用系统

排烟系统与排风系统共用风机、风管、风口和排烟防火阀。支管设 280℃ 常开电控防烟防火阀，平时常开排风口兼排烟口，风机为双速风机，平时低速运行，火警时高速运行。控制流程如图 6-7 所示。

火警时，火警信号通过发现人报告、火灾探测器感知等方式传送至消防中心。消防主机确认火灾后，发出信号至消防联动控制柜。通过消防联动控制柜手动/自动分别发出控制信号，切断

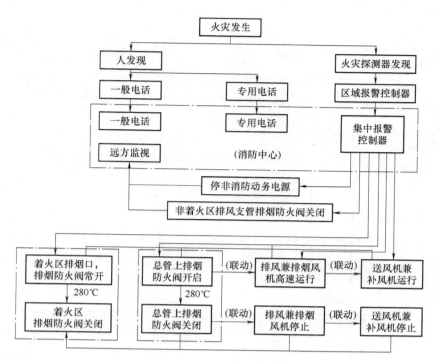

图 6-7　排烟与排风共用系统控制流程

火灾区的非消防动力电源，停止通风机、空调机运行，关闭主管路的防烟防火阀，通风系统、空调系统停止使用，以防烟气和火焰沿通风管道蔓延；控制非着火区排风支管的排烟防火阀电信号关闭，着火区和排风兼排烟总管上的排烟防火阀保持常开状态，排风兼排烟风机由低速运行转为高速运行，完成排烟功能。当烟气温度超过 280℃ 时，着火区的常开排烟口关闭或排烟支管上的排烟防火阀关闭。当风机入口处的 280℃ 排烟防火阀关闭时，联动关闭排风兼排烟风机。当内走道和暗房间处于地下室而无法自然补风时，还需在这些防火分区内设置平时送风火警时补风的补风系统。火警时，排风兼排烟风机高速启动的同时需开启补风机，向着火的防火分区补风。排风兼排烟风机停止时，联动关闭补风机，停止向着火的防火分区补风。

　　同样，防烟防火阀的关闭信号，排烟防火阀的启闭信号，非消防动力电源、补风风机的状态信号和排风兼排烟风机高速状态信号等均需反馈到消防中心。

6.4 防排烟联动控制系统的设计要点

　　图 6-8 为防排烟联动控制系统的示意图，《建筑防烟排烟系统技术标准》（GB 51251—2017）和《火灾自动报警系统设计规范》对送风口、送风机、排烟阀、排烟风机等的开启和关闭均有严格的要求。

6.4.1 防烟系统联动控制的设计要点

　　1）应由加压送风口所在防火分区内的两只独立的火灾探测器或一只火灾探测器与一只手动火灾报警按钮的报警信号，作为送风口开启和加压送风机启动的联动触发信号，并应由消防联动控制器联动控制相关层前室等需要加压送风场所的加压送风口开启和加压送风机启动。

　　2）应由同一防烟分区内且位于电动挡烟垂壁附近的两只独立的感烟火灾探测器的报警信号，

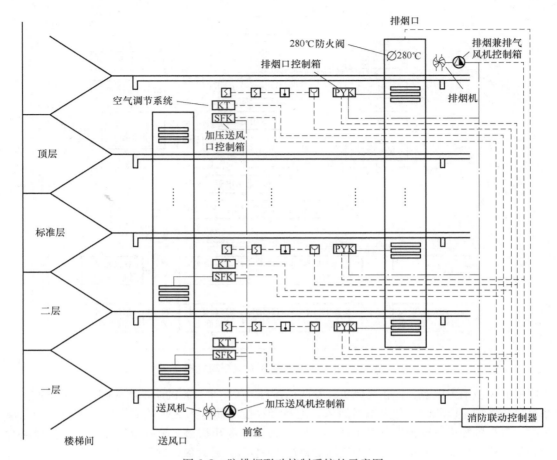

图 6-8　防排烟联动控制系统的示意图

作为电动挡烟垂壁降落的联动触发信号，并应由消防联动控制器联动控制电动挡烟垂壁的降落。

3）应在加压风机的吸气口设有电动风阀，此阀与加压风机联动，加压风机启动，电动风阀开启；加压风机停止，电动风阀关闭。

4）加压送风机是送风系统工作的"心脏"，必须具备多种启动方式，除接收火灾自动报警系统信号联动启动外，还应能独立控制，不受火灾自动报警系统故障因素的影响。因此加压送风机的启动应符合下列规定：

① 现场手动启动。

② 通过火灾自动报警系统自动启动。

③ 消防控制室手动启动。

④ 系统中任一常闭加压送风口开启时，加压风机应能自动启动。

5）当防火分区内火灾确认后，应能在 15s 内联动开启常闭加压送风口和加压送风机，应开启该防火分区楼梯间的全部加压送风机，应开启该防火分区内着火层及其相邻上下层前室及合用前室的常闭送风口，同时开启加压送风机。

6）机械加压送风防烟系统宜设有测压装置及风压调节措施。机械加压送风防烟系统设置的测压装置既可作为系统运作的信息掌控，又可作为超压后启动余压阀、风压调节措施的动作信号。疏散门的方向是朝疏散方向开启，而加压送风作用方向与疏散方向恰好相反。若风压过高则会引起开门困难，甚至不能打开门，影响疏散。

7）为了方便消防值班人员准确掌握和控制设备运行情况，消防控制设备应显示防烟系统的送风机、阀门等设施的启闭状态。

6.4.2 排烟系统联动控制的设计要点

1）应由同一防烟分区内的两只独立的火灾探测器的报警信号，作为排烟口、排烟窗或排烟阀开启的联动触发信号，并应由消防联动控制器联动控制排烟口、排烟窗或排烟阀的开启，同时停止该防烟分区的空气调节系统。

2）应由排烟口、排烟窗或排烟阀开启的动作信号，作为排烟风机启动的联动触发信号，并应由消防联动控制器联动控制排烟风机的启动。

3）通常联动排烟口或排烟阀的电源为直流 24V，此电源可由消防控制室的直流电源箱提供，也可由现场设置的消防设备直流电源提供。为了降低线路传输损耗，建议尽量采用现场设置的消防设备直流电源的方式供电。

4）为确保排烟系统不受其他因素的影响，提高系统的可靠性，排烟风机、补风机的控制方式应符合下列规定：

① 现场手动启动。

② 火灾自动报警系统自动启动。

③ 消防控制室手动启动。

④ 系统中任一排烟阀或排烟口开启时，排烟风机、补风机自动启动。

⑤ 排烟防火阀在 280℃时应自行关闭，并应联锁关闭排烟风机和补风机。

5）机械排烟系统中的常闭排烟阀或排烟口应具有火灾自动报警系统自动开启、消防控制室手动开启和现场手动开启功能，其开启信号应与排烟风机联动。当火灾确认后，火灾自动报警系统应在 15s 内联动开启相应防烟分区的全部排烟阀、排烟口、排烟风机和补风设施，并应在 30s 内自动关闭与排烟无关的通风、空调系统。

6）当火灾确认后，担负两个及以上防烟分区的排烟系统，应仅打开着火防烟分区的排烟阀或排烟口，其他防烟分区的排烟阀或排烟口应呈关闭状态。

7）活动挡烟垂壁应具有火灾自动报警系统自动启动和现场手动启动功能，当火灾确认后，火灾自动报警系统应在 15s 内联动相应防烟分区的全部活动挡烟垂壁，60s 挡烟垂壁应开启到位。

8）自动排烟窗可采用与火灾自动报警系统联动和温度释放装置联动的控制方式。当采用与火灾自动报警系统联动自动启动时，自动排烟窗应在 60s 内或小于烟气充满储烟仓时间内开启完毕。带有温控功能的自动排烟窗，其温控释放温度应大于环境温度 30℃且小于 100℃。

9）消防控制设备应显示排烟系统的排烟风机、补风机、阀门等设施的启闭状态。

思 考 题

1. 防烟系统的分类及工作原理是什么？
2. 防烟系统的运行与控制有什么要求？
3. 排烟系统的运行与控制有什么要求？
4. 防排烟系统的主要设备有哪些？
5. 简述火灾发生时防烟系统的控制程序。
6. 简述火灾发生时排烟系统的控制程序。
7. 简述防火阀和排烟防火阀的控制区别。
8. 排烟系统对活动挡烟垂壁的联动控制要求有哪些？

第 7 章
消防应急设施联动控制系统

现代建筑不仅结构和功能复杂，而且其内部设备配置及设施布置各不相同，一旦发生火灾，极易造成人员伤亡和财产损失，形成较大的社会影响。因此，对建筑物内的消防应急设施及其联动控制系统的需求就更为迫切，以此来保证人的生命财产安全。本章主要对现代建筑中发生火灾时常用的应急预防设备，例如，防火卷帘、防火门、消防电梯、消防广播、消防应急照明、疏散指示等系统的相关概念、工作原理、技术要求等内容进行详细介绍，然后对消防应急联动控制系统组成及安装要求进行介绍。

7.1 防火卷帘联动控制系统

防火卷帘是指在一定时间内，连同框架能满足耐火稳定性和完整性要求的卷帘。防火卷帘由帘板、卷轴、电动机、导轨、支架、防护罩和控制机构等组成，是一种防火分隔物，有隔火、阻火、防止火势蔓延的作用。在消防工程应用中，防火卷帘的动作通常都是与火灾自动报警系统联锁的，其电气控制逻辑较为特殊，是建筑中应该认真对待的被控对象。防火卷帘主要用于需要进行防火分隔的墙体，特别是防火墙上因生产、使用等需要开设较大开口而又无法设置防火门的防火分隔。

7.1.1 系统的组成及工作原理

1. 防火卷帘系统的组成

防火卷帘系统主要由感烟火灾探测器、感温火灾探测器、控制按钮、电动机、限位开关、防火卷帘控制器等组成。其中与联动控制系统相关的是防火卷帘控制器及限位开关。

（1）防火卷帘控制器

防火卷帘由传感器提供触发信号给控制系统，根据卷帘的当前位置发出指令给变频器，启动驱动电动机使门帘上升，车辆行人通过后门帘自动下降，关闭通道，直到下一个开门信号再打开。图 7-1 为常用的防火卷帘控制器原理图。当控制模块动作时，接通 DC24V 电源，中间继电器 ZC 动作，XC 通电，卷帘下降；当下降至距地 1.8m 时，中限位行程开关 ZXK 动作，XC 断电，防火卷帘停止，同时时间继电器 SJ 线圈通电，其常开触点延时 30s（时间可以调节，此功能对感烟感温组合探测器不适用）后闭合，XC 通电，卷帘继续下降，直至到底后下限位行程开关 XXK

动作，防火卷帘停止动作。XXK 的另一副触点作为卷帘落底反馈信号，经控制模块（即输入控制模块），供消防联动控制器显示防火卷帘的工作状态用。

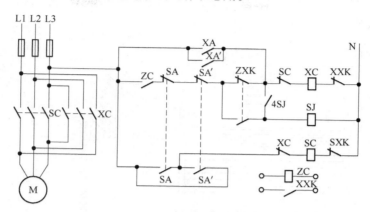

图 7-1　防火卷帘控制器原理图

有些防火卷帘控制器自带火灾探测器，自己完成对防火卷帘的控制，但对于疏散通道上的防火卷帘控制必须通过火灾报警控制器，并且防火卷帘的关闭和开启工作状态在控制器上应有显示。

防火卷帘控制器可以手动控制防火卷帘的运行，也可以现场配接感烟、感温探头，实现自动控制或与火灾自动报警系统相连实现消防联动功能。此外，它还具有缺相、进线相序改变自动保护功能，智能中位调整功能，可配超限保护、无线遥控器。

防火卷帘控制器操作按钮盒上的按键控制卷帘上行、下行、停止。它具有两种控制模式：第一种是消防一步信号或烟头信号控制卷帘半降，消防二步信号或温头信号控制卷帘全降（二步降）；第二种是单一输入信号（烟头信号或消防一步信号）控制卷帘半降、中停延时后自动全降（一步降）。火警时卷帘下降到中位或关闭时控制器分别输出中位或下位接点信号，联动输出的接点信号也可作为水幕、消防水泵、排烟阀等的控制接口。

火警状态下，卷帘下降到中位以下时，逃生人员触击到按钮盒上任意按键，卷帘自动返升到中位，停留一段时间后自动下降到底（此过程可反复进行）。当三相电源进线相序错误或缺相时，控制器发出故障光报警，并禁止控制输出。控制器面板上具有电源、故障、火警、上行、下行发光管显示功能，故障、火警音乐报警功能。卷帘下降到底（相当于复位键），主机将自动复位，进入正常监控状态。防火卷帘动作时，将有一个返回信号经信号模块送到控制器，使消防控制室能了解防火卷帘的工作状态。

另外，防火卷帘下面严禁存放物品，否则防火卷帘下降不到地面，起不到防火分隔的目的。

（2）限位开关

限位开关，又称为行程开关，可以安装在相对静止的物体（如固定架、门框等，简称静物）上或者运动的物体（如行车、门等，简称动物）上。当动物接近静物时，开关的连杆驱动开关的接点引起闭合的接点分断或者断开的接点闭合。由开关接点开、合状态的改变控制电路和电动机。

2. 防火卷帘系统的工作原理

防火卷帘一般需要变频器控制电动机的转速，快到位时（20cm 左右）需要有一个减速缓冲停止过程，以防撞击轨道，防止夹人，降低噪声。

在防火卷帘上必须设置手动控制装置，防止电源发生故障时，防火卷帘停止工作。手动装置即在手动牵引力作用下，通过拉绳，牵动卷帘开闭机的离合器脱离，打开制动，防火卷帘靠自重下滑关闭。在设计安装时，要做到释放力不大于50N，并且应有阻尼限速装置，使防火卷帘匀速下降。

7.1.2 系统组件

防火卷帘系统联动控制主要组件如图7-2所示。

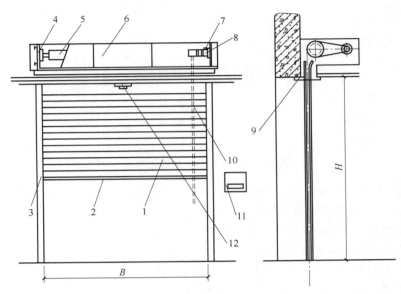

图7-2 防火卷帘结构示意图

1—帘面 2—座板 3—导轨 4—支座 5—卷轴 6—箱体 7—限位器 8—卷门机
9—门楣 10—手动拉链 11—控制箱（按钮盒） 12—感温、感烟探测器

1）传动装置。传动用滚子链和链轮的尺寸、公差及基本参数应符合《传动用短节距精密滚子链、套筒链、附件和链轮》（GB/T 1243—2006）的规定。此外，链条静强度、选用的许可安全系数应大于4。传动机构、轴承、链条表面应无锈蚀，并应按要求加入适量润滑剂。垂直卷帘的卷轴在正常使用时的挠度应小于卷轴长度1/400；侧向卷帘的卷轴安装时应与基础面垂直。垂直度误差，每米应小于1.5mm，全长应小于5mm。

2）控制箱。控制箱是控制器的主要部件，其指示灯应以颜色标识。火灾报警信号和防火卷帘动作信号用红色表示；故障信号用黄色表示；主电源及备用电源工作正常用绿色表示；应清楚地标注出指示灯功能；在一般环境光线条件下，指示灯在距其3m处应清晰可见。在额定工作电压下，距离声响器件中心1m处，其声压级（A计权）应在85dB以上，115dB以下；在85%额定工作电压条件下应能发出声响。

防火卷帘系统的设置要求主要有以下五点：

1）在防火卷帘两侧设有感烟探测器、感温探测器，声、光报警信号及手动控制按钮，有防误操作措施。

2）防火卷帘的电动机能正反转，当接到感烟探测器的信号时，防火卷帘控制盘控制电动机反转，防火卷帘下降至距离地1.8m时，碰撞安装在此处的限位开关，防火卷帘下降暂停，待感温探测器发出火灾信号后，防火卷帘继续下降，直至地面，碰撞到地面的限位开关，防火卷帘电动机停止运转。

3）当火灾扑灭后，按下消防控制室的防火卷帘按钮或现场就地卷起按钮，防火卷帘电动机正转，卷帘上升，当上升到设定的上限限位时，防火卷帘电动机停止。

4）防火卷帘通常设置在建筑物中防火分区的通道口外，以形成门帘式防火分隔。火灾发生时，防火卷帘根据消防控制室联动信号或火灾探测器信号指令，也可就地手动操作控制，使卷帘首先下降至预定点，经一定延时后，卷帘降至地面。

5）设在疏散走道上的防火卷帘应在卷帘的两侧设置启闭装置，并应具有自动、手动和机械控制的功能。防火卷帘应具有防烟性能，与楼板、梁、墙、柱之间的空隙应采用防火封堵材料封堵。需在火灾时自动降落的防火卷帘，应具有信号反馈的功能。

除满足上述要求外，防火卷帘还应符合《防火卷帘》（GB 14102—2005）的规定。

7.1.3　联动控制系统

防火卷帘平时处于收卷（开启）状态，当火灾发生时受消防控制室联动控制或手动操作控制而处于降下（关闭）状态。一般情况下，防火卷帘分两步降落，目的是便于火灾初起时人员的疏散。防火卷帘有两种控制方式，即中心控制和模块控制，两种控制方式如图7-3所示。火灾时，防火卷帘根据消防控制室的联锁信号或火灾探测器信号指令或就地手动操作控制，使卷帘首先下降至预定点（离地面1.8m处），经过一段时间延时后，卷帘降至地面，从而达到人员紧急疏散，灾区隔烟、隔水、控制火势蔓延的目的。

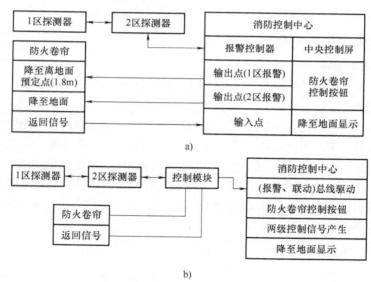

图 7-3　防火卷帘控制框图
a）中心联动控制　b）模块联动控制

（1）疏散通道上设置的防火卷帘

防火分区内任两只独立的感烟火灾探测器或任一只专门用于联动防火卷帘的感烟火灾探测器的报警信号应联动控制防火卷帘下降至距地（楼板）面1.8m处，以保障防火卷帘能及时动作，起到防烟作用，避免烟雾快速扩散，保证人员疏散。

要专门设置用于联动防火卷帘的感温火灾探测器，当该探测器发出报警信号，表示火已蔓延到该处，此时人员已不可能从此处逃生，应联动控制防火卷帘下降到地（楼板）面，起到防火分隔作用。为了保障防火卷帘在火势蔓延到防护卷帘前及时动作，且防止单只探测器由于偶发故障而不能动作，在卷帘的任一侧距卷帘纵深 0.5～5m 内应设置不少于两只专门用于联动防火卷帘的感温火灾探测器。

（2）非疏散通道上设置的防火卷帘

非疏散通道上设置的防火卷帘大多仅用于建筑的防火分隔作用，建筑共享大厅回廊楼层间等处设置的防火卷帘不具有疏散功能，仅用作防火分隔。将防火卷帘所在防火分区内任两只独立的火灾探测器的报警信号，作为防火卷帘下降的联动触发信号，由防火卷帘控制器联动控制防火卷帘直接下降到楼板面。

通过防火卷帘两侧设置的手动控制按钮控制防火卷帘的升降，并能在消防控制室内的消防联动控制器上手动控制防火卷帘的降落。防火卷帘下降至距地（楼板）面 1.8m 处，下降到地（楼板）面的动作信号，以及防火卷帘控制器直接连接的感烟、感温火灾探测器的报警信号，应反馈至消防联动控制器。

7.2 防火门联动控制系统

防火门是指具有一定耐火极限，且发生火灾时能自行关闭的门。建筑中设置的防火门，应保证防火和防烟性能符合《防火门》（GB 12955—2008）的有关规定，并经消防产品质量检测中心检测试验认证后才能使用。根据材质可将防火门分为木质防火门、钢质防火门、钢木质防火门及其他材质防火门。

7.2.1 系统的组成及工作原理

1. 防火门系统的组成

防火门系统主要由防火门监控器、防火门中继器和防火门控制器组成。

（1）防火门监控器

防火门监控器作为防火门监控系统的主机，通常设置于消防控制室。当没有消防控制室时，应设置于区域报警器旁等有人值守的区域。防火门监控器采用非开放式运行模式，其采用系统内自行管理的方式，对外单向传送信息。同时该监控器采用集中供电方式，输入电压为 AC220V，采用消防电源。输出电压为 DC24V 的安全电压，为防火门控制器提供电源。防火门监控系统如图 7-4 所示。该监控器能够实时监测所有防火门的工作状态和故障报警信息，并将工作状态传输给消防控制室的图形显示装置。

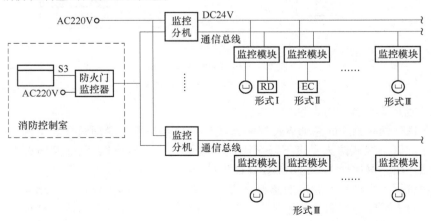

图 7-4　防火门监控系统

图 7-4 给出了防火门监控器与防火门之间三种常见的接线形式：形式 Ⅰ 适用于设置了电磁释放器与门磁开关的常开防火门；形式 Ⅱ 适用于设置了电动闭门器的常开防火门；形式 Ⅲ 适用于设置了门磁开关的常闭防火门。每台防火门监控器能连接的监控分机数量及每台监控分机能连接的监控模块数量由生产厂家提供，防火门监控器宜按防火分区控制常开防火门的关闭。防火门监控器、监控分机连接的监控模块数量不计入消防联动控制器连接的模块总数。

（2）防火门中继器

防火门监控器向每个防火门提供 DC24V 电压的电源，但是，当供电距离过长时则存在电压降，无法保证供电可靠性。防火门中继器的输入电压为 AC220V，采用消防电源，通过其为防火门控制器提供电源，则延长了防火门监控器的供电距离与供电稳定性。同时防火门中继器延长了防火门监控器的通信距离，并扩展管理传感器数量，保证了监控网络的稳定。

（3）防火门控制器

防火门控制器是现场控制防火门的重要元件，可以完成防火门状态信息的采集以及信号反馈，同时保证消防联动控制。控制器后端会根据防火门的开启状态设置不同的设备元件，通常有门磁开关、弹簧闭门器、电动闭门器、开启按钮等。

2. 防火门系统的工作原理

当火灾发生时，防火门监控系统实时监控防火门的状态，并且将信号反馈给主机。感烟（温）火灾探测器感应到火灾的发生，信息经过计算处理后，主机迅速向电动闭门器发出指令，电动闭门器就会关门。双扇防火门通过控制左、右门延时断电顺序关闭，同时反馈关闭信号。

防火门控制系统是防火门总控的中心，确保遇到火灾时下达指令，将所有的防火门都快速关闭。该系统是在普通活动式防火门上，加装了释放装置。平时由消防控制室控制模块或 FMK 控制器输出 DC24V 工作电压控制电磁门，将防火门保持常开或闭合状态。在遇火灾接收消防联动信号之后，左、右门分别断电释放门体，在闭门器作用下依次关闭，同时反馈释放动作信号。

（1）常闭型防火门

常闭型防火门是建筑物中应用最多的一种类型。其具有无须供电，无须电气控制，以及动作方式简单等优点。该类防火门平时处于关闭状态，当有人员需要通过时，按下通过按钮后可打开该门，人通过后，闭门器将门关闭，不需要联动，但应将疏散通道上的防火门的开启、关闭及故障状态信号反馈至防火门监控器。

防火门控制器由防火门监控器得到 DC24V 电压电源，通过门磁开关完成对防火门开关状态的信息采集，并将采集信号传递给防火门监控器，再向位于消防控制室的防火门监控器反馈防火门的状态信号，使消防控制室中的值班工作人员可以实时监控防火门的使用状况。防火门控制器存在接入消防联动模块的端口，但因是常闭防火门，并不接入联动控制信号。

（2）机械式常开型防火门

机械式常开型防火门平时利用锁链拴在设置于墙面上的锁扣处，保持门处于开启状态，当防火门任意一侧的感烟火灾探测器探测到烟雾后，通过总线报告给火灾报警控制器，联动控制器按已有设定发出动作指令，接通防火门释放开关的 DC24V 线圈回路，线圈通电释放防火门，防火门借助闭门器弹力自动关闭，DC24V 线圈回路因防火门脱离释放开关而被切断。同时，防火门释放开关将防火门状态信号通过报警总线送至消防控制室。

消防控制室也可通过总线直接控制现场的联动模块关闭防火门，并得到防火门关闭的确认反馈信号。防火门的开关状态信号则由防火门的门磁开关完成采集，通过防火门控制器信息总线传至防火门监控器。

（3）电动式常开型防火门

电动式常开型防火门平时依靠 DC24V 电压电源使电动闭门器保持开启状态，人流、物流可以正常通行。火灾时，防火门监控器通过监控模块使电动闭门器断电，关闭防火门，或者防火门在失去电力情况下自动关闭，起到隔断烟火的作用，并将关门信号反馈至消防控制室。

当有人需要通过时，按下开关按钮打开防火门，通过后，门在电动闭门器的作用下再次自动关闭。防火门的开关状态信号由防火门的门磁开关完成采集，通过防火门控制器信息总线传至防火门监控器。

7.2.2　系统组件

防火门系统联动控制组件主要包括防火锁、防火合页、防火闭门装置、防火顺序器、防火插销、防火密封件等。

1）防火锁：防火门安装的门锁应是防火锁。在门扇有锁芯的机构处，防火锁均应有执手或推杠机构，不允许以圆形或球形旋钮代替执手（特殊部位使用除外，如管道井门等）。防火锁应经国家认可授权检测机构检验合格，其耐火性能应符合相关的规定。

2）防火合页（铰链）：防火门用合页（铰链）板厚应不少于3mm，其耐火性能应符合《防火门》附录 B 的规定。

3）防火闭门装置：防火门应安装防火门闭门器，或设置让常开防火门在火灾发生时能自动关闭门扇的闭门装置（特殊部位使用除外，如管道井门等）。防火门闭门器应经国家认可授权检测机构检验合格，其性能应符合《防火门闭门器》（GA 93—2004）的规定。

4）防火顺序器：双扇、多扇防火门设置盖缝板或止口的应安装防火顺序器（特殊部位使用除外），其耐火性能应符合《防火门》附录 C 的规定。

5）防火插销：采用钢质防火插销，并应安装在双扇防火门或多扇防火门相对固定一侧的门扇上（若有要求时），其耐火性能应符合国家标准的规定。

6）防火密封件：防火门门框与门扇、门扇与门扇的缝隙处应嵌装防火密封件。防火密封件应经国家认可授权的检测机构检验合格，其性能应符合《防火膨胀密封件》（GB 16807—2009）的规定。

防火门系统的设置要求主要有以下五点：

1）监控器主电源应采用 20V、50Hz 交流电源，电源线输入端应设接线端子；监控器应设有保护接地端子；监控器若能为其连接的释放器和门磁开关供电，工作电压应采用直流 24V；监控器应具有中文功能标注和信息显示。

2）监控器应能显示与其连接的闭门器和释放器的开、闭或故障状态，并专用状态指示灯。能够直接控制与其连接的每个释放器的工作状态，并设启动总指示灯，启动信号发出时，该指示灯点亮。监控器接收来自火灾自动报警系统的火灾报警信号后，在 30s 内向释放器发出启动信号，点亮启动总指示灯，执行释放动作，接收释放器反馈信号。

3）释放器在正常工作状态下应能使常开防火门保持常开状态；接收监控器发出的启动信号后应能使常开防火门自动关闭，并能使双开防火门按照左右顺序自动关闭；关闭后将反馈信号发送至监控器。在额定工作电压不小于 90% 的条件下，吸合力不应小于 200N。

4）监控器应设专用故障总指示灯，无论监控器处于何种状态，只要有故障信号存在，该故障总指示灯应点亮。当监控器发生故障时，应在 100s 内发出与火灾报警信号有明显区别的声、光故障信号。

5）监控器应配有备用电源，并满足下述要求：

①　备用电源宜采用密封、免维护充电电池。

②　电池容量应保证控制器在下述情况下正常可靠工作 1h：监控器处于通电工作状态、提供防火门开启以及关闭所需的电源。

③　有防止电池过充电、过放电的功能，在不超过生产厂规定的电池极限放电的情况下，应能在 24h 内对电池进行充电并使其恢复到正常状态。

7.2.3　联动控制系统

防火门系统在建筑中的状态是：平时（无火灾时）处于开启状态，火灾时控制其关闭。防火门的控制可用手动控制或电动控制（现场感烟、感温火灾探测器控制，或由消防控制室控制）。当采用电动控制时，需要在防火门上配有相应的闭门器及释放开关。

防火门的工作方式按其固定方式和释放开关分为两种：一种是平时通电、火灾时断电关闭方式，即防火门释放开关平时通电吸合，使防火门处于开启状态，火灾时通过联动装置自动控制或手动控制切断电源，由装在防火门上的闭门器使之关闭；另一种是平时不通电、火灾时通电关闭方式，即通常将电磁铁、油压泵和弹簧制成一个整体装置，平时不通电，防火门被固定销扣住呈开启状态，火灾时受联锁信号控制，电磁铁通电将销子拔出，防火门靠油压泵的压力或弹簧力作用而慢慢关闭。

另外，现代建筑中经常可以看到电动安全门，它一般设置在疏散通道的出入口，平时（无火灾时）处于关闭或自动状态，火灾时呈开启状态。其控制目的与防火门相反，但控制电路基本相同。

7.3 | 消防电梯联动控制系统

消防电梯是指建筑物发生火灾时供消防人员进行灭火与救援使用且具有一定功能的电梯。因此，具有较高的防火要求，其防火设计十分重要。目前我国真正意义上的消防员电梯非常少见，所谓的消防电梯只是具有消防开关动作时，返回预设基站或者撤离层功能的普通乘客电梯，并不能在发生火情时供消防员搭乘。

发生火灾时，普通电梯常常因为断电和不防烟等原因而停止使用，这时楼梯就成为垂直疏散的主要设施。如果不设置消防电梯，一旦高层建筑高处起火，消防队员若靠攀爬楼梯进行扑救，会因体力不支和运送困难而贻误灭火时机；且消防队员经楼梯奔向起火部位进行扑救火灾工作，势必和向下疏散的人员产生"对撞"情况，也会延误时间；另外未疏散出来的楼内受伤人员不能利用消防电梯进行及时的抢救，容易造成不应有的伤亡事故。因此，必须设置消防电梯控制火势蔓延，也为扑救赢得时间。

7.3.1　系统的组成及工作原理

消防电梯应符合《电梯制造与安装安全规范》（GB 7588—2003）和《液压电梯制造与安装安全规范》（GB 21240—2007）的要求，并应配备附加的保护、控制和信号装置。在火灾情况下，消防员直接控制和使用消防电梯。

1. 消防电梯系统的组成

消防电梯联动控制系统主要由控制系统、供电系统和消防服务通信系统组成。

（1）控制系统

控制系统开关应设置在预定用作消防员入口层的前室内，并安装在距消防电梯水平距离 2m

范围内，高度在地面以上 1.8～2.1m 的位置。开关的操作应借助《电梯制造与安装安全规范》和《液压电梯制造与安装安全规范》的附录 B 规定的开锁三角形钥匙，工作位置应是双稳态的，并清楚地用"1"和"0"标示。其中，位置"1"是消防员服务有效状态。

消防电梯处于消防员服务状态时，层站召唤控制或设置在消防电梯井道外系统其他部分的电气故障不应影响消防电梯的功能。与消防电梯在同一群组中的其他任一部电梯的电气故障，均不应影响消防电梯的运行。

为确保消防员获得对消防电梯的控制而不被过度延误，消防电梯应设置一个听觉信号，当门开着的实际停顿时间超过 2min 时在轿厢内鸣响。在超过 2min 后，此门将试图以减小的动力关闭，在门完全关闭后听觉信号解除。该听觉信号的声级应能在 35～65dB（A）范围内调整，通常设置在 55dB（A），且该信号还应能区分于消防电梯的其他听觉信号进行区分。

（2）供电系统

消防电梯和照明的供电系统应由第一和第二（应急、备用或两者之一）电源组成，其防火等级应至少等于消防电梯井道的防火等级。对消防电梯第一和第二电源的供电电缆应进行防火保护，它们相互之间以及与其他电源之间应独立设置。第二电源应足以驱动额定载重量的消防电梯运行，运行速度应满足《消防电梯制造与安装安全规范》（GB 26465—2011）第 5.2.4 条规定的时间要求。

供电转换时应满足：校正运行不是必要的；当恢复供电时，消防电梯应立即进入服务状态。

（3）消防服务通信系统

消防电梯应有交互式双向语音通信的对讲系统或类似的装置，当消防电梯处于优先召回和消防员控制下使用时，用于消防电梯轿厢与下列地点之间的通信：消防员入口层；消防电梯机房或 EN 81-1：1998/A2：2004 和 EN 81-2：1998/A2：2004 所规定的无机房电梯的紧急操作屏处。

如果是在机房内，只有通过按压麦克风的控制按钮才能使其有效。轿厢内和消防员入口层的通信设备应是内置式麦克风和扬声器，不能用手持式电话。通信系统的线路应敷设在井道内。

2. 消防电梯联动控制系统的工作原理

消防时，首先在厅外及轿内发出声光报警，火灾层内选急速闪动，该层外召不再响应，所有内选除基站外全部消除，所有非返回基站外召全部消除，电梯就近停车，如无该层返回基站外召就不开门；返回途中如无满载信号则响应返回基站的外召，否则直接回基站；到达基站开门放人后，即中途不停车直接开向最远有外召的楼层；回程时如无满载信号，则响应外召，否则直接返回，再次等待救人，直至井道顶部或机房内感烟火灾探测器或感温火灾探测器动作，电梯消除所有外召，声光报警停止，即刻返回，救援在电梯到达基站后结束。

若消防开关动作，则进入消防员救援状态，可以响应非火灾发生层内选及外召，不再自动返回基站，井道顶部或机房内感烟火灾探测器或感温火灾探测器动作后，电梯逻辑同上。除基站外用户至少需指定一个楼层备用，如基站有火情，则另一楼层作为逃生层替代基站。该系统 CAN 总线协议代码公开，任何控制系统均可无授权接收。

为避免火灾时因建筑物电源故障，造成困人等危险状况，需配备不同规格锂电池组，正常时将电梯回馈电能储藏在电池中，蓄电量达到 90% 以上时，自动切换为正常电池运行，电梯改由电池供电；电池电量降至 50% 以下时，转为正常运行状态。电网停电后无论是否为火灾救援状态，立即转为紧急电池运行，50% 的蓄电量可保证电梯运行 1h；当蓄电量降至 10% 以下时，电梯状态同井道顶部或机房内感烟火灾探测器或感温火灾探测器动作时相同。

消防电梯所有厅门为防火门，每层厅门框内、井道顶部通风孔和机房内各装一个感烟火灾探测器和感温火灾探测器，探测器信号经 CAN 总线传输至控制系统，正常时作为普通电梯使用，一旦有探测器常闭点断开，即自动转入消防运行。

7.3.2　系统组件

消防电梯联动控制系统组件主要包括轿厢和层站的控制装置、驱动主机及相关设备。

1）轿厢和层站的控制装置。轿厢和层站的控制装置以及相关的控制系统，不应登记因热、烟和湿气影响所产生的错误信号。它的控制装置、指示器以及消防电梯开关，其防护等级应至少为《外壳防护等级》（GB 4208—2017）中所规定的 IPX3。

2）驱动主机及相关设备。装有消防电梯驱动主机及相关设备的任何区间，应至少具有与消防电梯井道相同的防火等级，当驱动主机和相关设备的机房设置在建筑物的顶部且机房内部及其周围没有火灾危险时除外。设置在井道外和防火分区外的所有机器区间，应至少具有与防火分区相同的防火等级。防火分区之间的连接（如电缆、液压管路等）也应予以同样的保护。

消防电梯宜分别设在不同的防火分区内，其设置要求主要有：

1）建筑高度大于 33m 的住宅建筑，一类高层公共建筑和建筑高度大于 32m 的二类高层公共建筑，设置消防电梯的建筑的地下或半地下室，埋深大于 10m 且总建筑面积大于 3000m² 的其他地下或半地下建筑（室），均应设有消防电梯。

2）建筑高度大于 32m 且设置电梯的高层厂房（仓库），每个防火分区内宜设置 1 部消防电梯，但符合下列条件的建筑可不设置消防电梯：建筑高度大于 32m 且设置电梯，任一层工作平台上的人数不超过 2 人的高层塔架，局部建筑高度大于 32m 且局部高出部分的每层建筑面积不大于 50m² 的丁、戊类厂房。

3）消防电梯必须设置前室，以利于防排烟和消防队员展开工作，且具有防火、防烟的功能。为使楼层的平面布置紧凑，便于消防电梯满足日常使用，消防电梯和防烟楼梯间可合用一个前室。

4）消防电梯应选用较大的载重量，一般不应小于 8kN，且轿箱尺寸不宜小于 1.5m×2m。这样，火灾时可以将一个班（8 人左右）的消防员及其随身携带的装备运至火场，同时可以满足用担架抢救伤员的需要。

5）消防电梯的动力与控制电线宜采取防水措施，以防消防用水导致电源线路泡水而漏电，影响灭火使用。消防电梯要有专用操作装置，该装置可设在防灾中心，也可以设在消防电梯首层的操作按钮处。

7.3.3　联动控制系统

消防电梯联动控制系统如图 7-5 所示。控制信号模块具有发出联动控制信号强制所有电梯停于首层或电梯转换层的功能。但并不是一发生火灾就使所有的电梯均回到首层或转换层，设计人员应按建筑特点，先使发生火灾及相关危险部位的电梯回到首层或转换层，在没有危险部位的电梯，应先保持使用。为防止电梯供电电源被火烧断，电梯宜增加 EPS 备用电源。

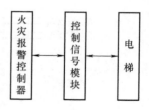

图 7-5　消防电梯联动
控制系统

电梯运行状态信息和停于首层或转换层的反馈信号，应传送给消防控制室显示，以便消防救援人员及时掌握电梯的状态，并安排救援。轿厢内应设置能直接与消防控制室通话的专用电话，以便消防队员与防灾中心、火场指挥部保持通话联系。

7.4 | 消防广播联动控制系统

消防广播系统也称为火灾应急广播系统，是火灾逃生疏散和灭火指挥的重要设备，在整个消防控制管理系统中起着极其重要的作用。在火灾发生时，应急广播信号通过音源设备发出，经过功率放大后，由广播切换模块切换到广播指定区域的音箱实现应急广播。

7.4.1 系统的组成及工作原理

1. 消防广播系统的组成

消防广播系统属于有线广播系统，大部分生产厂家均采用有线 PA 方式高电平信号传输系统。其功放输出的电平能够直接驱动扬声器，采用输出电压为 70~120V 的定压输出方式。消防广播系统由音源设备、功率放大器、传输线路、扬声器以及与报警联动系统相联系的强切控制模块等组成。

2. 消防广播系统的工作原理

广播内容的播出是首先把声音通过话筒转换成音频电信号，经放大后被高频（载波）信号调制，这时高频载波信号的某一参量随着音频信号做相应的变化，使要传送的音频信号包含在高频载波信号之内，高频载波信号再经放大，然后高频电流流过天线，形成无线电波向外发射，无线电波传播速度为 $3 \times 10^8 \mathrm{m/s}$，这种无线电波被收音机天线接收，然后经过放大、解调，还原为音频电信号，送入扬声器（喇叭，下同）音圈中，引起纸盆相应的振动，就可以还原声音，这就是声电转换传送——电声转换的过程。

在实际应用的火灾应急广播系统中，有总线制和多线制两种方案。两者的区别在于，总线制系统是通过控制现场专用火灾应急广播编码切换模块来实现广播的切换及播音控制的；而多线制系统是通过消防控制室的专用多线制火灾应急广播切换盘来完成播音切换控制的。本书介绍的是应用较多的总线制火灾应急广播系统。

总线制火灾应急广播系统由消防控制室的广播设备（广播控制器、广播功率放大器）配合总线制火灾报警控制器 F8000、现场广播切换模块（输出模块 FT8218）及广播扬声器组成。各设备的工作电源由消防控制系统的电源统一提供。利用火灾应急广播切换模块 FT8218，将现场的广播扬声器接到控制器的总线上，通过 FT8218 模块无源常开触点（火灾应急广播）及常闭触点（正常广播）加到扬声器上，一个广播区域可由一个 FT8218 模块来控制。图 7-6 为总线制火灾应急广播系统原理示意图。

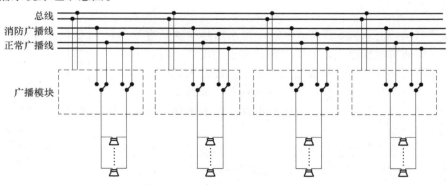

图 7-6　总线制火灾应急广播系统原理示意图

　　在火灾应急广播系统中，广播主机位于消防控制室，扬声器遍布整个建筑物，主机与扬声器的连线也随扬声器遍布整个建筑，因此对广播线路短路、断路的检测就很重要。因为广播功放输出为 12V 交流信号，直接检测交流信号比较复杂，成本也高，所以需要向广播线加入 24V 直流电压，同时利用电容的隔直通交特性将直流与交流分开，达到互不影响的目的。图 7-7 为消防广播模块线路检测原理示意图。

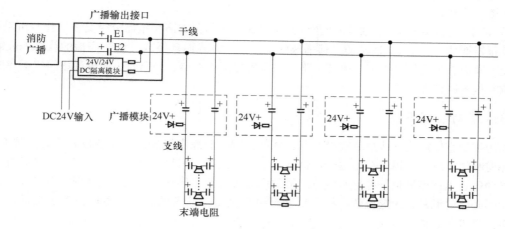

图 7-7　消防广播模块线路检测原理示意图

7.4.2　系统组件

　　消防广播联动控制系统组件主要包括广播扬声器、广播功率放大器、广播电源。

　　1）广播扬声器。广播扬声器是消防广播中的重要设备，宜按照防火分区设置和分配，在民用建筑内扬声器应设置在走道和大厅等公共场所，每个扬声器的额定功率不小于 3W，其间距应保证从一个防火分区的任何部位到最近一个扬声器的步行距离不大于 25m，走道末端扬声器距墙不大于 12.5m；客房设置专用的扬声器，其功率一般不小于 1W。

　　2）广播功率放大器。为保证消防应急广播信息清晰，广播功率放大器应满足：失真限制的有效频率范围为 0.125～6.3kHz；总谐波失真不大于 5%；信噪比不小于 70dB。

　　3）广播电源。消防广播设备主电源采用 220V、50Hz 交流电源，电源线输入端应设接线端子；应具有备用电源或备用电源接口；应能够实现主、备电源自动转换，并有主、备电源工作状态指示，主、备电源自动转换，以及主、备电源工作状态指示，主、备电源转换不影响设备的功能。

　　消防广播联动控制系统需满足以下设置要求：

　　1）消防广播设备应设置工作状态、应急广播状态和故障状态指示灯（器），在不同状态下，相应指示灯应点亮；能同时向一个或多个指定区域广播信息；具有广播监听功能。有的消防应急广播设备具有非应急广播功能，如在一些宾馆酒店等公共场所合用的广播设备。当有应急广播启动信号时，能自动停止非应急广播直接进入应急广播状态。当消防应急广播设备进行应急广播时，应通过显示器或指示灯（器）等方式显示当前处于应急广播状态的广播分区。

　　2）消防广播设备应能够分别通过手动和自动控制实现下述功能，且手动操作优先：启动或停止应急广播；进入应急广播状态后，应在 3s 内发出广播信息，且广播功率放大器的输出功率应不能被改变。系统中任一扬声器故障不应影响其他扬声器的功能。

3）消防广播设备应能够根据建筑物的结构及用途等实际使用情况，在投入使用前设置适宜的应急广播信息。为确保信息源稳定、可靠，要求这些信息存储在适宜的存储器中，不能存储在光盘、磁带等临时性存储设备中。消防广播设备应能通过传声器进行应急广播并应自动对广播内容进行录音，录音时间不应少于30min。当使用传声器进行应急广播时，应自动中断其他信息广播、故障声信号和广播监听；停止使用传声器进行应急广播后，设备应在3s内自动恢复到传声器广播前的状态。

4）消防广播的单次语音播放时间宜为10～30s，应与火灾声警报器分时交替工作，可采取1次声警报器播放、1次或2次消防广播播放的交替工作方式循环播放。消防广播的线路一般需单独敷设，并应有耐热保护措施。当某一路的扬声器或配线短路、开路时，应仅使该路广播中断而不影响其他各路广播。

7.4.3 联动控制系统

消防控制室应能手动或按预设控制逻辑联动控制，选择广播分区启动或停止应急广播系统，并应能监听消防应急广播。在通过传声器进行应急广播时，应自动对广播内容进行录音，在此期间应联动停止火灾声警报，并显示应急广播的广播分区的工作状态。发生火灾时，为了便于疏散和减少不必要的混乱，火灾应急广播发出警报时采用整个建筑物火灾应急广播系统全部启动的方式对全楼进行广播。

一旦发生火灾，消防控制室可采用下面两种控制方式，将火灾疏散层的扬声器和广播音响扩音机强制转入火灾事故广播状态：

1）消防广播系统仅利用音响广播系统的扬声器和传输线路，发生火灾时，由消防控制室切换输出线路，使音响广播系统投入火灾应急广播，并设置专用扩音机等装置。

2）消防广播系统完全利用音响广播系统的扩音机、扬声器和传输线路等装置进行火情广播，消防控制室设有紧急播放盒（内含话筒放大器和电源、线路输出遥控按键等），用于火灾时遥控音响广播系统紧急开启做火灾应急广播。

以上两种控制方式都应注意使扬声器无论处于关闭状态还是在播放音乐等状态下，都能紧急播放火灾信息。特别是在设有扬声器开关或音量调节器系统中，紧急时应采用继电器切换到火灾应急广播线路上的方式。

7.5 消防应急照明和疏散指示联动控制系统

建筑物发生火灾或正常电源因故中断时，如果没有火灾应急照明和疏散指示标志，受灾的人们往往因找不到安全出口而发生拥挤、碰撞、摔倒等，尤其是高层建筑、影剧院、展览馆、大中型商店（商场）、歌舞厅等人员密集场所，发生火灾后，极易造成较大的踩踏伤亡事故；同时，也不利于消防队员进行灭火和救援。因此，设置符合消防要求并且行之有效的消防应急照明和疏散指示标志是十分重要的。

7.5.1 系统的组成及工作原理

1. 消防应急照明和疏散指示系统的组成

消防应急照明和疏散指示系统的主要功能是为火灾中人员的逃生和灭火救援行动提供照明及方向指示，有四类系统：自带电源非集中控制型、自带电源集中控制型、集中电源非集中控制型、集中电源集中控制型，如图7-8所示。每一类系统的组成设备主要有应急照明配电箱、控制器和消防应急灯具等，如图 7-9～图 7-12 所示，消防应急灯具分类如图 7-13 所示。

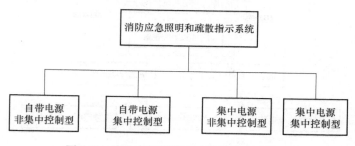

图 7-8　消防应急照明和疏散指示系统类型

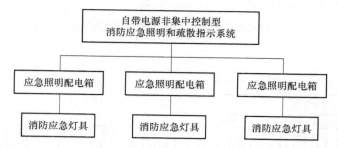

图 7-9　自带电源非集中控制型消防应急照明和疏散指示系统组成

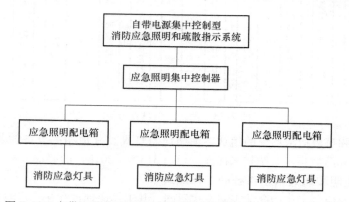

图 7-10　自带电源集中控制型消防应急照明和疏散指示系统组成

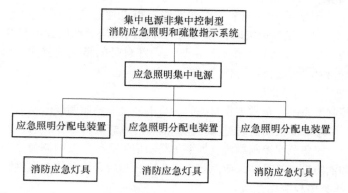

图 7-11　集中电源非集中控制型消防应急照明和疏散指示系统组成

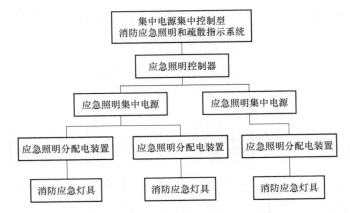

图 7-12 集中电源集中控制型消防应急照明和疏散指示系统组成

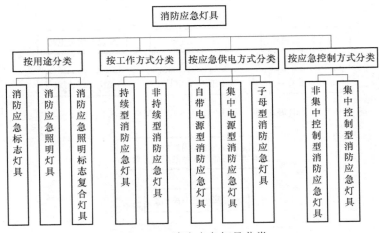

图 7-13 消防应急灯具分类

消防应急照明和疏散指示系统的组成、消防应急灯具及其他相关设备的各项技术要求应符合《消防应急照明和疏散指示系统技术标准》（GB 51309—2018）的要求。

2. 消防应急照明和疏散指示系统的工作原理

系统供电方式及应急工作的联动控制方式不同，其工作原理也存在一定差异。

（1）自带电源非集中控制型系统

自带电源非集中控制型系统在正常工作状态时，市电通过应急照明配电箱为灯具供电，用于正常工作和蓄电池充电。发生火灾时，相关防火分区内的应急照明配电箱联动动作，切断消防应急灯具的市电供电线路，灯具的工作电源由灯具内部自带的蓄电池提供，灯具进入应急状态，为人员疏散和消防作业提供应急照明和疏散指示。

（2）自带电源集中控制型系统

自带电源集中控制型系统在正常工作状态时，市电通过应急照明配电箱为灯具供电，用于正常工作和蓄电池充电。应急照明控制器通过实时监测消防应急灯具的工作状态，实现灯具的集中监测和管理。发生火灾时，应急照明控制器接收到消防联动信号后，下发控制命令至消防应急灯具，控制应急照明配电箱和消防应急灯具转入应急状态，为人员疏散和消防作业提供照明和疏散指示。

（3）集中电源非集中控制型系统

集中电源非集中控制型系统在正常工作状态时，市电接入应急照明集中电源，用于正常工作和电池充电，通过各防火分区设置的应急照明分配电装置将应急照明集中电源的输出提供给消防应急灯具。发生火灾时，应急照明集中电源的供电电源由市电切换至电池，集中电源进入应急工作状态，通过应急照明分配电装置供电的消防应急灯具也进入应急工作状态，为人员疏散和消防作业提供照明和疏散指示。

（4）集中电源集中控制型系统

集中电源集中控制型系统在正常工作状态时，市电接入应急照明集中电源，用于正常工作和电池充电，通过各防火分区设置的应急照明分配电装置将应急照明集中电源的输出提供给消防应急灯具。应急照明控制器通过实时监测应急照明集中电源、应急照明分配电装置和消防应急灯具的工作状态，实现系统的集中监测和管理。发生火灾时，应急照明控制器接收到消防联动信号后，下发控制命令至应急照明集中电源、应急照明分配电装置和消防应急灯具，控制系统转入应急状态，为人员疏散和消防作业提供照明和疏散指示。

7.5.2　系统组件

消防应急照明和疏散指示联动控制系统组件主要包括自带电源型和子母型消防应急灯具、集中电源型灯具、应急照明集中电源、应急照明配电箱、应急照明分配电装置、应急照明控制器。

（1）自带电源型和子母型消防应急灯具

自带电源型和子母型消防应急灯具（地面安装的灯具和集中控制型灯具除外）设主电、充电、故障状态指示灯，主电状态用绿色，充电状态用红色，故障状态用黄色；集中控制型系统中的自带电源型和子母型消防应急灯具的状态指示应集中在应急照明控制器上显示，也可以同时在灯具上设置指示灯。疏散用手电筒的电筒与充电器应可分离，手电筒应采用安全电压。自带电源型和子母型消防应急灯具的应急状态不受其主电供电线短路、接地的影响。

（2）集中电源型灯具

集中电源型灯具（地面安装的灯具和集中控制型灯具除外）设主电和应急电源状态指示灯，主电状态用绿色，应急状态用红色，主电和应急电源共用供电线路的灯具可只用红色指示灯。

（3）应急照明集中电源

应急照明集中电源设主电、充电、故障和应急状态指示灯，主电状态用绿色，故障状态用黄色，充电状态和应急状态用红色。应急照明集中电源应设模拟主电源供电故障的自复式试验按钮或开关，不设影响应急功能的开关。应急照明集中电源应显示主电电压、电池电压、输出电压和输出电流。

（4）应急照明配电箱

双路输入型的应急照明配电箱在正常供电电源发生故障时应能自动投入备用供电电源，并在正常供电电源恢复后自动恢复到正常供电电源供电；正常供电电源和备用供电电源不能同时输出，并应设有手动试验转换装置，手动试验转换完毕后应能自动恢复到正常供电电源供电。应急照明配电箱应能接收应急转换联动控制信号，切断供电电源，使连接的灯具转入应急状态，并发出反馈信号。

（5）应急照明分配电装置

应急照明分配电装置应能完成主电工作状态到应急工作状态的转换。在应急工作状态、额定负载条件下，输出电压不应低于额定工作电压的85%。在应急工作状态、空载条件下，输出电压不应高于额定工作电压的110%。输出特性和输入特性应符合制造商的要求。

（6）应急照明控制器

应急照明控制器应能控制并显示与其相连的所有灯具的工作状态，显示应急启动时间。应急照明控制器应能防止非专业人员操作。应急照明控制器在与其相连的灯具之间的连接线开路、短路（短路时灯具转入应急状态除外）时，应发出故障声、光信号，并指示故障部位。故障声信号应能手动消除，当有新的故障时，故障声信号应能再启动；故障光信号在故障排除前应保持。

7.5.3 联动控制系统

集中控制型、集中电源非集中控制型和自带电源非集中控制型消防应急照明和疏散指示联动控制系统按不同的设计方法来实现。

（1）集中控制型

集中控制型消防应急照明和疏散指示联动控制系统主要包括应急照明集中控制器、双电源应急照明配电箱、消防应急灯具和配电线路等，由火灾报警控制器或消防联动控制器启动应急照明控制器。该系统又分为集中电源型和自带电源型两种类型。

消防应急灯具为持续型或非持续型，所有消防应急灯具的工作状态都受应急照明集中控制器控制。

发生火灾时，火灾报警控制器或消防联动控制器向应急照明集中控制器发出相关信号，集中控制器按照预设程序控制各消防应急灯具的工作状态，如图7-14和图7-15所示。

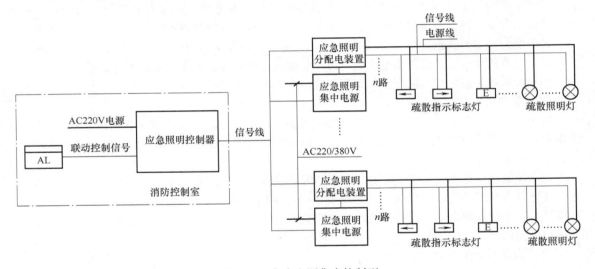

图7-14 集中电源集中控制型

火灾确认后，消防应急灯具应点亮并发出反馈信号。当应急照明配电箱输出回路采用AC220V供电时，应急照明配电箱在接收到应急转换联动控制信号后，应切断输出回路供电，连接的灯具转入应急点亮状态；当应急照明配电箱输出回路采用安全电压供电时，可不切断供电，使灯具在主电状态下点亮；当应急照明配电箱输出回路无电源输出时，连接的灯具转入应急点亮状态。

（2）集中电源非集中控制型

集中电源非集中控制型消防应急照明和疏散指示联动控制系统主要包括应急照明集中电源、应急照明分配电装置、消防应急灯具和配电线路等，由消防联动控制器联动应急照明集中电源和应急照明分配电装置实现。消防应急灯具为持续型或非持续型。

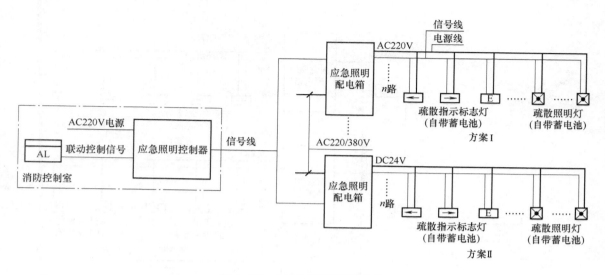

图 7-15 自带电源集中控制型

发生火灾时，消防联动控制器联动控制应急照明集中电源和/或应急照明分配电装置的工作状态，进而控制各路消防应急灯具的工作状态。电路设计方法如图 7-16 所示。

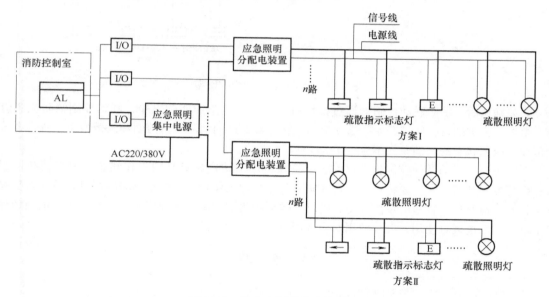

图 7-16 集中电源非集中控制型

火灾确认后，消防联动控制器通过模块将信号送至应急照明集中电源和/或应急照明分配电装置，联动控制消防应急灯具。

（3）自带电源非集中控制型

自带电源非集中控制型消防应急照明和疏散指示联动控制系统主要包括应急照明配电箱、消防应急灯具和配电线路等，由消防联动控制器联动消防应急照明配电箱实现。

发生火灾时，消防联动控制器联动控制应急照明配电箱的工作状态，进而控制各路消防应急灯具的工作状态。电路设计方法如图 7-17 所示。

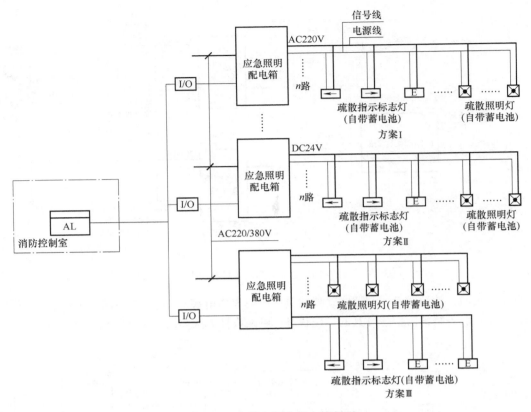

图 7-17   自带电源非集中控制型

火灾确认后，消防联动控制器通过模块将信号送至应急照明配电箱，联动控制消防应急灯具。由发生火灾的报警区域开始，顺序启动全楼疏散通道的消防应急照明和疏散指示系统，系统全部投入应急状态的启动时间不应大于5s。

上述每一类联动系统控制到灯具时，要将每一个消防应急灯具的工作状态反馈至消防控制室；系统控制到回路时，要将每一回路消防应急灯具的工作状态反馈至消防控制室。设计人员根据工程实际情况选择合适的系统类型，同时，也可将集中控制型和非集中控制型、集中电源型和自带电源型系统混合使用，混合使用时应选用具有相应功能的产品。

思 考 题

1. 简述防火卷帘控制电路的工作过程。
2. 简述防火门的分类以及使用范围。
3. 简述防火门以及防火卷帘的设计要求。
4. 我国现行消防电梯的国家标准是什么？
5. 简述消防广播系统的工作原理。
6. 消防应急照明系统的组成有哪些？
7. 简述消防应急照明和疏散指示系统的工作原理。
8. 简述选择消防应急照明和疏散指示系统时应遵循的原则。
9. 简述非集中控制型消防应急照明和疏散指示系统的设计要求。
10. 消防应急电源有哪些类型？

第 8 章
消防联动控制与远程监控系统

当前处于大数据、云计算、人工智能和物联网技术快速发展的时代，现代建筑消防系统呈现出自动化和智能化特征。建筑消防设施的自动化和智能化以火灾自动报警系统和消防联动控制系统为基础。火灾报警控制器接收、显示和传递火灾报警信号，消防联动控制器接收火灾报警控制器发出的火灾报警信号，按预设逻辑完成各项消防功能。但由于火灾自动报警系统和自动灭火系统在实际中存在设施完好率较低、各自相互独立的问题，所以无法实现统一管理和对设备报警情况、工作状态的有效监控。城市消防远程监控系统在这一背景下产生，成为提高灭火救援反应能力、建筑消防设施完好率和抗御火灾综合能力的重要技术手段。

本章从消防控制室的设计要求开始，介绍火灾报警控制器和消防联动控制器的主要组成、分类、功能原理和设计要求，同时还将介绍与实现消防联动控制功能紧密相关的消防控制模块。最后从系统组成、设计原则、系统功能介绍城市消防远程监控的基本情况，并结合智慧消防物联网技术探讨城市远程监控系统的未来发展。

8.1 | 消防控制室

消防控制室是指设有火灾自动报警控制设备和消防控制设备，用于接收、显示、处理火灾报警信号，控制相关消防设施的专门处所。具有消防联动功能的火灾自动报警系统的保护对象中应设置消防控制室。自动消防设施较多的建筑，设置消防控制室，可以方便采用集中控制方式管理、监视和控制建筑内自动消防设施的运行状况，确保建筑消防设施的可靠运行。

8.1.1 消防控制室的设备组成及主要功能

1. 消防控制室的设备组成

消防控制室内设置的相关设备包括火灾报警控制器、消防联动控制器、消防控制室图形显示装置、消防电话总机、消防应急广播控制装置、消防应急照明和疏散指示系统控制装置、消防电源监控器等设备或具有相应功能的组合设备。同时，消防控制室还应设有用于火灾报警的外线电话。

2. 消防控制室的主要功能

1）非火灾情况下，即正常状态下全天候监控建筑内各消防设施的工作状态。

2）火灾情况下，成为紧急信息汇集、显示、处理中心，及时、准确地反馈火情的发展过程，正确、迅速地控制各种相关设备，达到疏导和保护人员、控制和扑灭火灾的目的。

3）消防控制室应存放竣工图、各分系统控制逻辑关系说明、设备使用说明书、系统操作规程、应急预案、值班制度、维护保养制度及值班记录等文件资料。

8.1.2　消防控制室的设计及设置要求

1）具有两个或两个以上消防控制室时，应确定主消防控制室和分消防控制室。主消防控制室的消防设备应对系统内共用的消防设备进行控制，并显示其状态信息；主消防控制室内的消防设备应能显示各分消防控制室内消防设备的状态信息，并可对分消防控制室内的消防设备及其控制的消防系统和设备进行控制；各分消防控制室之间的消防设备之间可以互相传输、显示状态信息，但不应互相控制。消防设备组成系统时各设备之间应满足系统兼容性要求。

2）设置火灾自动报警系统和需要联动控制的消防设备的建筑（群）应设置消防控制室。消防控制室的设置应符合下列规定：

① 单独建造的消防控制室，其耐火等级不应低于二级。

② 附设在建筑内的消防控制室，宜设置在建筑内首层或地下一层，并宜布置在靠外墙部位。

③ 不应设置在电磁场干扰较强及其他可能影响消防控制设备正常工作的房间附近。

④ 疏散门应直通室外或安全出口。

3）附设在建筑物内的消防控制室、灭火设备室、消防水泵房和通风空气调节机房、变配电室等，应采用耐火极限不低于 2.00h 的防火隔墙和 1.50h 的楼板与其他部位分隔。设置在丁、戊类厂房中的通风机房，应采用耐火极限不低于 1.00h 的防火隔墙和 0.50h 的楼板与其他部位分隔。通风、空气调节机房和变配电室开向建筑内的门应采用甲级防火门，消防控制室和其他设备房开向建筑内的门应采用乙级防火门。

4）消防控制室送、回风管的穿墙处应设防火阀。消防控制室内严禁穿过与消防设施无关的电气线路及管路。消防控制室不应设置在电磁场干扰较强及其他影响消防控制室设备工作的设备用房附近。

5）消防控制室内设备的布置应符合下列规定：

① 设备面盘前的操作距离，单列布置时不应小于 1.5m；双列布置时不应小于 2m。

② 在值班人员经常工作的一面，设备面盘至墙的距离不应小于 3m。

③ 设备面盘后的维修距离不宜小于 1m。

④ 设备面盘的排列长度大于 4m 时，其两端应设置宽度不小于 1m 的通道。

⑤ 与建筑其他弱电系统合用的消防控制室内，消防设备应集中设置，并应与其他设备间有明显间隔。

6）消防控制室、消防水泵房、防排烟机房的消防用电设备及消防电梯等的供电，应在其配电线路的最末一级配电箱处设置自动切换装置。消防控制室、消防水泵房、自备发电机房、配电室、防排烟机房以及发生火灾时仍需正常工作的消防设备房应设置备用照明，其作业面的最低照度不应低于正常照明的照度。根据近年来一些重特大火灾事故的教训，在实际火灾中，有不少消防控制室被淹或因进水而无法使用，严重影响自动消防设施的灭火、控火效果，影响灭火救援行动，因而消防控制室应采取防水淹的技术措施。

8.2　火灾报警控制器的分类、组成及工作原理

火灾报警控制器是指在火灾自动报警系统中，用以接收、显示和传递火灾报警信号，并能发

出控制信号和具有其他辅助功能的控制指示设备。火灾报警控制器担负着为火灾探测器提供稳定工作电源，监视探测器及系统自身工作状态，接收、转换、处理火灾探测器输出的报警信号，进行声光报警，指示报警的具体部位及时间，同时执行相应辅助控制等任务，是火灾自动报警系统中的核心组成部分。

8.2.1 火灾报警控制器的分类

1. 按应用方式分类

1）独立型：不具有向其他火灾报警控制器传递信息功能的火灾报警控制器。

2）区域型：能直接接收火灾触发器件或模块发出的信号，并能向集中型火灾报警控制器传递信息的火灾报警控制器。

3）集中型：能接收区域型火灾报警控制器（含相当于区域型火灾报警控制器的其他装置）、火灾触发器件或模块发出的信息，并能发出某些控制信号使区域型火灾报警控制器工作的火灾报警控制器，常用于较大的系统中。

4）集中区域兼容型：既可作为集中型火灾报警控制器，又可作为区域型火灾报警控制器的火灾报警控制器，兼有区域、集中两级火灾报警控制器的双重特点。通过设置或修改某些参数，既可以作区域级使用，连接探测器；又可以作集中级使用，连接区域报警控制器。

2. 按结构形式分类

1）琴台式（图8-1a）：此类火灾报警控制器连接火灾探测器回路较多，联动控制较复杂，操作使用方便，集中型火灾报警控制器常采用这种结构形式。

2）柜式（图8-1b）：与琴台式火灾报警控制器基本相同，内部电路构造设计成插板组合式，易于功能扩展，可实现多回路连接，具有复杂的联动控制，集中型火灾报警控制器也属于此类型。

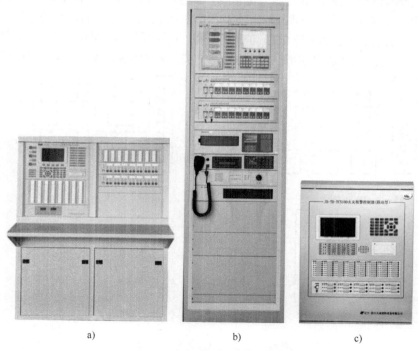

a)　　　　　　　　b)　　　　　　c)

图 8-1　不同结构形式火灾报警控制器实物图

a）琴台式　b）柜式　c）壁挂式

3）壁挂式（图8-1c）：连接火灾探测器回路数相对少一些，控制功能较简单。一般区域型火灾报警控制器常采用这种结构形式。

3. 按系统连线方式分类

（1）多线制火灾报警控制器

早期的火灾报警技术，火灾报警控制器与火灾探测器的连线采用硬线——对应方式，每个探测器至少有一根线与火灾报警控制器相连。有五线制、四线制、三线制和两线制，连线较多，仅适用于小型火灾自动报警系统。早期的多线制有 $n+4$ 线制，n 为探测器数，4 指公用线，分别为电源线（+24V）、地线（G）、信号线（S）和自诊断线（T），另外每个探测器设一根选通线（ST），其连接方式如图8-2所示。

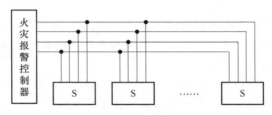

图 8-2　多线制连接方式示意图

多线制连接用线多，成本高，线路穿管复杂。虽然多线制用线多，但电路简单且相互独立，不易受其他设备、线路故障影响，所以稳定性要高于总线制，不会因为某点故障而引起部分瘫痪甚至系统崩溃。消防关键设备，如水泵、风机等重要设备也采用多线制控制。

（2）总线制火灾报警控制器

火灾报警控制器与火灾探测器之间采用总线方式连接，所有火灾探测器均并联或串联在总线上，连线大大减少，安装、使用及调试较为简便，适用于大、中型火灾自动报警系统。目前国内对于探测器以及触发器件，如手动报警按钮、消火栓按钮、声光报警器、模块等都采用总线制。一般总线有二总线、三总线、四总线，其连接方式包括支状布线、环状布线和链式布线，如图8-3所示。

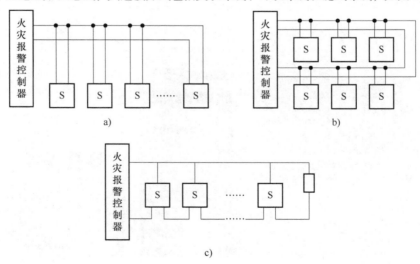

图 8-3　二总线连接方式示意图

a）支状布线　b）环状布线　c）链式布线

4. 按防爆性能分类

1）防爆型：具有防爆性能，常用于有防爆要求的石油化工等工业场所。

2）普通型：用于无防爆要求的民用建筑场所。

8.2.2　火灾报警控制器产品型号的编制

火灾报警控制器产品型号的编制，按类组型特征、分类特征及参数、结构特征、传输方式特征及参数、联动功能特征、厂家及产品代号分类，以简明易懂、同类间无重复、尽可能反映产品特点为原则。

火灾报警控制器产品型号由类组型特征代号、分类特征代号及参数、结构特征代号、传输方式特征代号及参数、联动功能特征代号、厂家及产品代号组成。火灾报警控制器产品型号的编制方法如图 8-4 所示。

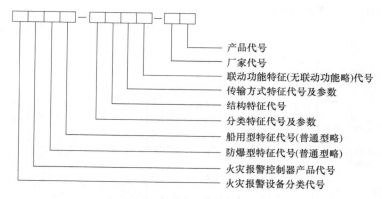

图 8-4　火灾报警控制器产品型号的编制方法

（1）类组型特征代号

1）J（警）——消防产品中火灾报警设备分类代号。

2）B（报）——火灾报警控制器产品代号。

3）应用范围特征代号：指火灾报警控制器的适用场所，适用于爆炸危险场所的为防爆型，否则为非防爆型；适用于船上使用的为船用型；适用于陆上使用的为陆用型。其具体表示方式是：B（爆）——防爆型（型号中无"B"代号即为非防爆型，其名称也无须指出"非防爆型"）；C（船）——船用型（型号中无"C"代号即为陆用型，其名称也无须指出"陆用型"）。

（2）分类特征代号及参数、结构特征代号、传输方式特征代号及参数、联动功能特征代号

1）分类特征代号：Q（区）——区域火灾报警控制器；J（集）——集中火灾报警控制器；T（通）——通用火灾报警控制器。

2）分类特征参数：用 1 位或 2 位阿拉伯数字表示。集中或通用火灾报警控制器的分类特征参数表示其可连接的火灾报警控制器数。区域火灾报警控制器的分类特征参数可省略。

3）结构特征代号：G（柜）——柜式；T（台）——琴台式；B（壁）——壁挂式。

4）传输方式特征代号：D（多）——多线制；Z（总）——总线制；W（无）——无线制；H（混）——总线无线混合制或多线无线混合制。

5）传输方式特征参数：用 1 位阿拉伯数字表示。对于传输方式特征代号为总线制或总线无线混合制的火灾报警控制器，传输方式特征参数表示其总线数。对于传输方式特征代号为多线制、无线制、多线无线混合制的火灾报警控制器，其传输方式特征参数可省略。

6）联动功能特征代号：L（联）——火灾报警控制器（联动型）。对于不具有联动功能的火灾报警控制器，其联动功能特征代号可省略。

（3）厂家及产品代号

厂家及产品代号为4～6位，前2位或3位用厂家名称中具有代表性的汉语拼音字母或英文字母表示厂家代号，其后用阿拉伯数字表示产品系列号。

（4）分型产品型号

火灾报警控制器分型产品的型号用英文字母或罗马数字表示，加在产品型号尾部以示区别。

8.2.3 火灾报警控制器的组成

1. 火灾报警控制器的组成单元

火灾报警控制器的组成单元包括控制运算单元、存储单元、输入单元、输出单元、监控单元、外围设备和电源，其系统组成如图8-5所示。

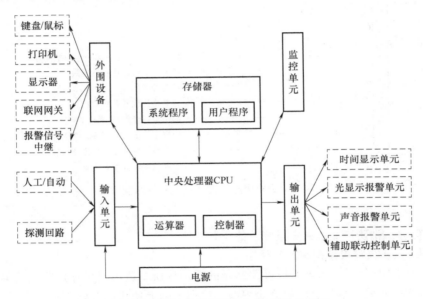

图8-5 火灾报警控制器的组成单元系统图

2. 火灾报警控制器的硬件组成

火灾报警控制器的硬件一般包括微处理器（CPU）、电源、只读存储器（ROM）、随机存储器（RAM）及显示、音响、打印机、总线、扩展槽等接口电路，下面以 JB- QG/QT- GST5000 联动型火灾报警控制器和 JB- QB- LD128EN（M）联动型火灾报警控制器为例进行介绍。

（1）JB- QG/QT- GST5000 联动型火灾报警控制器

JB- QG/QT- GST5000 联动型火灾报警控制器采用微处理器并行处理，最多可以管理20个总线制监控点回路，共计4840个总线制报警联动点。采用窗口化菜单式命令，增加屏幕显示信息量。可接入通信板、CRT 板和远程通信板，系统还可与火灾显示盘、CRT 和远程终端连接。控制器配接的智能化手动消防启动盘，完成对该总线制联动设备的启/停控制，其正面示意图如图8-6 所示。

JB- QG/QT- GST5000 联动型火灾报警控制器采用 GST- LD- SD128 总线制手动控制盘，图8-7 为其外观示意图。每块手动盘的每一单元均有一个按键、两只指示灯和一个标签。其中，按

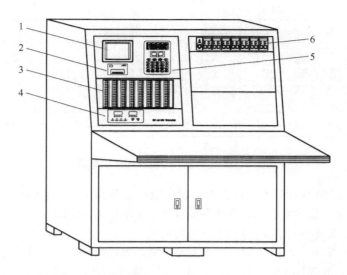

图 8-6　JB-QG/QT-GST5000 联动型火灾报警控制器正面示意图
1—液晶显示屏　2—打印机　3—总线制手动控制盘　4—智能电源盘
5—显示操作区　6—多线制手动控制盘

键为启/停控制键，如按下某一单元的控制键，则该单元的命令灯点亮，并有控制命令发出，如被控设备响应，则回答灯点亮；若在启动命令发出 10s 后没有收到反馈信号，则命令灯闪亮，直到收到反馈信号。用户可将各按键所对应的设备名称书写在设备标签上面，然后固定在手动盘上。

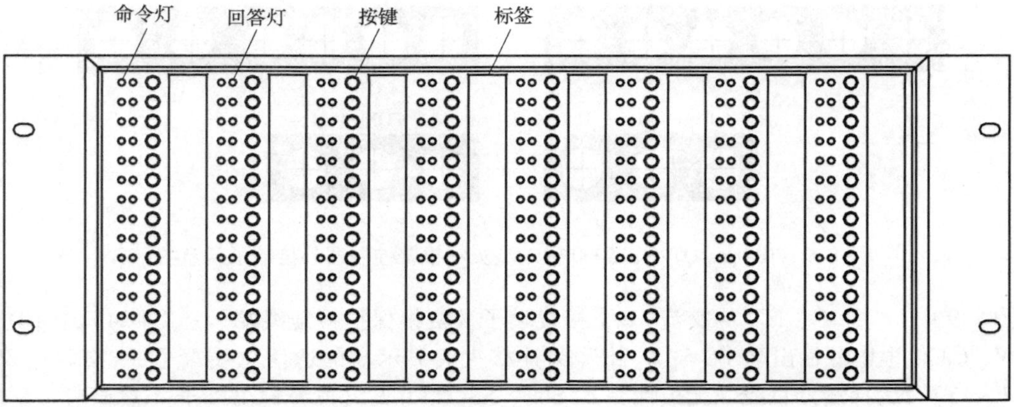

图 8-7　GST-LD-SD128 总线制手动控制盘外观示意图

命令灯　回答灯　按键　标签

消防水泵、排烟风机、送风机等重要设备的控制应该使用多线制手动控制盘进行直接启/停控制，能够有效地减少控制环节，提高可靠性。多线制手动控制盘面板包括手动锁、直接控制按键、状态指示灯，如图 8-8 所示。图中为 14 路控制，每路包括 3 只指示灯指示启动、反馈和故障状态和 1 只按键。多线制手动控制盘具有输出线断路、短路和指示灯检测功能，这些检测功能可最大限度地保障控制盘本身及其与重要设备之间连接的可靠性。多线制手动控制盘具有手动锁，只有手动锁处于允许状态时，手动直接控制按键才有效。

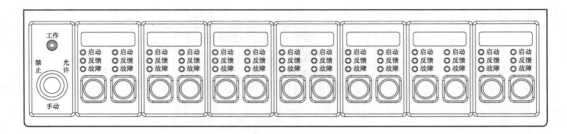

图 8-8　多线制手动控制盘面板示意图

JB- QG/QT- GST5000 联动型火灾报警控制器电源配置分为主、备电两部分，包括主机电源、DC- DC 电源模块、变压器、蓄电池、智能电源盘等。主电压为 AC 220V（5A），电压变化范围为 −15% ～ +10%，备电电压为 DC 12V/24Ah 密封铅电池。

在故障状态下，按下"消声"键可中止故障声响，当再次发生故障时，再次发出故障声响。按下"自检"键后，电源盘开始对数码管、指示灯、蜂鸣器进行检查。工作指示灯在主电接通时点亮。主、备电故障灯在主、备电故障时点亮。输出故障灯在发生短路、断路时点亮，同时蜂鸣器发出报警声。显示窗口分别显示当前输出电压及输出电流值。

JB- QG/QT- GST5000 联动型火灾报警控制器外接端子示意图如图 8-9 所示。

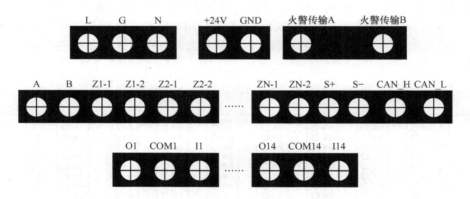

图 8-9　JB- QG/QT- GST5000 联动型火灾报警控制器外接端子示意图

图 8-9 中，"L、G、N"为交流 220V 接线端子及机柜保护接地线端子；"+24V、GND"为 DC24V、6A 供电电源输出端子；"A、B"为连接火灾显示盘的通信总线端子；"ZN- 1、ZN- 2（N = 1 ~ 18）"为探测器总线（无极性）；"S + 、S − "为火灾报警输出端子（报警时可配置成 24V 电源输出或无源触点输出）；"CAN_H、CAN_L"为连接其他各类控制器的通信总线端子；"火警传输 A 、火警传输 B"为连接火警传输设备通信总线端子；"ON、COMN、IN（N = 1 ~ 14）"为直接控制盘输出端子。

（2）JB- QB- LD128EN（M）联动型火灾报警控制器

JB- QB- LD128EN（M）联动型火灾报警控制器为二总线火灾自动报警控制器，集报警与联动控制于一体，分 2 个探测回路，最大地址点数为 512 点，配备了 8 路继电器有源输出和 2 路无源输出接点。控制器外观如图 8-10 所示。

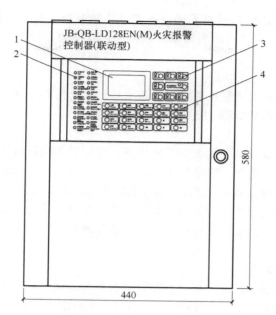

图 8-10　JB-QB-LD128EN（M）联动型火灾报警控制器外观示意图
1—液晶显示区　2—LED 指示区　3—8 路多线输出控制区　4—主控制区

8.2.4　火灾报警控制器的功能

火灾报警控制器是火灾自动报警系统的重要组成部分，也称为消防报警主机。在火灾报警系统中火灾报警控制器处于一个核心的地位，接收探测器发出火灾信号的同时发出火灾警报的信号，运作其他的警报设备。在火灾自动报警系统中，火灾探测器是系统的"感觉器官"，随时监视周围环境的情况。火灾报警控制器则是该系统的"身躯"和"大脑"，是系统的核心。火灾报警控制器的基本功能有火灾报警功能、火灾报警控制功能、故障报警功能、屏蔽功能、监管功能、自检功能、信息显示与查询功能、系统兼容功能、电源功能、自动打印、联网功能等。

1. 火灾报警功能

火灾报警控制器应能直接或间接地接收来自火灾探测器及其他火灾报警触发器件的火灾报警信号，发出火灾报警声、光信号，指示火灾发生部位，记录火灾报警时间，并予以保持，直至手动复位。

2. 火灾报警控制功能

火灾报警控制器在火灾报警状态下应有火灾声和/或光警报器控制输出。当接收到火灾探测器、手动报警按钮、消火栓报警按钮及编码模块所配接的设备发来的火警信号时，均可在火灾报警控制器中报警，火灾指示灯亮，并发出火灾变调音响，同时显示首次报警地址号及总数。

3. 故障报警功能

火灾报警控制器应设专用故障总指示灯，无论控制器处于何种状态，只要有故障信号存在，该故障总指示灯应点亮。对现场所有设备（如火灾探测器、手动报警按钮、消火栓按钮等）、控制器内部关键电路及电源进行监视，有异常立即报警。报警时，故障灯亮并发出长音故障音响，同时显示报警地址号及类型号。

4. 屏蔽功能

火灾报警控制器应有专用屏蔽总指示灯，无论控制器处于何种状态，只要有屏蔽存在，该屏蔽总指示灯应点亮。控制器应具有对下述设备进行单独屏蔽、解除屏蔽的操作功能（手动进行）：每个部位或探测区、回路；消防联动控制设备；故障警告设备；火灾声和/或光警报器；火灾报警传输设备。

5. 监管功能

火灾报警控制器应设专用监管报警状态总指示灯，无论控制器处于何种状态，只要有监管信号输入，该监管报警状态总指示灯应点亮。

6. 自检功能

火灾报警控制器应能检查系统的火灾报警功能，控制器在执行自检功能期间，受其控制的外接设备和输出接点均不应动作。控制器自检时间超过1min或不能自动停止自检功能时，控制器的自检功能应不影响非自检部位、探测区和控制器本身的火灾报警功能。控制器设置检查键，供用户定期或不定期进行电模拟火警检查。处于检查状态时，凡是运行正常的部位均能向控制器发回火警信号，只要控制器能收到现场发回来的信号并有反应而报警，则说明系统处于正常的运行状态。

7. 信息显示与查询功能

火灾报警控制器信息显示按火灾报警、监管报警及其他状态顺序由高至低排列信息显示等级，高等级状态信息应优先显示，低等级状态信息显示不应影响高等级状态信息显示，显示的信息应与对应的状态一致且易于辨识。当控制器处于某一高等级状态显示时，应能通过手动操作查询其他低等级状态信息，各状态信息不应交替显示。

8. 系统兼容功能

区域火灾报警控制器应能向集中火灾报警控制器发送火灾报警、火灾报警控制、故障报警、自检以及可能具有的监管报警、屏蔽、延时等各种完整信息，并应能接收、处理集中控制器的相关指令。集中火灾报警控制器应能接收和显示来自各区域火灾报警控制器的火灾报警、火灾报警控制、故障报警、自检以及可能具有的监管报警、屏蔽、延时等各种完整信息，进入相应状态，并应能向区域火灾报警控制器发出控制指令。集中火灾报警控制器在与其连接的区域火灾报警控制器间的连接线发生断路、短路和影响功能的接地时应能进入故障状态并显示故障的部位。

9. 电源功能

火灾报警控制器的电源部分应具有主电源和备用电源转换装置。当主电源断电时，能自动转换到备用电源；主电源恢复时，能自动转换到主电源；应有主、备电源工作状态指示，主电源应有过流保护措施；主、备电源的转换不应使控制器产生误动作。火灾报警控制器采用信号叠加方式，将+24V直流电源信号与地址编码信号叠加，为火灾探测器供电。当主电网有电，控制器自动利用主电网供电，同时对电池充电；当主电网断电，控制器自动切换改用电池供电。主电供电，面板主电指示灯亮，时钟正常显示时分值。备电供电时，备电指示灯亮，时钟只有秒点闪烁，无时分显示。当有故障或火警时，时钟又显示时分值，且锁定首次报警时间。

10. 自动打印

当有火警、部位故障或有联动时，打印机自动打印记录火警、故障或联动的地址号，此地址号同显示地址号一致，并打印出故障、火警、联动的月、日、时、分。当对系统进行手动检查时，如果控制正常，则打印机自动打印正常。

11. 联网功能

智能建筑与传统建筑的重要区别之一是，包括火灾自动报警与联动控制系统在内的各个子系统不只局限于分别独立工作，还应该具有系统集成功能。因此智能建筑中的火灾自动报警与联动控制系统既能独立地完成火灾信息的采集、处理、判断和确认，实现自动报警与联动控制，同时还应能通过网络通信方式与建筑物的整个安保中心及城市消防中心实现信息共享和联动控制。

8.2.5　火灾报警控制器的工作原理

火灾报警控制器以单片机为核心，将地址编码信号和火警、故障信号叠加到火灾探测器电源中，实现控制器与探测器之间的二总线并联，其工作原理如图 8-11 所示。

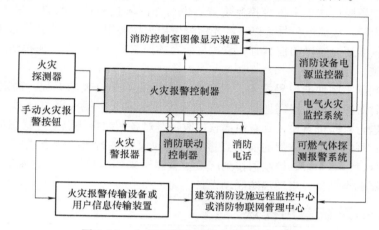

图 8-11　火灾报警控制器工作原理示意图

1. 正常状态下的工作原理

正常工作状态时，控制器通过输出接口控制探测器电源电路发出探测器编码信号和接收探测器回答信号。控制器单片机内部定时器在提供时间计数的同时，也产生探测器编码信号，通过输出接口控制探测器，使 24V 直流电流叠加有探测器编码信号。探测器上装有编码电路，利用微分电路将信号从电源中分离出来，经译码后使与编码相符的探测器被选通。探测器回答信号也是同样从电源中分离出来，顺序送入单片机，巡回检测程序根据输入信号判断是否有火警或故障发生，如此巡回检测各个探测器。当探测器编码电路故障，例如短路、线路断路、探头脱落等，控制器发出故障声光报警，显示故障部位并打印。

2. 火灾状态下的工作原理

火灾状态下，火灾探测器将火灾发出燃烧气体、烟雾粒子等火情信号转化为火警信号，火灾报警控制器接收到探测器发来的火警信号后，液晶屏显示火灾部位、电子钟停在首次火灾发生的时刻，同时控制器发出声光报警信号，打印机打印出火灾发生的时间和部位。消防联动控制部分根据火灾报警信号发生位置，依照预先编程设置好的控制逻辑向相应的控制点发出联动控制信号，并经过执行器控制相应的外控消防设备，如消防水泵、自动喷水灭火系统相关阀门、防排烟风机、排烟口、声光报警器、防火卷帘、常开防火门等，还包括关闭空调、电梯迫降等联动动作。另外，现场人员若发现火情，可以通过按动手动报警按钮，发出火警信号。

3. 不同类型火灾报警控制器的工作原理

（1）区域报警控制器

区域报警控制器通过现场编程，将整个保护区域范围内的火灾探测点编码地址与对应火灾显示点一一对应。通过总的集中报警探测装置顺序对每个探测器进行巡检，内容包括探测器的报警、预警、断线故障、运行情况及各模块的运行状态、数据等，这些信息数据将存于存储器中，经微型计算机按确定的程序分析处理之后，分别实行预警、火警、故障等声光报警。

接收到火灾探测器的报警信号后，发出声光报警的同时，将报警信号传递给集中报警控制器。自检功能能够发出模拟火灾信号检查探测器功能及线路情况完好情况，当有故障时便发出故障报警信号。火灾信号的电频幅度值高于故障信号的电频幅度值，可以触发导通门级输入管，使继电器动作，切断故障声光报警电路，进行火灾声光报警，时钟停走，记下首次火警时间。

（2）集中报警控制器

集中报警控制器既可作集中报警控制装置，也可作区域报警控制装置。集中报警控制器连接所有探测点的火警、故障电信号，以声、光信号发出火情警报，同时显示及记录火情发生的位置和时间。当系统需要设置联动控制时，装置与配套的控制器一起组合实现联动，控制整个范围内的各种消防设施。

集中报警控制器采用地址编码技术，对所有火灾探测器部位现场编程，确定地址与对应的层号、房号，同时对探测点的编码地址与对应的火灾显示器（区域报警控制器）显示号做现场编程。装置可以进行打印机自检，查看内部软件时钟，对各回路探测点运行状态进行单步检测和声、光显示自检；可以对发生故障的探测点进行封闭以及对被封闭探测点进行修复后释放的操作。发现火灾信号时，集中报警控制器接到区域报警器送来的信号后，及时发出声光警报信号。同时，联动继电器触点动作，启动消防联动设备。

8.3 消防联动控制系统常用模块

8.3.1 单输入模块

1. 作用

单输入模块用于接收消防联动设备输入的常开或常闭开关量信号，并将联动信息传回火灾报警控制器（联动型）。信息来源有水流指示器、压力开关、位置开关、信号阀及能够送回开关信号的外部联动设备等。图 8-12 为单输入模块正面及内部结构图。

图 8-12　单输入模块正面及内部结构图

2. 接线端子与连接方法

图 8-13 为 GST-LD-8300 型单输入模块主要接线端子示意图。其中，Z1、Z2 为与火灾报警控制器二总线连接的端子；I1、G 为与设备无源触点连接的端子。

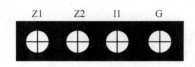

图 8-13　GST-LD-8300 型单输入模块
主要接线端子示意图

图 8-14 为单输入模块连接方法示例。

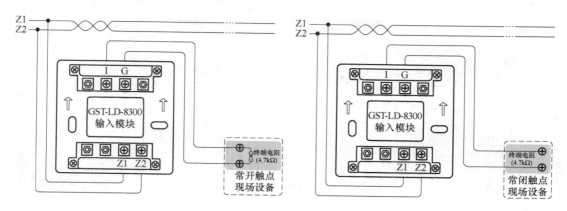

图 8-14　单输入模块接线示例

8.3.2　单输入/输出模块

1. 作用

单输入/输出模块一般同防烟楼梯间机械加压送风口、排烟口等设备连接，用来控制这种一次动作设备，并返回设备是否动作的信号。图 8-15 为单输入/输出正面及内部结构图。

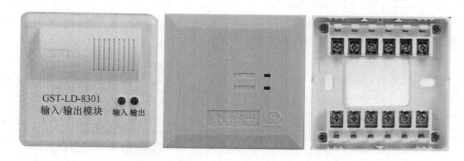

图 8-15　单输入/输出模块正面及内部结构图

2. 接线端子与连接方法

图 8-16 为 GST-LD-8301 型单输入/输出模块接线端子示意图。其中，Z1、Z2 为与火灾报警控制器二总线连接的端子；D1、D2 为与火灾报警控制器 DC24V 电源连接的端子；V+、G 为向输出触点提供 +24V 信号，实现有源 DC24V 输出；I1、G 为与被控设备无源常开触点连接的端子，用于实现设备动作回答确认；NO1、COM1、NC1 为模块的常开常闭输出端子。

图 8-16　GST-LD-8301 型单输入/输出模块接线端子示意图

图 8-17 为单输入/输出模块与设备的连接方式示例。

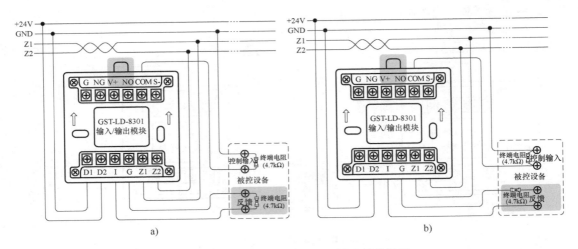

图 8-17　单输入/输出模块有源输出接线示例

a）常开输入　b）常闭输入

8.3.3　双输入/输出模块

1. 作用

双输入/输出模块一般用于同疏散通道上两步下降防火卷帘等类似运行方式设备相连接，用来控制设备的两次动作，并返回动作信号，其上有两个指示灯，分别指示动作 1 和动作 2。图 8-18 为双输入/输出模块正面及内部结构图。

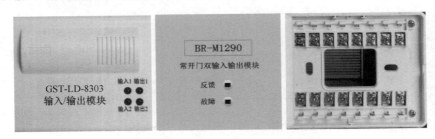

图 8-18　双输入/输出模块正面及内部结构图

2. 接线端子与连接方法

图 8-19 为 GST-LD-8303 型双输入/输出模块接线端子示意图。其中，Z1、Z2 为与火灾报警控制器二总线连接的端子；D1、D2 为与火灾报警控制器 DC24V 电源连接的端子；V+、G 为向输出触点提供 +24V 信号，实现有源 DC24V 输出；I1、G 和 I2、G 分别为第一路和第二路无源输入端子，用于实现设备动作回答确认；NO1、COM1、NC1 和 NO2、COM2、NC2 为第一路和第二路常开常闭输出端子。

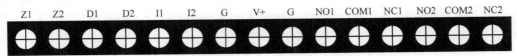

图 8-19　GST-LD-8303 型双输入/输出模块接线端子示意图

图 8-20 为双输入/输出模块与两步下降防火卷帘的连接方式示例。

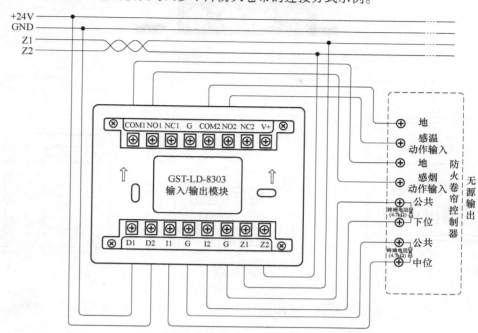

图 8-20　双输入/输出模块与两步下降防火卷帘无源输出接线示例

8.3.4　总线隔离模块

1. 作用

在总线制火灾自动报警系统中，往往会出现某一局部总线出现故障（例如短路）造成整个报警系统无法正常工作的情况。总线隔离器的作用是当总线发生故障时，将发生故障的总线部分与整个系统隔离开来，以保证系统的其他部分能够正常工作，同时便于确定出发生故障的总线部位。当故障部分的总线修复后，隔离器可自行恢复工作，将被隔离出去的部分重新纳入系统。总线穿越防火分区时，应在穿越处设置总线隔离模块，每只总线隔离模块保护的设备总数不应超过 32 个。图 8-21 为总线隔离模块正面及内部结构。

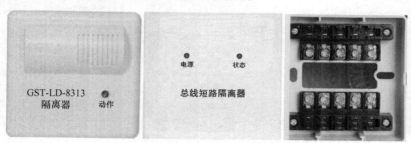

图 8-21　总线隔离模块正面及内部结构

2. 接线端子与连接方法

图 8-21 为总线隔离模块接线端子示意图。其中，L1、L2 为与火灾自动报警系统总线相连的输入端子；L1′、L2′为与设备相连的输出端子。图 8-22 和图 8-23 为总线隔离模块连接方式示例，其中图 8-23 为环形布置方式示例。

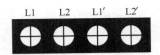

图 8-22　总线隔离模块接线端子示意图

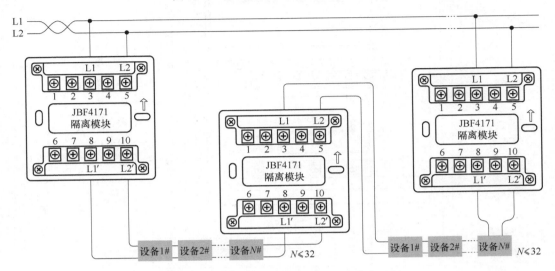

图 8-23　总线隔离模块环形布置方式接线示例

8.3.5　中继模块

1. 作用

中继模块包括总线中继器和编码中继器。总线中继器可作为总线信号输入与输出间的电气隔离，完成探测器总线的信号隔离传输，可增强整个系统的抗干扰能力，并且具有扩展探测器总线通信距离的功能。编码中继器用于连接火灾自动报警系统中的非编码设备，使非编码设备能够正常接入信号总线。图 8-24 为中继模块正面及内部结构。

图 8-24　中继模块正面及内部结构

2. 接线端子与连接方法

图 8-25 为中继模块接线端子示意图。其中，Z1 IN、Z2 IN 为与火灾自动报警系统总线相连的输入端子；D1、D2 为与火灾报警控制器 DC24V 电源连接的端子；Z1 O、Z2 O 为与设备相连的输出端子。图 8-26 为中继模块连接方式示例。

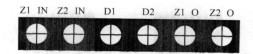

图 8-25　中继模块接线端子示意图

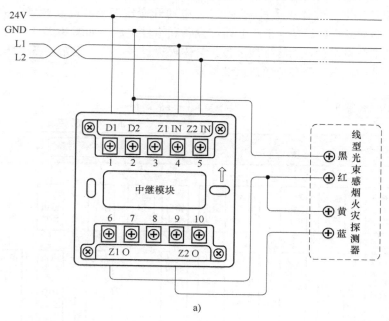

a)

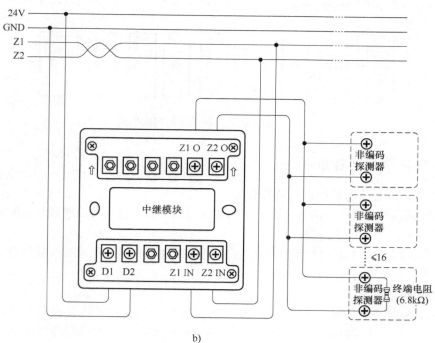

b)

图 8-26　中继模块连接方式示例

a）总线中继模块接线方式示例示意图　b）编码中继模块接线方式示例示意图

8.4 消防联动控制系统

消防联动控制系统是指接收火灾报警控制器发出的火灾报警信号，按预设逻辑完成各项消防控制的控制系统。消防联动控制系统由消防联动控制器、消防控制室图形显示装置、消防电气控制装置（防火卷帘控制器、气体灭火控制器等）、电动开窗器等消防电动装置、消防联动模块、消火栓按钮、消防应急广播设备、消防电话等设备和组件组成，如图 8-27 所示。消防联动控制的消防设备包括消防给水设备、防排烟设备、气体灭火设备、防火卷帘设备、防火门设备、消防应急广播设备、消防应急照明和疏散指示设备等。

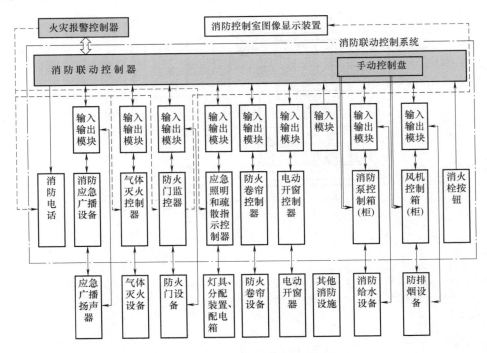

图 8-27　消防联动控制系统的构成框图

8.4.1　消防联动控制器的分类

1. 按与火灾报警控制器的相互关系分类

1）单独的联动控制器。消防控制中心火灾报警控制器与消防联动控制器及其配套执行件分别单独设置。

2）带联动控制功能的报警控制器。这类火灾报警控制器与消防联动控制器组合在一起，联动关系是在火灾报警控制器内部实现的。

2. 按使用范围分类

1）专用的联动控制装置。专用的联动控制装置是指针对特性消防设施系统的联动控制装置。如室内消火栓系统控制装置、自动喷水灭火系统控制装置、防排烟设备控制装置、气体灭火控制装置。

2）通用的联动控制器。这类联动控制器可通过其配套中继执行器件提供控制接点，可控制各类消防外控设备，而且还可对探测点与控制点之间进行现场编程，设置控制逻辑对应关系。

3. 按电气原理和系统连线分类

1）多线制联动控制器。该类联动控制器与其配套执行件之间采用一一对应的关系，每只配套执行件与主机之间分别有各自的控制线、反馈线等。一般控制点容量比较小。

2）总线制联动控制器。该类联动控制器与其配套执行件的连接采用总线方式，有二总线、三总线、四总线等不同形式，具有控制点容量大，安装调试及使用方便等特点。

3）总线制与多线制并存的联动控制器。该类联动控制器同时有总线控制输出和多线控制输出。总线控制输出适用于控制各楼层的消防外控设备，如各类电磁阀口、声光报警装置、各楼层的空调、风机、防火卷帘和防火门等。多线控制输出适用于控制整个建筑物集中的中央消防外控设备，如消防水泵、防排烟风机等。

8.4.2　消防联动控制器的组成与工作原理

1. 消防联动控制器的组成

消防联动控制器由主控单元、回路控制单元、显示操作单元、直接手动控制单元、通信控制单元和电源单元组成。

1）主控单元。主控单元是消防联动控制器的基本部分，用于对消防联动控制器其他单元的控制和管理。主控单元将消防联动控制器主机的其他电路部分整合成一个有机整体，使各个部分协调统一工作，并集中处理消防联动控制器的信息。

2）回路控制单元。回路控制单元由内部通信接口、回路控制管理部分、驱动保护电路和故障检测电路等组成，用于与主控单元通信，将主控单元发来的控制信号发送至各分单元。回路控制单元是消防联动控制器与消防联动模块的接口单元，完成消防联动控制器与现场装置信息交互任务及回路短路、断路和模块故障状态的监测与控制。

3）显示操作单元。显示操作单元由内部通信接口、交互管理控制部分和显示操作扩展部分、显示屏、指示灯、键盘、打印机和音响等组成，用于键盘信号的采样，将键盘信号通过通信单元传递给主控单元，主控单元对采样信号分析判断后发出相应的控制、查询、设置、自检等指令。同时，主控单元将从回路控制单元、直接手动控制单元、电源单元采样来的系统信息通过显示操作单元进行显示，显示操作单元的音响部分对主控制单元发来的控制信号进行分析，产生所需的音响信号，放大后传递给扬声器。显示操作单元部件是消防联动控制器与操作人员进行人机交互的界面。消防联动控制器的多样化，最直观地表现在人机交互的多样化上。基于不同技术构建的人机交互界面，其外观、内部结构多种多样。通常的信息显示输出方式有声光指示、中文文本显示和辅助的图形图像显示等。信息输入通常利用开关、按钮按键、键盘、鼠标、触摸屏等完成。

4）直接手动控制单元。直接手动控制单元由内部通信接口、指示电路、控制保护电路、键盘或操作按键、直接手动控制管理等部分组成，接收手动操作指令，通过多线制连接线或模块直接控制受控设备，并接收设备的状态信息。该控制方式与主控电路部分相对独立，但主控部分可接收和显示受控设备及控制输出的状态。直接手动控制单元即使在主控单元功能失效的情况下，仍然可以实现消防联动控制器对消防水泵、防排烟风机等少数重要消防设备的状态进行监视和控制。

5）通信控制单元。通信控制单元由内部通信接口、通信管理控制和网络驱动保护及线路故障检测等部分组成，用于与主控单元通信，将主控单元发来的命令、内部信息或所带设备外部信息通过通信控制单元发送给联网的火灾报警控制器或监控设备；同时，通过通信控制单元接收网络上传输的网络信息，通过通信管理控制部件发送给主控单元，并且通过通信管理控制部件管理整个网络通信。在构建本地化局域网时，通常采用的通信接口技术规约有 RS-232/485、CANBUS、LONWORKS、PROFIBUS 等现场总线或工业以太网等；在构建远程报警监控网络时，通常需要连接专用通信设备作为接入中继器，将通信控制单元的输出信息发送到公共电话网或万维网上。

6）电源单元。消防联动控制器的电源单元是控制器的供电保证环节，包括主电源和备用电源，用于为消防联动控制器主机部分、外部模块及部分受控设备供电。电源部分具有主电源和备用电源自动转换装置，能指示主、备电源的工作状态。主电源容量能保证控制器在有关技术标准规定的最大负载条件下，连续工作 8h 以上。备用电源容量能保证控制器在监视状态下工作 8h 后，在有关技术标准规定的最大负载条件下工作 30min。所以，对于大容量的控制器，其电源输出功率要求相应较大。目前，消防联动控制器的电源设计一般采用线性调节稳压电路（线性电源）和开关型稳压电路（开关电源）两种。线性电源的主要特点是：采用工频变压器对交流电压进行初步降压，功率器件再进行线性稳压，功率器件工作在放大状态。线性电源稳定度高、精度好、成本较低，但效率低、笨重、体积较大，适用于中、小功率和对电性能指标要求比较高的场合。开关电源的主要特点是：功率器件工作在开关状态，由于开关频率较高（几十至几百千赫兹），甩掉了工频变压器及低频滤波电感器，从而减小了整机体积重量，提高了工作效率。目前，开关型稳压电源由于转换效率高、输出功率大，已被广泛应用于大容量的消防联动控制器中，并逐渐成为消防联动控制器的首选电源。

2. 消防联动控制器的工作原理

（1）自动方式

消防联动控制器的主控单元在系统程序的控制下，向回路控制单元发出对回路连接的消防联动模块等现场设备的巡检和/或动作执行指令，回路控制单元对来自主控单元的任务指令进行解释和调制，并通过现场回路发送出去；各种现场设备回馈的信息通过回路控制单元的解调转化和预处理，按照接口规约反馈到主控单元；主控单元应用其特定软件对通信控制单元、回路控制单元和直接手动控制单元反馈的信息进行分析和判别，识别消防联动模块、专线设备和回路网络的各种状态，接收连接火灾报警控制器发出的火灾报警信号，经确认后，生成报警、联动信息和异常事件的指示和记录，各项联动控制任务通过相应的功能单元执行。对消防联动控制器实施操作时，可通过显示操作单元，输入操作指令，显示操作单元对输入的操作指令进行编译，并将确认有效的指令信息传送给主控单元，由主控单元进行分析和处理，并向各功能单元发出相关的任务操作指令，完成人员对系统的信息查询和操作的执行。

（2）手动方式

1）总线制手动控制方式。总线制手动控制盘配合火灾报警控制器使用，对联动的重要设备进行总线逻辑联动控制，也可操作键盘进行手动一对一直观的控制操作，提高了操作控制的可靠性。总线制手动控制盘无须对逻辑编程、现场布线及火灾报警控制器内部接线进行改动，不需在控制盘与被控设备间做任何连线，通过二总线即可完成对总线联动设备的控制。进行手动操作时，通过控制盘上的按键可直接对被控设备发出命令进行控制。被控设备的启动和停止是由火灾报警控制器总线连接的联动控制模块来实现的。每块手控盘可以控制多个输入输出模块。总线制手动控制盘示意图如图 8-7 所示。

每个按键采用乒乓方式，对应"启动"和"停止"两种状态。按下按键，对应模块启动，启动灯亮，对应的设备启动；再按一次该按键，对应模块关闭，启动灯灭，该模块对应的设备停止。总线制手动控制盘与火灾报警控制器通过总线共同显示各种状态信息。

2）多线制手动控制方式。多线制手动控制盘是专为消防控制系统中的重要设备，比如消防水泵、排烟机和送风机等实施可靠控制而设计的，可利用控制盘上的按键完成对现场设备的手动控制。控制盘每路为3线，与单控设备之间为3线连接，与启、停双控设备之间为6线连接，实现DC24V有源输出和无源触点输入。输入、输出端具有短路、断路检测功能，每路采用单独的指示灯指示启动、反馈和故障状态。

以 GST-LD-KZ014 型多线制手动控制盘为例，该控制盘由4路、6路灯键板和4路、6路输出板组成，灯键板与输出板通过16P和10P数据线连接，其面板示意图如图8-8所示。控制盘面板灯键包括：手动锁，用于选择手动启动方式，可设置为手动禁止或手动允许；工作灯，绿色，正常通电后，该灯点亮；启动灯，红色，发出命令信号时该灯点亮，如果10s内未收到反馈信号，该灯闪烁；反馈灯，红色，接收到反馈信号时，该灯点亮；故障灯：黄色，该路外控线路发生短路和断路时，该灯点亮；按键，按下后，向被控设备发出启动或停动的命令。图8-28为GST-LD-KZ014 型多线制手动控制盘外接端子示意图。

图 8-28　GST-LD-KZ014 型多线制手动
控制盘外接端子示意图

图8-28 中，O 为直接控制输出线；COM 为直接控制输出与反馈输入的公共线；I 为反馈输入线。O 和 COM 组成直接控制输出端，通过 ZD-01 终端器与负载连接，O 为输出端正极，COM 为输出端负极，启动后 O 与 COM 之间输出 DC24V。I 和 COM 组成反馈输入端，接无源触点；为实现检线，I 与 COM 之间接 4.7kΩ 终端电阻。图8-29 为直接控制输出与外部被控设备的连接示意图。

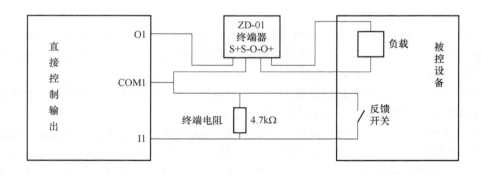

图 8-29　直接控制输出与外部被控设备（单控设备）的连接示意图

由于直接控制输出具有检线功能，当需要直接控制输出与总线模块共同控制同一被控设备时，两者不能直接并联使用，直接控制输出端需要增加继电器，以免影响检线。图8-30 为消防水泵、防排烟风机类消防设施多线制手动控制原理图。

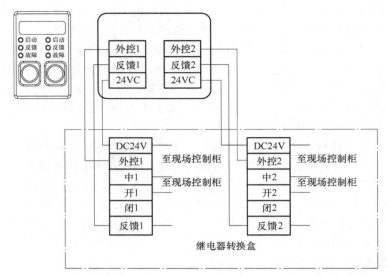

图 8-30　消防水泵、防排烟风机类消防设施多线制手动控制原理图

8.4.3　消防联动控制器的设计要求

1. 通用要求

消防联动控制器应能为其连接的部件供电，直流工作电压应符合《标准电压》（GB 156—2017）的规定，可优先采用直流 24V。消防联动控制器主电源应采用 220V、50Hz 交流电源，电源线输入端应设接线端子。消防联动控制器应具有中文功能标注，用文字显示信息时应采用中文。

2. 控制功能

1）消防联动控制器应能按设定的逻辑直接或间接控制其连接的各类受控消防设备（以下称受控设备），并设独立的启动总指示灯；只要有受控设备启动信号发出，该启动总指示灯应点亮。

2）消防联动控制器在接收到火灾报警信号后，应在 3s 内发出启动信号；发出启动信号后，应有光指示，指示启动设备名称和部位，记录启动时间和启动设备总数。光指示应保持至消防联动控制器复位。

3）消防联动控制器应能以手动和自动两种方式完成控制功能，并指示状态，控制状态应不受复位操作的影响。消防联动控制器应具有对每个受控设备进行手动控制的功能。消防联动控制器的直接手动控制单元应满足下列要求：

① 应至少有 6 组独立的手动控制开关，每个控制开关对应一个直接控制输出。控制输出的启动光指示应在相应的控制开关表面或附近单独指示。

② 直接手动控制单元不能独立使用时，受控设备除启动状态外的其他工作状态可以在手动控制开关旁单独指示，也可以在联动控制器的共用显示器上显示。

③ 直接手动控制单元能独立使用时，受控设备的启动、反馈等各种工作状态均应在手动控制开关旁单独显示。

④ 直接手动控制对应的输出特性应符合制造商的规定。

4）消防联动控制器应能通过手动或通过程序的编写输入启动的逻辑关系。消防联动控制器在自动方式下，如接收到火灾报警信号，并在规定的逻辑关系得到满足的条件下，应在 3s 内发出预先设定的启动信号。

3. 控制点数量要求

为保障火灾自动报警系统的稳定性和可靠性，任一台消防联动控制器地址总数或火灾报警控制器（联动型）所控制的各类模块总数不应超过 1600 点，每一联动总线回路连接设备的总数不宜超过 100 点，且应留有不少于额定容量 10% 的余量。

其中，1600 点和 100 点指设备总数和地址总数中较大者的限值。当一个设备占有两个或两个以上地址时，按该设备的地址数量计数；系统中不允许出现一个地址带多个设备的使用情况。每个输入/输出模块和多输入/输出模块地址数按设备生产厂家标称地址数计算。消防联动控制器或火灾报警控制器（联动型）直接连接的模块，都应计入设备或地址总数；而各子系统中的广播分区控制器、电气火灾监控器、防火门监控器、可燃气体报警控制器等监控器、控制器所连接的模块数均不计入消防联动控制器所连接的模块总数。

火灾报警控制器所连接的模块与消防联动控制器或火灾报警控制器（联动型）所连接的模块含义不同。前者主要是指火灾探测器所接的模块，如本身不带地址的火灾探测器配接的地址模块、特殊类型火灾探测器配接的信号转换模块等，虽然这些模块也属于输入模块的范畴，但与常规输入模块相比，增加了探测器复位、火警指示灯等功能；后者是指用于联动功能的模块，如水流指示器、信号阀配接的输入模块、防火阀配接的输入或输入/输出模块等。设置两台及以上火灾报警控制器（联动型）时，建议系统中报警和联动分别使用不同的回路，有利于系统的稳定性。

4. 屏蔽功能

消防联动控制器应有独立的屏蔽总指示灯，屏蔽存在时，该屏蔽总指示灯应点亮。消防联动控制器应仅能通过手动方式完成对受控设备的单独屏蔽或单独解除屏蔽。消防联动控制器应在屏蔽操作完成后 2s 内启动屏蔽指示，显示被屏蔽部位、屏蔽时间等信息。在消防联动控制器显示启动、反馈或报警信息时，屏蔽信息可不显示但应可查。

8.5 城市消防远程监控系统

城市高层和超高层建筑、地下建筑以及大型综合建筑日益增多，火灾隐患增加，早期发现火情、第一时间控制火灾是防止与减少损失的重要措施。城市消防远程监控系统通过现代通信网络将各社会单位独立的火灾自动报警系统联网，并综合运用地理信息系统、数字视频监控等信息技术，在监控中心内实现对所有联网建筑物的火灾报警信息、建筑消防设施运行状态以及消防安全管理信息的接收、查询和管理，并为联网用户提供信息服务。该系统的应用能够动态掌握社会单位消防安全状况，强化了对社会单位消防安全的监管，缩短从建筑物火灾发生到接警的时间，为灭火救援行动提供信息支持。

城市消防远程监控系统对消防联动控制系统的监测，能够有效提高对建筑消防设施运行状态的监控，保证其有效发挥作用，监测内容主要包括以下 12 个方面：

1）消防联动控制器：联动控制信息、屏蔽信息、故障信息，受控现场设备的联动控制信息和反馈信息。

2）消火栓系统：系统的手动、自动工作状态，消防水泵电源的工作状态，消防水泵的启、停状态和故障状态，消防水箱（池）水位、管网压力报警信息。

3）自动喷水灭火系统：系统的手动、自动工作状态，喷淋泵电源工作状态、启停状态、故障状态，水流指示器、信号阀、报警阀、压力开关的正常状态、动作状态，消防水箱（池）水位报警，管网压力报警信息。

4）气体灭火系统：系统的手动、自动工作状态及故障状态，阀驱动装置的正常状态和动作状态，防护区域中的防火门窗、防火阀、通风空调等设备的正常工作状态和动作状态，系统的启动和停止信息、延时状态信号、压力反馈信号，喷洒各阶段的动作状态。

5）泡沫灭火系统：系统的手动、自动工作状态，消防水泵、泡沫液泵电源的工作状态，系统的手动、自动工作状态及故障状态，消防水泵、泡沫液泵、管网电磁阀的正常工作状态和动作状态。

6）干粉灭火系统：系统的手动、自动工作状态及故障状态，阀驱动装置的正常工作状态和动作状态，延时状态信号、压力反馈信号，喷洒各阶段的动作状态。

7）防排烟系统：系统的手动、自动工作状态，防排烟风机、防火阀、排烟防火阀、常闭送风口、排烟口、电动挡烟垂壁的工作状态、动作状态和故障状态。

8）防火门及卷帘系统：防火卷帘控制器、防火门监控器的工作状态和故障状态，公共疏散的各类防火门工作状态和故障状态的动态信息。

9）消防电梯系统：消防电梯的停用和故障状态。

10）消防应急广播系统：消防应急广播的启动、停止和故障状态。

11）消防应急照明和疏散指示系统：消防应急照明和疏散指示系统的故障状态和应急工作状态信息。

12）消防电源：系统内各消防设备的供电电源（包括交流和直流电源）和备用电源工作状态信息。

8.5.1 系统的组成

城市消防远程监控系统主要由用户信息传输装置、报警传输网络、监控中心、火警信息终端及相关终端与接口等组成，具体如图 8-31 所示。

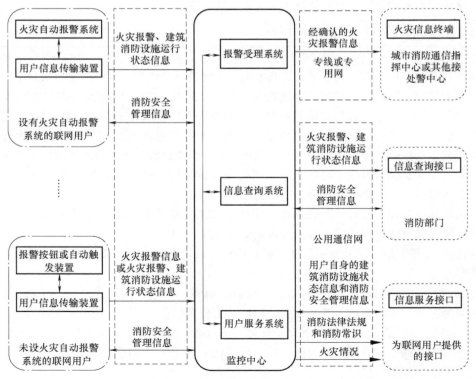

图 8-31 城市消防远程监控系统组成

1. 用户信息传输装置

用户信息传输装置是安装在每个联网单位内的用于监控火灾自动报警系统运行状态信息的设备。采集到的各种信息通过城市公共网络（专网、ADSL 宽带网、电话网、GPRS 移动数据网等）传送到监控管理分监控中心，再由分监控中心上传至主监控中心。对于需要采集视频信息的联网单位，用户信息传输装置连接联网单位的视频设备后，根据主监控或分监控中心指令将视频信号传送到发出指令的监控中心。

2. 报警传输网络

报警传输网络是联网用户与监控中心之间的数据通信网络，主要传输报警信息、故障信息、动作信息和现场视频信息（视频信息的传输需使用宽带网络）。报警传输网络一般依托公用通信网或专用通信网，包括公用电话网（PSTN）、TCP/IP 专用网络或公共宽带网络、虚拟专用网络（VPN）、GPRS 移动数据网络、多种方式单独或混合组网。为了确保相关信息的可靠传输，建议采用 TCP/IP 专用网络或公共宽带网络及 GPRS 移动数据网络。

3. 监控中心

监控中心作为城市消防远程监控系统的核心，是对远程监控系统中的各类信息进行集中管理的节点，由三个主要子系统组成，即报警受理系统、信息查询系统、用户服务系统，主要负责接收、查询、处理用户信息传输装置上传的信息，并向火灾信息终端发送经确认的火灾报警信息、建筑消防设施运行状态信息、消防安全管理信息、火灾情况等信息。系统可以对各种历史信息进行智能分析，向各级消防监督部门和政府、行业主管部门提供信息的检索查询。

系统可以根据城市规模在城区设立多个分监控中心进行区域性监控管理，再由分监控中心将本区域联网用户数据传输至城市主监控中心进行统一处理，主监控中心与各分监控中心之间能够联网运行、信息共享。

4. 火警信息终端

火警信息终端设置在城市消防通信指挥中心或其他接处警中心，用于接收并显示监控中心发送的火灾报警信息。

8.5.2　系统的设计原则

1. 规范性原则

城市消防远程监控系统要严格按照《城市消防远程监控系统技术规范》（GB 50440—2007）《城市消防远程监控系统　第 1 部分：用户信息传输装置》（GB 26875.1—2011）关于消防远程监控系统部分进行设计、建设和验收。

2. 先进性原则

系统结构设计、系统配置、系统管理方式等方面应采用国际上先进同时又是成熟、实用的技术。例如报警联网控制技术、远程视频监控技术以及网络通信技术，均为目前正在蓬勃发展的技术，并具有成熟的应用经验，能够保证火灾的早期预报、快速响应和有效控制。

3. 开放性原则

系统设计遵守开放性原则，能够支持多种硬件设备和网络系统，连接国内外众多厂家的火灾自动报警控制器。系统网络应预留各种接口与扩展口，网络容量扩展，满足城市发展的需要。系统在模块划分和系统架构上，应尽可能地提供模块的组装，平台的更换和迁移，便于系统的二次开发。在开发的过程中基于相关的开放标准和协议进行开发，以提高系统的可维护性和扩展性。

4. 安全可靠性原则

系统应能保障连续不断 7×24h 的稳定运行和服务，整个系统对于突发异常情况有完善的恢复机制。系统应提供安全手段防止非法入侵和越级操作，保证信息安全。可采用多级用户管理模式，通过使用专用硬件防火墙，对网络内计算机、服务器进行保护，还可选择使用政务物联专用网络，保证数据在传输过程中的安全。

5. 易用性原则

易用性是对系统的可操作性和可管理性的要求。应用界面简洁、直观，尽量减少菜单的层次和不必要的单击过程，使用户在使用时一目了然，便于快速掌握系统操作方法，特别是要符合工作人员的思维方式和工作习惯，方便非计算机专业人员的使用。

6. 经济性原则

系统设计将充分考虑市场经济原则，在产品选用方面，按照可靠适用、适度、适当的原则进行配置，在保证系统安全可靠的前提下，保证系统具有高的性能价格比，充分保证入网业主和投资方的利益。

8.5.3 系统的功能

城市消防远程监控系统主要功能包括：

1）接收联网用户的火灾报警信息，向城市消防通信指挥中心或其他接处警中心传送经确认的火灾报警信息。

2）接收联网用户发送的建筑消防设施运行状态信息。

3）为消防部门提供查询联网用户的火灾报警信息、建筑消防设施运行状态信息及消防安全管理信息。

4）为联网用户提供自身的火灾报警信息、建筑消防设施运行状态信息查询和消防安全管理信息。

5）对联网用户发送的建筑消防设施运行状态和消防安全管理信息进行数据实时更新。

1. 报警信息处理功能

（1）信息采集与传输

各终端设备实时对各种探测器的工作状态进行监测，出现报警、故障和状态变化信息后，除本地正常显示和现场报警外，还将通过用户信息传输装置传输至远程监控管理中心。

针对已安装火灾自动报警系统的建筑，在火灾自动报警系统控制器处安装用户信息传输装置，通过 RS232/485/422 等数据接口相连，实时提取控制器发出的探测器报警、设备故障、设备动作等状态信息，通过用户信息传输装置传输至远程监控管理中心。对未安装火灾自动报警系统的建筑，通过安装能够直接接驳火灾自动报警探测器和手动报警器的用户联网监控管理设备，直接感知来自探测器的报警信息并传输至远程监控管理中心。

设在监控中心机房的通信服务器通过计算机网络对所有报警信息进行采集处理。通信服务器接收到报警信息后，一方面按类别存入数据库，另一方面送到火灾信息终端进行显示，调出报警点详细文字资料及地理信息。同时根据系统预先设定的短信息发送机制，将报警或故障信息发送给指定的值班人员或相关负责人。

（2）信息显示

火警信息终端在接收到报警信息后，会以文字和图形两种方式同时显示报警内容。文字信息的内容包括报警时间、警情类别、报警单位名称、报警单位地址、报警点的详细情况（探测器编码或实际安装位置）、相关负责人、联系方式等，并可以查询报警点的详细信息（包括报警点建筑特征，消防栓设置位置、管径、压力，储存物资情况等）；图形方式显示报警单位在市区平面图上的位置，建筑物外景图、楼层平面图、消火栓位置、疏散通道位置等，并可以在楼层平面图上定位具体探测器位置，显示探测器类型。接警客户端在接收到报警信息的同时会自动区分警情类别、故障信息类型，以语音"请确认火警""请确认故障"等提示值班工作人员处理。

（3）信息确认

监控中心实时监控接收以文字和图形方式显示的联网单位的各类报警信息。监控中心确认报警信息的方式包括：通过电话或对讲与现场联系确认报警信息；远程调用现场视频确认报警信息。如确认为误报，则发出误报/取消命令。误报警情，转入误报分析模块，自动跟踪处理；对所有人工确认的误报情况记录诊断后，对选定单位进行误报原因分析，进行跟踪处理。如确认为真实火情，则向相关单位发出启动现场处理命令。

2. 火警监控与灭火救援联动功能

监控中心实时接收联网用户信息传输装置发送的报警信息、报警点周围图像信息，通过现场数据、图像、语音等信息的分析来确定真实火警、疑似火警。监控中心按照接收信息的不同自动分类火警、故障，对火警信息按照真实火警、疑似火警信息进行确认后，并按照火警优先的策略对报警信息进行处理，立即报城市消防通信指挥中心或其他接处警中心。

3. 故障和运行状态信息处理功能

用户信息传输装置自动接收设备运行状态信息，通过传输网络上传至监控中心的远程监控管理平台，并将汇总后的设施运行状态信息传送到消防安全管理部门及消防维保单位进行处理，远程监控平台自动对接收到的运行状态信息进行统计分析。

4. 查询功能

城市消防远程监控系统可查询的信息包括：

1）联网用户的火灾报警信息。

2）联网用户的建筑消防设施运行状态信息。

3）联网用户的消防安全管理信息。

4）联网用户的日常值班、在岗等信息。

5）能按日期、单位名称、单位类型、建筑物类型、建筑消防设施类型、信息类型等检索项进行检索和统计。

5. 用户服务系统功能

用户服务系统的功能包括：

1）为联网用户提供查询其自身火灾报警、建筑消防设施运行状态信息及消防安全管理信息的服务平台。

2）对联网用户的建筑消防设施日常维护保养情况进行管理。

3）为联网用户提供消防安全管理信息的数据录入、编辑服务。

4）通过随机查岗，实现联网用户的消防安全负责人对值班人员日常值班工作的远程监督。

5）为联网用户提供使用权限。

6）为联网用户提供消防法律法规、消防常识和火灾情况等信息。

8.5.4　城市消防物联网远程监控系统

随着信息科技的不断发展，城市消防远程监控系统在结合物联网技术、云计算、3D 数字技术等先进技术的基础上，呈现出功能更加完备、操作更加智能、显示更加形象的发展趋势，成为智慧消防建设中的重要组成部分。本节将介绍智慧消防物联网技术支撑下的城市消防远程监控的特点与发展趋势。城市消防物联网远程监控平台架构如图8-32所示。

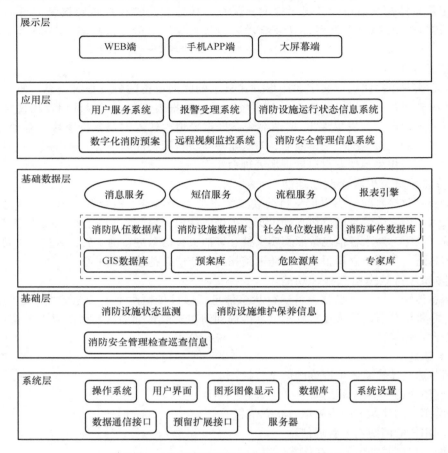

图 8-32　城市消防物联网远程监控平台架构

1. 系统层

系统层面向应用提供操作支撑，具体包括软件、硬件两个方面。软件包括操作系统、用户界面、图形图像显示、数据库以及系统设置。其中系统设置包含安全服务、授权服务等操作功能。硬件包括数据通信接口，用于支持信息交互功能；预留扩展接口，用于为进一步扩展提供预留接口；服务器，用于承载操作系统及数据库等软件。

2. 基础层

基础层主要以物联网应用为主，综合利用RFID（射频识别）、无线传感、云计算、大数据等技术，依托有线、无线、移动互联网等现代通信手段，实现对包括消防给水系统、火灾探测器等基础设施状态，消防安全管理检查巡查、消防设施维护保养信息的联网、监测和数据存储与传输，从而构建出基础数据。其中包括云平台和基础物联网建设，并依托消防物联网数据，结合政务网数据、企业数据构建消防运营中心，形成指挥调度、公众服务、消防值守和辅助决策于一体的消防大数据服务体系。

3. 基础数据层

基础数据层以实现数据传输访问、文件传输访问为目标，提供应用层面通用能力的支撑，包括消息服务、短信服务、流程服务、报表引擎、系统维护等服务和功能。通过成熟的数据建模技术，构建消防基础数据资源库，涵盖消防队伍数据库、消防设施数据库、社会单位数据库、消防事件数据库、GIS 数据库等基础信息资源库，此外还包括专家库、预案库、危险源库等专题数据库。以消防数据的管理为主线，围绕数据对接、数据安全，建设数据交换共享的数据标准体系和数据安全体系，通过持续建设和运营形成消防大数据中心，具备大数据存储、分析和处理能力。

4. 应用层

应用层以系统底层的功能和服务为支撑，建设面向用户服务和管理的应用系统功能。应用层包括用户服务系统、报警受理系统、消防设施运行状态信息系统、数字化消防预案、远程视频监控系统、消防安全管理信息系统等。

5. 展示层

展示层属于系统服务渠道，包括 WEB 端、手机 APP 端和大屏幕端等服务展示。

思 考 题

1. 消防控制室的主要功能有哪些？
2. 简述火灾自动报警系统中的总线制和多线制布线方式的优缺点及适用范围。
3. 火灾报警控制器的主要功能有哪些？
4. 消防联动控制器能对哪些消防系统设施进行控制？
5. 单输入模块、单输入/输出模块、双输入/输出模块、总线隔离模块的适用对象各是什么？
6. 简述消防物联网监控平台设置的意义。
7. 简述城市消防远程监控系统各组成部分及其功能。
8. 展望消防物联网远程监控系统的未来发展趋势。

第9章

火灾识别与联动控制系统的运行与维护

目前很多单位使用的火灾识别与联动控制系统都存在着缺陷，往往不能正常发挥它的作用，而火灾识别与联动控制系统的稳定性、可靠性关系着人们的生命和财产安全。本章主要针对火灾识别与联动控制系统，探讨了火灾识别与联动控制系统的应用与运维，从而进一步提高系统的稳定性、可靠性。

9.1 火灾识别与联动控制系统的消防审查和验收要求

火灾识别与联动控制系统的施工必须接受相关单位的管理，并满足我国消防规范的相关要求。系统施工前需办理相关的审批及备案手续，系统完工后，应配合及接受消防质量检测中心的各种测试，系统交付使用前必须通过验收。近年来，在我国消防体制改革的大背景下，消防审核、验收流程及要求发生了巨大的变化。2019 年 4 月 23 日，第十三届全国人民代表大会常务委员会第十次会议通过《全国人民代表大会常务委员会关于修改〈中华人民共和国建筑法〉等八部法律的决定》，对《消防法》进行修改，调整了建设工程消防设计审查验收的主管部门，并修改了相关具体规定。

1. 相关单位的质量责任

（1）建设单位

建设单位不得要求设计、施工、工程监理、技术服务机构等单位及其从业人员违反建设工程质量、消防法律法规和国家工程建设消防技术标准，降低建设工程消防设计、施工质量，并承担下列消防设计、施工的质量责任：依法申请建设工程消防设计审查、消防验收，依法办理消防验收备案手续并接受抽查；实行工程监理的建设工程，应当将消防施工质量一并委托监理；选用满足工程安全需要的消防设计、施工单位；选用合格的消防产品和满足防火性能要求的建筑构件、建筑材料及装修材料；依法应当经消防设计审查的建设工程，未经审查或者审查不合格的，不得组织施工；依法应当经消防验收的建设工程，未经验收或者验收不合格的，不得交付使用。

（2）设计单位

设计单位应当承担下列消防设计的质量责任：根据建设工程质量、消防法律法规和国家工程建设消防技术标准进行消防设计，编制符合要求的消防设计文件，不得违反国家工程建设消防技术标准强制性要求；在设计中选用的消防产品和具有防火性能要求的建筑构件、建筑材料、装修材料，应当注明规格、性能等技术指标，其质量要求必须符合国家标准或者行业标准；参加建设单位组织的建设工程竣工验收，对建设工程消防设计实施情况签字确认。

（3）施工单位

施工单位应当承担下列消防施工的质量和安全责任：按照建设工程质量、消防法律法规、国家工程建设消防技术标准以及经消防设计审查合格或者满足工程需要的消防设计文件组织施工，不得擅自改变消防设计进行施工，降低消防施工质量；查验消防产品和具有防火性能要求的建筑构件、建筑材料及装修材料的质量，使用合格产品，保证消防施工质量；建立施工现场消防安全责任制度，确定消防安全负责人；加强对施工人员的消防教育培训，落实动火、用电、易燃可燃材料等消防管理制度和操作规程；保证在建设工程竣工验收前消防通道、消防水源、消防设施和器材、消防安全标志等完好有效。

（4）工程监理单位

工程监理单位应当承担下列消防施工的质量责任：按照建设工程质量、消防法律法规，国家工程建设消防技术标准以及经消防设计审查合格或者满足工程需要的消防设计文件实施工程监理；在消防产品和具有防火性能要求的建筑构件、建筑材料、装修材料施工、安装前，核查产品质量证明文件，不得同意使用或者安装不合格的消防产品和防火性能不符合要求的建筑构件、建筑材料、装修材料；参加建设单位组织的建设工程竣工验收，对建设工程消防施工质量签字确认。

为建设工程消防设计、消防验收提供设计图审查、检测等技术服务的机构和人员，应当依法取得相应的资格，按照法律、行政法规、国家标准、行业标准和执业准则提供技术服务，并对出具的审查、检测意见负责。

2. 消防设计审查及验收内容

依法应当申领建设工程规划许可的建设工程的设计方案，应当满足建设工程消防设计要求。对具有下列情形之一的特殊建设工程，建设单位应当向县级以上地方人民政府住房和城乡建设主管部门（以下简称消防设计审查机关）申请消防设计审查：

1）建筑总面积大于 20000m² 的体育场馆、会堂，公共展览馆、博物馆的展示厅。

2）建筑总面积大于 15000m² 的民用机场航站楼、客运车站候车室、客运码头候船厅。

3）建筑总面积大于 10000m² 的宾馆、饭店、商场、市场。

4）建筑总面积大于 2500m² 的影剧院，公共图书馆的阅览室，营业性室内健身、休闲场馆，医院的门诊楼，大学的教学楼、图书馆、食堂，劳动密集型企业的生产加工车间，寺庙、教堂。

5）建筑总面积大于 1000m² 的托儿所、幼儿园的儿童用房，儿童游乐厅等室内儿童活动场所，养老院、福利院，医院、疗养院的病房楼，中小学校的教学楼、图书馆、食堂，学校的集体宿舍，劳动密集型企业的员工集体宿舍。

6）建筑总面积大于 500m² 的歌舞厅、录像厅、放映厅、卡拉 OK 厅、夜总会、游艺厅、桑拿浴室、网吧、酒吧，具有娱乐功能的餐馆、茶馆、咖啡厅。

7）国家机关办公楼、电力调度楼、电信楼、邮政楼、防灾指挥调度楼、广播电视楼、档案楼。

8）上述七项规定以外的单体建筑面积大于 40000m² 或者建筑高度超过 50m 的公共建筑。

9）国家标准规定的一类高层住宅建筑。

10）城市轨道交通、隧道工程，大型发电、变配电工程。

11）生产、储存、装卸易燃易爆危险物品的工厂、仓库和专用车站、码头，易燃易爆气体和液体的充装站、供应站、调压站。

建设单位申请消防设计审查，应当提交建设工程消防设计审查申请表和消防设计文件。依法需要办理建设工程规划许可的，应当提供建设工程规划许可证；依法需要批准临时性建筑的，应当提供批准文件。

具有下列情形之一的，建设单位除提供以上所列材料外，应当同时提供特殊消防设计文件，或者设计采用的国际标准、境外消防技术标准的中文文本，以及其他有关消防设计的应用实例、产品说明等技术资料，专家评审论证材料：

1）国家工程建设消防技术标准没有规定的。

2）消防设计文件拟采用的新技术、新工艺、新材料可能影响建设工程消防安全，不符合国家标准规定的。

3）拟采用国际标准或者境外消防技术标准的。

消防设计审查机关应当自受理消防设计审查申请之日起二十个工作日内出具书面审查意见。消防设计审查机关应当依照建设工程质量、消防法律法规和国家工程建设消防技术标准，对申报的消防设计文件进行审查。对符合条件的，消防设计审查机关应当出具消防设计审查合格意见；对不符合条件的，应当出具消防设计审查不合格意见，并说明理由。消防设计审查机关可以通过政府购买服务等方式，委托具备专业技术能力的机构对消防设计文件进行审查。

建设、设计、施工单位不得擅自修改经消防设计审查机关审查合格的建设工程消防设计。确需修改的，建设单位应当向消防设计审查机关重新申请消防设计审查。建设单位应当在建设工程竣工后向消防设计审查机关申请消防验收。申请消防验收，应当提交下列材料：

1）建设工程消防验收申请表。

2）有关消防设施的工程竣工图。

3）符合要求的检测机构出具的消防设施及系统检测合格文件。

消防设计审查机关应当自受理消防验收申请之日起二十个工作日内组织消防验收，并出具消防验收意见。实行规划、土地、消防、人防、档案等事项限时联合验收的建设工程，由地方人民政府指定的部门统一出具验收意见。生产工艺和物品有特殊灭火要求的，应在验收前征求应急管理部门消防救援机构的意见。消防设计审查机关对申请消防验收的建设工程，应当依照建设工程消防验收评定标准对消防设计审查合格的内容组织消防验收。对综合评定结论为合格的建设工程，消防设计审查机关应当出具消防验收合格意见；对综合评定结论为不合格的，应当出具消防验收不合格意见，并说明理由。

3. 消防验收备案抽查

建设单位应当在工程竣工验收合格之日起七个工作日内，向县级以上地方人民政府住房和城乡建设主管部门（以下简称消防验收备案机关）消防验收备案。建设单位在进行建设工程消防验收备案时，应当提交工程消防验收备案表、有关消防设施的工程竣工图、符合要求的检测机构出具的消防设施及系统检测合格文件。依法不需要取得施工许可的建设工程，可以不进行消防验收备案。

消防验收备案机关对备案材料齐全的，应当出具备案凭证；备案材料不齐全或者不符合法定形式的，应当一次性告知需要补正的全部内容。消防验收备案机关应当在已经备案的建设工程中，随机确定检查对象并向社会公告。对确定为检查对象的，消防验收备案机关应当在二十个工作日内按照建设工程消防验收评定标准完成工程检查，制作检查记录。检查结果应当向社会公告，检查不合格的，还应当书面通知建设单位。建设单位收到通知后，应当停止使用建设工程，组织整改后向消防验收备案机关申请复查。消防验收备案机关应当在收到书面申请之日起二十个工作日内进行复查并出具书面复查意见。建设单位未依照规定进行建设工程消防验收备案的，消防验收备案机关应当依法处罚，责令建设单位在五个工作日内备案，并确定为检查对象；对逾期不备案的，消防验收备案机关应当在备案期限届满之日起五个工作日内通知建设单位停止使用建设工程。

4. 监督管理

对建设工程进行消防设计审查、验收和备案抽查，应当由两名以上执法人员实施。建设工程消防验收备案的抽查比例由省、自治区、直辖市住房和城乡建设主管部门，结合辖区内施工图审查机构的审查质量、消防设计和施工质量情况确定，并向社会公告。消防验收备案机关及其工作人员应当依照规定对建设工程消防验收实施备案抽查，不得擅自确定检查对象。住房和城乡建设主管部门及其工作人员不得指定或者变相指定建设工程的消防设计、施工、工程监理单位和技术服务机构；不得指定或者变相指定消防产品和建筑材料的品牌、销售单位；不得参与或者干预建设工程消防设施施工、消防产品和建筑材料采购的招投标活动。消防设计审查、消防验收和备案、抽查，不得收取任何费用。

有下列情形之一的，消防设计审查机关或者其上级主管部门，根据利害关系人的请求或者依据职权，可以依法撤销消防设计审查合格意见、消防验收合格意见：

1）工作人员滥用职权、玩忽职守做出准予行政许可决定的。

2）超越法定职权做出准予行政许可决定的。

3）违反法定程序做出准予行政许可决定的。

4）对不具备申请资格或者不符合法定条件的申请人准予行政许可的。

5）依法可以撤销行政许可的其他情形。

建设单位以欺骗、贿赂等不正当手段取得行政许可的，应当予以撤销。依照规定撤销行政许可，可能对公共利益造成重大损害的，不予撤销。

5. 法律责任

违反消防审查与验收规定的，依照我国《建筑法》《消防法》《建设工程质量管理条例》等法律法规给予处罚；构成犯罪的，依法追究刑事责任。建设、设计、施工、工程监理单位、技术服务机构等单位及其从业人员违反有关建设工程质量、消防法律法规、国家工程建设消防技术标准，除依法给予行政处罚或者追究刑事责任外，还应当依法承担民事赔偿责任。建设单位在申请消防设计审查、消防验收时，提供虚假材料的，消防设计审查机关不予受理或者不予许可并处警告。依法应当经消防设计审查机关进行消防设计审查验收的建设工程未经消防设计审查和消防验收，擅自投入使用的，分别处罚，合并执行。有下列情形之一的，应当依法从重处罚：

1）已经通过消防设计审查，擅自改变消防设计，降低消防安全标准的。

2）建设工程未依法进行备案，且不符合国家工程建设消防技术标准强制性要求的。

3）经责令限期备案逾期不备案的。

4）工程监理单位与建设单位或者施工单位串通，弄虚作假，降低消防施工质量的。

建设工程经消防验收抽查不合格的，消防验收备案机关应当函告同级应急管理部门。住房和城乡建设主管部门的人员玩忽职守、滥用职权、徇私舞弊，构成犯罪的，依法追究刑事责任；有下列行为之一，尚未构成犯罪的，依照有关规定给予处分：

1）对不符合法定条件的建设工程出具消防设计审查合格意见、消防验收合格意见或者通过消防验收备案抽查的。

2）对符合法定条件的建设工程消防设计、消防验收的申请或者消防验收备案、抽查，不予受理、审查、验收或者拖延办理的。

3）指定或者变相指定设计单位、施工单位、工程监理单位的。

4）指定或者变相指定消防产品品牌、销售单位或者技术服务机构、消防设施施工单位的。

5）利用职务接受有关单位或者个人财物的。

9.2 | 火灾识别与联动控制系统安装施工

火灾识别与联动控制系统施工安装前，按照施工过程质量控制要求，需要对系统设备、材料及配件进行现场检查（检验）和设计符合性检查，不合格的设备、材料和配件及不符合设计图要求的产品不得使用。

9.2.1 一般要求

1）火灾监控系统施工前，应具备系统图、设备布置平面图、接线图、安装图以及消防设备联动逻辑说明等必要的技术文件。

2）火灾识别与联动控制系统施工过程中，施工单位应做好施工（包括隐蔽工程验收）、检验（包括绝缘电阻、接地电阻测量）、调试、设计变更等相关记录。

3）火灾识别与联动控制系统的安装，不应增加可能影响系统正常工作的非火灾识别与联动控制系统的设备、装置。

4）火灾识别与联动控制系统施工过程结束后，施工方应对系统的安装质量进行全数检查。

5）火灾识别与联动控制系统竣工时，施工单位应完成竣工图及竣工报告。

9.2.2 布线要求

在火灾识别与联动控制系统布线前，应按设计文件的要求对材料进行检查，导线的种类、电压等级应符合设计文件要求，并按照下列要求进行布线：

1）火灾识别与联动控制系统的布线，应符合《建筑电气工程施工质量验收规范》（GB 50303—2015）的规定。

2）火灾识别与联动控制系统布线时，应根据《火灾自动报警系统设计规范》的规定，对导线的种类、电压等级进行检查。

3）在管内或线槽内的穿线，应在建筑抹灰及地面工程结束后进行，管内或线槽内不应有积水及杂物。

4）火灾识别与联动控制系统应单独布线，系统内不同电压等级、不同电流类别的线路，不应布在同一管内或线槽孔内。

5）导线在管内或线槽内，不应有接头或扭结。导线的接头应在接线盒内焊接或用端子连接。

6）从接线盒、线槽等处引到探测器底座、控制设备、扬声器的线路，当采用金属软管保护时，其长度不应大于2m。

7）敷设在多尘或潮湿场所管路的管口和管子连接处，均应做密封处理。

8）管路超过下列长度时，应在便于接线处装设接线盒：

① 管子长度每超过30m，无弯曲时。

② 管子长度每超过20m，有1个弯曲时。

③ 管子长度每超过10m，有2个弯曲时。

④ 管子长度每超过8m，有3个弯曲时。

9）金属管入盒时，盒外侧应套螺母，内侧应装护口。在吊顶内敷设时，盒的内外侧均应套螺母。塑料管入盒应采取相应的固定措施。

10）明敷各类管路和线槽时，应采用单独的卡具吊装或支撑物固定。吊装线槽或管路的吊杆直径不小于6mm。

11）敷设线槽时，应在下列部位设置吊点或支点：

① 线槽始端、终端及接头处。

② 距接线盒 0.2m 处。

③ 线槽转角或分支处。

④ 直线段不大于 3m 处。

12）线槽接口应平直、严密，槽盖应齐全、平整、无翘角。并列安装时，槽盖应便于开启。

13）管线经过建筑物的变形缝（包括沉降缝、伸缩缝、抗震缝等）处，应采取补偿措施，导线跨越变形缝的两侧应固定，并留有适当余量。

14）火灾识别与联动控制系统导线敷设后，应对每回路的导线用 500V 的兆欧表测量每个回路导线对地的绝缘电阻，该绝缘电阻值不应小于 20MΩ。

15）同一工程中的导线，应根据不同用途选用不同颜色加以区分，相同用途的导线颜色应一致。电源线正极应为红色，负极应为蓝色或黑色。

9.2.3　系统安装要求

火灾识别与联动控制系统主要包括控制器类设备、火灾探测器、手动火灾报警按钮、消防电气控制装置、模块、消防应急广播扬声器、火灾报警装置、消防电话、消防设备应急电源、消防设备电源监控系统、可燃气体探测器、电气火灾监控探测器、系统接地装置等，安装要求如下：

1. 组件安装前的检查

1）按设计文件的要求对组件进行检查，组件的型号、规格应符合设计文件的要求。

2）对组件外观进行检查，组件表面应无明显划痕、毛刺等机械损伤，紧固部位应无松动。

2. 控制器类设备的安装要求

控制器类设备主要包括火灾报警控制器、区域显示器、消防联动控制器、可燃气体报警控制器、电气火灾监控器、气体（泡沫）灭火控制器、消防控制室图形显示装置、火灾报警传输设备或用户信息传输装置、防火门监控器等设备。

1）控制器类设备采用壁挂方式安装时，其主显示屏高度为 1.5 ~ 1.8m；其靠近门轴的侧面距墙不应小于 0.5m，正面操作距离不应小于 1.2m；落地安装时，其底边宜高出地（楼）面 0.1 ~ 0.2m。

2）控制器应安全牢固，不应倾斜；安装在轻质墙上时，应采取加固措施。

3）引入控制器的电缆或导线的安全要求如下：

① 配线应整齐，不宜交叉，并应固定牢靠。

② 电缆芯线和所配导线的端部均应标明编号，并与设计图一致，字迹应清晰且不易褪色。

③ 端子板的每个接线端，接线不超过 2 根，电缆芯线和导线应留有不小于 200mm 的余量，并应绑扎成束。

④ 导线穿管、线槽后，应将管口、槽口封堵。

4）控制器的主电源应有明显的永久性标志，并应直接与消防电源连接，严禁使用电源插头。控制器与其外接备用电源之间应直接连接。

5）控制器的接地应牢固，并有明显的永久性标志。

3. 火灾探测器的安装要求

探测器的安装位置、线型感温火灾探测器和管路采样式吸气感烟火灾探测器的采样管的敷设应符合设计要求。探测器在有爆炸危险性场所的安装，应符合《电气装置安装工程　爆炸和火灾危险环境电气装置施工及验收规范》（GB 50257—2014）的相关规定。

1）点型感烟、感温火灾探测器的安装，应符合下列要求：

① 探测器至墙壁、梁边的水平距离，不应小于0.5m。

② 探测器周围0.5m内，不应有遮挡物。

③ 探测器至空调送风口最近边的水平距离，不应小于1.5m；至多孔送风顶棚孔口的水平距离，不应小于0.5m。

④ 在宽度小于3m的内走道顶棚上安装火灾探测器时，宜居中布置。点型感温火灾探测器的安装间距，不应超过10m；点型感烟火灾探测器的安装间距，不应超过15m。探测器到端墙的距离，不应大于火灾探测器安装间距的一半。

⑤ 探测器宜水平安装。当必须倾斜安装时，倾斜角度不应大于45°。

2）线型光束感烟火灾探测器的安装，应符合下列要求：

① 探测器应安装牢固，并不应产生位移。在钢结构建筑中，发射器和接收器（反射式探测器的探测器和反射板）可设置在钢架上，但应考虑建筑结构位移的影响。

② 发射器和接收器（反射式探测器的探测器和反射板）之间的光路上应无遮挡物，并应保证接收器（反射式探测器的探测器）避开日光和人工光源直接照射。

3）缆式线型感温火灾探测器的安装，应符合下列要求：

① 探测器应采用专用固定装置固定在保护对象上。

② 探测器应采用连续无接头方式安装，如确需中间接线，必须用专用接线盒连接。

③ 探测器安装敷设时不应硬性折弯、扭转，避免重力挤压冲击，探测器的弯曲半径宜大于0.2m。

4）敷设在顶棚下方的线型感温火灾探测器的安装，应符合下列要求：探测器至顶棚距离宜为0.1m，探测器的安装间距应符合点型感温火灾探测器的保护半径要求；探测器至墙壁距离宜为1~1.5m。

5）分布式线型光纤感温火灾探测器的安装，应符合下列要求：

① 感温光纤应采用专用固定装置固定。

② 感温光纤严禁打结，光纤弯曲时，弯曲半径应大于0.05m。

③ 感温光纤穿越相邻的报警区域应设置光缆余量段，隔断两侧各留不小于8m的余量段；每个光通道始端及末端光纤应各留不小于8m的余量段。

6）光栅光纤线型感温火灾探测器的安装，应符合下列要求：

① 信号处理器安装位置不应受强光直射。

② 光栅光纤感温段的弯曲半径应大于0.3m。

7）管路采样式吸气感烟火灾探测器的安装，应符合下列要求：

① 探测器采样孔的设置应符合设计文件和产品使用说明书的要求。

② 采样管应固定牢固，在有过梁、空间支架的建筑中，采样管路应固定在过梁、空间支架上。

8）点型火焰探测器和图像型火灾探测器的安装，应符合下列要求：

① 探测器的视场角应覆盖探测区域。

② 探测器与保护目标之间不应有遮挡物。

③ 应避免光源直接照射探测器的探测窗口。

④ 在室外或交通隧道安装探测器时，应有防尘、防水措施。

9）可燃气体探测器的安装，应符合下列要求：

① 在探测器周围应适当留出更换和标定的空间。

② 线型可燃气体探测器的发射器和接收器的窗口应避免日光直射，发射器与接收器之间不应有遮挡物。

10）剩余电流式电气火灾探测器的安装，应符合下列要求：

① 探测器负载侧的中性线不应与其他回路共用，且不能重复接地。

② 探测器周围应适当留出更换和标定的空间。

11）测温式电气火灾监控探测器应采用专用固定装置固定在保护对象上。

12）探测器的底座应安装牢固，与导线连接必须可靠压接或焊接。当采用焊接时，不应使用带腐蚀性的助焊剂。

13）探测器底座的连接导线，应留有不小于 150mm 的余量，且在其端部应有明显的永久性标志。

14）探测器底座的穿线孔宜封堵，安装完毕的探测器底座应采取保护措施。

15）探测器报警确认灯应朝向便于人员观察的主要入口方向。

16）探测器在即将调试时方可安装，在调试前应妥善保管并应采取防尘、防潮、防腐蚀措施。

4. 手动火灾报警按钮的安装要求

1）手动火灾报警按钮应安装在明显和便于操作的部位。当安装在墙上时，其底边距地（楼）面高度宜为 1.3 ~ 1.5m。

2）手动火灾报警按钮应安装牢固，不应倾斜。

3）手动火灾报警按钮的连接导线应留有不小于 150mm 的余量，且在其端部应有明显标志。

5. 消防电气控制装置的安装要求

1）消防电气控制装置在安装前，应进行功能检查，检查结果不合格者严禁安装。

2）消防电气控制装置外接导线的端部，应有明显的永久性标志。

3）消防电气控制装置箱体内不同电压等级、不同电流类别的端子应分开布置，并应有明显的永久性标志。

4）消防电气控制装置应安装牢固，不应倾斜；安装在轻质墙上时，应采取加固措施。消防电气控制装置在消防控制室内安装时，其主显示屏高度为 1.5 ~ 1.8m；其靠近门轴的侧面距墙不应小于 0.5m，正面操作距离不应小于 1.2m；落地安装时，其底边宜高出地（楼）面 0.1 ~ 0.2m。

6. 模块的安装要求

1）同一报警区域内的模块宜集中安装在金属箱内。

2）模块或金属箱应独立支撑或固定，安装牢固，并应采取防潮、防腐蚀等措施。

3）模块的连接导线应留有不小于 150mm 的余量，其端部应有明显标志。

4）隐蔽安装时在安装处附近应有检修孔和尺寸不小于 10cm×10cm 的标志。

5）模块的终端部件应靠近连接部件安装。

7. 消防应急广播扬声器和火灾警报装置的安装要求

1）消防应急广播扬声器和火灾警报装置安装应牢固可靠，表面不应有破损。

2）火灾光警报装置应安装在安全出口附近明显处，其底边距地面高度应不大于 2.2m 以上。光警报器与消防应急疏散指示标志不宜在同一面墙上，安装在同一面墙上时，距离应大于 1m。

3）扬声器和火灾声警报装置宜在报警区域内均匀安装。

8. 消防电话的安装要求

1）消防电话、电话插孔、带电话插孔的手动报警按钮宜安装在明显、便于操作的位置；当在墙面上安装时，其底边距地（楼）面高度宜为 1.3 ~ 1.5m。

2）消防电话和电话插孔应有明显的永久性标志。

9. 消防设备应急电源的安装要求

1）消防设备应急电源的电池应安装在通风良好的地方，当安装在密封环境中时应有通风措施。

2）酸性电池不得安装在带有碱性介质的场所，碱性电池不得安装在带有酸性介质的场所。

3）消防设备应急电源的电池不宜设置于有火灾爆炸危险环境的场所。

4）消防设备应急电源电池安装场所的环境温度不应超过电池标称的最高工作温度。

10. 消防设备电源监控系统的安装要求

1）监控器的安装应符合相关规范的要求。

2）监控器的主电源引入线严禁使用电源插头，应直接与消防电源连接；主电源应有明显的永久性标志。

3）监控器内部不同电压等级、不同电流类别、不同功能的端子应分开，并有明显标志。

4）传感器与裸带电导体应保证安全距离，金属外壳的传感器应安全接地。

5）同一区域内的传感器宜集中安装在传感器箱内，放置在配电箱附近，并预留与配电箱的接线端子。

6）传感器或金属箱应独立支撑或固定，安装牢固，并应采取防潮、防腐蚀等措施。

7）传感器的输出回路的连接线，应使用截面面积不小于 $1.0mm^2$ 的双绞铜芯导线，并应留有不小于 150mm 的余量，其端部应有明显标志。

8）当不具备单独安装条件时，传感器也可安装在配电箱内，但不能对供电主回路产生影响。应尽量保持一定距离，并有明显标志。

9）传感器的安装不应破坏被监控线路的完整性，不应增加线路接点。

11. 可燃气体探测器的安装要求

根据设计文件的要求确定可燃气体探测器的安装位置；在探测器周围应适当留出更换和标定的空间；在有防爆要求的场所，应按防爆要求施工。线型可燃气体探测器的发射器和接收器的窗口应避免日光直射，发射器与接收器之间不应有遮挡物。

12. 电气火灾监控探测器的安装要求

1）根据设计文件的要求确定电气火灾监控探测器的安装位置，有防爆要求的场所，应按防爆要求施工。

2）剩余电流式探测器负载侧的 N 线（即穿过探测器的工作零线）不应与其他回路共用，且不能重复接地（即与 PE 线相连）；探测器周围应适当留出更换和标定的空间。

3）测温式电气火灾监控探测器应采用专门固定装置固定在保护对象上。

13. 系统接地装置的安装要求

1）交流供电和 36V 以上直流供电的消防用电设备的金属外壳应有接地保护，接地线应与电气保护接地干线（PE）相连接。

2）接地装置施工完毕后，应按规定测量接地电阻，并做好记录，接地电阻值应符合设计文件要求。

9.3 火灾识别与联动控制系统的调试与验收

我国多年来火灾识别与联动控制系统的调试工作表明，只有当系统全部安装结束后再进行系统调试工作，才能做到系统调试的程序化、合理化。那种边安装、边调试的做法，会给日后的系统运行造成很多隐患。

9.3.1　系统调试

1. 系统调试的一般要求

1）火灾识别与联动控制系统的调试，应在系统施工结束后进行。

2）火灾识别与联动控制系统调试前应具备相关文件及调试必需的其他文件。

3）调试负责人必须由有资格的专业技术人员担任，所有参加调试的人员应职责明确，并应按照调试程序工作。

2. 系统调试前的准备工作

1）调试前应按设计要求查验设备的规格、型号、数量、备品备件等。

2）应按要求检查系统的施工质量。对属于施工中出现的问题，应同有关单位协商解决，并做文字记录。

3）应按要求检查系统线路，对错线、开路、虚焊和短路等应进行处理。

3. 火灾识别与联动控制系统调试的具体操作与步骤

系统调试前，应按设计文件要求对设备的规格、型号、数量、备品备件等进行查验；应按相应的施工要求对系统的施工质量进行检查，对属于施工中出现的问题，应会同有关单位协商解决，并应有文字记录；应按相应的施工要求对系统线路进行检查，对于错线、开路、虚焊、短路、绝缘电阻小于 $20M\Omega$ 等问题应采取相应的处理措施。

对系统中的火灾报警控制器、消防联动控制器、可燃气体报警控制器、电气火灾监控器、气体（泡沫）灭火控制器、消防电气控制装置、消防设备应急电源、消防应急广播设备、消防电话、火灾报警传输设备或用户信息传输装置、消防控制室图形显示装置、消防电动装置、防火卷帘控制器、区域显示器（火灾显示盘）、消防应急灯具控制装置、防火门监控器、火灾警报装置等设备应分别进行单机通电检查。

（1）火灾报警控制器

调试前应切断火灾报警控制器的所有外部控制连线，并将任一个总线回路的火灾探测器以及该总线回路上的手动火灾报警按钮等部件相连接后，接通电源。按《火灾报警控制器》（GB 4717—2005）的有关要求采用观察、仪表测量等方法逐个对控制器进行下列功能检查并记录，并应符合下列要求：

1）检查自检功能和操作级别。

2）使控制器与探测器之间的连线断路和短路，控制器应在 100s 内发出故障信号（短路时发出火灾报警信号除外）；在故障状态下，使任一非故障部位的探测器发出火灾报警信号，控制器应在 1min 内发出火灾报警信号，并应记录火灾报警时间；再使其他探测器发出火灾报警信号，检查控制器的再次报警功能。

3）检查消声和复位功能。

4）使控制器与备用电源之间的连线断路和短路，控制器应在 100s 内发出故障报警信号。

5）检查屏蔽功能。

6）使总线隔离器保护范围内的任一点短路，检查总线隔离器的隔离保护功能。

7）使任一总线回路上同时处于火灾报警状态的火灾探测器不少于 10 只，检查控制器的负载功能。

8）检查主、备电源的自动转换功能，并在备电工作状态下重复 7）的检查。

9）检查控制器特有的其他功能。

10）依次将其他回路与火灾报警控制器相连接，重复检查。

（2）点型感烟、感温火灾探测器

1）采用专用的检测仪器或模拟火灾的方法，逐个检查每只火灾探测器的报警功能，探测器应能发出火灾报警信号。对于不可恢复的火灾探测器应采取模拟报警方法逐个检查其报警功能，探测器应能发出火灾报警信号。当有备品时，可抽样检查其报警功能。

2）采用专用的检测仪器、模拟火灾或按下探测器报警测试按键的方法，逐个检查每只火灾探测器的报警功能，探测器应能发出声光报警信号，与其连接的互联型探测器应发出声报警信号。

（3）线型感温火灾探测器

在不可恢复的探测器上模拟火警和故障，逐个检查每只火灾探测器的火灾报警和故障报警功能，探测器应能分别发出火灾报警和故障信号。可恢复的探测器可采用专用检测仪器或模拟火灾的办法使其发出火灾报警信号，并模拟故障，逐个检查每只火灾探测器的火灾报警和故障报警功能，探测器应能分别发出火灾报警和故障信号。

（4）线型光束感烟火灾探测器

逐一调整探测器的光路调节装置，使探测器处于正常监视状态，用减光率为0.9dB的减光片遮挡光路，探测器不应发出火灾报警信号；用产品生产企业设定减光率（1.0～10.0dB）的减光片遮挡光路，探测器应发出火灾报警信号；用减光率为11.5dB的减光片遮挡光路，探测器应发出故障信号或火灾报警信号。选择反射式探测器时，在探测器正前方0.5m处按上述要求进行检查，探测器应正确响应。

（5）管路采样式吸气感烟火灾探测器

逐一在采样管最末端（最不利处）采样孔加入试验烟，采用秒表测量探测器的报警响应时间，探测器或其控制装置应在120s内发出火灾报警信号。根据产品说明书，改变探测器的采样管管路气流，使探测器处于故障状态，采用秒表测量探测器的报警响应时间，探测器或其控制装置应在100s内发出故障信号。

（6）点型火焰探测器和图像型火灾探测器

采用专用检测仪器或模拟火灾的方法，逐一在探测器监视区域内最不利处检查探测器的报警功能，探测器应能正确响应。

（7）手动火灾报警按钮

对可恢复的手动火灾报警按钮，施加适当的推力使报警按钮动作，报警按钮应发出火灾报警信号。对不可恢复的手动火灾报警按钮应采用模拟动作的方法使报警按钮动作（当有备用启动零件时，可抽样进行动作试验），报警按钮应发出火灾报警信号。

（8）消防联动控制器

1）调试准备。消防联动控制器调试时，在接通电源前应按以下顺序做准备工作：将消防联动控制器与火灾报警控制器相连；将消防联动控制器与任意备用回路的输入/输出模块相连；将备用回路模块与其控制的消防电气控制装置相连；切断水泵、风机等各受控现场设备的控制连线。

2）调试要求。使消防联动控制器分别处于自动工作和手动工作状态，检查其状态显示，并按《消防联动控制系统》（GB 16806—2006）的有关要求，采用观察、仪表测量等方法逐个对控制器进行下列功能检查并记录：自检功能和操作级别；消防联动控制器与各模块之间的连线断路和短路时，消防联动控制器能在100s内发出故障信号；消防联动控制器与备用电源之间的连线断路和短路时，消防联动控制器应能在100s内发出故障信号；检查消声、复位功能；检查屏蔽功能；使总线隔离器保护范围内的任一点短路，检查总线隔离器的隔离保护功能；使至少50

个输入/输出模块同时处于动作状态（模块总数少于 50 个时，使所有模块动作），检查消防联动控制器的最大负载功能；检查主、备电源的自动转换功能，并在备电工作状态下重复上一项检查。

3）接通所有启动后可以恢复的受控现场设备。

4）使消防联动控制器处于自动状态，按《火灾自动报警系统设计规范》要求设计的联动逻辑关系进行下列功能检查：

按设计的联动逻辑关系，使相应的火灾探测器发出火灾报警信号，检查消防联动控制器接收火灾报警信号情况、发出联动控制信号情况、模块动作情况、消防电气控制装置的动作情况、受控现场设备动作情况、接收联动反馈信号（对于启动后不能恢复的受控现场设备，可模拟现场设备联动反馈信号）及各种显示情况；检查手动插入优先功能。

5）使消防联动控制器处于手动状态，按《火灾自动报警系统设计规范》要求设计的联动逻辑关系依次手动启动相应的消防电气控制装置，检查消防联动控制器发出联动控制信号情况、模块动作情况、消防电气控制装置的动作情况、受控现场设备动作情况、接收联动反馈信号（对于启动后不能恢复的受控现场设备，可模拟现场设备启动反馈信号）及各种显示情况。

6）对于直接用火灾探测器作为触发器件的自动灭火系统除符合本节有关规定，还应按《火灾自动报警系统设计规范》的规定进行功能检查。

7）依次将其他备用回路的输入/输出模块及该回路模块控制的消防电气控制装置相连接，切断所有受控现场设备的控制连线，接通电源，重复1）~4）的检查。

（9）区域显示器（火灾显示盘）

将区域显示器（火灾显示盘）与火灾报警控制器相连接，按《火灾显示盘》（GB 17429—2011）的有关要求，采用观察、仪表测量等方法逐个对区域显示器（火灾显示盘）进行下列功能检查并记录：

1）区域显示器（火灾显示盘）应在 3s 内正确接收和显示火灾报警控制器发出的火灾报警信号。

2）消声、复位功能。

3）操作级别。

4）对于非火灾报警控制器供电的区域显示器（火灾显示盘），应检查主、备电源的自动转换功能和故障报警功能。

（10）消防电话

按《消防联动控制系统》的有关要求，采用观察、仪表测量等方法逐个对消防电话进行下列功能检查并记录：

1）检查消防电话主机的自检功能。

2）使消防电话总机与消防电话分机或消防电话插孔间连接线断线、短路；消防电话主机应在 100s 内发出故障信号，并显示出故障部位（短路时显示通话状态除外）；故障期间，非故障消防电话分机应能与消防电话总机正常通话。

3）检查消防电话主机的消声和复位功能。

4）在消防控制室与所有消防电话、电话插孔之间互相呼叫与通话；总机应能显示每部分机或电话插孔的位置，呼叫音和通话语音应清晰。

5）消防控制室的外线电话与另外一部外线电话模拟报警电话通话，语音应清晰。

6）检查消防电话主机的群呼、录音、记录和显示等功能，各项功能均应符合要求。

（11）消防应急广播设备

按《消防联动控制系统》的有关要求，采用观察、仪表测量等方法逐个对消防应急广播设备进行下列功能检查并记录：

1）检查消防应急广播设备的自检功能。

2）使消防应急广播设备与扬声器间的广播信息传输线路断路、短路，消防应急广播控制设备应在100s内发出故障信号，并显示出故障部位。

3）将所有共用扬声器强行切换至应急广播状态，对扩音机进行全负荷试验，应急广播的语音应清晰，声压级应满足要求。

4）检查消防应急广播设备的监听、显示、预设广播信息、通过扬声器广播及录音功能。

5）检查消防应急广播设备的主、备电源的自动转换功能。

6）每回路任意抽取一个扬声器，使其处于断路状态，其他扬声器的工作状态不应受影响。

（12）火灾声光警报器

逐一将火灾声光警报器与火灾报警控制器相连，接通电源。操作火灾报警控制器使火灾声光警报器启动，采用仪表测量其声压级，非住宅内使用室内型和室外型火灾声警报器的声信号至少在一个方向上3m处的声压级（A计权）应不小于75dB，且在任意方向上3m处的声压级（A计权）应不大于120dB，具有两种及以上不同音调的火灾声警报器，其每种音调应有明显区别。火灾光警报器的光信号在100~500lx环境光线下，25m处应清晰可见。

（13）传输设备（火灾报警传输设备或用户信息传输装置）

将传输设备与火灾报警控制器相连，接通电源。按《消防联动控制系统》的有关要求，采用观察、仪表测量等方法逐个对传输设备进行下列功能检查并记录，传输设备应满足标准要求：

1）检查自检功能。

2）切断传输设备与监控中心间的通信线路或信道，传输设备应在100s内发出故障信号。

3）检查消声和复位功能。

4）检查火灾报警信息的接收与传输功能。

5）检查监管报警信息的接收与传输功能。

6）检查故障报警信息的接收与传输功能。

7）检查屏蔽信息的接收与传输功能。

8）检查手动报警功能。

9）检查主、备电源的自动转换功能。

（14）消防控制室图形显示装置

将消防控制室图形显示装置与火灾报警控制器和消防联动控制器相连，接通电源按《消防联动控制系统》的有关要求，采用观察、仪表测量等方法逐个对消防控制室图形显示装置进行下列功能检查并记录，消防控制室图形显示装置应满足标准要求：

1）操作消防控制室图形显示装置使其显示建筑总平面布局图、各层平面图和系统图，图中应明确标示出报警区域、疏散路线、主要部位，显示各消防设备（设施）的名称、物理位置和状态信息。

2）使消防控制室图形显示装置与控制器及其他消防设备（设施）之间的通信线路断路、短路，消防控制室图形显示装置应在100s内发出故障信号。

3）检查消声和复位功能。

4）使火灾报警控制器和消防联动控制器分别发出火灾报警信号和联动控制信号，消防控制室图形显示装置应在3s内接收，并准确显示相应信号的物理位置，且能优先显示火灾报警信号相对应的界面。

5）使具有多个报警平面图的消防控制室图形显示装置处于多报警平面显示状态，各报警平面应能自动和手动查询，并应有总数显示，且应能手动插入使其立即显示火警相应的报警平面图。

6）使火灾报警控制器和消防联动控制器分别发出故障信号，消防控制室图形显示装置应能在100s内显示故障状态信息。然后输入火灾报警信号，消防控制室图形显示装置应能立即转入火灾报警平面的显示。

7）检查消防控制室图形显示装置的信息记录功能。

8）检查消防控制室图形显示装置的信息传输功能。

（15）气体（泡沫）灭火控制器

切断驱动部件与气体（泡沫）灭火装置间的连接，接通系统电源。按《消防联动控制系统》的有关要求，采用观察、仪表测量等方法逐个对气体（泡沫）灭火控制器进行下列功能检查并记录，气体（泡沫）灭火控制器应满足标准要求：

1）检查自检功能。

2）使气体（泡沫）灭火控制器与声光报警器、驱动部件、现场启动和停止按键（按钮）之间的连接线断路、短路，气体灭火控制器应在100s内发出故障信号。

3）使气体（泡沫）灭火控制器与备用电源之间的连线断路、短路，气体（泡沫）灭火控制器应能在100s内发出故障信号。

4）检查消声和复位功能。

5）给气体（泡沫）灭火控制器输入设定的启动控制信号，控制器应有启动输出，并发出声、光启动信号。

6）输入启动模拟反馈信号，控制器应在10s内接收并显示。

7）检查控制器的延时功能，设定的延时时间应符合设计要求。

8）使控制器处于自动控制状态，再手动插入操作，手动插入操作应优先。

9）按设计的联动逻辑关系，使消防联动控制器发出相应的联动控制信号，检查气体（泡沫）灭火控制器的控制输出是否满足设计的逻辑功能要求。

10）检查气体（泡沫）灭火控制器向消防联动控制器输出的启动控制信号、延时信号、启动喷洒控制信号、气体喷洒信号、故障信号、选择阀和瓶头阀动作信息。

11）检查主、备电源的自动转换功能。

（16）防火卷帘控制器

逐个将防火卷帘控制器与消防联动控制器、火灾探测器、卷门机连接并通电，手动操作防火卷帘控制器的按钮，防火卷帘控制器应能向消防联动控制器发出防火卷帘启、闭和停止的反馈信号。

用于疏散通道的防火卷帘控制器应具有两步关闭的功能，并应向消防联动控制器发出反馈信号。防火卷帘控制器接收到首次火灾报警信号后，应能控制防火卷帘自动关闭到中位处停止；接收到二次报警信号后，应能控制防火卷帘继续关闭至全闭状态。

用于分隔防火分区的防火卷帘控制器在接收到防火分区内任意火灾报警信号后，应能控制防火卷帘到全关闭状态，并应向消防联动控制器发出反馈信号。

（17）防火门监控器

逐个将防火门监控器与火灾报警控制器、闭门器和释放器连接并通电，手动操作防火门监控器，应能直接控制与其连接的每个释放器的工作状态，并点亮其启动总指示灯、显示释放器的反馈信号。

使火灾报警控制器发出火灾报警信号，防火门监控器应能接收来自火灾识别与联动控制系统的火灾报警信号，并在30s内向释放器发出启动信号，点亮启动总指示灯，接收释放器或门磁开关的反馈信号。

检查防火门监控器的故障状态总指示灯，使防火门处于半开闭状态时，该指示灯应点亮并发出声光报警信号，采用仪表测量声信号的声压级（正前方1m处），应为65～85dB，故障声信号每分钟至少提示1次，每次持续时间应为1～3s。

检查防火门监控器主、备电源的自动转换功能，主、备电源的工作状态应有指示，主、备电源的转换应不使防火门监控器发生误动作。

（18）系统备用电源

按照设计文件的要求核对系统中各种控制装置使用的备用电源容量，电源容量应与设计容量相符，使各备用电源放电终止，再充电48h后断开设备主电源，备用电源至少应保证设备工作8h，且应满足相应的标准及设计要求。

（19）消防设备应急电源

切断应急电源应急输出时直接启动设备的连线，接通应急电源的主电源。按下列要求采用仪表测量、观察方法检查应急电源的控制功能和转换功能，其输入电压、输出电压、输出电流、主电工作状态、应急工作状态、电池组及各单节电池电压的显示情况，并做好记录，显示情况应与产品使用说明书规定相符，并满足以下要求：

1）手动启动应急电源输出，应急电源的主电源和备用电源应不能同时输出，且应在5s内完成应急转换。

2）手动停止应急电源的输出，应急电源应恢复到启动前的工作状态。

3）断开应急电源的主电源，应急电源应能发出声提示信号，声信号应能手动消除；接通主电源，应急电源应恢复到主电工作状态。

4）给具有联动自动控制功能的应急电源输入联动启动信号，应急电源应在5s内转入到应急工作状态，且主电源和备用电源应不能同时输出；输入联动停止信号，应急电源应恢复到主电工作状态。

5）具有手动和自动控制功能的应急电源处于自动控制状态，然后手动插入操作，应急电源应有手动插入优先功能，且应有自动控制状态和手动控制状态指示。

6）断开应急电源的负载，按下列要求检查应急电源的保护功能，并做好记录：

使任一输出回路保护动作，其他回路输出电压应正常；使配接三相交流负载输出的应急电源的三相负载回路中的任一相停止输出，应急电源应能自动停止该回路的其他两相输出，并应发出声、光故障信号；使配接单相交流负载的交流三相输出应急电源输出的任一相停止输出，其他两相应能正常工作，并应发出声、光故障信号。

7）将应急电源接上等效于满负载的模拟负载，使其处于应急工作状态，应急工作时间应大于设计应急工作时间的1.5倍，且不小于产品标称的应急工作时间。

8）使应急电源充电回路与电池之间、电池与电池之间连线断线，应急电源应在100s内发出声、光故障信号，声故障信号应能手动消除。

（20）可燃气体报警控制器

切断可燃气体报警控制器的所有外部控制连线，将任一回路与控制器相连接后，接通电源。按《可燃气体报警控制器》（GB 16808—2008）的有关要求，采用观察、仪表测量等方法逐个对可燃气体报警控制器进行下列功能检查并记录，可燃气体报警控制器应满足标准要求：

1）检查自检功能和操作级别。

2）控制器与探测器之间的连线断路和短路时，控制器应在100s内发出故障信号。

3）在故障状态下，使任一非故障探测器发出报警信号，控制器应在1min内发出报警信号，并应记录报警时间；再使其他探测器发出报警信号，检查控制器的再次报警功能。

4）消声和复位功能。

5）控制器与备用电源之间的连线断路和短路时，控制器应在100s内发出故障信号。

6）高限报警或低、高两段报警功能。

7）报警设定值的显示功能。

8）控制器最大负载功能，使至少4只可燃气体探测器同时处于报警状态（探测器总数少于4只时，使所有探测器均处于报警状态）。

9）主、备电源的自动转换功能，并在备电工作状态下重复上述第8）项的检查。

10）依次将其他回路与可燃气体报警控制器相连接重复上述2）~8）项的检查。

（21）可燃气体探测器

逐个对探测器施加达到响应浓度值的可燃气体标准样气，采用秒表测量、观察方法检查探测器的报警功能，探测器应在30s内响应；撤去可燃气体，探测器应在60s内恢复到正常监视状态。对于线型可燃气体探测器除按要求检查报警功能外，还应将发射器发出的光全部遮挡，采用秒表测量、观察方法检查探测器的故障报警功能，探测器相应的控制装置应在100s内发出故障信号。

（22）电气火灾监控器

切断监控设备的所有外部控制连线，将任意备用总线回路的电气火灾探测器与电气火灾监控器相连，接通电源。按《电气火灾监控系统 第1部分：电气火灾监控设备》（GB 14287.1—2014）的有关要求，采用观察、仪表测量等方法逐个对电气火灾监控器进行下列功能检查并记录，电气火灾监控器应满足标准要求：

1）检查自检功能和操作级别。

2）使监控器与探测器之间的连线断路和短路，监控器应在100s内发出故障信号（短路时发出报警信号除外）；在故障状态下，使任一非故障部位的探测器发出报警信号，控制器应在1min内发出报警信号；再使其他探测器发出报警信号，检查监控器的再次报警功能。

3）检查消声和复位功能。

4）使监控器与备用电源之间的连线断路和短路，监控器应在100s内发出故障信号。

5）检查屏蔽功能。

6）检查主、备电源的自动转换功能。

7）检查监控器特有的其他功能。

8）依次将其他备用回路与监控器相连接，重复上述2）~5）项的检查。

（23）电气火灾监控探测器

1）按《电气火灾监控系统 第2部分：剩余电流式电气火灾监控探测器》（GB 14287.2—2014）的有关要求，采用观察方法逐个对电气火灾监控探测器进行下列功能检查并记录，电气火灾监控探测器应满足标准要求：采用剩余电流发生器对监控探测器施加剩余电流，检查其报警功能；检查监控探测器特有的其他功能。

2）按《电气火灾监控系统 第3部分：测温式电气火灾监控探测器》（GB 14287.3—2014）的有关要求，采用观察方法逐个对电气火灾监控探测器进行下列功能检查并记录，电气火灾监控探测器应满足标准要求：采用发热试验装置给监控探测器加热，检查其报警功能；检查监控探测器特有的其他功能。

（24）其他受控部件

系统内其他受控部件的调试应按相应的国家标准或行业标准进行，在无相应标准时，宜按产品生产企业提供的调试方法分别进行。

将所有经调试合格的各项设备、系统按设计连接组成完整的火灾识别与联动控制系统,按《火灾自动报警系统设计规范》的有关规定和设计的联动逻辑关系,采用观察的方法检查系统的各项功能。火灾识别与联动控制系统在连续运行 120h 无故障后,填写记录表。

9.3.2 竣工验收的一般要求

火灾识别与联动控制系统的竣工验收是对系统施工质量的全面检查。必须按照《火灾自动报警系统施工及验收规范》(GB 50166—2007)的规定严格执行。火灾识别与联动控制系统竣工验收时的一般要求如下:

1)火灾识别与联动控制系统竣工后,建设单位应负责组织施工、设计、监理等单位进行验收,验收不合格不得投入使用。

2)火灾识别与联动控制系统的竣工验收应包括下列装置:

① 火灾报警装置(包括各种火灾探测器、手动火灾报警按钮、火灾报警控制器和区域显示器等)。

② 消防联动控制系统(含消防联动控制器、气体灭火控制器、消防电气控制装置、消防设备应急电源、消防应急广播设备、消防电话、传输设备、消防控制中心图形显示装置、模块、消防电动装置、消火栓按钮等设备)。

③ 自动灭火系统控制装置(包括自动喷水、气体、干粉、泡沫等固定灭火系统的控制装置)。

④ 消火栓系统的控制装置。

⑤ 通风空调、防排烟及电动防火阀等控制装置。

⑥ 电动防火门控制装置、防火卷帘控制器。

⑦ 消防电梯和非消防电梯的回降控制装置。

⑧ 火灾警报装置。

⑨ 消防应急照明和疏散指示控制装置。

⑩ 切断非消防电源的控制装置。

⑪ 电动阀控制装置。

⑫ 消防联网通信。

⑬ 系统内的其他消防控制装置。

3)火灾识别与联动控制系统验收前,建设单位应向消防监督机构提交验收申请报告,并附下列技术文件:

① 系统竣工表。

② 系统竣工图。

③ 施工记录(包括隐蔽工程验收记录)。

④ 调试报告。

⑤ 管理、维护人员登记表。

4)火灾识别与联动控制系统验收前,对人员配备情况进行检查。

5)火灾识别与联动控制系统验收前,复查应包括下列内容:

① 火灾识别与联动控制系统的主电源、备用电源、自动切换装置等安装位置及施工质量。

② 消防用电设备的动力线、控制线、接地线及火灾报警信号传输线的敷设方式。

③ 火灾探测器的类别、型号、适用场所、安装高度、保护半径、保护面积和探测器的间距。

④ 各种控制装置的安装位置、型号、数量、类别、功能及安装质量。

⑤ 消防应急照明和疏散指示控制装置的安装位置和施工质量。

6）系统中各装置的安装位置、施工质量和功能等的验收数量应满足以下要求：

① 消防用电设备主、备电源的自动转换装置，应进行 3 次转换试验，每次试验均应正常。

② 火灾报警控制器（含可燃气体报警控制器）和消防联动控制器应按实际安装数量全部进行功能检验。消防联动控制系统中其他各种用电设备、区域显示器应按下列要求进行功能检验：

A. 实际安装数量在 5 台以下者，全部检验。

B. 实际安装数量在 6～10 台者，抽验 5 台。

C. 实际安装数量超过 10 台者，按实际安装数量 30%～50% 的比例抽验，但抽验总数不应少于 5 台。

D. 各装置的安装位置、型号、数量、类别及安装质量应符合设计要求。

③ 火灾探测器（含可燃气体探测器）和手动火灾报警按钮，应按下列要求进行模拟火灾响应（可燃气体报警）和故障信号检验：

A. 实际安装数量在 100 只以下者，抽验 20 只（每个回路都应抽验）。

B. 实际安装数量超过 100 只者，按实际安装数量 10%～20% 的比例抽验，但抽验总数不少于 20 只，被抽验探测器的试验均应正常。

C. 被检查的火灾探测器的类别、型号、适用场所、安装高度、保护半径、保护面积和探测器的间距等均应符合设计要求。

④ 室内消火栓的功能验收应在出水压力符合现行国家有关建筑设计防火规范的条件下进行，并应符合下列要求：

A. 工作泵、备用泵转换运行 1～3 次。

B. 消防控制室内操作启、停泵 1～3 次。

C. 消火栓处操作启泵按钮按 5%～10% 的比例抽验。

以上室内消火栓的控制功能应正常，信号应正确。

⑤ 自动喷水灭火系统的抽验，应在符合《自动喷水灭火系统设计规范》（GB 50084—2017）的条件下，抽验下列控制功能：

A. 消防控制室内操作启泵、停泵 1～3 次。

B. 水流指示器、信号阀等按实际安装数量 30%～50% 的比例进行抽检试验。

C. 压力开关、电动阀、电磁阀等需进行全部检验。

上述自动喷水灭火系统的控制功能、信号均应正常。

⑥ 气体、泡沫、干粉等灭火系统的抽验，应在符合现行有关系统设计规范的条件下，按实际安装数量的 20%～30% 抽验下列控制功能：

A. 自动、手动启动和紧急切断试验 1～3 次。

B. 与固定灭火设备联动控制的其他设备（包括关闭防火门窗、停止空调风机、关闭防火阀、落下防火幕等）试验 1～3 次。

上述气体灭火系统的试验控制功能、信号均应正常。

⑦ 电动防火门、防火卷帘的抽验，应按实际安装数量的 20% 抽验，但不少于 5 樘，对于安装总数少于 5 樘的要全部检验；检验联动控制功能，其控制功能、信号均应正常。

⑧ 通风空调和防排烟风机要全部检验，阀门应按实际安装数量的 10%～20% 抽验；检验联动控制功能，其控制功能、信号均应正常。

A. 报警联动启动、消防控制室直接启停、现场手动启动联动防排烟风机 1 ~ 3 次。

B. 报警联动停止、消防控制室远程停止通风空调送风 1 ~ 3 次。

C. 报警联动开启、消防控制室开启、现场手动开启防排烟阀门 1 ~ 3 次。

⑨ 消防电梯的检验应进行 1 或 2 次人工控制和自动控制功能检验,非消防电梯应进行 1 或 2 次联动返回首层功能检验,其控制功能、信号均应正常。

⑩ 消防应急广播设备的检验,应按实际数量的 10% ~ 20% 进行下列功能检验:

A. 对所有广播分区进行选区广播,对共用扬声器进行强行切换。

B. 对扩音机和备用扩音机进行全负荷试验。

C. 检查应急广播的逻辑工作和联动功能。

上述功能应正常,语音应清楚。

⑪ 消防电话的检验,应符合下列要求:

A. 对消防控制室与设备间所设的对讲电话分机进行 1 ~ 3 次通话试验。

B. 对电话插孔按实际安装数量的 10% ~ 20% 进行通话试验。

C. 消防控制室的外线电话与另外一部外线电话模拟报警进行 1 ~ 3 次通话试验。

上述功能应正常,语音应清楚。

⑫ 对消防应急照明和疏散指示控制装置应进行 1 ~ 3 次使系统转入应急状态检验,系统中各消防应急照明灯具均应能转入应急状态。

本节各项检验项目中,当有不合格时,应修复或更换,并进行复验。复验时,对有抽验比例要求的,应加倍检验。

9.3.3 竣工验收内容

基于《建筑电气工程施工质量验收规范》(GB 50303—2015)、《火灾自动报警系统施工及验收规范》《火灾报警控制器》等规范对以下内容进行检查验收。

1) 按《建筑电气工程施工质量验收规范》的规定对系统的布线进行检验。检查数量:全数检查。检验方法:尺量、观察检查。

2) 按照《火灾自动报警系统施工及验收规范》的要求验收技术文件。检查数量:全数检查。检验方法:观察检查。

3) 火灾报警控制器的验收应符合下列要求:

① 火灾报警控制器的安装应满足规范要求。检验方法:尺量、观察检查。

② 火灾报警控制器的规格、型号、容量、数量应符合设计要求。检验方法:对照设计图观察检查。

③ 火灾报警控制器的功能验收应按《火灾自动报警系统施工及验收规范》的要求进行检查,检查结果应符合《火灾报警控制器》和产品使用说明书的有关要求。

4) 点型火灾探测器的验收应符合下列要求:

① 点型火灾探测器的安装应满足规范要求。检验方法:尺量、观察检查。

② 点型火灾探测器的规格、型号、数量应符合设计要求。检验方法:对照设计图观察检查。

③ 点型火灾探测器的功能验收应按规范要求进行检查,检查结果应符合要求。

5) 线型感温火灾探测器的验收应符合下列要求:

① 线型感温火灾探测器的安装应满足规范要求。检验方法:尺量、观察检查。

② 线型感温火灾探测器的规格、型号、数量应符合设计要求。检验方法:对照设计图观察检查。

③ 线型感温火灾探测器的功能验收应按规范要求进行检查，检查结果应符合要求。

6）红外光束感烟火灾探测器的验收应符合下列要求：

① 红外光束感烟火灾探测器的安装应满足规范要求。检验方法：尺量、观察检查。

② 红外光束感烟火灾探测器的规格、型号、数量应符合设计要求。检验方法：对照设计图观察检查。

③ 红外光束感烟火灾探测器的功能验收应按规范要求进行检查，结果应符合要求。

7）通过管路采样的吸气式火灾探测器的验收应符合下列要求：

① 通过管路采样的吸气式火灾探测器的安装应满足规范要求。检验方法：尺量、观察检查。

② 通过管路采样的吸气式火灾探测器的规格、型号、数量应符合设计要求。检验方法：对照设计图观察检查。

③ 采样孔加入试验烟，空气吸气式火灾探测器在120s内应发出火灾报警信号。检验方法：秒表测量，观察检查。

④ 依据说明书使采样管气路处于故障时，通过管路采样的吸气式火灾探测器在100s内应发出故障信号。检验方法：秒表测量，观察检查。

8）点型火焰探测器和图像型火灾探测器的验收应符合下列要求：

① 点型火焰探测器和图像型火灾探测器的安装应满足规范要求。检验方法：尺量、观察检查。

② 点型火焰探测器和图像型火灾探测器的规格、型号、数量应符合设计要求。检验方法：对照设计图观察检查。

③ 在探测区域最不利处模拟火灾，探测器应能正确响应。检验方法：观察检查。

9）手动火灾报警按钮的验收应符合下列要求：

① 手动火灾报警按钮的安装应满足规范要求。检验方法：尺量、观察检查。

② 手动火灾报警按钮的规格、型号、数量应符合设计要求。检验方法：对照设计图观察检查。

③ 施加适当推力或模拟动作时，手动火灾报警按钮应能发出火灾报警信号。检验方法：观察检查。

10）消防联动控制器的验收应符合下列要求：

① 消防联动控制器的安装应满足规范要求。检验方法：尺量、观察检查。

② 消防联动控制器的规格、型号、数量应符合设计要求。检验方法：对照设计图观察检查。

③ 消防联动控制器的功能验收应按规范逐项检查，结果应符合要求。

④ 消防联动控制器处于自动状态时，其功能应满足《火灾自动报警系统设计规范》和设计的联动逻辑关系要求。检验方法：按设计的联动逻辑关系，使相应的火灾探测器发出火灾报警信号，检查消防联动控制器接收火灾报警信号情况、发出联动信号情况、模块动作情况、消防电气控制装置的动作情况、现场设备动作情况、接收反馈信号（对于启动后不能恢复的受控现场设备，可模拟现场设备启动反馈信号）及各种显示情况；检查手动插入优先功能。

⑤ 消防联动控制器处于手动状态时，其功能应满足《火灾自动报警系统设计规范》和设计的联动逻辑关系要求。检验方法：使消防联动控制器的工作状态处于手动状态，按《消防联动控制系统》和设计的联动逻辑关系依次启动相应的受控设备，检查消防联动控制器发出联动信号情况、模块动作情况、消防电气控制装置的动作情况、现场设备动作情况、接收反馈信号（对于启动后不能恢复的受控现场设备，可模拟现场设备启动反馈信号）及各种显示情况。

11）消防电气控制装置的验收应符合下列要求：

① 消防电气控制装置的安装应满足规范要求。检验方法：尺量、观察检查。

② 消防电气控制装置的规格、型号、数量应符合设计要求。检验方法：对照设计图观察检查。

③ 消防电气控制装置的控制、显示功能应满足《消防联动控制系统》的有关要求。检验方法：依据《消防联动控制系统》进行检查。

12）区域显示器（火灾显示盘）的验收应符合下列要求：

① 区域显示器（火灾显示盘）的安装应满足规范要求。检验方法：尺量、观察检查。

② 区域显示器（火灾显示盘）的规格、型号、数量应符合设计要求。检验方法：对照设计图观察检查。

③ 区域显示器（火灾显示盘）的功能验收应按规范检查，检查结果应符合要求。

13）可燃气体报警控制器的验收应符合下列要求：

① 可燃气体报警控制器的安装应满足规范要求。检验方法：尺量、观察检查。

② 可燃气体报警控制器的规格、型号、容量、数量应符合设计要求。检验方法：对照设计图观察检查。

③ 可燃气体报警控制器的功能验收应按规范要求进行检查，检查结果应符合要求。

14）可燃气体探测器的验收应符合下列要求：

① 可燃气体探测器的安装应满足规范要求。检验方法：尺量、观察检查。

② 可燃气体探测器的规格、型号、数量应符合设计要求。检验方法：对照设计图观察检查。

③ 可燃气体探测器的功能验收应按规范要求进行检查，检查结果应符合要求。

15）消防电话的验收应符合下列要求：

① 消防电话的安装应满足规范要求。检验方法：尺量、观察检查。

② 消防电话的规格、型号、数量应符合设计要求。检验方法：对照设计图观察检查。

③ 消防电话的功能验收应按规范要求进行检查，检查结果应符合要求。

16）消防应急广播设备的验收应符合下列要求：

① 消防应急广播设备的安装应满足规范要求。检验方法：尺量、观察检查。

② 消防应急广播设备的规格、型号、数量应符合设计要求。检验方法：对照设计图观察检查。

③ 消防应急广播设备的功能验收应按规范要求进行检查，检查结果应符合要求。

17）系统备用电源的验收应符合下列要求：

① 系统备用电源的容量应满足相关标准和设计要求。检验方法：尺量、观察检查。

② 系统备用电源的工作时间应满足相关标准和设计要求。检验方法：充电48h后，断开设备主电源，测量持续工作时间。

18）消防设备应急电源的验收应满足下列要求：

① 消防设备应急电源的安装应满足规范要求。检验方法：尺量、观察检查。

② 消防设备应急电源的功能验收应按规范要求进行检查，检查结果应符合要求。

19）消防控制中心图形显示装置的验收应符合下列要求：

① 消防控制中心图形显示装置的规格、型号、数量应符合设计要求。检验方法：对照设计图观察检查。

② 消防控制中心图形显示装置的功能验收应按规范要求进行检查，检查结果应符合要求。

20）气体灭火控制器的验收应符合下列要求：

① 气体灭火控制器的安装应满足规范要求。检验方法：尺量、观察检查。

② 气体灭火控制器的规格、型号、数量应符合设计要求。检验方法：对照设计图观察检查。

③ 气体灭火控制器的功能验收应按规范要求进行检查，检查结果应符合要求。

21）防火卷帘控制器的验收应符合下列要求：

① 防火卷帘控制器的安装应满足规范要求。检验方法：尺量、观察检查。

② 防火卷帘控制器的规格、型号、数量应符合设计要求。检验方法：对照设计图观察检查。

③ 防火卷帘控制器的功能验收应按规范要求进行检查，检查结果应符合要求。

22）系统性能的要求应符合《火灾自动报警系统设计规范》和设计的联动逻辑关系要求。检验方法：依据《火灾自动报警系统设计规范》和设计的联动逻辑关系进行检查。

23）消火栓的控制功能验收应符合《火灾自动报警系统设计规范》和设计的有关要求。检验方法：在消防控制室内操作启泵、停泵 1～3 次。

24）自动喷水灭火系统的控制功能验收应符合《火灾自动报警系统设计规范》和设计的有关要求。检验方法：在消防控制室内操作启泵、停泵 1～3 次。

25）泡沫、干粉等灭火系统的控制功能验收应符合《火灾自动报警系统设计规范》和设计的有关要求。检验方法：自动、手动启动和紧急切断试验 1～3 次；与固定灭火设备联动控制的其他设备动作（包括关闭防火门窗、停止空调风机、关闭防火阀等）试验 1～3 次。

26）电动防火门、防火卷帘、挡烟垂壁的功能验收应符合《火灾自动报警系统设计规范》和设计的有关要求。检验方法：依据《火灾自动报警系统设计规范》和设计的有关要求进行检查。

27）防排烟风机、防火阀和防排烟系统阀门的功能验收应符合《火灾自动报警系统设计规范》和设计的有关要求。检验方法：报警联动启动、消防控制室直接启停、现场手动启动防排烟风机 1～3 次；报警联动停、消防控制室直接停通风空调送风 1～3 次；报警联动开启、消防控制室开启、现场手动开启防排烟阀门 1～3 次。

28）消防电梯的功能验收应符合《火灾自动报警系统设计规范》和设计的有关要求。检验方法：消防电梯应进行 1 或 2 次手动控制和联动控制功能检验，非消防电梯应进行 1 或 2 次联动返回首层功能检验。

9.3.4　验收评价方法及指标

根据评价指标对系统运行所起作用的重要程度，将不合格的评价指标判定为：

A 类缺陷：直接关系到火灾识别与联动控制系统运行功能和可能对人身安全造成危害。

B 类缺陷：对火灾识别与联动控制系统的工程运行状况有重要影响，可能间接影响系统功能。

C 类缺陷：对火灾识别与联动控制系统的工程运行状况有轻微影响。

获取的工程信息宜包括接受验收的火灾识别与联动控制系统安装场所的建筑构造、使用功能、火灾危险部位、人员分布以及火灾识别与联动控制系统运行记录等。验收评价以采用现场检查法为主，个别评价指标必要时采用客观评价法和审核检查法。系统的评价指标包括以下几类。

1. 系统利用率

系统利用率表示测试系统运行时间内的完好性程度，表示如下：

$$P_t = \frac{nT_t - T_s}{nT_t} \times 100\% \tag{9-1}$$

式中　P_t——系统利用率；

T_t——系统运行总时间；

T_s——各控制器停机的累计时间，含控制器存在影响火灾报警或联动控制功能的故障时间；控制器包括火灾报警控制器、火灾报警控制器（联动型）、消防联动控制器、可燃气体报警控制器、电气火灾监控设备、消防电话主机和消防应急广播主机；

n——控制器数量总和。

检查数量：系统中全部控制器。

2. 设备完好率

（1）控制器完好率

按照规范要求，对系统的各控制器基本功能进行试验，测试各控制器运行完好程度。若控制器能够实现基本功能，则该控制器完好率计为 1；若控制器有一项基本功能不能实现，则该控制器完好率为 0。控制器的完好率可用下式统计：

$$P_c = \frac{\sum_{i=1}^{n} P_i}{n} \times 100\% \tag{9-2}$$

式中　P_c——控制器完好率；

　　　P_i——某台控制器的完好率；

　　　n——系统中控制器的数量。

检查数量：系统中的全部控制器。

（2）探测器完好率

利用控制器的查询功能，分别统计不同种类的火灾探测器的故障和屏蔽数量，得出某类火灾探测器的查询完好率用下式表示：

$$P_Q = \frac{N - N_f}{N} \times 100\% \tag{9-3}$$

式中　P_Q——该类探测器查询完好率；

　　　N——该类探测器总数量；

　　　N_f——该类探测器故障总数和屏蔽总数之和。

检查数量：全数检查，每种探测器分别检查。

利用模拟火灾方式，抽查所有重点及火灾危险部位某类火灾探测器的报警响应性能。如果探测器能够正常报警，则该探测器判定为合格。该类探测器的抽查合格率表示如下：

$$R_c = \frac{N_q}{n} \times 100\% \tag{9-4}$$

式中　R_c——该类探测器抽查合格率；

　　　N_q——该类探测器合格数量；

　　　n——该类探测器的抽查数量。

检查数量：总安装数量的 20%，且抽查总数不能低于 20 只，不足 20 只则全数检查。

该类探测器的完好率 = 该类探测器查询完好率 × 该类探测器抽查合格率，表示如下：

$$P_c = P_Q R_c \tag{9-5}$$

式中　P_c——该类探测器完好率；

　　　P_Q——该类探测器查询完好率；

　　　R_c——该类探测器抽查合格率。

（3）模块完好率

利用控制器的查询功能，分别统计输入、输出、输入/输出模块和中继模块的故障和屏蔽数量，得出模块的查询完好率，计算式同式（9-3）。其中，P_Q 为模块查询完好率；N 为模块总数量；N_f 为模块故障总数和屏蔽总数之和。

检查数量：全数检查。

抽查测试模块动作情况。如果任一只模块能够正常工作，则该模块判定合格，可用式（9-4）表示模块的抽查合格率。其中，R_c 为模块抽查合格率；N_q 为模块合格数量；n 为模块的抽查数量。

检查数量：重点及火灾危险部位模块总安装数量的 20%，且抽查总数不能低于 20 只，不足 20 只则全数检查。

模块完好率 = 模块查询完好率 × 模块抽查合格率，可用式（9-5）表示。其中，P_c 为模块完好率；P_Q 为模块查询完好率；R_c 为模块抽查合格率。

（4）消火栓按钮完好率

利用控制器的查询功能，统计消火栓按钮的故障和屏蔽数量，得出消火栓按钮的查询完好率，可用式（9-3）表示。其中，P_Q 为消火栓按钮查询完好率；N 为消火栓按钮总数量；N_f 为消火栓按钮故障总数和屏蔽总数之和。

检查数量：全数检查。

抽查重点及火灾危险部位的消火栓按钮启泵动作情况。如果抽查的消火栓按钮能够正常启泵，则该消火栓按钮判定为合格，用式（9-4）计算消火栓按钮的抽查合格率。其中，R_c 为消火栓按钮的抽查合格率；N_q 为消火栓按钮合格数量；n 为消火栓按钮的抽查数量。

检查数量：按实际安装数量 10% 的比例抽检，且抽查总数不能低于 10 只，不足 10 只则全数检查。

消火栓按钮完好率 = 消火栓按钮查询完好率 × 消火栓按钮抽查合格率，可用式（9-5）表示。其中，P_c 为消火栓按钮完好率；P_Q 为消火栓按钮查询完好率；R_c 为消火栓按钮抽查合格率。

（5）手动报警按钮完好率

利用控制器的查询功能，统计手动报警按钮的故障和屏蔽数量，得出手动报警按钮的查询完好率，可用式（9-3）表示。其中，P_Q 为手动报警按钮查询完好率；N 为手动报警按钮总数量；N_f 为手动报警按钮故障总数和屏蔽总数之和。

检查数量：全数检查。

抽查重点及火灾危险部位的手动报警按钮动作情况。如果抽查的每只手动报警按钮能够正常动作，则该手动报警按钮判定为合格，可用式（9-4）计算手动报警按钮的抽查合格率。其中，R_c 为手动报警按钮的抽查合格率；N_q 为手动报警按钮合格数量；n 为手动报警按钮的抽查数量。

检查数量：按实际安装数量 20% 的比例抽检，且抽查总数不能低于 20 只，不足 20 只则全数检查。

手动报警按钮完好率 = 手动报警按钮查询完好率 × 手动报警按钮抽查合格率，可用式（9-5）表示。其中，P_c 为手动报警按钮完好率；P_Q 为手动报警按钮查询完好率；R_c 为手动报警按钮抽查合格率。

3. 探测有效性

（1）火灾探测报警和联动负载性能

在总线距离最长的回路末端，选取至少 10 只火灾探测器进行模拟火灾试验，同时手动启动至少 10 只（若少于 10 只，全部启动）输出模块，测试火灾探测器响应性能和模块动作性能。如果任一只探测器不报火警，或任一只模块未动作，则判定为 A 类缺陷。

（2）黑烟响应

在可能发生黑烟的场所，利用模拟火灾方式，测试点型光电感烟火灾探测器黑烟响应性能。

检查方式为抽查检验，检查数量应不少于 10 只，对于安装的火灾探测器数量少于 10 只的全部抽检；对于重点防火部位应至少抽取 1 只火灾探测器。

如果被检查的火灾探测器全部报火警，则判定为合格。如果有任一只火灾探测器不报火警，则判定为 A 类缺陷。

（3）阴燃火/有烟明火响应

针对既能够产生阴燃火又能产生有烟明火的大空间场所，利用模拟火灾方式，测试感烟火灾探测器阴燃火/有烟明火响应性能。

检查方式为抽查检验，抽查数量至少是一个探测区域的火灾探测器。

如果该探测区域不能有效报警，则判定为 A 类缺陷。

（4）探测功能障碍环境检查

检查火灾探测器探测区域内是否存在影响火灾探测性能的障碍物、格栅吊顶或干扰源。

检查数量：全数检查。

如果影响火灾探测器的火灾探测功能，则判定为 A 类缺陷；如果引起火灾探测器误报火警，则判定为 B 类缺陷。

4. 疏散有效性

（1）疏散楼梯防排烟联动性能

按照规范要求的方法和数量，测试疏散楼梯防排烟风机、通风空调以及防排烟阀门的联动功能，并同时测试防排烟风机供电故障信息的监控功能。如果有一项不能正确动作，或无法监控，则判定为 A 类缺陷；如果能够全部动作，并且阀门之间的动作互不影响，则判定为合格。

（2）人员密集的复杂区域疏散引导及设备联动性能

控制器处于自动工作状态，利用模拟火灾方式，测试人员密集和疏散路线复杂区域的疏散引导及设备联动功能。

检查数量：全数检查。

如果疏散路线生成快速准确，疏散路线与火灾报警位置有关联，并且与其他设备联动配合正确，则判定为合格；如果不能达到上述要求，并严重影响人员疏散，则判定为 A 类缺陷；如果存在缺陷，且影响人员疏散程度一般，则判定为 B 类缺陷；如果存在其他问题，但不影响人员疏散，则判定为 C 类缺陷。

（3）电梯及疏散通道门联动性能

控制器处于自动工作状态，利用模拟火灾方式，测试电梯、门禁系统以及涉及疏散的电动栅杆联动功能，并同时测试消防控制室监控疏散通道防火门状态和电动防火门故障信息的功能。

如果正确动作，联动控制和时序合理，则判定为合格；如果不能正确动作，严重影响人员疏散，则判定为 A 类缺陷。

如果能够监控全部信息，则判定为合格；如果有一种信息无法监控，则判定为 B 类缺陷。

5. 防火分隔有效性

（1）共享空间防火分隔联动性能

在共享空间内或相邻的防火分区模拟火灾，测试首层及其他层防火卷帘动作情况，并同时测试消防控制室监控防火卷帘状态和故障信息的功能。

检查数量：按照实际安装数量的 10%～20% 抽查。

如果正确动作，则判定为合格；如果不能正确动作，则判定为 A 类缺陷；如果能正确动作，但存在其他问题，则判定为 C 类缺陷。

如果能够监控全部信息，则判定为合格；如果有一种信息无法监控，则判定为 B 类缺陷。

（2）防火阀联动性能

利用模拟火灾方式，对穿越重要或火灾危险性大的房间风管内设置的防火阀，进行联动动作情况测试。

检查数量：全数检查。

如果正确动作，则判定为合格；如果不能正确动作，则判定为 A 类缺陷；如果能正确动作，但存在其他问题，则判定为 C 类缺陷。

6. 灭火有效性

（1）关键灭火设备冗余控制性能

1）分别以消防控制室自动控制方式、消防控制室专线启动控制方式以及现场手动启动方式测试消防水泵、消防喷淋泵和泡沫液泵等联动动作情况。

检查数量：全数检查。

如果任意一种方式无法实现控制，则判定为 A 类缺陷；如果可以实现控制，但存在其他问题，则判定为 C 类缺陷。

2）分别在消防主控室和分控室测试控制关键灭火设备的动作情况。

检查数量：全数检查。

如果都能实现控制，则判定为合格；如果其中一个不能实现控制，则判定为 A 类缺陷。

（2）管网末端消火栓按钮启泵性能

按下管网末端的消火栓按钮，测试消防水泵动作情况。如果正确动作，消防控制室能够正确接收相关信息，则判定为合格；如果不能正确动作，则判定为 A 类缺陷；如果能够正确动作，但存在其他问题，则判定为 C 类缺陷。

（3）自动喷水灭火系统联动性能

测试同一管网首层、最高层以及重点部位所在楼层末端的自动喷水灭火系统的联动动作情况，并同时测试自动喷水灭火系统管网过压、欠压以及手动阀的开闭状态信息的监控功能。

检查数量：GB 50166 规定的数量。

如果能够正确联动，且水流指示器、信号阀、压力开关以及电动（磁）阀等指示或动作正确，则判定为合格；如果不能正确动作，则判定为 A 类缺陷。

如果有任一种信息无法返回到消防控制室，则判定为 B 类缺陷。

（4）气体、泡沫、干粉等灭火系统联动性能

断开联动的真实负载，利用模拟火灾方式，测试气体、泡沫、干粉等灭火系统模拟联动动作情况。

检查数量：GB 50166 规定的数量。

如果正常工作，动作时序、联动逻辑关系正确，则判定为合格；如果不能正常工作，则判定为 A 类缺陷；如果能够动作，但动作时序或联动逻辑关系不正确，则判定为 B 类缺陷；如果能够正确工作，但存在其他问题，则判定为 C 类缺陷。

7. 重要消防设施监控

（1）消防水箱（池）水位信息

测试消防水箱（池）水位以及低温报警信息的监控功能。

检查数量：全数检查。

如果水位低于补水水位，还没有补水，且控制室也未收到无法补水信息，则判定为 A 类缺陷；如果水箱（池）水温低于冰点而不报警，则判定为 B 类缺陷；如果溢流不报警，则判定为 C 类缺陷。

（2）消防水泵、消防喷淋泵等工作条件信息

测试消防水泵、消防喷淋泵等手动、自动工作状态以及供电故障信息的监控功能。

检查数量：全数检查。

如果能够监控全部信息，则判定为合格；如果有任一种信息无法监控，则判定为 B 类缺陷。

（3）联动设备现场供电直流电源信息

测试消防控制室监控联动设备现场供电直流电源工作信息的功能。

如果能够监控，并且将现场故障信号回传到消防控制室，则判定为合格；如果无法监控，则判定为 B 类缺陷。

根据系统利用率以及设备完好率的各项测试数据以及所测试的探测、疏散、防火分隔、灭火有效性以及重要消防设施监控指标的缺陷数量，得到验收结果（A 为 A 类缺陷数量，B 为 B 类缺陷数量，C 为 C 类缺陷数量）：

1）如果测试数据中有 $A \geqslant 1$，则系统验收不合格。

2）如果 $A = 0$，且 $B > 2$，或 $B + C >$ 检查项数量的 5%，则系统验收不合格。

3）如果 $A = 0$，且 $B \leqslant 2$，且 $B + C \leqslant$ 检查项数量的 5%，则系统验收合格。

9.4 火灾识别与联动控制系统的维护

火灾识别与联动控制系统应进行定期的维护与保养，以保证系统能够在紧急情况下能及时可靠的运行。

9.4.1 系统运行的条件及要求

1. 系统运行条件

火灾识别与联动控制系统的启用条件，首先是全套系统已经通过了消防监督部门的竣工验收，准予投入使用；其次是还必须具备下列条件：

1）火灾识别与联动控制系统的使用单位应有经过专门培训，并经过考试合格的专人负责系统的管理操作和维护。当系统更新时，要对操作维护人员重新进行培训，使其熟悉掌握新系统工作原理及操作规程后方可上岗。操作人员要保持相对稳定。

2）火灾识别与联动控制系统正式启用时，应具备下列文件资料：

① 系统竣工图及设备的技术资料。

② 系统操作规程。

③ 值班员职责。

④ 值班记录和使用图表。

3）应建立火灾识别与联动控制系统的技术档案。技术档案主要包括火灾识别与联动控制系统有关设计图、技术资料和系统施工、调试、验收、运行维护等有关各种技术资料、规章、记录等。

4）火灾识别与联动控制系统应定期检查和试验，检查方式分为日检、季检和年检。

5）火灾识别与联动控制系统应保持连续正常运行，不得随意中断，以免造成严重后果。

2. 系统运行要求

火灾识别与联动控制系统启动后，应保持连续正常运行，不得随意中断，正常工作状态下，报警联动控制设备应处于自动控制状态。严禁将自动灭火系统和联动控制的防火卷帘等防火分隔措施设置在手动控制状态。其他联动控制设备需要设置在手动状态时，应有火灾时能迅速将

手动控制转换为自动控制的可靠措施。

9.4.2　系统的维护与检查

1. 每日检查

1）在火灾识别与联动控制系统投入运行后，每日应按表9-1的要求填写火灾识别与联动控制系统运行登记表。

表9-1　火灾识别与联动控制系统运行日检登记表

时间＼检查项目	设备运行情况		报警性质				报警部位、原因及处理情况	值班人 时间	备注
	正常	故障	火警	误报	故障报警	漏报			

注：正常画√，有问题注明。

2）每日应检查火灾报警控制器（包括联动控制器）的功能，并按表9-2的要求填写日检登记表。

表9-2　火灾报警控制器日检登记表

时间＼检查项目	自检	消声	复位	故障报警	巡检	电源		检查人（签名）	备注
						主电源	备用电源		

检查情况：	故障及排除情况：	防火负责人：

注：正常画√，有问题注明。

2. 季度检查

火灾识别与联动控制系统，每季度应检查和试验下列功能，并应按表9-3所示格式填写季检登记表：

1）采用专用检测仪器分期分批试验探测器的动作及确认灯显示。

2）试验火灾报警装置的声光显示。

3）试验水流指示器、压力开关等设备的报警功能、信号显示。

4）对备用电源进行1或2次充电放电试验；进行1~3次主电源和备用电源自动切换试验。

5）用自动或手动方式检查下列消防控制设备的控制显示功能：

① 室内消火栓、自动喷水、泡沫、气体、干粉等灭火系统的控制设备。

② 抽验电动防火门、防火卷帘，数量不少于总数的25%。

③ 选层试验消防应急广播设备，并试验公共广播强制转入消防应急广播的功能，抽检数量不少于总数的25%。

④ 消防应急照明与疏散指示标志的控制装置。

⑤ 送风机、排风机和自动挡烟垂壁的控制设备。

⑥ 检查消防电梯迫降功能。

⑦ 应抽取不少于总数 25% 的消防电话和电话插孔在消防控制室进行对讲通话试验。

3. 年度检查

火灾识别与联动控制系统每年应进行下列功能检查和试验，并应按表 9-3 所示格式填写年检登记表：

1）应用专用检测仪器对所安装的全部探测器和手动报警装置试验至少 1 次。

2）自动和手动打开排烟阀，关闭电动防火阀和空调系统。

3）对全部电动防火门、防火卷帘的试验至少进行 1 次。

4）强制切断非消防电源功能试验。

5）对其他有关的消防控制装置进行功能试验。

表 9-3　火灾识别与联动控制系统季检、年检登记表

单位名称		防火负责人	
日期	设备种类	检查试验内容及结果	检查人
仪器自检情况		故障及排除情况	备注

4. 探测器的年度检测与维修

点型感烟火灾探测器投入运行 2 年后，应每隔 3 年至少全部清洗一遍；通过采样管采样的吸气式感烟火灾探测器根据使用环境的不同，需要对采样管道进行定期吹洗，最长的时间间隔不应超过 1 年；探测器的清洗应由有相关资质的机构根据产品生产企业的要求进行。探测器清洗后应做响应阈值及其他必要的功能试验，合格者方可继续使用。不合格探测器严禁重新安装使用，并应将该不合格品返回产品生产企业集中处理，严禁将离子感烟火灾探测器随意丢弃。可燃气体探测器的气敏元件超过生产企业规定的寿命年限后应及时更换，气敏元件的更换应由有相关资质的机构根据产品生产企业的要求进行。

不同类型的探测器应有 10% 但不少于 50 只的备品。

9.5 消防控制室的运行管理要求

消防控制室的功能决定了消防控制室的消防中枢地位。规范、统一的消防控制室管理和消防设施操作监控，是建筑火灾发生时能够及时发现火灾、确认火灾，准确报警并启动应急预案，有效组织初期火灾扑救，引导人员安全疏散的根本保证。

9.5.1 资料和管理要求

1. 消防控制室管理

建筑使用管理单位按照下列要求，安排合理数量的、符合从业资格条件的人员负责消防控制室的管理与值班：

1）实行每日 24 小时专人值班制度，每班不少于 2 人，值班人员持有规定的消防专业技能鉴定证书。

2）消防设施日常维护管理符合《建筑消防设施的维护管理》（GB 25201—2010）的相关规定。

3）确保火灾识别与联动控制系统、固定灭火系统和其他联动控制设备处于正常工作状态，不得将应处于自动控制状态的设备设置在手动控制状态。

4）确保高位水箱、消防水池、气压罐等消防储水设施水量充足，确保消防水泵出水管阀门、自动喷水灭火系统管道上的阀门常开；确保消防水泵、防排烟风机、防火卷帘等消防用电设备的配电柜控制装置处于自动控制状态或者通电状态。

2. 消防应急处置程序

火灾发生时，消防控制室的值班人员按照下列应急程序处理火灾：

1）接到火灾报警后，值班人员立即以最快的方式确认火灾。

2）火灾确认后，值班人员立即确认火灾报警联动系统控制开关处于自动控制状态，同时拨打"119"报警电话准确报警；报警时需要说明着火单位地点、起火部位、着火物种类、火势大小、报警人员姓名和联系电话等。

3）值班人员立即启动单位应急疏散和初期火灾扑救灭火预案，同时报告单位消防安全负责人。

3. 消防控制室资料

消防控制室内应保存下列纸质和电子档案资料：

1）建（构）筑物竣工后的总平面布局图、建筑消防设施平面布置图、建筑消防设施系统图及安全出口布置图、重点部位位置图等。

2）消防安全管理规章制度、应急灭火预案、应急疏散预案等。

3）消防安全组织结构图，包括消防安全责任人，管理人，专职、义务消防人员等内容。

4）消防安全培训记录、灭火和应急疏散预案的演练记录。

5）值班情况、消防安全检查情况及巡查情况的记录。

6）消防设施一览表，包括消防设施的类型、数量、状态等内容。

7）消防系统控制逻辑关系说明、设备使用说明书、系统操作规程、系统和设备维护保养制度等。

8）设备运行状况、接报警记录、火灾处理情况、设备检修检测报告等资料，这些资料应能定期保存和归档。

9.5.2　控制和显示要求

1. 消防控制室图形显示装置

消防控制室图形显示装置应符合下列要求：

1）应能显示规定的资料内容及规定的其他相关信息。

2）应能用同一界面显示建（构）筑物周边消防车道、消防登高车操作场地、消防水源位置，以及相邻建筑的防火间距、建筑面积、建筑高度、使用性质等情况。

3）应能显示消防系统及设备的名称、位置和动态信息。

4）当有火灾报警信号、监管报警信号、反馈信号、屏蔽信号、故障信号输入时，应有相应状态的专用总指示，在总平面布局图中应显示输入信号所在的建（构）筑物的位置，在建筑平面图上应显示输入信号所在的位置和名称，并记录时间、信号类别和部位等信息。

5）应在10s内显示输入的火灾报警信号和反馈信号的状态信息，100s内显示其他输入信号的状态信息。

6）应采用中文标注和中文界面，界面对角线长度不应小于430mm。

7）应能显示可燃气体探测报警系统、电气火灾监控系统的报警信息、故障信息和相关联动反馈信息。

2. 火灾报警控制器

火灾报警控制器应符合下列要求：

1）应能显示火灾探测器、火灾显示盘、手动火灾报警按钮的正常工作状态、火灾报警状态、屏蔽状态及故障状态等相关信息。

2）应能控制火灾声光警报器启动和停止。

3. 消防联动控制器

1）自动喷水灭火系统的控制和显示应符合下列要求：

① 应能显示消防喷淋泵电源的工作状态。

② 应能显示消防喷淋泵（稳压或增压泵）的启、停状态和故障状态，并显示水流指示器、信号阀、报警阀、压力开关等设备的正常工作状态和动作状态，消防水箱（池）最低水位信息和管网最低压力报警信息。

③ 应能手动控制消防喷淋泵的启、停，并显示其手动启、停和自动启动的动作反馈信号。

2）消火栓系统的控制和显示应符合下列要求：

① 应能显示消防水泵电源的工作状态。

② 应能显示消防水泵（稳压或增压泵）的启、停状态和故障状态，并显示消火栓按钮的正常工作状态和动作状态及位置等信息、消防水箱（池）最低水位信息和管网最低压力报警信息。

③ 应能手动和自动控制消防水泵的启、停，并显示其动作反馈信号。

3）气体灭火系统的控制和显示应符合下列要求：

① 应能显示系统的手动、自动工作状态及故障状态。

② 应能显示系统的驱动装置的正常工作状态和动作状态，并能显示防护区域中的防火门（窗）、防火阀、通风空调等设备的正常工作状态和动作状态。

③ 应能手动控制系统的启、停，并显示延时状态信号、紧急停止信号和管网压力信号。

4）水喷雾、细水雾灭火系统的控制和显示应符合下列要求：

① 水喷雾灭火系统、采用水泵供水的细水雾灭火系统应能显示消防喷淋泵电源的工作状态；应能显示消防喷淋泵（稳压或增压泵）的启、停状态和故障状态，并显示水流指示器、信号阀、报警阀、压力开关等设备的正常工作状态和动作状态，消防水箱（池）最低水位信息和管网最低压力报警信息；应能手动控制消防喷淋泵的启、停，并显示其手动启、停和自动启动的动作反馈信号。

② 采用压力容器供水的细水雾灭火系统应能显示系统的手动、自动工作状态及故障状态；应能显示系统驱动装置的正常工作状态和动作状态，并能显示防护区域中的防火门（窗）、防火阀、通风空调等设备的正常工作状态和动作状态；应能手动控制系统的启、停，并显示延时状态信号、紧急停止信号和管网压力信号。

5）泡沫灭火系统的控制和显示应符合下列要求：

① 应能显示消防水泵、泡沫液泵电源的工作状态。

② 应能显示系统的手动、自动工作状态及故障状态。

③ 应能显示消防水泵、泡沫液泵的启、停状态和故障状态，并显示消防水池（箱）最低水位和泡沫液罐最低液位信息。

④ 应能手动控制消防水泵和泡沫液泵的启、停，并显示其动作反馈信号。

6）干粉灭火系统的控制和显示应符合下列要求：

① 应能显示系统的手动、自动工作状态及故障状态。

② 应能显示系统驱动装置的正常工作状态和动作状态，并能显示防护区域中的防火门窗、防火阀、通风空调等设备的正常工作状态和动作状态。

③ 应能手动控制系统的启动和停止，并显示延时状态信号、紧急停止信号和管网压力信号。

7）防排烟系统及通风空调系统的控制和显示应符合下列要求：

① 应能显示防排烟系统风机电源的工作状态。

② 应能显示防排烟系统的手动、自动工作状态及防排烟系统风机的正常工作状态和动作状态。

③ 应能控制防排烟系统及通风空调系统的风机和电动排烟防火阀、电控挡烟垂壁、电动防火阀、常闭送风口、排烟阀（口）、电动排烟窗的动作，并显示其反馈信号。

8）防火门及防火卷帘系统的控制和显示应符合下列要求：

① 应能显示防火门控制器、防火卷帘控制器的工作状态和故障状态等动态信息。

② 应能显示防火卷帘、常开防火门，人员密集场所中因管理需要平时常闭的疏散门及具有信号反馈功能的防火门的工作状态。

③ 应能关闭防火卷帘和常开防火门，并显示其反馈信号。

9）电梯的控制和显示应符合下列要求：

① 应能控制所有电梯全部降回首层，非消防电梯应开门停用，消防电梯应开门待用，并显示反馈信号及消防电梯运行时所在楼层。

② 应能显示消防电梯的故障状态和停用状态。

4. 消防电话总机

消防电话总机应符合下列要求：

1）应能与各消防电话分机通话，并具有插入通话功能。

2）应能接收来自消防电话插孔的呼叫，并能通话。

3）应有消防电话通话录音功能。

4）应能显示各消防电话的故障状态，并能将故障状态信息传输给消防控制室图形显示装置。

5. 消防应急广播控制装置

消防应急广播控制装置应符合下列要求：

1）应能显示处于应急广播状态的广播分区、预设广播信息。

2）应能分别通过手动和按照预设控制逻辑自动控制选择广播分区、启动或停止应急广播，并在扬声器进行应急广播时自动对广播内容进行录音。

3）应能显示应急广播的故障状态，并能将故障状态信息传输给消防控制室图形显示装置。

6. 消防应急照明和疏散指示系统控制装置

消防应急照明和疏散指示系统控制装置应符合下列要求：

1）应能手动控制自带电源型消防应急照明和疏散指示系统的主电工作状态和应急工作状态的转换。

2）应能分别通过手动和自动控制集中电源型消防应急照明和疏散指示系统、集中控制型消防应急照明和疏散指示系统从主电工作状态切换到应急工作状态。

3）受消防联动控制器控制的系统应能将系统的故障状态和应急工作状态信息传输给消防控制室图形显示装置。

4）不受消防联动控制器控制的系统应能将系统的故障状态和应急工作状态信息传输给消防控制室图形显示装置。

7. 消防电源监控器

消防电源监控器应符合下列要求：

1）应能显示消防用电设备的供电电源和备用电源的工作状态和故障报警信息。

2）应能将消防用电设备的供电电源和备用电源的工作状态和欠压报警信息传输给消防控制室图形显示装置。

9.5.3 图形显示装置的信息记录要求

1）应记录建筑消防设施运行状态信息，记录容量不应少于10000条，记录备份后方可被覆盖。

2）应具有产品维护保养的内容和时间、系统程序的进入和退出时间、操作人员姓名或代码等内容的记录，存储记录容量不应少于10000条，记录备份后方可被覆盖。

3）应记录消防安全管理信息及系统内各个消防设备（设施）的制造商、产品有效期，记录容量不应少于10000条，记录备份后方可被覆盖。

4）应能对历史记录打印归档或刻录存盘归档。

9.5.4 信息传输要求

1）消防控制室图形显示装置应能在接收到火灾报警信号或联动信号后10s内将相应信息按规定的通信协议格式传送给监控中心。

2）消防控制室图形显示装置应能在接收到建筑消防设施运行状态信息后100s内将相应信息按规定的通信协议格式传送给监控中心。

3）当具有自动向监控中心传输消防安全管理信息功能时，消防控制室图形显示装置应能在发出传输信息指令后100s内将相应信息按规定的通信协议格式传送给监控中心。

4）消防控制室图形显示装置应能接收监控中心的查询指令并按规定的通信协议格式将信息传送给监控中心。

5）消防控制室图形显示装置应有信息传输指示灯，在处理和传输信息时，该指示灯应闪亮，在得到监控中心的正确接收确认后，该指示灯应常亮并保持直至该状态复位。当信息传送失败时应有声、光指示。

6）火灾报警信息应优先于其他信息传输。

7）信息传输不应受保护区域内消防系统及设备任何操作的影响。

思 考 题

1. 简述控制器类设备的安装、调试及检测要求。
2. 简述火灾探测器的安装、调试及检测要求。
3. 简述手动火灾报警按钮的安装、调试及检测要求。
4. 简述消防电气控制装置的安装、调试及检测要求。
5. 简述模块的安装、调试及检测要求。
6. 简述消防应急广播扬声器和火灾报警器的安装、调试及检测要求。
7. 简述消防电话的安装、调试及检测要求。
8. 简述系统工程质量检测判定标准要求。
9. 消防控制室的制备要求有哪些？火灾发生后如何实施应急处理？

10

第 10 章
火灾识别与联动控制系统案例

本章将相关火灾识别与联动控制的理论知识和技术结合，通过列举高层建筑、城市综合管廊的火灾识别与联动控制系统案例，对建筑物的火灾特点进行分析，便于理解、巩固、加深和扩展有关火灾识别与消防联动控制技术方面的知识。

10.1 某高层建筑火灾识别与联动控制系统

10.1.1 工程概况

1. 建筑概况

某高层建筑高 67.3m，总建筑面积 30442m²，结构形式为框架结构，地上十五层和地下两层，耐火等级为一级。其中地下二层为停车库及设备用房、后勤用房；地下一层为停车库、设备用房；一层为餐厅、服务用房；二至三层为后勤用房及配套服务用房；四至十五层为客房层。该建筑的消防控制室设置在地下一层，与直通一楼室外的楼梯相邻。该建筑属一类高层公共建筑，用电负荷为一级。

2. 报警区域和探测区域

地上每层划分为一个防火分区，面积为 1338m²，地下建筑每层以地下抗爆隔墙为轴线划分为 6 个防火分区，各个防火分区面积均小于 1000m²。

建筑每层消防电梯与防烟楼梯间合用的前室、强弱电井、设备井单独划分为一个探测区域，地上层每个房间、餐厅或健身房划分为一个探测区域，走廊单独划分为一个探测区域，地下层以各个抗爆单元划分探测区域。

10.1.2 火灾特点

1. 起火因素多

一方面，建筑功能复杂，电气化和自动化程度高，用电设备多，漏电、短路等故障出现的概率高，容易形成点火源；另一方面，该建筑标准层中窗帘、家具、帷幕、床等也大都使用木材、聚氨酯泡沫、化纤织物等，因此火灾探测器的选择及布置尤为重要。

2. 火灾烟气蔓延的途径多

该建筑首层高而空旷，整体在电梯房旁各设有 2 个加压送风井和楼梯井，空调竖井、强电井、弱电井、水暖井各 1 个。一旦室内起火，高温火灾烟气进入这些竖井后，会在烟囱效应的作用下由建筑物下层很快蔓延到上层乃至整个建筑，需做好防排烟联动工作。

3. 人员集中且难疏散

四至十五层设为客房层，每层客房共 22 间，可容纳近 700 人入住，且入住人员类型各式各样，这不仅使起火机会增大，而且使人员的疏散更加困难，极易造成大数量的人员伤亡。设计有效的消防联动系统来协助人员疏散意义重大。

10.1.3 设计依据

1)《建筑设计防火规范》（GB 50016—2014）（2018 年版）。
2)《火灾自动报警系统设计规范》（GB 50116—2013）。
3)《防火门监控器》（GB 29364—2012）。
4)《消防控制室通用技术要求》（GB 25506—2010）。
5)《消防设备电源监控系统》（GB 28184—2011）。
6)《消防应急照明和疏散指示系统》（GB 17945—2018）。

10.1.4 火灾识别系统

本工程中，火灾识别及消防联动控制系统采用集中报警系统。消防控制室中系统配置如图 10-1 所示，内设报警主机、消防联动电源、消防电话主机、总线联动控制盘、多线联动控制盘、消防广播主机。根据集中报警控制器的部位号不小于系统内最大容量的区域报警控制器的容量的原则，集中报警控制器选用 JB-TG-JBF-11SF-H-C600 型两总线火灾报警及联动控制器，共 5 回路设计，工程具体系统结构如图 10-2 所示。

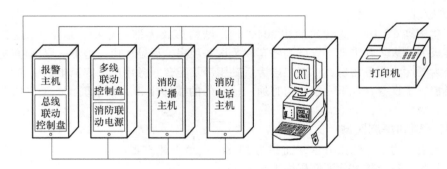

图 10-1　该建筑火灾识别及联动控制系统配置

本设计选用的消防报警主机多线盘选用 JBF-11SF-CD8B 型，JBF-11SF-CD8B 多线控制盘在柜式结构中占 2U，属于专线联动控制设备。多线控制盘的控制按钮通过专用线路用于实现消火栓泵、喷淋泵、排烟风机等专线联动设备的启停控制。

1. 火灾探测器

针对本建筑各部位的使用性质和《火灾自动报警系统设计规范》的有关规定，火灾探测器类型设计有点型感温火灾探测器、防爆型感温火灾探测器、可燃气体探测器和感烟火灾探测器，本工程选择的点型感温火灾探测器为 JTW-ZD-JBF-4110 型，防爆型感温火灾探测器为 JTW-ZD-JBF-3110-EX 型，可燃气体探测器为 QB2000N 型，感烟火灾探测器为 JTY-ZD-JBF-4100 型，共形成四种布置方式。

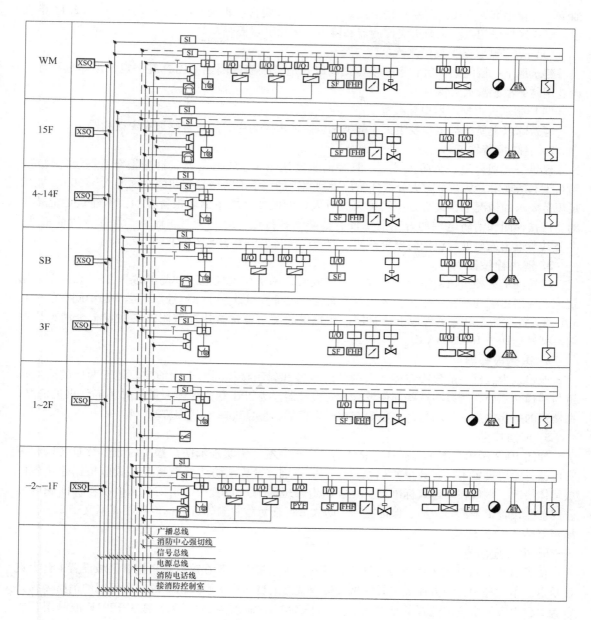

图 10-2 该建筑火灾识别及联动控制系统立面图

（1）点型感温火灾探测器和感烟火灾探测器混合布置

建筑地下一层设有柴油机房，可能由于供电线路短路或其他原因引起电气设备着火，形成电气火灾，也可能由于供油系统的输油管路、容器泄漏，接触到高温烟气或明火而燃烧，形成液体火灾。电气火灾和液体火灾会产生大量烟气和热量，故在建筑柴油机房采用点型感温火灾探测器和感烟火灾探测器混合布置。

（2）点型感温火灾探测器和可燃气体探测器混合布置

建筑地上一层和二层设有厨房，外接天然气管道，可能发生天然气泄漏，且厨房平时易积聚油烟，设置感烟火灾探测器易导致误报，且依据《火灾自动报警系统设计规范》第 5.2.11 条规定，厨房区域采用点型感温火灾探测器和可燃气体探测器混合布置。

（3）防爆型感温火灾探测器单独布置

建筑地下一层的锅炉房和水暖换热站，以及地下二层的隔油间因具有一定的爆炸危险性从而选用防爆型感温火灾探测器。

（4）感烟火灾探测器单独布置

建筑除以上所述部位，发生火灾的类别以固体火灾为主，故布置感烟火灾探测器。

2. 消防报警按钮

建筑每层划分为一个防火分区，且径向长度达 70m，依据《火灾自动报警系统设计规范》第 6.3.1 条规定，从一个防火分区任意位置到邻近的一个消防报警按钮的距离不大于 30m。在满足规范要求的情况下，又为方便发生火灾时人们能便捷地按下消防报警按钮，本建筑地上楼层的防烟楼梯间和消防电梯的合用前室设有消防报警按钮，地下一层和地下二层除合用前室外，在公共车道出入口处均设消防报警按钮，型号选择为 J-SAP-JBF-301/P 型。

3. 消火栓按钮

建筑的消火栓按钮同室内消火栓箱一同安装，基于相关规范及"易获取"的安装原则，建筑地下两层由于建筑宽度较大，采用双排布置，每排按钮设置在建筑的东西尽头和中间方位，共 3 个消火栓按钮；对于工程地上建筑层，在每层的两个电梯合用前室附近各布置 1 个消火栓按钮，型号选择为 JBF3333A 型。

4. 声光报警器

该建筑中人群一般集中在标准层的消防电梯和封闭楼梯间的合用前室、地下两层的公共车道与楼梯交汇处，所以在这些部位设有声光报警器。为了让专业管理人员及时了解到火灾情况，在楼顶的电梯机房、消防控制室也设有声光报警器，型号选择为 JBF4372E 型。

5. 消防广播

如图 10-2 所示，本工程设计了总线消防广播系统，为实现消防广播平时兼作背景音乐和正常广播，每层设置了一定数量的总线消防广播模块。设置消防广播数量及位置应根据建筑各楼层具体情况，例如在本建筑标准层，在客房走廊每隔 11m 设置 1 个消防广播，在楼梯间和电梯合用前室设置 1 个消防广播，保证在一个防火分区任意位置到邻近的扬声器距离不大于 25m，且扬声器功率大于 3W。

6. 火灾显示盘

依据《火灾自动报警系统设计规范》第 6.4.1 条规定，需在建筑每个报警区域设置 1 台火灾显示盘。本工程中，为方便火灾时管理人员或救援人员尽快了解火情状况，在每层的消防楼梯处设置 1 台火灾显示盘，选择的型号为 JBF-VDP3061B，需配接 JBF-191K 或 JBF291K 液晶层显接口卡使用。

7. 消防电话

依据《火灾自动报警系统设计规范》第 6.7.1 条规定，本工程共在风机房、排烟机房、电梯机房、水泵房、发电机房等部位装设 16 部消防电话分机，采用多线制消防电话系统，消防电话总机设置在消防控制室，型号选为 HDM-2101 型，需接工作电压 DC24V，工作电压由报警控制器或消防联动电源提供。

图 10-3 和图 10-4 为该建筑首层和标准层的火灾识别与联动控制系统平面布置图，表 10-1 列出了该高层建筑的消防设备明细表。

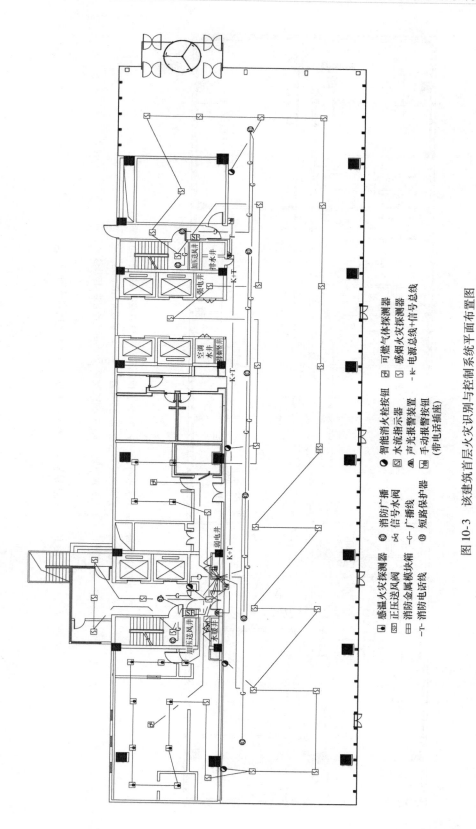

图 10-3 该建筑首层火灾识别与控制系统平面布置图

回 感温火灾探测器　　 ◎ 智能消火栓按钮　　 ⊟ 可燃气体探测器
⊠ 正压送风阀　　　　 ◎ 消防广播　　　　　 ⊡ 水流指示器
⊞ 消防金属模块箱　　 ⌐ 信号水阀　　　　　 ⊠ 感烟火灾探测器
-T- 消防电话线　　　　 -G- 广播线　　　　　　 ㅛ 声光报警装置　　 -K- 电源总线+信号总线
　　　　　　　　　　 ⊟ 短路保护器　　　　 ⊟ 手动报警按钮
　　　　　　　　　　　　　　　　　　　　　　 　　（带电话插座）

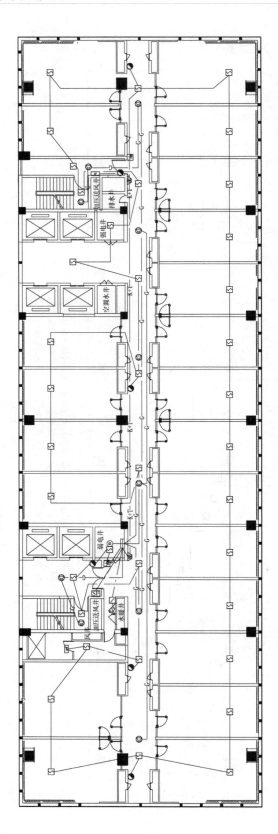

图 10-4　该建筑标准层火灾识别与控制系统平面布置图

田 正压送风阀　　⋈ 信号水阀　　● 智能消火栓按钮　　☒ 手动报警按钮　　☒ 感烟火灾探测器（带电话插座）
⌐ 消防电话线　　⊸ 广播线　　◲ 水流指示器　　-K- 电源总线+信号总线
◉ 消防广播　　⊛ 短路保护器　　△ 声光报警装置　　-K- 电源总线+信号总线

表 10-1 该高层建筑的消防设备明细表

名　　　称	数量	名　　　称	数量
感烟火灾探测器	944	点型感温火灾探测器	22
声光报警器	55	防爆型感温火灾探测器	9
消防广播	168	消防报警按钮	55
消火栓按钮	116	可燃气体探测器	3
消防电话	13	火灾显示盘	17

10.1.5　消防联动控制系统

根据该高层建筑分布和结构功能特点，本工程的联动设计由消火栓控制系统、自动喷水灭火系统、防排烟控制系统、火灾警报和消防应急广播系统、防火卷帘系统、防火门监控系统和消防电源监控系统组成，其结构如图 10-5 所示。

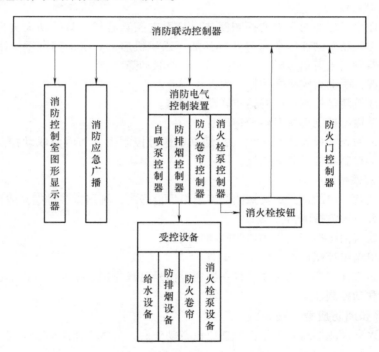

图 10-5　该建筑消防联动控制系统结构

1. 消火栓控制系统

设计目标：在该建筑任意一层按下消火栓按钮或者使用消火栓时，消防控制室收到报警信号，系统能联动开启消防水泵。

控制信号来源：该建筑各层消火栓按钮、消防干管上的信号水阀。

控制器：该建筑消防控制室中的消防联动控制器、消火栓泵控制柜。

联动模块：单输入监视模块 JBF-4131 型。

连接方式：消火栓按钮与消防联动控制器通过信号二总线连接，与消火栓泵控制柜采用四线制连接，消防干管上的信号水阀通过单输入监视模块与消防联动控制器连接。

2. 自动喷水灭火系统

设计目标：喷头工作时，自喷配水管道上的水流指示器发信号至消防控制室，消防干管上设置的信号水阀、高位消防水箱出水管上的流量开关、湿式报警阀上的压力开关动作能联动启动自喷泵。

控制信号来源：水流指示器、消防干管上的信号水阀、高位消防水箱出水管上的流量开关和湿式报警阀上的压力开关。

控制器：该建筑消防控制室中的消防联动控制器、自喷泵控制柜。

联动模块：单输入监视模块 JBF-4131 型。

连接方式：水流指示器和消防干管上的信号水阀通过监视模块与消防联动控制器连接，与泵房控制室采用四线制连接，湿式报警阀压力开关和高位消防水箱出水管上的流量开关常开线接消防模块 K1、K2 回答端子，当压力开关动作后模块向报警主机回答信号。同时接入自喷泵控制柜压力开关启泵端子。

3. 防排烟控制系统

（1）防烟控制系统

设计目标：任意一层的两只火灾探测器或一只火灾探测器与一只手动火灾报警按钮发出报警信号时，加压送风场所的加压送风口开启和加压送风机启动。电动挡烟垂壁附近的两只独立的感烟火灾探测器发出报警信号时，电动挡烟垂壁能联动降落。

控制信号来源：手动火灾报警按钮、火灾探测器。

控制器：该建筑消防控制室中的消防联动控制器。

联动模块：单输出控制模块 HY-5714B 型。

连接方式：手动火灾报警按钮和电动挡烟垂壁通过控制模块与消防联动控制器连接，火灾探测器与消防联动控制器信号总线连接。

（2）排烟控制系统

设计目标：任意一层的两只火灾探测器发出报警信号时，排烟口、排烟窗或排烟阀开启。

控制信号来源：火灾探测器。

控制器：该建筑消防控制室中的消防联动控制器。

联动模块：单输出控制模块 HY-5714B 型。

连接方式：火灾探测器与消防联动控制器通过信号总线连接，排烟口、排烟窗或排烟阀通过控制模块与消防联动控制器连接。

4. 火灾警报和消防应急广播系统

设计目标：火灾探测器或者其他消防感应设备动作后，消防广播能向整个建筑播报，启动声光报警器。

控制信号来源：该建筑任意火灾探测器或者其他消防感应设备。

控制器：该建筑消防控制室中的消防联动控制器、消防广播主机（HDM2101 型）。

连接方式：消防控制室内的消防联动控制器和消防广播主机通过光缆连接实现信号传输，消防广播和声光报警器分别与消防广播主机和消防联动控制器信号二总线连接，其中消防应急广播系统的联动信号由消防联动控制器发出。

5. 防火卷帘系统

设计目标：疏散通道上的防火卷帘收到专配感烟火灾探测器的报警信号时部分降落，收到专配感温火灾探测器的报警信号时全部降落；非疏散通道上的防火卷帘收到所在防火分区内的两只独立的火灾探测器的报警信号即可联动控制防火卷帘一步降至楼板面。

控制信号来源：疏散通道防火卷帘的专配感烟和感温火灾探测器、非疏散通道上防火卷帘所在防火分区的任意两只独立火灾探测器。

控制器：该建筑消防控制室中的消防联动控制器、消防广播主机（HDM2101 型）。

联动模块：因该建筑疏散通道防火卷帘要求有中停，实现"两部降"，故采用双址模块（JKM-4 型），非疏散通道上的防火卷帘采用单输入单输出模块（GST-LD-8301）。

连接方式：疏散通道防火卷帘的专配感烟和感温火灾探测器和消防控制室内的消防联动控制器通过信号二总线连接，疏散通道防火卷帘通过双址模块与消防联动控制器连接，非疏散通道上的防火卷帘通过单输入单输出模块与消防联动控制器连接。

6. 防火门监控系统

图 10-6 为该建筑防火门监控系统图。

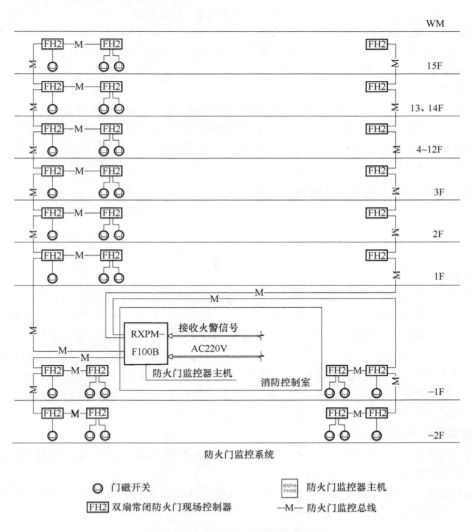

防火门监控系统

⬤ 门磁开关　　　　　　　　　　[RXPM-F100B] 防火门监控器主机

[FH2] 双扇常闭防火门现场控制器　　—M— 防火门监控总线

图 10-6　该建筑防火门监控系统图

设计目标：接收防火门现场控制器反馈回的开启、关闭及故障状态信号，提前对建筑的防火门故障进行报警，以保证防火门处于完好的运行状态。

控制信号来源：建筑地上一至十五层和地下两层共 49 扇防火门的门磁开关。

监控模块：防火门监控模块。

控制器：双扇常闭防火门现场控制器、消防控制室的防火门监控器主机、消防联动控制器。

连接方式：DC24V 监控通信线作为防火门监控总线，用消防信号二总线方式将各个双扇常闭防火门现场控制器与防火门监控主机连接，消防联动控制器和防火门监控器主机通过光缆连接实现信号传输。

7. 消防电源监控系统

设计目标：提前对建筑的消防设备电源故障进行报警，实时监控消防设备电源的运行状态，CRT 图形显示装置能显示系统内各消防用电设备的供电电源和备用电源的工作状态和欠压报警信息，以保证消防设备处于完好的运行状态。

控制信号来源：建筑防火卷帘、消防电梯、消防水泵、应急照明灯等消防设备的电流、电压。

区域分机设置：建筑需连接的检测模块大于 64 路，故系统需设区域分机（YC-V1002/1型），共 3 台。区域分机 1 监控地下两层与地上一至三层，区域分机 2 监控地上四至九层，区域分机 3 监控地上十至十五层。

监控模块：YC-V1003/1 型。

控制器：3 台区域分机、消防控制室的消防电源监控主机（YC-V1001/1 型）。

连接方式：消防电源监控主机与区域分机用 RS485 通信线连接，区域分机与其监控区域内的监控模块用 DC24V 电源线和 RS485 通信线连接，为检测模块提供 DC24V 安全电压供电。消防电源监控主机与 CRT 图形显示装置连接。

10.2 某管廊火灾识别与联动控制系统

10.2.1 工程概况

1. 管廊概况

本综合管廊工程项目总长度 3210m，分为 K0、K1、K2、K3 共 4 个路段，设计综合管廊采用双舱设置。沿线收纳给水管、再生水管、通信、电力等管线，该综合管廊中将电力管线单独纳入一舱，简称电力舱，舱内布置有 110kV 及 10kV 电力电缆；将给水、排水和通信管线纳入一舱，简称水信舱。电力舱及水信舱内各设有 1m 和 1.2m 的检修通道。除舱室外，全线设置各类功能性节点，包括吊装口（兼作进风口）、排风口（兼作紧急逃生口）、人员出入口、管线分支口、舱室交叉口和端部井等设施，共 20 余处，分布于全线各处。各舱室火灾危险性等级类别为丙类及以下，按丙类考虑消防设施，其中电力舱内设置自动灭火系统。

2. 报警区域和探测区域

根据《建筑设计防火规范》第 5.3.1 条规定，本工程每个防火分区按不超过 200m² 划分，整个综合管廊划分为 20 个防火分区。

根据《火灾自动报警系统设计规范》第 3.3.1 和 3.3.2 条规定，每个防火分区划分为一个报警区域，一个报警区域划分为 2 个探测区域。

10.2.2 火灾特点

1. 起火迅速且不易控制

综合管廊电力舱中电缆密集且数量巨大，一旦某根电缆起火，会很快波及相邻电缆，造成电缆的成束延燃，并引起短路造成火灾快速蔓延，火势猛烈，难以控制，需针对电缆进行防火设计。

2. 高温有毒烟气易积聚，威胁人员生命安全

由于管廊是地下建筑物，隧道内横截面窄而狭长，能见度差。电缆燃烧时，产生大量的有毒热浓烟（主要是氯化氢气体），并使隧道中的温度普遍升高，强烈的剧毒烟雾会给火灾救援人员造成严重的伤害，此时消防排烟和消防通信将有效保障被困人员和救援人员的消防安全。

10.2.3　设计依据

1）《建筑设计防火规范》。
2）《火灾自动报警系统设计规范》。
3）《防火门监控器》。
4）《消防控制室通用技术要求》（GB 25506—2010）。
5）《消防设备电源监控系统》（GB 28184—2011）。
6）《城市综合管廊工程技术规范》（GB 50838—2015）。
7）《城镇综合管廊监控与报警系统工程技术标准》（GB/T 51274—2017）。
8）《电气火灾监控系统》（GB 14287—2014）。
9）《气体灭火系统设计规范》（GB 50370—2005）。

10.2.4　火灾识别系统

由于该管廊报警区域比较多、区域报警控制器的个数超过 3 台，故火灾识别及消防联动控制系统采用集中报警系统。火灾监控包括整个综合管廊，各区域报警通过单模光纤和接口网关组成环形高速数据网络。本管廊消防控制室设置在综合管廊控制中心，内设一套火灾报警上位图像显示系统和一台火灾报警控制柜，控制柜内设火灾报警及消防联动控制主机。火灾区域报警控制器设置在各个区段的 3#、7#、13# 和 18# 配电设备井内，每台区域控制报警器负责各自区域内的火灾报警与联动控制，并接收集中式火灾报警控制主机的联动信号。图 10-7 所示为该工程火灾识别与联动控制系统图，图 10-8 所示为该综合管廊 K2 区段部分火灾识别与联动控制系统平面图。

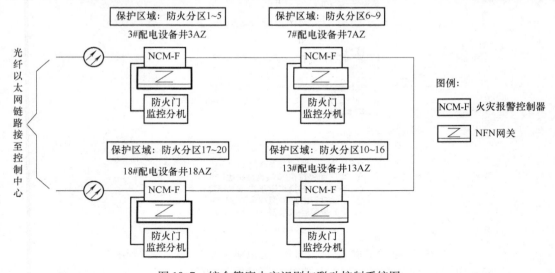

图 10-7　综合管廊火灾识别与联动控制系统图

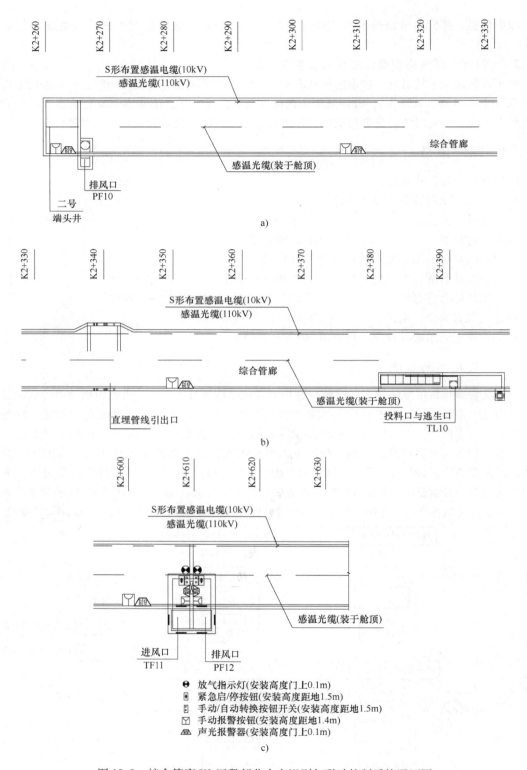

图 10-8   综合管廊 K2 区段部分火灾识别与联动控制系统平面图

a）K2 + 260 ~ K2 + 330 区段火灾识别与联动控制系统平面图   b）K2 + 330 ~ K2 + 390 区段火灾识别
与联动控制系统平面图   c）K2 + 600 ~ K2 + 630 区段火灾识别与联动控制系统平面图

1. 火灾探测器

本工程针对管廊各部位的使用性质和《火灾自动报警系统设计规范》的有关规定，主要采用感烟火灾探测器、感温电缆、感温光缆、独立式电气火灾探测器。

（1）感烟火灾探测器

本工程中感烟火灾探测器一般设置在电力舱室顶部、防火区风机间、出入口顶部、投料口夹层等位置，并接入报警系统总线。为提高感烟火灾探测器在管廊内工作的可靠性、抗干扰性、抗潮湿性等，在每个控制节点地址设置一个感烟器，通过电子编码提升可操纵性。

（2）感温电缆

管廊空间内夹杂着各种带电线路，由于电力电缆线间短路、地短路或线路过载等原因可能致使电缆温度急剧升高，最终引燃其绝缘外皮发生火灾情况，故在电力舱设置感温光缆用于探测电缆温度，如图 10-8 所示，感温电缆设置在所有 10kV 及以下电力电缆上，采用接触式敷设方式，110kV 采用品字形捆扎敷设在电缆上，每回路沿电力电缆走向敷设一根感温电缆，10kV 及以下电力每层支架上敷设一根感温电缆。感温电缆采用"S"形敷设。

（3）感温光缆

由于本工程路段距离长，且空间封闭，灰尘大，气流不稳定，传统的探测器无法可靠工作。所以在电力舱室顶部设置了感温光缆，利用光纤的敏感性来探测光纤所在位置的温度，进行温度信息的位置定位。探测器采用钢索吊装，与灯具的水平净距大于 0.2m。

（4）独立式电气火灾探测器

本工程属于电气火灾危险性较大的场所，除电力舱所有动力电缆层架设置有线型感温电缆外，对自用动力电缆还设置电气火灾监控系统，其中探测器选为独立式电气火灾探测器，根据《电气火灾监控系统》第 2 部分的规定，该管廊每个防火分区设 2 个独立式电气火灾探测器。

2. 消防报警按钮、警铃

在每个防火分区出入口、投料口与通风口之间中间位置设置 1 套消防报警按钮和 1 套警铃。在各个防火分区设置消防报警按钮，从任何位置到消防报警按钮的距离不超过 30m。

3. 声光报警器

根据《城市综合管廊工程技术规范》的有关规定，以及管廊除管理人员外一般少有人在内的特点，在综合管廊人员出入口、通风口应设置入侵报警探测装置和声光报警器。本工程中在各个防火分区的靠近出入口处设有声光报警器。

综上，表 10-2 列出了该管廊的消防设备明细表。

表 10-2　该管廊的消防设备明细表

名　称	数量（套）
手动报警按钮	80
警铃	80
感温电缆	36
感烟火灾探测器	36
光纤感温火灾探测器	65
独立式电气火灾探测器	72

10.2.5　消防联动控制系统

根据综合管廊分布特点，本工程的消防联动设计由排风机、防火阀和气溶胶灭火装置联动系统、火灾警报和消防应急广播系统、非消防电源联动切换系统、火灾气体监控系统和防火门监控系统组成，其结构如图 10-9 所示。

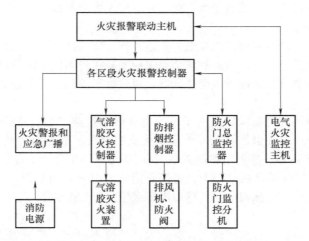

图 10-9　该综合管廊消防联动控制系统结构

1. 排风机、防火阀气溶胶灭火装置

设计目标：当一防火区间感温光缆高温报警与任一感温电缆报警同时发生时，相应防火分区正在运行的排风机、防火阀关闭，气溶胶灭火装置工作实施灭火。

控制信号来源：管廊感温电缆（JTW-LD-9697A 型）、感温光缆。

控制器：消防控制室中的火灾报警联动主机、4 个区段中的火灾报警控制器（NFS2-3030）、气溶胶灭火控制器（RP1002-PLUS）、感温光纤测温主机。

联动模块：单输入控制模块 FMM-101C 型、输入输出模块 JSKM-CMM-9G 型。

连接方式：感温电缆通过单输入控制模块与各区段的火灾报警控制器连接，感温光缆与感温光纤测温主机直接连接，火灾报警控制器和感温光纤测温主机同接入 NFN 网络，组成集中和分散报警控制相结合的火灾报警控制网络。排风机和防火阀与火灾报警控制器通过输入输出模块连接，气溶胶灭火装置通过单输入控制模块与火灾报警控制器连接。

2. 火灾警报和消防应急广播系统

设计目标：管廊各个区段内，感烟火灾探测器或者其他感应设备发出火灾信号时，管廊内声光报警器（P2475RLZ）和警铃启动。

控制信号来源：管廊感烟火灾探测器或者其他消防感应设备。

控制器：各个区段的火灾报警控制器。

联动模块：单输出控制模块 FMM-1C 型。

连接方式：感烟火灾探测器与火灾报警控制器通过信号二总线连接，声光报警器和警铃与火灾报警控制器通过单输出控制模块连接。

3. 非消防电源联动切换

设计目标：火灾时断开该防火分区非消防电源。

控制信号来源：管廊任意火灾探测器或者其他消防感应设备。

控制器：各区段火灾报警控制器。

联动模块：输入输出控制模块 JSKM-CMM-9G 型。

连接方式：各防火区间动力配电箱非消防电源设分励脱扣器，并接中间继电器控制分励脱扣器是否跳闸。各区段火灾报警控制器与中间继电器通过输入输出控制模块连接。

4. 火灾气体监控系统

设计目标：在管廊内，探测漏电电流、过电流、出线端温度等信号，发出声光信号报警，准确报出故障线路地址，监视故障点的变化，切断漏电线路上的电源，并显示其状态功能。

控制信号来源：独立式电气火灾探测器（ARCM300TZ）。

控制器：各个区段的火灾报警控制器、消防控制室的电气火灾监控主机、消防控制室中的火灾报警联动主机。

联动模块：单输入控制模块 FMM-101C 型。

连接方式：独立式电气火灾探测器与火灾报警控制器通过单输入控制模块连接，各个区段的火灾报警控制器与电气火灾监控主机通过火灾报警联动主机实现信号传输。

5. 防火门监控系统

设计目标：接收防火门现场控制器反馈回的开启、关闭及故障状态信号，提前对建筑的防火门故障进行报警，以保证防火门处于完好的运行状态。

控制信号来源：管廊 20 个防火分区共 40 扇防火门的门磁开关。

监控模块：防火门监控模块。

控制器：单扇常闭防火门现场控制器、4 个配电设备井内的防火门监控分机、消防控制室的防火门总监控器和火灾报警联动主机。

连接方式：门磁开关动作后，单扇常闭防火门现场控制器通过信号二总线方式与该地设备井内的防火门监控分机传输信号，防火门监控分机和消防控制室的防火门总监控器采用四芯光纤通信，火灾报警控制器和防火门总监控器通过光缆连接实现信号传输。

思　考　题

1. 在设计时，为什么回路编址设备的地址总数应留有不少于额度容量 10% 的余量？
2. 在选择火灾探测器的种类时，应该考虑哪些因素？
3. 进行建筑防火设计的基本依据是什么？在设计过程中应当考虑哪些方面？
4. 在进行消防联动控制设计时，必须统筹考虑哪三个方面？
5. 根据高层建筑案例，查阅文献资料，分析其消防设计的重点。
6. 简述管廊消防联动控制系统的功能。
7. 根据管廊案例，查阅文献资料，分析其消防设计的重点。
8. 简述水灭火系统的控制类型。
9. 民用建筑中，消防应急广播扬声器宜如何按照防火分区设置和分配？

参 考 文 献

[1] 注册消防工程师资格考试命题研究中心. 消防安全技术实务 [M]. 郑州：黄河水利出版社，2018.

[2] 周伟. 浅谈火灾自动报警系统的应用现状及发展趋势 [J]. 科技与企业，2014 (20)：149.

[3] 林道平，郑振坤，董高吉. 浅析火灾自动报警系统在消防中的应用及发展趋势 [J]. 城市建筑，2015 (23)：157.

[4] 孙军田. 火灾自动报警系统 [M]. 4 版. 北京：中国人民公安大学出版社，2017.

[5] 李斌峰，郭庆，梁民. 浅谈消防火灾自动报警系统技术探索和发展趋势 [J]. 城市建设理论研究，2015 (16)：4521.

[6] 曾金龙. 火灾探测技术的研究现状及发展趋势 [J]. 安徽电子信息职业技术学院学报，2015，14 (6)：102-104.

[7] 许多明. 火灾探测技术的现状分析及发展趋势 [J]. 价值工程，2015，34 (22)：219-220.

[8] 郝春金. 浅析火灾自动报警技术的应用及发展 [J]. 电子制作，2015 (6)：207.

[9] 戴永福. 火灾智能报警与消防联动分析 [J]. 科技创新与应用，2015 (9)：193.

[10] 封丹. 火灾自动报警与消防联动自动控制系统分析 [J]. 通讯世界，2018 (2)：322-323.

[11] 梁芝松. 浅谈火灾自动报警及联动控制系统的设计以及实现 [J]. 贵阳学院学报（自然科学版），2013，8 (3)：32-33.

[12] 王博. 基于机器学习的火焰图像提取和识别技术研究 [D]. 天津：天津大学，2017.

[13] 孙琛. 基于视频图像的火灾检测算法研究与设计 [D]. 济南：山东大学，2018.

[14] 杨柳. 复杂背景下基于视频图像的火灾识别技术研究 [D]. 北京：北京建筑大学，2018.

[15] 李宏文. 火灾自动报警技术与工程实例 [M]. 北京：中国建筑工业出版社，2016.

[16] 周熙炜. 火灾报警与自动消防工程 [M]. 北京：人民交通出版社，2016.

[17] 魏立明，孙萍. 建筑消防与安防技术 [M]. 北京：机械工业出版社，2017.

[18] 谢社初，周友初. 火灾自动报警系统 [M]. 北京：中国建筑工业出版社，2018.

[19] 魏星，杜玉新. 火灾自动报警及消防联动控制系统运行与管理 [M]. 北京：机械工业出版社，2018.

[20] 刘铁根. 光纤传感网 [M]. 北京：科学出版社，2018.

[21] 潘伟烽. 消防火灾自动报警系统的设计与应用 [J]. 电子世界，2018，555 (21)：180-182.

[22] 吴正飞. 高层建筑电气火灾自动报警系统设计 [J]. 电子技术与软件工程，2018，142 (20)：97.

[23] 金怡.《可视图像早期火灾报警系统技术规程》解读 [J]. 劳动保护，2018，521 (11)：85-87.

[24] 李薇. 自动化技术在消防工程中的应用 [J]. 化工管理，2018 (31)：120.

[25] 阮颐，王甲，阮景. 烟雾报警器的市场应用综述 [J]. 集成电路应用，2018，35 (10)：52-56.

[26] 刘帅，吴梦军，左远正. 基于图像处理的大跨隧道火灾定位技术试验研究 [J]. 公路交通技术，2018，34 (S1)：41-44.

[27] 张献双，薛培贞，高志坚，等. 吸气式感烟火灾探测器在集成电路制造企业的应用 [J]. 消防技术与产品信息，2018，31（09）：88-90.

[28] 王亚胜，王景. 可燃气体报警器的原理及应用 [J]. 中小企业管理与科技，2018（9）：183-184.

[29] 杨春光，尤旭. 城市商业综合体电气火灾监控系统设计探讨 [J]. 消防科学与技术，2018，37（9）：1239-1241.

[30] 卢斌. 住宅建筑火灾自动报警系统设计与分析 [J]. 绿色科技，2018（16）：115-116.

[31] 谢建荣. 火灾自动报警与消防联动自动控制系统分析 [J]. 低碳世界，2018（8）：355-356.

[32] 林成. 全光式石英增强光声光谱痕量气体传感器 [J]. 激光杂志，2018，39（9）：59-62.

[33] 张国朗. 探测器在火灾自动报警系统中的准确性与可靠性 [J]. 建材与装饰，2018（17）：286-287.

[34] 颜宏勇. 火灾自动报警系统设置的探讨 [J]. 智能建筑电气技术，2018，12（1）：80-82.

[35] 施俊宇. 基于光声光谱检测技术的二氧化碳气体检测系统 [D]. 杭州：浙江工业大学，2017.

[36] 汪步斌. 基于 TDLAS 技术对高温环境中 CO 气体参数的测量方法研究 [D]. 南京：东南大学，2017.

[37] 张伯轩. 基于 TDLAS 技术的气体传感器研究 [D]. 北京：北京工业大学，2017.

[38] 华志祥. 基于 ZigBee 的微波火灾探测系统设计 [D]. 合肥：安徽建筑大学，2017.

[39] 高园. 高层建筑电气火灾监控系统 [J]. 现代建筑电气，2017，8（3）：60-64.

[40] 孙亮. 图像型火灾探测器应用浅析 [J]. 中国交通信息化，2016（3）：122-123.

[41] 崔志南. 建筑电气火灾监控系统安装中存在的问题及对策 [J]. 科技与创新，2016（5）：74-75.

[42] 薛银柱. 高大空间火灾探测器技术 [J]. 工程建设与设计，2015（6）：89-91.

[43] 张生杰. 基于视频监控平台的室内火焰探测算法研究 [D]. 天津：天津大学，2014.

[44] 黄庆东. 基于红外热成像的火灾检测算法研究 [D]. 广州：华南理工大学，2014.

[45] 郑伟. 基于多模式图像的早期火灾识别方法研究 [D]. 沈阳：沈阳航空航天大学，2014.

[46] 李扬. 基于视频图像的火焰多特征检测 [D]. 沈阳：沈阳建筑大学，2014.

[47] 蒋静学. 基于燃烧音识别的火灾探测系统的研究与设计 [D]. 上海：东华大学，2012.

[48] 李道本. 信号的统计检测与估计理论 [M]. 2 版. 北京：科学出版社，2004.

[49] 陈兵，陈升忠，吴龙标，等. 单输入功率谱统计检测算法的研究 [J]. 自然科学进展，2002，12（6）：631-635.

[50] 吴龙标，方俊，谢启源. 火灾探测与信息处理 [M]. 北京：化学工业出版社，2006.

[51] 王士同. 神经模糊系统及其应用 [M]. 北京：北京航空航天大学出版社，1998.

[52] 王耀南. 智能信息处理技术 [M]. 北京：高等教育出版社，2003.

[53] 张本矿，吴龙标，卢结成. 多层感知器火灾探测器研究 [J]. 仪器仪表学报，1999（2）：202-203.

[54] 王殊，杨宗凯，何建华. 神经网络模糊推理系统在火灾探测中的应用 [J]. 数据采集与处理，1998，13（2）：149-153.

[55] 杨宗凯，王殊，何建华，等. 一种基于前馈神经网络的火灾探测方法 [J]. 华中理工大学学报，1997（2）：6-9.

[56] 张曾科. 模糊数学在自动化技术中的应用 [M]. 北京：清华大学出版社，1997.

[57] 吴龙标，袁宏永，疏学明. 火灾探测与控制工程 [M]. 2 版. 合肥：中国科学技术大学出版社，2013.

[58] 张学魁. 建筑灭火设施 [M]. 北京：中国人民公安大学出版社，2004.

[59] 程远平，朱国庆，程庆迎. 水灭火工程 [M]. 徐州：中国矿业大学出版社，2011.

[60] 张树平. 建筑防火设计 [M]. 2 版. 北京：中国建筑工业出版社，2009.

[61] 蔡云. 建设工程消防设计审核与验收实务 [M]. 北京：国防工业出版社，2012.

[62] 郭铁男. 中国消防手册：第六卷　公共场所、用火用电防火·建筑消防设施 [M]. 上海：上海科学

技术出版社，2007.

[63] 郭铁男. 中国消防手册：第三卷　消防规划·公共消防设施·建筑防火设计 [M]. 上海：上海科学技术出版社，2006.

[64] 徐文. 大型化工装置水喷雾灭火系统设计 [J]. 工业用水与废水，2000，31（1）：45-47.

[65] 赵杰. 大型油浸变压器的水喷雾灭火系统设计 [J]. 工业用水与废水，2009，40（5）：88-90.

[66] 廖义德. 高压细水雾灭火系统关键技术及其灭火性能研究 [D]. 武汉：华中科技大学，2008.

[67] 程大章. 智能建筑工程设计与实施 [M]. 上海：同济大学出版社，2001.

[68] 司戈. 2008 年美国火灾形势分析 [J]. 消防技术与产品信息，2010（4）：77-80.

[69] 余明高，廖光煊，张和平，等. 哈龙替代产品的研究现状及发展趋势 [J]. 火灾科学，2002，11（2）：108-112.

[70] 刘志，刘志波，刘方，等. 细水雾灭火系统：卤代烷灭火系统替代技术 [J]. 消防技术与产品信息，2000（10）：3-6.

[71] 丁宏军，沈纹，吕立. 火灾自动报警系统设计 [M]. 成都：西南交通大学出版社，2014.

[72] 魏东. 灭火技术及工程 [M]. 北京：机械工业出版社，2013.

[73] 孙军田. 固定灭火设施安装调试与使用管理 [M]. 北京：中国人民公安大学出版社，2008.

[74] 石敬炜. 建筑消防工程设计与施工手册 [M]. 北京：化学工业出版社，2014.

[75] 李天荣. 建筑消防设备工程 [M]. 重庆：重庆大学出版社，2002.

[76] 郎禄平. 建筑自动消防工程 [M]. 北京：中国建材工业出版社，2006.

[77] 宗建军. 低压二氧化碳灭火系统工作原理及设计计算 [J]. 消防技术与产品信息，1997（7）：19-23.

[78] 王万钢. 七氟丙烷灭火系统研制与应用研究 [D]. 天津：天津大学，2003.

[79] 王军鹏，姚瑶. IG-541 气体灭火系统在轨道交通的应用 [J]. 设备管理与维修，2018（19）：88-90.

[80] 杨连武. 火灾报警及消防联动系统施工 [M]. 2 版. 北京：电子工业出版社，2010.

[81] 薛维虎. 火灾自动报警系统 [M]. 3 版. 北京：中国人民公安大学出版社，2015.

[82] 薛维虎. 火灾自动报警与联动控制系统 [M]. 2 版. 北京：中国人民公安大学出版社，2013.

[83] 阮明. 工业厂区自动消防系统工程的设计 [D]. 天津：天津大学，2003.

[84] 魏志宇，于晶. 简述七氟丙烷灭火系统特点及原理 [J]. 建筑与预算，2016（6）：52-54.

[85] 王恺尧. 七氟丙烷灭火系统的设计及应用 [J]. 住宅与房地产，2016（3）：131.

[86] 李冬梅. 建筑消防设施运行与维护管理 [M]. 北京：气象出版社，2012.

[87] 南京市公安消防局. 消防安全培训教材 [M]. 南京：河海大学出版社，2007.

[88] 吴胜旺. 建筑防火 [M]. 武汉：武汉工业大学出版社，2006.

[89] 文桂萍. 建筑水暖电安装工程计价 [M]. 武汉：武汉理工大学出版社，2008.

[90] 宋春红. 建筑工程防火技术 [M]. 太原：山西科学技术出版社，2009.

[91] 李天荣，龙莉莉，陈金华. 建筑消防设备工程 [M]. 3 版. 重庆：重庆大学出版社，2010.

[92] 杨守生. 工业消防技术与设计 [M]. 北京：中国建筑工业出版社，2008.

[93] 张凤娥. 消防应用技术 [M]. 北京：中国石化出版社，2006.

[94] 公安部消防局. 消防安全技术实务 [M]. 2 版. 北京：机械工业出版社，2016.

[95] 郭鸿宝. 气溶胶灭火技术 [M]. 北京：化学工业出版社，2005.

[96] 田珍，刁怀亮，李龙云，等. 热气溶胶灭火系统在变电站的应用 [J]. 工业安全与环保，2014，40（1）：44-46.

[97] 童佳民，王健，苏家雄，等. 高校建筑消防 [M]. 青岛：青岛出版社，2012.

[98] 张学魁，景绒. 建筑灭火设施 [M]. 西安：陕西旅游出版社，2000.

[99] 尹六寓，庄中霞. 建筑设备安装识图与施工工艺 [M]. 郑州：黄河水利出版社，2010.

[100] 经建生，张清林. 火灾科学与消防技术：公安部天津消防研究所建所四十周年学术论文集 [C]. 呼和浩特：内蒙古人民出版社，2005.

[101] 潘功配. 高等烟火学 [M]. 哈尔滨：哈尔滨工程大学出版社，2007.

[102] 李亚峰，马学文，余海静，等. 建筑消防工程 [M]. 北京：机械工业出版社，2013.

[103] 夏龙. 大型油罐群消防多模式监控系统设计 [D]. 成都：西华大学，2015.

[104] 李焕宏，汤立清，凌文祥. 智能管网式干粉灭火系统 [J]. 消防科学与技术，2018，37（1）：53-54.

[105] 中国建筑设计标准研究院.《建筑防火设计规范》图示：18J811-1 [S]. 北京：中国计划出版社，2018.

[106] 公安部沈阳消防研究所，中国建筑设计标准研究院.《火灾自动报警系统设计规范》图示：14X505-1 [S]. 北京：中国计划出版社，2014.

[107] 中国建筑设计标准研究院.《建筑防排烟系统技术标准》图示：15K606 [S]. 北京：中国计划出版社，2018.

[108] 徐志胜，姜学鹏. 防排烟工程 [M]. 北京：机械工业出版社，2011.

[109] 杜红. 防排烟技术 [M]. 北京：中国人民公安大学出版社，2014.

[110] 谢朝俊. 防排烟系统的联动控制分析 [J]. 企业技术开发，2011，30（20）：138-140.

[111] 朱亮亮. 防排烟系统中防火阀的联动控制设计 [J]. 现代建筑电气，2015，6（4）：45-46.

[112]《火灾自动报警系统设计》编委会. 火灾自动报警系统设计 [M]. 成都：西南交通大学出版社，2014.

[113] 贾雯. 火灾报警系统细节详解 [M]. 南京：江苏凤凰科学技术出版社，2015.

[114] 王海荣. 消防电气控制技术 [M]. 北京：中国人民公安大学出版社，2018.

[115] 孙景芝，韩永学. 电气消防 [M]. 2版. 北京：中国建筑工业出版社，2006.

[116] 孙景芝. 消防联动系统施工 [M]. 北京：中国建筑工业出版社，2005.

[117] 陈南，蒋慧灵. 电气防火及火灾监控 [M]. 北京：中国人民公安大学出版社，2014.

[118] 上海公安学院智慧公安研究课题组. 智慧消防建设的背景、体系架构与路径 [J]. 上海公安高等专科学校学报，2018，28（5）：22-32.

[119] 费芹，梅鹏，吴蒙. 智慧消防物联网系统的设计与应用 [J]. 科技与创新，2018（18）：156-158.

[120] 于秋红，刘全，郭创. 基于物联网技术的智能消防控制系统的研究 [J]. 通讯世界，2018（8）：3-4.

[121] 李国生. 智慧消防平台建设探讨 [J]. 消防科学与技术，2018，37（5）：687-690.

[122] 张吉跃，王鹏飞. 基于物联网与云计算技术的综合智慧消防系统 [J]. 智能建筑，2018（5）：36-40.

[123] 霍然，胡源，李元洲，等. 建筑火灾安全工程导论 [M]. 2版. 合肥：中国科学技术大学出版社，2009.

[124] 欧阳振安，严石林. 仓储管理 [M]. 北京：对外经济贸易大学出版社，2010.

[125] 金汉信，王亮，霍焱. 仓储与库存管理 [M]. 重庆：重庆大学出版社，2008.

[126] 高军锋. 地铁消防设计的研究与探讨 [J]. 甘肃科技，2008，24（6）：123-124.

[127] 游淳，洪航，陈志伟. 地铁火灾的特点及灭火救援对策 [J]. 低碳世界，2018（11）：291.